Anna Dollinger, Katharina Fehse

Systemische Interventionen

Methoden und Möglichkeiten für mehr Selbstwirksamkeit im Team

managerSeminare Verlags GmbH – Edition Training aktuell

Anna Dollinger, Katharina Fehse
Systemische Interventionen
Methoden und Möglichkeiten für mehr Selbstwirksamkeit im Team

2. Aufl. 2025
Endenicher Str. 41, D-53115 Bonn
Tel.: 0228-977910
info@managerseminare.de
www.managerseminare.de/shop

Printed in Germany

ISBN: 978-3-949611-22-3

Herausgeber der Edition Training aktuell:
Ralf Muskatewitz, Jürgen Graf, Nicole Bußmann

Lektorat: Sadia Oumohand
Cover: Designstudio Eminent: Emin Hasirci
Illustrationen: Stefanie Diers
Druck: Beltz Grafische Betriebe, Bad Langensalza

Das Buch wurde gedruckt auf enviro®polar und CircleOffset White. Die Papiere erfüllen die Auflagen der Umweltzeichen „Blauer Engel (RAL-UZ 72)“ und „EU-Umweltzeichen (ECO-Label)“. Die mit dem Druck verbundenen CO_2-Emissionen werden vom Verlag kompensiert und fließen in unterschiedliche Aufforstungsprojekte zum Klimaschutz. Nähere Informationen finden Sie unter: www.managerseminare.de/verlag/umwelt

Inhalt

Kapitel I: Systemische Arbeit im Teamcoaching

Kapitel II: Systemische Interventionen

Download-Ressourcen

- Intervention „Wo drückt der Schuh?" (Metaphernarbeit)
- Ablaufplan Agile Loop (Seite 36)
- Vorlage Johari-Fenster (Seite 55)
- Beispiel Team-Porträt (Seite 82)
- Das Drei-Welten-Modell (Seite 107)
- Aufgabenblatt Rollen-Release (Seite 108)
- Prinzipien und Elemente des systemischen Denkens (Seite 132)
- Seestern-Matrix (Seite 193)
- Die sechs Denkhüte von de Bono (Seite 211)
- VAKOG-Leitfaden (Seite 246)
- Die systemische Schleife (Seite 250)

Kapitel I

Systemische Arbeit im Teamcoaching

Alles systemisch oder was?

Systemisch zu arbeiten, das scheint für Beratungs-, Trainings- und Coachinginstitute nahezu ein Gütezeichen für zeitgemäße Konzepte zu sein. Daher findet sich dieses Etikett auf vielen Verpackungen. Ohne uns anzumaßen, im Besitze der theoretischen systemischen Weisheit zu sein, möchten wir hier darstellen, was es für uns bedeutet, systemisch zu arbeiten und diese Haltung mit Theorien und Erkenntnissen aus der Gruppendynamik zu verbinden. Denn aus unserer Sicht bietet sich so ein Perspektivenreichtum, der es uns ermöglicht, handwerklich fundiert und theoretisch verankert variantenreiche Interventionen für unsere Teamcoaching- und Beratungssequenzen anzubieten. Interventionen, die auch leicht sein und Spaß machen dürfen, nicht widerspruchsfrei sein müssen und so unserer komplexen Welt besser gerecht werden.

Die „systemische Theoriefamilie"

Für uns ist „systemisch intervenieren" primär mit einer bestimmten Haltung verbunden, die wir im Folgenden beschreiben. Gleichzeitig möchten wir darauf hinweisen, dass es bekanntermaßen „die Systemtheorie" nicht gibt. Es gibt eine „Systemische Theoriefamilie", die sich aus der Theorie des Konstruktivismus, der systemischen Familientherapie (2008 als nachweislich wirksam bestätigt, seit November 2019 ein sogenanntes Richtlinienverfahren, das seit Juli 2020 als ambulante Leistung für Erwachsene von gesetzlichen Krankenkassen bezahlt wird), der Synergetik und der narrativen Theorie (von Schlippe und Schweitzer 2019) speist. Und entsprechend erlauben wir uns, unsere theoretischen Brillengläser mit denen der Gruppendynamik und der Systemtheorie einzuschleifen. Auch wenn wir wissen, dass es „in der neueren Systemtheorie luhmannscher Prägung den Begriff der Gruppe nicht mehr gibt" (Erpenbeck 2022), hat sich für uns in der Praxis klar gezeigt, dass Theoriebildung und Praxiserfahrung der Gruppendynamik sehr zieldienlich und brauchbar mit systemischen Ansätzen zu integrieren sind.

Einstellung und Prinzipien

„Systemisch zu intervenieren" verbinden wir mit der nachfolgend beschriebenen Einstellung bzw. mit Prinzipien, die uns in Beratung und Teamcoaching leiten, die wir in der nachfolgenden Übersicht zusammenfassen.

1. **Es könnte auch ganz anders sein:** Wir denken nicht „So ist es". Wir wissen, dass es eine vom Beobachter unabhängige Realität nicht geben kann: Die Zirkularität konsequent weitergedacht bedeutet damit, dass immer auch der Beobachter ein Teil des Systems ist und die Trennung zwischen einem beobachtenden System und einem zu beobachteten Objekt nicht möglich ist („Unausweichlichkeit der Beobachterabhängigkeit", Foerster 2022). Entsprechend versuchen wir, zu beobachten, WER was beobachtet, also wohin wer die Aufmerksamkeit richtet und wohin nicht, WIE das zu Beobachtende durch den Beobachter erklärt werden wird und wie nicht und WIE das zu Beobachtende durch den Beobachter bewertet wird und wie nicht. Wir achten darauf, keine „betonierten Wirklichkeitskonstruktionen" zu bauen (Schmidt 2022) und wissen, dass es auch ganz anders sein könnte. Alles Erleben und Verhalten ist kontext- und beobachterabhängig.

Zirkuläre Zusammenhänge

2. **Wechselwirkungen, Wirkungsketten und Muster:** Wir suchen nach Wechselwirkungen und Wirkungsketten und nicht nach Ursache-Wirkungszusammenhängen. In lebenden Systemen gibt es keine stabilen linear-kausalen Zusammenhänge, sondern zirkuläre, die sich permanent in nicht vorhersehbarer Art weiterentwickeln. Alles Zusammenwirken in Systemen entwickelt sich in Mustern. Solche Muster können für die Beteiligten sinnvoll, Mehrwert stiftend, viabel oder auch wenig hilfreich sein. Wir legen in der Beratung und im Teamcoaching das Hauptaugenmerk auf wiederkehrende Handlungsmuster und arbeiten mit der Hypothese, dass typische Muster des Gesamtsystems sich fraktal in kleinen Interaktionen abbilden können, als sogenannte Parallelitätsphänomene.

3. **Autopoiese:** Organisationen/Systeme entwickeln und organisieren sich permanent von sich aus weiter und tun das in einer für sie selbst sinnvollen Weise. Alle lebenden Systeme sind autopoietische Systeme. Systeme können nicht von außen verändert werden: sie können sich nur selbstinitiiert weiterentwickeln und tun dies eben auch ständig. Die Weiterentwicklung im System hängt von Impulsen ab, die auf das System einströmen: von innen oder von umgebenden Systemen. Wieweit diese Impulse aufgenommen werden,

hängt von den Werten, Überzeugungen und Einstellungen ab, die im System gelebt werden.

Für das System Brauchbares wird in der Praxis ermittelt

4. **Viabilität:** Organisationen und Organisationseinheiten sind eigensinnige Systeme, in denen das „Problem" erlebt und „gestaltet" wird. Solche Systeme bestehen aus Ereignissen, Kommunikation, Gedanken und Emotionen: Die Qualität dieser Facetten ist entscheidend dafür, was vom System als Problem gesehen und wie damit umgegangen wird. Wenn wir wissen möchten, wie ein System auf eine Intervention reagiert, können wir das nur im Tun erkunden: „Willst du erkennen, lerne zu handeln" (Foerster 2022). Um unser Handeln nicht zufällig oder beliebig werden zu lassen, nutzen wir „Klassen ähnlicher Erfahrungen" (von Schlippe und Schweitzer 2019) und suchen so, die unfassbare Komplexität fassbar zu machen (Gruppendynamik und Systemtheorie, Seite 9). Diese „Klassen von Erfahrungen" inspirieren uns, situations- bzw. musterbezogen Handlungsimpulse zu definieren. Hierfür wird in der Systemtheorie der Begriff der „Brauchbarkeit/Nützlichkeit", die sogenannte Viabilität eingeführt. Ob und wie Impulse aufgenommen werden, ist nicht vorhersagbar.

5. **Arbeiten mit Metaphern:** Über die Metaphernarbeit fällt es Menschen oftmals leichter, neue Perspektiven zu gewinnen. Denn Metaphern eröffnen die Möglichkeiten, einerseits Komplexität und Vieldeutigkeit zu erhöhen als auch andererseits sie zu reduzieren. Das betrifft sowohl die Sichtweisen auf das „Problem" als auch die Sichtweisen auf Lösungen. Metaphern sind so vielschichtig, dass sie bezüglich ihrer nachhaltigen Wirkungsweise auch neue Haltungs- und Werteperspektiven anregen können und somit neue Denk- und Spielräume eröffnen. Auch im Sinne nachhaltiger Verankerung von neuen Verhaltensmustern können Metaphern als Rituale wirksam werden.

6. **Arbeiten mit Hypothesen und Zielen:** Da wir nie wissen können, „wie etwas wirklich wirklich ist" (Schmidt 2022), ist es für uns zentral wichtig, unsere Interventionen bewusst anhand von Hypothesen (bzgl. wahrgenommener Verhaltensmuster, Erklärungen und Bewertungen) und Zielen zu erarbeiten. Dabei schätzen wir das Zusammenwirken interner Perspektiven (Akteure aus dem System) und externer Perspektiven (Berater/Teamcoach). Solche gemeinsam entwickelten Landkarten erhöhen zwar einerseits die Komplexität, aber andererseits auch die Wahrscheinlichkeit, dass eine im Sinne der Ziele wirksame Intervention ausgewählt wird. Denn wir

können dadurch die Anschlussfähigkeit einer Intervention in Verknüpfung mit einer angemessenen Unterschiedsbildung besser einschätzen. Solche Reflexionsschleifen (Dollinger und Fehse 2022) fortlaufend zu nutzen, ist auch die Basis für den Erkenntnisgewinn.

„Nützliches im Schlechten" und „Schwieriges im Guten"

7. **Fokus auf Ressourcen & Lösungen:** Menschen bzw. Systeme handeln immer sinnvoll und logisch aus ihrer Sicht. Daher suchen wir nach dem „Nützlichen im Schlechten" und dem „Schwierigen im Guten". Wir ergründen die Zweckmäßigkeit von Mustern (im System) und Utilisierungsmöglichkeiten, statt primär nach Dysfunktionalitäten zu suchen und uns von Mängeln und Defiziten faszinieren zu lassen. Wir fokussieren auf Ressourcen in Systemen, auf „mehr von dem, was geht" und kleinste Muster und Signale des Gelingens. Diese fließen in Lösungsvorschläge (lösungsorientiertes Arbeiten) und Interventionen ein.

Drei Kerndimensionen von Interventionen

8. **Diagnose & Intervention – Anschlussfähigkeit ans System, Unterschiede herstellen:** Unsere Interventionen, wobei natürlich an allererster Stelle der Auftrag des Klientensystems steht (siehe ab Seite 15), wählen wir anhand von drei Kerndimensionen aus: Erstens entsprechend unserer Klassen von Erfahrungen (siehe Punkt 4 „Viabilität"), die sich auch aus den Erkenntnissen der Gruppendynamik speisen. Sowie zweitens aus den Hypothesen zur Anschlussfähigkeit ans System und drittens aus der Einführung von möglichen Unterschieden im System, die auch als Irritation im positiven Sinn bezeichnet werden können (von „Verstörung" wollen wir nicht sprechen, denn diese Haltung zeugt aus unserer Sicht von einer wenig wertschätzenden Haltung, von Machbarkeitsfantasien und Überheblichkeit). Mit anderen Worten, Veränderung in Systemen kann durch Einführung von Unterschieden in Mustern im System erzeugt werden, wobei darauf zu achten ist, dass diese anschlussfähig sind, d.h. aus Sicht des Systems sinnvoll, wertschätzend, nützlich. Solche Unterschiede können zum Beispiel bereits durch die Einführung eines – aus Sicht des Systems neuen – Erklärungsmodells hergestellt werden (z.B. mit „Diese Stormingphase ist ganz normal bei so vielen neuen Teammitgliedern" erreicht man eine Normalisierung durch theoretische Modellierung. Oder, wie Kurt Lewin treffend beschrieb: „Nichts ist so nützlich wie eine gute Theorie.") oder auch durch andere Formen der Entscheidungsfindung und/oder Kommunikation im Team, z.B. durch Konsententscheidungen, sowie durch systemische Fragen oder eben auch Metaphernarbeit. Was in gewünschtem Sinn wirksam wird, können

wir nicht vorhersagen. Generell gilt: Vertraue auf das System, es hat alle Kompetenzen, die es braucht. Sei achtsam und würdigend für alles, was dir entgegengebracht wird: Nutze es und mach etwas daraus.

Literatur

- Dollinger, A. & Fehse, K. (2022): Change-Trainings erfolgreich leiten – Reloaded. Bonn: managerSeminare.
- Erpenbeck, M. (2022): Mitschwingen und Dazwischengehen: Systemisch-gruppendynamische Prozesskompetenz in Beratung und Training. Heidelberg: Carl-Auer Verlag.
- von Schlippe, A. & Schweitzer, J. (2019): Systemische Interventionen. Stuttgart: utb, 4. Aufl.

Abschließend noch ein Hinweis auf die Download-Ressourcen zum Buch: Über die Buchinhalte hinaus stehen ergänzende Inhalte für den sofortigen Einsatz als Download-Ressourcen zur Verfügung. Für diesen Vorgang müssen Sie sich einmalig registrieren. Die Zusatzinhalte können über den Link in der inneren Umschlagklappe abgerufen werden und sind mit nebenstehendem Symbol im Buch gekennzeichnet.

Ansatzpunkte für Interventionen im Teamcoaching

Teamcoaching und Teamentwicklung sind aus unserer Sicht Begriffe, die sowohl in der Theorie als auch in der Praxis nicht klar unterschieden werden. Daher haben wir die Begrifflichkeiten für uns wie folgt definiert. Wir orientieren uns dabei an dem Begriff bzw. der Definition von Coaching: Coaching ist die professionelle Begleitung von Entwicklungs-, Leistungs- und Problemlöseprozessen (DBVC 2019). Entsprechend definieren wir auch unsere Teamcoachingaufträge. Die im vorliegenden Buch vorgestellten Ansätze bzw. Vorgehensweisen beziehen sich auf alle drei Teamcoaching-Dimensionen.

Teamcoaching: eine Gruppe begleiten

Teamcoaching bedeutet, dass ein oder zwei Coachs eine Gruppe von Menschen begleiten, die als Team über einen bestimmten Zeitraum hinweg (nicht nur für eine Sequenz von etwa 2 Tagen) zusammenarbeitet, die eine bestimmte Anzahl von Mitgliedern umfasst (mindestens drei, höchsten 16; bei mehr Mitgliedern würde die Gruppe aus unserer Sicht meist in Untergruppen zerfallen), die über eine gemeinsame Identität verfügt (Systemgrenzen), in der es eine mehr oder weniger ausgeprägte gegenseitige Abhängigkeit gibt (bspw. ein Projektteam = größere Abhängigkeit; ein Callcenter-Team = geringere Abhängigkeiten, denn alle Mitglieder übernehmen ähnliche Aufgaben) und deren Ergebnisse durch eine übergeordnete Instanz bewertet werden. Teamcoaching heißt also, dass der Coach nicht einzelne Personen berät bzw. begleitet, sondern sein Gegenüber ein sich ständig weiterentwickelndes Beziehungsmuster ist ... Dies beschreibt, auf welche Komplexität, Ungewissheit und Dynamik der Teamcoach sich fortlaufend einstellen muss, um anschlussfähig zu bleiben. Und, dass der Verlauf sozialer Prozesse nicht planbar ist. Wir machen trotzdem immer einen Plan, einfach um zu wissen, was man umwerfen und ggf. stattdessen machen kann und will. Die Arbeit im Teamcoaching ist immer wieder ein Mitschwingen und Dazwischengehen zugleich (Erpenbeck 2022) und bedeutet, Ungewissheit auszuhalten, Chancen und Möglichkeiten in Momenten zu entdecken und aus dem Stegreif zu wählen. Für uns ist Teamcoaching die Königsdisziplin im Coaching (Pichler 2023). Die Zukunft des betrieblichen Coachings liegt eindeutig im Teamcoaching. Dort kann an den Mustern des Teams und somit auch an den Mustern der Organisation gearbeitet werden (ebenda). Die Begleitung von Teamcoaching-Prozessen kann andauernd und in regelmäßigen Abständen stattfinden (etwa in Rahmen von Meetings des Geschäftsleitungs-, Vorstands- oder Projektteams) oder zum Beispiel auch in einzelnen 1-Tages-Sequenzen zwei- bis dreimal pro Jahr.

Teamentwicklung: Wunsch nach Weiterentwicklung

Den Fokus auf **Teamentwicklung** zu legen, bedeutet aus unserer Sicht, dass im Rahmen der Auftragsklärung kein explizites „Problem" beziehungsweise kein Konflikt benannt wird, sondern dass der Anlass für eine Teamentwicklung der Wunsch nach Weiterentwicklung des Teams ist. Hierzu kann sich an Modellen nach Tuckman (1965), Antons (1992, Phasen des Norming, Storming usw.), Graves (1986) oder auch Laloux (2016, Organisationsstufen) orientiert werden – sofern man mit einem Modell arbeiten möchte ... Die Anlässe können mit der Perspektive verbunden sein, gemeinsam im Team etwas zu lernen oder neue Erkenntnisse zum Thema Team zu gewinnen (z.B. „Wie kann das Selbstverständnis eines Teams aussehen?", „Was sind Kennzeichen von Hochleistungsteams?" ...). Auch sich gegenseitig besser kennenzulernen, Potenziale des Einzelnen oder der Gruppe zu entdecken, eine gemeinsame Teamvision zu entwickeln, Regeln der Zusammenarbeit zu definieren oder den Purpose für das Team auszuarbeiten, kann unter dieser Dimension betrachtet werden. Wobei viele dieser Themen sowohl auf eine eher emotional-beziehungsorientierte Arbeit, etwa bei Thema Visionsfindung, als auch auf eine kognitive Arbeit zielen können, etwa wenn es um Rollen- oder Prozessdefinition geht. Gleichwohl werden diese Ziele in der Auftragsklärung nicht immer von Anfang an trennscharf formuliert.

Mechtild Erpenbeck orientiert sich dabei an einer Kategorisierung von Beratungsaufträgen nach Voigt und Antons (1997), die Orientierung bei einer Auftragsklärung und Auswahl von möglichen Interventionen bieten kann (siehe Seite 18). Ausgangspunkt ist, wieweit die Klärung und Bearbeitung von Beziehungen und Kooperationen im Teamcoaching thematisiert werden soll (siehe Seite 16).

Flexible Bearbeitung von Beziehungen und Kooperationen

Wir erbitten von unseren Auftraggeberinnen meist Gestaltungsfreiheit, bezogen auf den Fall, dass sich Beziehungsthemen bzw. kritische Gruppendynamiken zeigen, also die Gruppe „andere Probleme hat als angenommen", sodass wir von unserer geplanten/entworfenen

Wieweit sollen Beziehungen und Kooperationen im Teamcoaching thematisiert, geklärt und bearbeitet werden?

sehr gewünscht

- Sie sind zentrales Thema des Workshops, unbedingt gewollt und zentraler Gegenstand des Auftrags (etwa bei Konflikten und Problemen im Umgang miteinander)
- Sie sind bedingt gewollt und werden akzeptiert, sofern sie zum gewünschten Gesamtergebnis des Teams beitragen (etwa in Projektgruppen, Führungskräftetrainings ...)
- Sie sind bedingt gewollt und sollen nur dann aufgegriffen werden, wenn sie das gewünschte Gesamtergebnis oder die Arbeit an einem Sachthema beeinträchtigen (etwa in Entscheidungsgremien, Produkttrainings ...)
- Sie sind weder gewollt noch gewünscht, im Extremfall tabu (etwa in politischen Entscheidungsgremien, bei internationalen Verhandlungen)

unerwünscht/ tabu

Abb.: Umgang mit Beziehungen und Kooperationen im Teamcoaching. (nach Erpenbeck 2022)

Agenda/von unseren geplanten Themen abweichen dürfen, um das anstehende Beziehungsthema zu bearbeiten. Selbstverständlich wird dies im Fall auch immer mit dem Team „nachverhandelt". Wobei uns die Hypothese leitet, dass die Beziehungsebene die Inhaltsebene trägt und dass etwa im Konfliktfall keine bestmöglichen Lösungen für Sachthemen gefunden werden können. Beziehungsdynamiken sollten also zuerst bearbeitet werden.

Leistungsbezogene Optimierung ist auch möglich

Grundsätzlich können diese Ansätze auch zur Optimierung bei leistungsbezogenen Teamcoaching-Themen herangezogen werden. Eine mögliche Hypothese wäre z.B., wenn etwa die Ergebnisse eines Teams verbessert werden sollen, dass dies durch mehr Rollenklarheit geschehen kann, weil dadurch auch das Zusammenwirken im Team verbessert wird. Oder dass durch Empowerment die Motivation der Beteiligten wächst oder dass durch den Aufbau einer Kultur der psychologischen Sicherheit die Innovationsfähigkeit des Teams steigt.

Ziele, die von unseren Auftraggeberinnen bei der Auftragsklärung zum Teamcoaching dann formuliert werden, lauten beispielsweise, das Zusammenwirken im Team zu verbessern, Innovationskultur zu fördern und auszubauen oder die Unterschiedlichkeit der Teammitglieder produktiv zu schöpfen. Hier wird dann selbstverständlich im Vorfeld unter anderem geklärt, woran die Auftraggeberin messen würde, dass wir uns dem Ziel genähert haben.

In vielen Fällen findet solches leistungsförderliche Teamcoaching über eine bestimmte Zeit hinweg andauernd statt, etwa bei Projektteams einmal monatlich an einem Tag oder bei Geschäftsleitungsteams vierteljährlich an einem Tag. Dies kann zum Beispiel in Form von Reflexionen („Wo stehen wir gerade?", „Was treibt uns gerade um?", „Wie sind wir unterwegs, um unsere Ziele zu erreichen?", „Wie wirksam sind wir gerade in Bezug auf ...?") stattfinden. Solche Settings können ergänzend durch Shadowing von Einzel- oder Gruppensettings vorbereitet werden.

Mögliche Interventionsformen im Teamcoaching

Interventionsformen in einem solchen Teamcoaching können zum Beispiel sein:

- Systematische Rückmeldung (Feedback) und gemeinsame Reflexion
- Spiegeln dessen, was gerade sichtbar ist
- Hinterfragen dessen, was gerade nicht hinterfragt wird
- Erfragen dessen, was gerade erlebt (beobachtet, erklärt und bewertet) wird
- Systemische Perspektiven einnehmen (aus wessen Sicht ist was das Gute im Schlechten, was das Schlechte im Guten?)
- Ansprechen dessen, was nicht angesprochen wird
- Loving Confrontation
- Theoretische und methodische Impulse, wo dies nützlich und zieldienlich sein kann
- ...

Beziehungsmuster beobachten und ansprechen

Und folgende mögliche Beziehungsmuster könnten beobachtet und angesprochen werden:

- Welche Redeanteile haben einzelne Gruppenmitglieder?
- Welche Rollen hat wer im Team inne? Welche Rolle hat die Teamleitung inne?
- Wie werden Probleme strukturiert, besprochen und gelöst?
- Wie werden Entscheidungen getroffen?
- Wie wird mit Widersprüchen oder Ungewissheit umgegangen?
- Wie werden Konflikte ausgetragen?
- Welche Paradoxien sind im Spiel und wie wird mit diesen umgegangen (bewahren – verändern)?

- Wie wird mit Fehlern umgegangen?
- Wie(weit) werden abweichende Meinungen geäußert? Wie wird mit diesen umgegangen?
- Was wird angesprochen, was wird nicht angesprochen?
- Welche Parallel-Phänomene könnten sich in der Organisation zeigen?
- Wieweit reflektiert sich die Gruppe selbst (Meta-Kommunikation)?

Von Mechtild Erpenbeck haben wir das nachfolgende Schema übernommen, das aus unserer Sicht sehr hilfreich ist, um sich als Teamcoach bewusst zu werden, wo man den Fokus der Intervention im Moment setzen möchte und wie die Art der „Ansprache" sein kann.

zunehmende Intensität ↓

Fokus der Intervention	Art der Ansprache
Struktursetzende Intervention Eröffnen oder Beenden von Arbeitsschritten, Übungsinstruktionen, Arbeitsformen vorgeben etc. **Prozessauswertung** Abschließende Reflexion eines Arbeits- oder Prozesschrittes in agilen Teams, z.B. institutionalisiert als Retrospective **Gruppenbezogene Intervention in den laufenden Prozess** Frage oder Anmerkung zum Prozessgeschehen in der Gruppe, z.B. in Bezug auf Entscheidungsverhalten, Spannungs- und Näheregulierung, Grenzen, Vermeidung, Normenbildung, Rollenverteilung, Rangaushandlungen. **Personenbezogene Intervention** Einzelne Personen schützen oder stützen, wenn die Gruppe dafür nichts tut. Einzelne Personen konfrontieren in Bezug auf Rollenverhalten, Einfluss auf die Gruppe, Beziehungsgestaltung, Umgang mit sich selbst und den anderen etc.	**Tangentiales Ansprechen** Begleitende Interventionen mit offenen und allgemeinen Formulierungen, z.B. „Worum geht es denn hier im Kern?", „Wie finden Sie jetzt zu einer Einigung?" etc. Die Intervention lenkt die Aufmerksamkeit lediglich auf einen bestimmten prozessualen Aspekt **Direktes Ansprechen** Fragen, die auf das persönliche Erleben fokussieren, Anbieten von Hypothesen, Feedback oder eines Klärungswunsches. „Mir kommt es so vor, als stünden Sie noch sehr stark unter dem Eindruck der belastenden Erfahrung von vorhin. Kann das sein?" Diese Frage könnte auch zirkulär gestellt werden: „Was meinen Sie, Frau X, wenn ich Herrn Y danach fragen würde, was ihn gerade beschäftigt, was würde er mir antworten?" Hier stellt sich die Beratungsperson mit ihrer persönlichen und fachlichen Perspektive zur Verfügung. **Konfrontation** Konfrontieren heißt nicht „angreifen", sondern einfach „gegenüberstellen". Die Beratungsperson stellt Einzelnen oder der Gruppe eigene Wahrnehmungen, Beschreibungen, Gefühle oder Hypothesen gegenüber. Konfrontationen bergen das höchste persönliche Risiko und erzeugen in der Regel Spannung.

Abb.: Kategorisierung von Beratungsaufträgen. (nach Erpenbeck 2022)

Und schließlich können Anlass für ein Teamcoaching auch Probleme und Konflikte im Team oder mit Nahtstellenpartnern sein. Bei der Dimension **Teamcoaching für Problemlösungsprozesse** greifen wir sehr gerne auf das Modell von Daniel Meier zurück, dessen Vorgehensweise im „Solution Circle" (Meier 2004) maximal hilfreich ist.

Hier eine Übersicht genereller Anknüpfungspunkte für Teamcoachings:

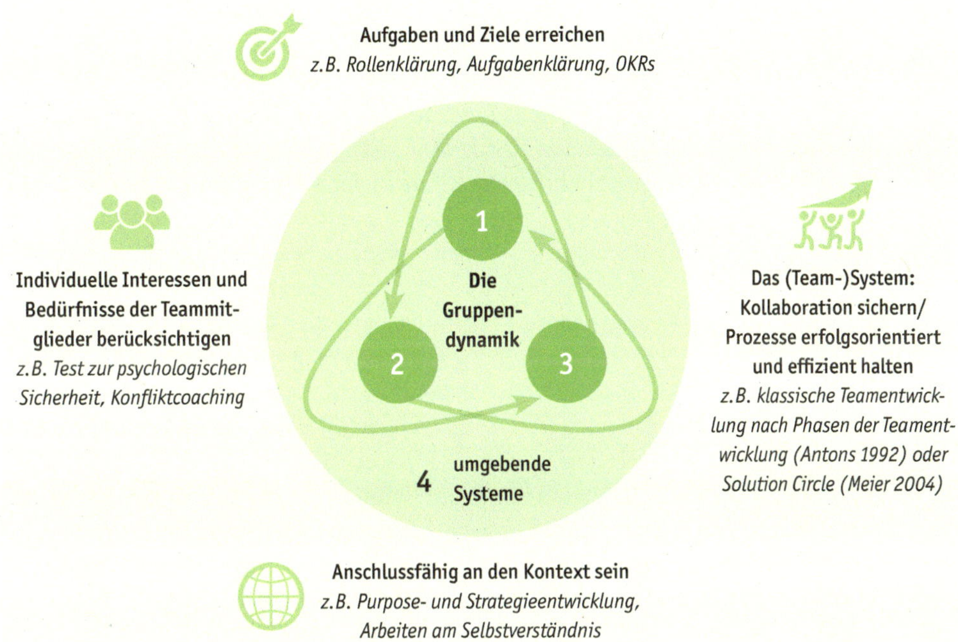

Abb.: Anknüpfungspunkte für Teamcoachings.

Die Übersicht soll zeigen, dass alle diese Anknüpfungspunkte für Teamcoaching miteinander verbunden sind und sich fortwährend gegenseitig beeinflussen. Was jeweils als stimmige und nützliche Intervention empfunden wird, entscheidet das Team selbst. Wenn man von außen auf das Team und auf Erfolgskriterien für gelungenes Teamcoaching schauen möchte, dann kann man, salopp formuliert, folgende, selbstverständlich nicht voll umfängliche Checkliste von Klaus Eidenschink nutzen (Pichler 2023). Wobei dieser seine Liste nicht als Norm verstanden haben möchte, sondern als Impuls zur Wahrnehmungsschärfung für Teamcoachs. Woran lassen sich also Teams erkennen, die ihre Ziele erfolgreich bearbeiten können?

Erkennen, wenn ein Team seine Ziele erfolgreich bearbeitet hat

1. **Entscheidungsorientierte Kriterien**
   - Entscheidungen und die Risiken des Scheiterns werden gemeinsam getragen (*„Ich bin mit dabei“*)
   - Fehler werden gemeinsam verantwortet und ausgewertet (*„Ich war mit dabei“*)
   - Es gibt ein gemeinsames Verständnis der Prioritäten (*„Alle für eins“*)
   - Widerstand wird nicht hierarchisch beseitigt (*„Wie kann der Widerstand sinnvoll genutzt/verstanden werden?“*)

2. **Beziehungsorientierte Kriterien**
   - Es gibt eine hohe Investition in die gemeinsamen Beziehungen (*„Keiner kann hier außen vor sein“*)
   - Es gibt ein hohes Interesse an der Wirkung des eigenen Handelns (*„Ich möchte wissen, wie es den anderen mit mir geht“*)
   - Es gibt wenig Diskrepanz zwischen Gesagtem und Ungesagtem (*„Ich rede mit den anderen, nicht über sie“*)
   - Absicherungs-, Rechtfertigungs- und Schuldigendiskurse werden minimiert (*„Es ist nicht wichtig, wer recht hatte“*)
   - Alle fühlen sich in der Verantwortung, einander und der Teamleitung den Rücken zu stärken (*„Wir machen uns gegenseitig/unseren Chef/unsere Chefin stark“*)
   - Taktieren und Koalitionsbildungen werden sofort problematisiert (*„Was alle angeht, können nur alle gemeinsam lösen“*)

3. **Kriterien zur Bearbeitung von Ungewissheit**
   - Konflikte werden als Chance begriffen (*„Unterschiedlichkeit braucht Auseinandersetzung“*)
   - Meinungsverschiedenheit wird als Mehrwert genutzt (*„Was kann bestenfalls hieraus entstehen?“*)
   - Ohnmachtsgefühle und Ungewissheit im Umgang mit Komplexität werden ausgesprochen und bearbeitet (*„Die Zukunft ist immer ungewiss“*)
   - Überzeugungen werden kritisch hinterfragt (*„Wer sicher ist, lernt nicht“*)

Literatur

- Antons, K. (1992): Praxis der Gruppendynamik – Übungen und Techniken. Göttingen: Hogrefe, 5. überarbeitete und ergänzte Aufl.
- Erpenbeck, M. (2022): Mitschwingen und Dazwischengehen: Systemisch-gruppendynamische Prozesskompetenz in Beratung und Training. Heidelberg: Carl-Auer Verlag.

- Meier, D. (2004): Wege zur erfolgreichen Teamentwicklung: Mit dem SolutionCircle Turbulenzen im Team als Chance nutzen. Ein Werkstattbuch für die Praxis. Books on Demand (BoD).
- Pichler, M.: So steigern die Profis die Team-Effektivität. In: personalmagazin – neues lernen 02/2023.
- Voigt, B. & Antons K.: Systematische Anmerkungen zur Intervention in Gruppen. In: Oliver König (Hrsg.) (1997): Gruppendynamik: Geschichte, Theorien, Methoden, Anwendungen, Ausbildung. München: Profil, 2. Aufl., Seite 230 f.

Kapitel II

Systemische Interventionen

Name	Seite	Was ist hier systemisch?				Gruppengröße*	Zeitaufwand	Vorbereitungs-aufwand
		Perspektiv-wechsel	Fragetechniken	Zusammenarbeit fördern	Ressourcen-/Lösungsfokus			
1. Die gemeinsame Entwicklungsreise beginnen								
Chatting Tandem	29	x		x		3-15	1 Std. pro Durchgang	★☆☆
Agile Loopings für alle	35	x			x	50-70	2 Std.	★★☆
Teamgefüge in Balance	40	x		x		12	1,5 Std.	★★☆
Meine Hochs und Tiefs	47	x		x		12	1-2,5 Std.	★☆☆
Das Team-Johari	52	x		x		unbegr.	1 Std.	★★☆
Moving Motivators	58	x		x		4-8	1-1,5 Std.	★★★
Systemisches Reconnect: Unser Heartbeat	63	x	x	x		unbegr.	45 Min.	★★★
Belebende Bedeutungen	68	x	x			6-12	1-2 Std.	★☆☆
Mit Wirkung zur Wirklichkeit	73	x		x		8-16	15-30 Min.	★★★
2. Die gemeinsame Landkarte definieren								
Das systemische Team-Porträt	81	x		x		3-12	2-4 Std.	★☆☆
Die Leinwand fürs Team	86		x	x		unbegr.	flexibel	★★★
Bürokratische Befreiung	92	x		x		bis 20	3 Std.	★★☆
Neue Spielregeln fürs Team	100			x		3-12	30 Min.	★★★
Rollen-Release	104			x		8	4-6 Std.	★★★
Charta für hybride Zusammenarbeit	112	x		x		6-12	halber bis ganzer Tag	★★☆
Abgeben & annehmen	120			x	x	6-12	halber bis ganzer Tag	★★☆
3. Das Team in Fahrt halten: Metaphernarbeit								
Team-Vernissagen	131	x		x		12	45 Min.	★★☆
Familiengeschichten	136	x		x		12	1,5-2 Std.	★★☆
Die Problemlösebrücke	141			x	x	4-15	2-4 Std.	★☆☆
Wir ziehen uns aus dem Sumpf	147	x			x	10-30	1-1,5 Std.	★★☆
Wo drückt der Schuh? (siehe Download-Ressourcen)					x	6-16	30 Min. pro Bedürfnis	★★☆
Eine Schiffsreise	152	x			x	3-30	1 Std.	★★☆
Lösungsfindung mit WeQ	156	x	x		x	10-30	1-1,5 Std.	★★☆
Metaphernarbeit mit Katapult	162		x	x	x	unbegr.	2 Std.	★☆☆
Inventur im Ressourcenvorrat	167	x			x	12	4 Std.	★★☆
Häuser aus Stroh, Holz und Stein	173			x	x	10-12	30-60 Min.	★☆☆

Name	Seite	Was ist hier systemisch? Perspektiv-wechsel	Fragetechniken	Zusammenarbeit fördern	Ressourcen-/ Lösungsfokus	Gruppengröße*	Zeitaufwand	Vorbereitungs-aufwand
Veränderung verankern	178	x			x	25	1,5 Std.	★★★
Memes für Teams	183	x		x		15	10 Min.	★★☆
4. Die gemeinsame Lernstrecke ausbauen								
Rückschau mit Seestern	191			x	x	12	45 Min.	★☆☆
Feedback per Speedback	196			x	x	6-8	2 Std.	★☆☆
After Action Review	202			x	x	unbegr.	30-90 Min.	★☆☆
De-Bono-Retrospektive	209	x		x		10	45-90 Min.	★★★
Retro mit vier L	213	x		x		15	45-90 Min.	★☆☆
Sicherheit säen	218		x	x		16	3 Std.	★☆☆
Forward statt backward	223			x	x	10	2 Std.	★☆☆
Sensibel mit Signal	229			x	x	unbegr.	5 Min.	★★★
Von der Antwort zur Frage	234		x	x	x	unbegr.	30-45 Min.	★☆☆
5. Auf zu neuen Ufern								
Ressourcen-Triple	243		x		x	12	2-3 Std.	★☆☆
Per strategischer Schleife zur Zukunft	249	x			x	12	halber bis ganzer Tag	★★☆
Ein Motto gegen Stress	254		x		x	3-30	3,5 Std.	★★★
Grenzen setzen und besser gestalten	262				x	3-18	1-1,5 Min.	★☆☆
Perspektivwechsel mit Storystorming	268	x			x	25	1 Std.	★☆☆
Anleitung zur Selbst-Disruption	274	x			x	6-12	1-1,5 Std.	★☆☆
Let's change our change	280			x	x	4-10	3-4 Std.	★★☆
Vom Bergsteigen	284			x	x	2-4	20 Min.	★☆☆
Glaubenssatz-Check für Teams	289	x		x		12	1,5-2 Std.	★★☆
Ein Plan für neue Gewohnheiten	295			x	x	30	4 Std.	★☆☆
Teamcoaching goes Design Thinking (2 Workshops)	302			x	x	unbegr.	2 x 6 Std.	★★★
Ausweg durch Affirmation	312			x	x	6-8	2-3 Std.	★★★
Wachsen mit System	319	x		x		10	3-4 Std.	★★☆

*Hinweis: Einige der Interventionen können auch von größeren Teams, aber in entsprechenden Kleingruppen durchgeführt werden.

1. Die gemeinsame Entwicklungsreise beginnen

In diesem Abschnitt finden Sie folgende Interventionen:

Chatting Tandem

von Anja Wiggenhauser

Infos

- **Gruppengröße:** 3 bis ca. 15 Personen, die dann in Dreiergruppen aufgeteilt werden
- **Material:** keines, nützlich sind gegebenenfalls Flipchart und Schreibmaterial
- **Zeitaufwand:** ca. eine Stunde pro Durchgang

Egal ob es darum geht, eine Entscheidung zu treffen oder die eigenen Fähigkeiten einzuschätzen – oft sind wir so sehr in unseren eigenen Wahrnehmungen gefangen, dass uns spannende Aspekte entgehen. Deshalb kann es durchaus sinnvoll sein, dem Tratsch der anderen zuzuhören. Wie das systemisch funktioniert, erklärt die folgende Intervention.

„Was interessiert mich das Gerede der anderen?" – das ist meist sicher eine ganz gesunde Haltung. Mancher Tratsch wird uns zweifellos emotional oder geistig nicht unbedingt beflügeln. Aber seien wir ehrlich: Wer möchte nicht doch einmal gern Mäuschen spielen, wenn andere über uns reden?

Es wäre doch spannend zu erfahren, welche Impulse, Perspektiven und Hypothesen andere zu meinen Handlungen, Entscheidungen und Veränderungsprozessen haben. Diese könnte man natürlich einfach erfragen. Die interessanteren Antworten bekommt man jedoch sicher, wenn man nicht ganz so direkt vorgeht. Warum also nicht das „Tratschen" oder „Chatten" als systemische Intervention nutzen? Das hat verschiedene Vorteile.

Grundidee: Miteinander übereinander reden

Der Ablauf

Die Übung „Chatting Tandem" eignet sich für Gruppen von drei bis ungefähr 15 Personen. Für die Durchführung der Übung werden sie jeweils zu dritt in Kleingruppen eingeteilt: Je zwei Teilnehmende bilden das „Chatting Tandem", das über einen Dritten redet – und zwar in dessen Beisein.

Dabei folgt das Tandem – also das tratschende Paar – mit seinem Chat einer Aufgabenstellung, die entweder allgemein von der Moderatorin oder individuell von der dritten Person vorgegeben wurde. Das Chatting Tandem tauscht beispielsweise Meinungen, Hypothesen, persönliche Impulse oder auch Ideen zu einer Frage- oder Aufgabenstellung aus. Die dritte Person hört zu und schreibt gegebenenfalls mit. Sie hat im Anschluss an den Chat die Möglichkeit, ihre Gedanken und Gefühle zum Gesagten zu teilen.

Je nach Aufgabenstellung sollte bis zu einer Stunde für einen Chat-Durchgang anberaumt werden.

Einsatz: Kennenlernen und Stärken

Das „Chatting Tandem" ist flexibel einsetzbar. Je nach Aufgabestellung ist es von Vorteil, dass zwischen den Teilnehmenden bereits ein gewisses Vertrauensverhältnis besteht. Die Übung kann jedoch auch sinnvoll sein, wenn sich die Teilnehmenden noch nicht kennen.

Wenn sich Teilnehmende erst kennenlernen

Dann ermöglicht sie etwa zu Beginn eines Gruppenprozesses ein **erstes Kennenlernen der besonderen Art.** Anstatt sich selbst vorzustellen, spekulieren hierbei jeweils zwei Teilnehmende – das Chatting Tandem – über einen Dritten in dessen Beisein: Welche Hobbys, welchen Beruf, welche Lieblingsmusik, ... könnte der Dritte haben? Hier ist Kreativität und auch gerne Humor gefragt!

Der Dritte hört sich dieses Gespräch nur an. Er reagiert erst anschließend, indem er den beiden Tandem-Partnern in wenigen Sätzen erzählt, ob und inwieweit ihre Spekulationen einen wahren Kern besitzen. Gerne kann das Gesagte später im Plenum geteilt werden.

Der Kontakt und Austausch, der in den Dreiergruppen entsteht, ist meist sehr ungezwungen und entspannt. Vor allem in Kombination mit anderen Kennenlernübungen ermöglicht die Intervention deshalb ein besonders intensives Kennenlernen.

Wenn sich Teilnehmende bereits gut kennen

Sehr nützlich ist das „Chatting Tandem" auch als **Ressourcenübung**: Dafür sollten sich die Teilnehmenden der Gruppe bereits gut kennen. Jeweils zwei von ihnen sprechen nun als Chatting Tandem über die Stärken, Ressourcen und Fähigkeiten des zuhörenden Dritten.

- Was mag ich an ihm/ihr?
- Was ist mir besonders positiv an ihm/ihr aufgefallen bzw. was beeindruckt mich?
- Wie trägt er/sie positiv zur Gruppe bei?
- Worauf kann er/sie stolz sein?

Die einzige Aufgabe des Dritten ist es, zuzuhören und – das ist besonders wichtig – alles, was über ihn gesagt wird, aufzusaugen und bis in die letzte Körperzelle wirken zu lassen.

Ziel dieser „Ressourcendusche" ist es, ein noch tieferes Vertrauen und einen stärkeren Zusammenhalt zwischen den Teilnehmenden aufzubauen sowie den Selbstwert der Teilnehmenden zu stärken. Gleichzeitig üben die Teilnehmenden dabei, andere zu loben sowie positive Fähigkeiten herauszustellen.

Chatting Tandem in Entscheidungsprozessen

Variante für vorwiegend rational denkende Menschen

Diese dritte Einsatzmöglichkeit ist von den systemischen Koryphäen Roswita Königswieser und Alexander Exner inspiriert. Sie eignet sich besonders bei rationalen Menschen, die sich ihrer Gefühle in Entscheidungen wenig bewusst sind und sie deshalb kaum oder nicht gezielt einbeziehen können. Das kann problematisch sein, da Entscheidungen selten rein rational zu bewältigen sind. Oft nämlich fehlt ein widerspruchsfreies, stabiles und eindeutiges Zielsystem, das dafür notwendig wäre. Deshalb sind immer auch emotional mitbestimmte Kontexte, Beziehungen und Folgen einzubeziehen, wobei Gefühle eine Art Bewertungsfunktion übernehmen:

- Inwieweit hat eine Annäherung an das Ziel stattgefunden?
- Oder auch: Stehen die notwendigen Anstrengungen in einem guten Verhältnis zur Zielerreichung?

Hier helfen die „Chatting Tandems", emotionales Erfahrungswissen mit rationalen Gründen zu kombinieren und so zu besseren Entscheidungen zu kommen. Einsetzen lässt sich die Übung ebenso vor wie nach einer wichtigen Entscheidung.

Wahrgeben und -nehmen

Die Übung des „Chatting Tandems" arbeitet insbesondere mit der systemischen Annahme, dass es keine neutrale Realität gibt, sondern dass jeder Mensch die Wirklichkeit selbst „konstruiert".

Die menschliche Wahrnehmung nämlich ist selektiv und störbar. Deshalb setzt jeder Phänomene wie Personen, Erlebnisse oder Verhaltensweisen so zueinander in Beziehung, dass sie für ihn in einer betreffenden Situation möglichst viel Sinn ergeben.

Je nach Emotionen, Bedürfnissen und Partizipationsmöglichkeiten hat jeder Empfänger damit sozusagen seine eigene „Wahrgebung". Diese Weltsicht aufzubrechen und Perspektivwechsel zu ermöglichen, ist ein Anliegen der „Chatting Tandems."

So geht's

In jedem Fall formieren sich die Teilnehmenden zunächst zu Dreiergruppen. In diesen kann jeder eine Entscheidungssituation einbringen: Eine Teilnehmerin beginnt damit, ihre bevorstehende oder bereits getroffene Entscheidung innerhalb von etwa fünf Minuten zu formulieren, bei Bedarf auch zusätzlich am Flipchart zu visualisieren. Die anderen beiden Teilnehmer, das Chatting Tandem, hören zu und fragen bei Verständnisschwierigkeiten nach.

Anschließend nimmt sich der Anliegengeber zurück. Er hat ab jetzt nur noch die Aufgabe, zuzuhören und gegebenenfalls mitzuschreiben. Das Chatting Tandem redet nun etwa 30 Minuten lang über den Dritten beziehungsweise seine Entscheidung. Es ist hilfreich, wenn der Trainer für dieses Gespräch bestimmte Impulsfragen anbietet. Diese könnten sein:

- Welche Konsequenzen wird die Entscheidung für ihn/sie haben?
- Was wird ihm/ihr die größten Sorgen bereiten?
- Wer wird wie über ihn/sie reden?
- Welche Veränderungen werden auf ihn/sie zukommen?
- Was wird ihm/ihr dann am schwersten fallen?
- Wie könnten wir ihn/sie konkret unterstützen?

Die Antworten können ebenfalls auf Moderationskarten schriftlich festgehalten werden und später dem Dritten überreicht werden.

Mehrwert: Kreativ und durchgelüftet

Abschließende Auswertung

Abschließend kann die jeweilige Dritte auf das Gespräch des Chatting Tandems reagieren (20 Minuten). Aspekte, die sie ansprechen kann, sind beispielsweise:

- Was hat mich berührt?
- Was wurde mir bewusst?
- Welche Hilfsangebote möchte ich annehmen?

Diese Analyse hilft ihr dabei, ihre Entscheidungen tiefer zu durchdenken, und sich dabei die Gefühle zu den verschiedenen Aspekten bewusst werden zu lassen. Dadurch wird ein Umdenken leichter für die Betroffene – erst recht, da sie die Chat-Partner, wenn gewünscht, dabei als Unterstützer begleiten können.

Denn der besondere Mehrwert der Methode greift auch hier: Mit ihr werden Beziehungen vertieft und Vertrauen zwischen den Teilnehmenden gestärkt. Es wird leichter für die Beteiligten, Unterstützung sowohl anzubieten als auch anzunehmen.

Gleichzeitig ermöglicht die Übung für die Tandem-Partner ein freieres und kreativeres Denken als im Eins-zu-eins-Gespräch mit dem Fragensteller: Im Dialog kann gemutmaßt und fantasiert werden, was ein breites Feld an neuen Perspektiven für den zuhörenden Dritten bietet.

Die dritte Person dagegen kann sich anders als im Dialog mit einem Gegenüber nur auf das Zuhören und Mitdenken konzentrieren. Dass sie nicht direkt nachfragen oder kommentieren darf, ist zunächst ungewohnt und fordert sicher Zurückhaltung. Es gewährleistet jedoch, dass das Gespräch des Tandem-Paars nicht in die von den Gedanken und Ideen des Zuhörers geprägten Bahnen gelenkt wird – und dass so seine gerade in Entscheidungsprozessen oft eingeengten und starren Gedankengänge regelrecht „durchgelüftet" werden.

Im Plenum können anschließend Erkenntnisse, neue Ideen, Anregungen sowie Fragen präsentiert werden. Damit erhalten alle Teilnehmenden Anschluss an die Entscheidungs- und Arbeitsprozesse der anderen Kleingruppen.

Literatur

- Königswieser, R. & Exner, A. (1999): Systemische Intervention. Architekturen und Designs für Berater und Veränderungsmanager. Stuttgart: Klett-Cotta.
- Dollinger, A. & Fehse, K. (2022): Change-Trainings erfolgreich leiten – Reloaded. Bonn: managerSeminare.

Agile Loopings für alle

von Jennifer Stein

Infos

- **Gruppengröße:** 50 bis 70 Personen
- **Material:** für jede Untergruppe ein vorbereitetes Flipchart mit den Impulsfragen, ausreichend Kärtchen oder Klebezettel, Stifte
- **Zeitaufwand:** ca. 2 Stunden

Viele Menschen haben in der Regel viele verschiedene Sichtweisen – auch und gerade in Großgruppenveranstaltungen. Sie sichtbar zu machen und für die gemeinsame Entwicklung von Wegen in die Zukunft zu nutzen, gelingt mit dieser systemischen Intervention: dem Agile Loop.

Wenn es darum geht, viele Menschen in einen Prozess mitzunehmen, ist es wichtig, sie alle einzubeziehen, damit ein breites Verständnis und schließlich ein echtes Commitment aller Beteiligten entsteht. Zudem eröffnen sich durch die Beteiligung wertvolle Möglichkeiten, um die verschiedenen Sichtweisen nutzbar zu machen und so das Potenzial der großen Gruppe auch zielführend auszuschöpfen. Beides gelingt mit dem „Agile Loop".

Die Methode ist immer eine gute Wahl, wenn es sich um einen Workshop mit einer Großgruppe von mindestens 30 Teilnehmenden handelt. Sie ermöglicht es durch mehrere „Loopings" allen, sich bei verschiedenen Themen einzubringen, die Arbeitsergebnisse

der Kolleginnen kennenzulernen und an beziehungsweise mit diesen weiter daran zu arbeiten. Wir nutzen damit die Erfahrung vieler Beteiligter zu einem Thema und steuern den Austausch zwischen den Teilnehmerinnen und Teilnehmern so, dass alle viele Einblicke in die Sichtweisen und Ideen der anderen bekommen.

Ausgangspunkt ist ein gemeinsames Ziel

Ausgangspunkt ist in der Regel der Wunsch, einen Weg zu einem bestimmten Ziel gemeinsam zu erarbeiten. Hierbei ist es hilfreich, wenn dieses Ziel von allen Beteiligten im Vorfeld erarbeitet wurde und für alle zugänglich ist. Dafür ist mit der Methode Agile Loop in einem Workshop ein Zeitrahmen von etwa zwei Stunden nötig.

Zunächst werden dann aus den aktuellen Herausforderungen konkrete „Action Points" abgeleitet, aus denen die nächsten Schritte zur Zielerreichung folgen. Die gemeinsame Erarbeitung stärkt die Motivation, an der Umsetzung der Maßnahmen mitzuarbeiten.

Vorbereitung: Themenfelder bestimmen

Zunächst werden von Trainer oder Trainerin die zu bearbeitenden Themenfelder ausgewählt. Sie ergeben sich aus dem vorgegebenen Zielbild und sollten so ausgewählt werden, dass noch genügend Spielraum bleibt, um die Schritte hin zur Zielerreichung gemeinsam auszugestalten. Angenommen, das Zielbild wäre es, ein CO2-neutraler Betrieb zu werden, wären die Themenfelder zum Beispiel: Veränderungen in der Produktion, Neuausrichtung im Marketing, Einkauf und Logistik, Sparpotenziale im laufenden Betrieb, mögliche Innovationen.

Download: Ablaufplan Agile Loop

Ebenfalls vorbereitet werden die Flipcharts mit Fragenlisten für die Gruppenarbeit (siehe „Ablaufplan Agile Loop"), ausreichend Kärtchen oder Klebezettel sowie Stifte.

Runde 1: Erste Gruppeneinteilung

Zunächst bekommt jedes zu bearbeitende Thema ein Tandem als Begleitung für die erste Runde zugeteilt. Ein Tandem besteht beim ersten Thema beispielsweise aus einer fachlichen Expertin aus der Produktion und einem Verkäufer, beim zweiten vielleicht aus einem Marketingmanager und einer Mitarbeiterin aus der Buchhaltung. Wichtig ist, dass die Personen im Tandem unterschiedliche Sichtweisen auf das Thema haben, ob sie sich aus der Anwendung oder dem Jobprofil ergeben, ist egal.

Dann wird die Großgruppe aufgeteilt, um in kleineren Gruppen die vorbereiteten Themenblöcke zu bearbeiten. Die Gruppengröße ist variabel, allerdings sollte die Anzahl der Personen in jeder Gruppe immer ausgewogen sein. Zudem sollte darauf geachtet werden, dass die Untergruppen noch ausreichend groß sind, um ein kreatives Arbeiten zu erreichen.

In Runde eins werden zunächst zwei Gruppen pro Thema gebildet: Untergruppe A und Untergruppe B. Alle Anwesenden werden also auf insgesamt doppelt so viele Gruppen aufgeteilt, wie es Themen gibt – in unserem Beispiel wären es zehn. Die Verteilung auf die Gruppen erfolgt per Zufallsprinzip. Bis auf eine Ausnahme: Pro Thema geht jeweils ein Mitglied des entsprechenden Tandems in Untergruppe A, das andere in Untergruppe B. Die beiden Tandemmitglieder können zwischen A und B wandern, um Informationen auszutauschen und offene Fragen zu klären.

Impulsfragen für Runde 1

Jede Gruppe erhält Impulsfragen, die als Inspiration, Impuls und Start für die Gedanken in der Gruppe dienen. Sie werden jeweils unterschiedlich bearbeitet: in Untergruppe A etwa aus der Perspektive der Verkäufer und in Untergruppe B aus der Perspektive der Fachexpertinnen. Abgeleitet sind die Impulsfragen aus den drei Dimensionen für erfolgreiches agiles Arbeiten:

Dimension I: Kollaboration und Vertrauen

- Wie schaffen wir es, gut in den verschiedenen Phasen auf Augenhöhe zusammenzuarbeiten?
- Wie können wir dafür sorgen, dass wir uns regelmäßig Feedback zu positiven und kritischen Aspekten geben?
- Wie nutzen wir unsere unterschiedlichen Sichtweisen, Expertisen und ggf. widersprüchlichen Meinungen zukünftig besser, um unsere Themen erfolgreich nach vorne zu bringen?

Dimension II: Transparenz und Informationsfluss

- Wie stellen wir sicher, dass allen Beteiligten der Sinn, Zweck und das Ziel unserer Zusammenarbeit klar ist?

- Welche Wege können wir nutzen, um unseren Austausch und Informationsfluss auch über Distanz regelmäßig zu gewährleisten?
- Wie halten wir zukünftig fest, wer gerade an welchem Thema arbeitet und welche Prioritäten Vorrang haben?

Dimension III: Reflexion und Erfolgsorientierung

- Wie schaffen wir ein gemeinsames Verständnis über die Erfolgsfaktoren unseres gemeinsamen Ziels in unseren Bereichen?
- Wie stellen wir zukünftig sicher, dass wir unsere definierten Ziele fortlaufend mit den Kontextanforderungen balancieren?
- Welche Methoden wollen wir nutzen, um unsere Erfahrungen und unser gemeinsames Lernen ständig zu verbessern und anderen zugänglich zu machen?

Die Teams erarbeiten konkrete Handlungsschritte

Aus diesen Impulsfragen erarbeiten die beiden Teams konkrete Handlungsschritte mit dem Ziel, das bereits erarbeitete Zielbild – z.B. die CO2-Neutralität – zu erreichen. Sie fokussieren dabei auf fünf bis maximal acht konkrete Punkte, aus denen sie Vorschläge für Action Points formulieren, die dann in Runde 2 weiterbearbeitet werden. Das wäre dann zum Beispiel: „Umstellung auf umweltfreundlicheres Papier" oder „Wechsel der Druckerei prüfen".

Runde 2: Top Ten der Untergruppen

In der Runde 2 treffen sich die beiden Untergruppen A und B und präsentieren sich gegenseitig die Action Points, die sie jeweils erarbeitet haben. Dafür hat jede Untergruppe fünf Minuten Zeit. Dann handeln sie gemeinsam aus, welche der Punkte auf die „Top-Ten-Liste" für das zu bearbeitende Thema kommen.

Schließlich bestimmt die gesamte Gruppe eine Person, die die Ergebnisse dann in Runde 3 vorstellt.

Runde 3: Die dritte Gruppe

Der aus der Runde 2 bestimmte Moderator bleibt bei den Charts des strategischen Themas. Alle anderen Teilnehmenden der Veranstaltung – auch die Tandems – werden in neue Gruppen aufgeteilt. Diesmal gibt es pro Thema nur eine Gruppe (Gruppe C). Dort arbeiten nun wieder neue Personen an dem strategischen Thema.

Dafür präsentiert zunächst der vorher gewählte Moderator – oder die Moderatorin – kurz die Ergebnisse aus Runde 1. Die dort erarbeiteten Action Points werden nun durch Gruppe C ergänzt, verändert und vielleicht auch entfernt. Damit dieser Bearbeitungsprozess nachvollziehbar ist, wird alles visualisiert.

Ziel ist eine konkrete Liste – die „Top-Ten-Action-Points" – pro strategischem Thema, die dann im Plenum vorgestellt wird. Dafür wird ein Moderator oder eine Moderatorin aus der Gruppe C gewählt.

Ziel: „Top-Ten-Action-Points"-Liste pro Thema

Runde 4: Ergebnisse und Picking

Es folgt die Vorstellung der erarbeiteten „Action Points" im Plenum. Hier haben die ursprünglichen Tandempartner aus Runde 1 die Möglichkeit, bei ihrem eigenen Thema ein Veto einzulegen. Durch dieses Veto können sie auch Action Points, die von der Gruppe C stark geändert oder entfernt wurden, erneut auf die Liste setzen. Pro Thema sind hierfür fünf Minuten vorgesehen: drei für die Vorstellung der Action Points und zwei für ein mögliches Veto. Am Ende steht für jedes Themenfeld eine Liste konkreter Ansätze auf dem Flipchart.

Gemeinsames Finalisieren der Auswahl

Im Nachgang zum Looping bestätigten alle ihr Commitment und verpflichten sich auf die Action Points. Nach einer Pause, in der die Teilnehmenden die Möglichkeit haben, sich alle Action Points – vielleicht bei einem Kaffee – genauer anzusehen, picken sie sich einen persönlichen Punkt raus, den sie in den nächsten Wochen aktiv vorantreiben werden. Dabei muss jeder „Action Point" mindestens einmal gewählt werden. Das ergibt sich in der Regel aber ohnehin fast automatisch – schließlich kann ein Punkt nur auf der Liste landen, wenn er während des „Loopings" mindestens einen Fürsprecher oder eine überzeugte Vertreterin hat.

Jede/r wählt einen Punkt zur konkreten Bearbeitung

Literatur

- Dollinger, A., Fehse, K. & Haasis, K. (2022): Komplexitätstrainings für Führende erfolgreich leiten. Der Seminarfahrplan. Bonn: managerSeminare, 2. Aufl.

Teamgefüge in Balance

von Jennifer Stein

Infos

- **Gruppengröße:** maximal 12 Personen, sonst Aufteilung in Untergruppen
- **Material:** Kreppklebeband, Pinn- oder Moderationswände, Moderationskarten, vorbereitete Überschriften
- **Wichtig:** ausreichend Platz am Boden, um ein vier mal vier Meter großes Koordinatensystem auszulegen
- **Zeitaufwand:** etwa 90 Minuten

Ohne intensive Kooperation ist gute Arbeit in Teams nicht möglich. Leicht fällt sie aber längst nicht immer. Es braucht deshalb eine gute Balance zwischen den Bedürfnissen der Einzelpersonen und den Erfordernissen der Zusammenarbeit. Eine systemische Intervention hilft beim Austarieren.

Teamgefüge sind fragile Gebilde – ähnlich wie ein Mobile: Wie diese lassen sie sich durch minimale Veränderungen aus der Balance bringen. Kleinste Verschiebungen sorgen dann für sehr viel Bewegung im System, was nicht immer vorteilhaft ist fürs Ganze. Deshalb kann es hilfreich für die Zusammenarbeit im Team sein, wenn dieses Mobile von Zeit zu Zeit wieder ausbalanciert wird.

Denn im Grunde geht es in jedem Team immer wieder um die Frage: Wie viel Zusammenarbeit und wie viel Rückzug – kurz: wie viel Team – brauchen wir eigentlich? Was verstehen wir überhaupt in unserem Team unter dem Begriff Team? Wo stehen wir aktuell mit unserem Team? Und was erwarten verschiedene Teammitglieder vom Team? Hierzu haben einzelne Teammitglieder meist unterschiedliche Antworten. Werden diese nicht geklärt, entstehen schnell Missverständnisse, aus denen sich bisweilen sogar Konflikte entwickeln.

Die Vorbereitung: Koordinatensystem für die Kooperation

Gegenseitiges Verständnis wird gefördert

Die Übung „Unser Teamgefüge in Balance" kann im Rahmen eines Teamworkshops sehr viel zu Klärung, Synchronisation und einem guten gegenseitigen Verständnis im Team beitragen. Sie wirkt sich zudem befreiend und motivierend auf die Teammitglieder und somit auf das gesamte Team aus.

Gut geeignet ist die Übung für Teams mit bis zu zwölf Mitgliedern. Bei größeren Teams kann es hilfreich sein, alle in Unterteams aufzuteilen, um die Übung jeweils dort durchzuführen. Die Teammitglieder sollten dabei so aufgeteilt werden, dass diejenigen zusammen in einem Team sind, die in ihrer Arbeit die meisten Berührungspunkte oder Schnittstellen haben. Insgesamt sollte ein Zeitfenster von etwa 90 Minuten eingeplant werden.

Vorbereitend sollte der Moderator ein ausreichend großes Koordinatensystem mit Kreppklebeband auf dem Boden markieren. Für zwölf Personen sollten die Achsen des Koordinatensystems jeweils vier Meter lang sein, damit genug Freiraum für jedes Teammitglied entsteht. Die eine Achse wird mit dem Begriff „Wir-Gefühl" , die andere Achse mit dem Begriff „Notwendigkeit zur Kooperation" beschriftet. An der Stelle, an der sich die beiden Achsen treffen, wird eine Karte mit der Beschriftung „Nicht so wichtig" platziert. Am jeweiligen Ende der beiden Achsen wird eine Karte mit der Beschriftung „Sehr wichtig" abgelegt.

Für die Dokumentation von Gedanken und Arbeitsergebnissen werden zwei Moderationswände mit Papier bespannt. Die eine Wand bekommt die Überschrift: Was werde ich tun, um meinem Ideal näher zu kommen? Die andere: Das wünsche ich mir von anderen Teammitgliedern.

Für die Notizen der Teilnehmenden sollten Stifte, Moderationskarten und Pins bereitgestellt werden.

Das Vorgehen: Aufstellung und persönliche Antworten

Einführend erläutern nun Moderator oder Moderatorin zunächst den gesamten Prozess, bevor sie die einzelnen Schritte erklären: *„Zuerst werden Sie in einer Aufstellungsarbeit gebeten, sich im Koordinatensystem anhand von Arbeitsfragen zu positionieren. Anschließend werden die Wünsche der einzelnen Teammitglieder gesammelt, verhandelt und ausbalanciert. Das Ziel ist es, dass alle im Team nach der Übung ein gutes Verständnis für die einzelnen Teammitglieder und die verschiedenen Bedürfnisse im Teamgefüge haben und auch konkrete Ansatzpunkte sehen, um das Teamgefüge gut auszubalancieren."*

Das Koordinatensystem vorstellen

Schritt 1: Das Koordinatensystem (10 Minuten). Nun präsentiert die Moderatorin das Koordinatensystem. Dabei ist es wichtig, die Bedeutung der Begriffe „Wir-Gefühl" und „Notwendigkeit der Kooperation" klar darzustellen:

Das Spannungsfeld

Das **„Wir-Gefühl"** beschreibt das Gefühl der einzelnen Teammitglieder, das sie bei der Zusammenarbeit im Team spüren. Ein Gefühl der Zugehörigkeit, der Gemeinschaft und des Zusammenhalts.

Die **„Notwendigkeit der Kooperation"** beschreibt die faktische Notwendigkeit der Kooperation in der Zusammenarbeit. Welche Informationen brauchen die einzelnen Teammitglieder, um ihre Aufgaben erledigen zu können und die Ziele der Teammitglieder bzw. des Teams zu erreichen?

Beispiele aus dem Arbeitsumfeld des Teams machen die Erläuterung der beiden Begriffe anschaulicher und sind hilfreich in der Moderation. Eine ausführliche Diskussion darüber, was die einzelnen Teammitglieder unter den Begriffen verstehen, ist an dieser Stelle jedoch nicht vorgesehen.

Unterschiedliche Bedürfnisse ermitteln

Schritt 2: Erste Aufstellung (30 Minuten). Nun bittet der Moderator – oder die Moderatorin – alle Teammitglieder, sich an den Platz im Koordinatensystem zu stellen, bei dem sie das Gefühl haben, dass er am besten für sie passen würde. *„Fragen Sie sich: An welcher Stelle im Koordinatensystem fühle ich mich am wohlsten? Wie viel ‚Wir-Gefühl' und wie viel ‚Notwendigkeit der Kooperation' brauche ich bei der Zusammenarbeit im Team? Was wäre die ideale Position für mich?"*, so die Erklärung des Moderierenden.

Wenn alle diesen Punkt für sich gefunden haben, befragt der Moderator jedes Teammitglied und bittet um eine kurze Beschreibung dazu, warum er oder sie sich an diese Stelle gestellt hat und was für ihn oder sie hier wichtig ist. Hierbei ist es schön, wenn der Moderator immer wieder Personen befragt, die an unterschiedlichen Stellen im Koordinatensystem stehen, und so die unterschiedlichen Perspektiven veranschaulicht werden.

Dadurch, dass alle ihre individuellen Bedürfnisse – also ihre jeweils persönliche Antwort auf die Frage „Wie wäre es für mich ideal?" – aussprechen und alle anderen gut zuhören, erfährt das gesamte Team etwas über die Bedürfnisse aller Mitglieder. Über die Aufstellung im Koordinatensystem wird die Unterschiedlichkeit zusätzlich sichtbar. Der Moderator kann aus seiner Sicht auch nochmals diese Unterschiedlichkeit der verschiedenen Bedürfnisse wertschätzend beschreiben.

Wie wird der Status quo wahrgenommen?

Schritt 3: Zweite Aufstellung (10 Minuten). Nun bittet die Moderatorin die Teammitglieder, sich an die Position im Koordinatensystem zu stellen, die am besten darstellt, wie sie gerade die aktuelle Situation im Team für sich empfinden. Dabei sollen sie sich fragen: „Wie erlebe ich die Zusammenarbeit in unserem Team aktuell?" Es ist hilfreich, wenn beispielsweise die Moderatorin alle immer wieder dazu einlädt, sich in die Situation „hineinzufühlen" und so dem eigenen Bauch das Kommando zu übergeben.

Durch die neue Fragestellung wird es zu einer Bewegung im Koordinatensystem kommen. Nachdem sich alle im Koordinatensystem neu positioniert haben, befragt die Moderatorin zuerst einzelne Teammitglieder:

- Wie geht es Ihnen hier an dieser Stelle?
- Was ist der Unterschied zu der Stelle, an der Sie bei der vorherigen Frage standen?

- Was können Sie aus Ihrer Sicht tun, um mehr von dem zu bekommen, was Sie in der Zusammenarbeit im Team brauchen?

Das Teamgefüge wird sichtbar

Hier reicht es, zwei bis drei Stimmen zu hören, wobei es sich anbietet, die Teammitglieder auszusuchen, die sich am meisten bewegt haben. Zusätzlich bittet die Moderatorin alle, sich zu den Fragen ein paar Gedanken zu machen. Dann stellt sie die folgenden Fragen in die ganze Gruppe hinein:

Erste Reflexion der beiden Aufstellungen

- Welche Beobachtungen haben Sie bei der veränderten Fragestellung gemacht?
- Welche Bewegungen haben sich ergeben?
- Was sagt das über das aktuelle Teamgefüge in Ihrem Team?

Es folgt eine Aufgabe für die gesamte Gruppe: *„Bitte machen Sie sich – jeder und jede für sich – Gedanken über die folgende Frage: Was kann ich für mich tun, um mehr von dem zu bekommen, was ich für die Zusammenarbeit im Team brauche? Bitte halten Sie diesen Gedanken innerlich fest, und gehen Sie dann mit diesem Gedanken und Ihren Ideen wieder auf die Position im Koordinatensystem zurück, die für Sie ideal ist."*

Hier wartet die Moderatorin, bis alle Teammitglieder wieder an der Position stehen, die für sie jeweils ideal ist. Sie bedankt sich an dieser Stelle bei allen für die Mitarbeit während der Aufstellung und leitet in den nächsten Schritt über.

Was kann ich tun? – Was wünsche ich mir von den anderen?

Schritt 4: Dokumentation der Gedanken und Ausbalancieren des Teamgefüges (30 Minuten). Die Teammitglieder schreiben nun ihre Gedanken und Ideen auf Moderationskarten, die sie an die Moderationswand mit der Überschrift „Was werde ich tun, um meinem Ideal näherzukommen?" heften. An die andere Wand („Das wünsche ich mir von anderen Teammitgliedern ...") schreiben sie die Wünsche, die sie an andere Teammitglieder haben. Bei diesen Karten weist der Moderator darauf hin, dass sowohl ein Absender des Wunsches als auch ein Empfänger auf der Karte stehen soll.

Außerdem erklärt er an dieser Stelle noch einmal, dass es um die Balance im Teamgefüge geht – und dass folglich nicht alle Wünsche geäußert werden sollten und nicht alle Wünsche erfüllt werden können. Die Tatsache, dass es sehr unterschiedliche Bedürfnisse im Team bezüglich des Teamgefüges gibt, soll in jeder Phase der Diskussion gegenwärtig sein und wertgeschätzt werden.

Welche Wünsche lassen sich erfüllen?

Nachdem alle ihre Karten geschrieben und angepinnt haben, betrachten die Teammitglieder die Karten. Im ersten Schritt werden die Kärtchen betrachtet, auf denen die Aktionen stehen, die die Teammitglieder sich selbst vornehmen. Sie werden entsprechend gewürdigt. Im nächsten Schritt werden die Wünsche betrachtet und diskutiert. Der Arbeitsauftrag für diese Diskussion lautet: Welche Wünsche können wir uns gegenseitig im Team erfüllen?

An diesem Punkt bittet der Moderator die Teammitglieder, sich noch mal daran zu erinnern, wie die Unterschiedlichkeit der Bedürfnisse im Rahmen der Aufstellung im Koordinatensystem sichtbar wurde. Das wird ihnen helfen, bewusst zu entscheiden, welche Wünsche in Zukunft erfüllt werden können und welche nicht.

Die Balance im Team steht immer im Vordergrund

Und noch eine zweite Perspektive bringt der Moderator in Erinnerung: „Welche Wünsche kann ich unserem Team überhaupt zumuten? Es geht um eine Balance im Team, nicht um das Erfüllen aller Wünsche und auch nicht darum, alle auszusprechen." Auf diesen Aspekt der Balance muss der Moderator vor und während der Diskussion immer wieder hinweisen und entsprechend framen.

Empfindungen und Erkenntnisse

Wünsche auswählen und annehmen

Nun kann jedes Teammitglied entscheiden, ob es einen an ihn oder sie gerichteten Wunsch annehmen möchte oder nicht. Dazu bittet die Moderatorin diejenigen, an die Wünsche gerichtet wurden, um ein kurzes Statement. Wird der Wunsch angenommen, bittet die Moderatorin die Person, die den Wunsch geschrieben hat, um ein Dankeschön dafür. Wird er nicht angekommen, würdigt sie den Wunsch, weist auf die Unterschiedlichkeit der Bedürfnisse hin, das fragile Teamgefüge, eine ausgeglichene Balance, und hängt den Wunsch quer auf die Moderationswand.

Wenn alle Wünsche durchgegangen wurden, beendet die Moderatorin die Diskussion und bittet das Team um eine kurze Reflexion der gesamten Übung mit den folgenden Arbeitsfragen:

Abschließende Reflexion

- Wie habe ich den Prozess während der Übung für mich empfunden?
- Wie gehe ich nun aus dem Prozess heraus?
- Was möchte ich heute zu unserer Arbeit im Team während der Übung sagen?

Danach ist die Übung beendet. Die Erkenntnisse, die dabei entstehen, sind für Teams immer wieder erhellend. Besonders hilfreich sind sie dann, wenn das Teamgefüge, etwa durch den Wechsel von Teammitgliedern oder veränderte Rahmenbedingungen, aus der Balance zu geraten scheint.

Meine Hochs und Tiefs

von Anja Wiggenhauser

Infos

- **Gruppengröße:** analog ist die Intervention für ca. 12 Personen geeignet, in virtueller Form nur für 6 bis 8
- **Material Präsenz:** Seil/Kreppband, Moderationskarten, Flipchartstifte
- **Material online:** eine Konferenz-Software wie Zoom/Skype/Microsoft Teams/Webex o. Ä.
- **Zeitaufwand:** ca. eine bis 2,5 Stunden

Klar, jedem Anfang wohnt ein Zauber inne. Das kann auch für Seminare gelten. Ausruhen sollte man sich auf dieser Redewendung allerdings nicht – sondern sozusagen selbst den Zauberstab in die Hand nehmen und ein Check-in gestalten, das mehrere Sinne anspricht und sogar virtuell funktioniert.

Zum Einstieg in Seminare und Workshops gibt es unzählige Übungen. Schließlich ist es die Aufgabe von Trainerinnen und Trainern, den Anfang einer Weiterbildung für alle bewusst zu gestalten: Es geht darum, Raum und Zeit zu geben für die gegenseitige Anschlussfähigkeit der Teammitglieder und für eine wertschätzende Grundhaltung zu sorgen. Und wenn dies gelingt, ist er tatsächlich für alle zu spüren: der Zauber, der laut Hermann Hesse jedem Anfang innewohnt.

Möglichst viele Wahrnehmungskanäle ansprechen

Seminareinstiege, die besonders nachhaltig in Herz und Kopf der Teilnehmenden bleiben und Verbundenheit stiften, zeichnen sich – wie alle Lernmethoden – vor allem durch die Anzahl der Sinnesmodalitäten aus, die sie ansprechen. Ziel ist es ja ohnehin bei allen Übungen, jeden Teilnehmer und jede Teilnehmerin auf seinen beziehungsweise ihren bevorzugten Wahrnehmungskanälen anzusprechen: Wer visuell orientiert ist, braucht sichtbare Impulse, die Zuhörerin mit einer Präferenz fürs Auditive weiß einprägsame Geschichten und Storytelling zu schätzen, andere spricht eher eine körperorientierte Aktivierung an.

Möglichst viele Wahrnehmungskanäle zu verbinden, ist deshalb auch bei jedem Einstieg in einen Workshop von besonderem Wert – und zwar auch, wenn die Teilnehmenden remote arbeiten. Denn räumliche Distanz bedeutet nicht gleichzeitig emotionale oder soziale Distanz. Auch in Webinaren ist ein Trainer gefordert, emotionale Verbundenheit zu schaffen, um eine Atmosphäre des Vertrauens, gemeinsamen Lernwillens und Unterstützung zu erreichen.

Gut geeignet dafür sind etwa Interventionen, die mit einem Seil arbeiten, beispielsweise die Seilarbeit „Meine Hochs und Tiefs", die hier in analoger sowie virtueller Form beschrieben werden soll. Diese Übung eignet sich sowohl für Gruppen, die sich kennen und bereits ein Stück des Weges miteinander gegangen sind – also normale Arbeitsteams oder Seminargruppen –, wie auch zum Beispiel Projektteams, die gerade am Start ihrer Zusammenarbeit stehen.

Vorbereitung auf Boden oder Whiteboard

Im analogen Setting bereitet die Trainerin vor Beginn des Seminars den Seminarraum vor, indem sie ein langes Seil quer durch den ganzen Raum legt, wahlweise bringt sie ein Kreppklebeband am Boden auf. An das eine Ende des Seils oder Kreppbands kommt – je nach Setting – ein Kärtchen mit der Aufschrift

- „Beginn meiner Arbeit als Projektmitglied/-leiterin"
- „Seit wann ich im Team (im Unternehmen) an Bord bin"
- „Seit unserem vergangenen Seminar/Workshop & Datum"

An das gegenüberliegende Ende des Seils wird ein Kärtchen mit der Aufschrift „heute" platziert. Alternativ können, zum Beispiel wenn die Übung im Rahmen einer langfristig angelegten Projektarbeit durchgeführt wird, auch andere Zeitpunkte gewählt werden, um einen Zeitabschnitt zu definieren: z.B. der „Beginn dieses Jahres“ bis „heute“.

Es sollte außerdem ein Bereich „oberhalb“ – also beispielsweise links – des Seils definiert sein, der mit dem Kärtchen „Meine Hochs“ gekennzeichnet ist. Der Bereich „unterhalb“ – also dann rechts – des Seils ist beschriftet mit dem Kärtchen „Meine Tiefs“. Im virtuellen Setting erfolgt die Vorbereitung ähnlich. Die Trainerin zeichnet auf ein Whiteboard einen Zeitstrahl und beschriftet die Endpunkte des Strahls wie oben beschrieben. Oberhalb des Zeitstrahls schreibt sie ebenfalls „Hochs“ und unterhalb „Tiefs“. Die Intervention „Meine Hochs und Tiefs“ kann virtuell auf dem Whiteboard stattfinden – oder auch analog im Seminarraum. Dann wird die Zeitlinie durch ein Seil symbolisiert, das auf dem Boden ausgelegt wird.

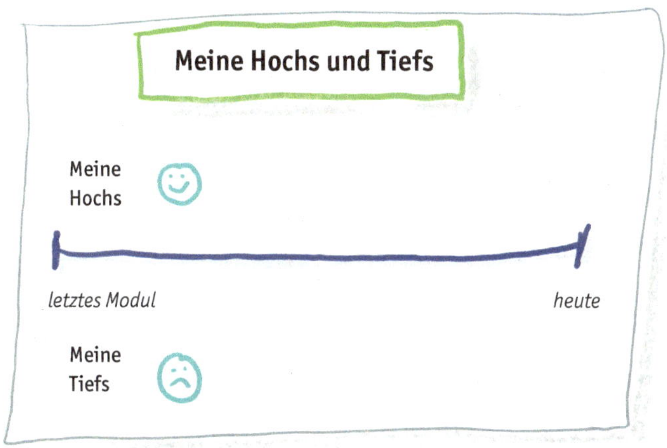

Abb.: Die Intervention „Meine Hochs und Tiefs“ kann virtuell auf dem Whiteboard stattfinden – oder auch analog im Seminarraum. Dann wird die Zeitlinie durch ein Seil symbolisiert, das auf dem Boden ausgelegt wird. (Illustration: Anja Wiggenhauser, noesis)

Durchführung: Kärtchen und Farben platzieren

Die „persönlichen Hochs und Tiefs“ können auch vorab vorbereitet werden

Im virtuellen wie im analogen Setting bittet die Trainerin die frisch zusammengekommenen Teilnehmenden nun, sich zunächst zehn bis 15 Minuten Zeit zu nehmen. Sie sollen sich ihre persönlichen Hochs und Tiefs der vergangenen Wochen und Monate seit dem Zeitpunkt X vor Augen führen. Dazu bittet die Trainerin beispielsweise: *„Ruft euch* *diese Zeit noch einmal im Gedächtnis auf und lasst die Ereignisse nachklingen. Erinnert euch insbesondere auch an eure Gefühle dabei."*

Wird die Methode im Rahmen einer Teamentwicklung genutzt, können hier auch alle gemeinsam auf die persönlichen Hochs und Tiefs im Team seit dem vergangenen Teamworkshop blicken. Alternativ kann man einen entsprechenden Arbeitsauftrag übrigens auch sehr gut als Vorbereitungsaufgabe verschicken mit der Bitte, ihn vor dem Seminar- oder Webinarbeginn zu bearbeiten.

Diese Hochs und Tiefs, an die sich die Teilnehmenden erinnern, visualisieren nun alle in Einzelarbeit auf Klebezetteln oder Kärtchen. Im virtuellen Raum schreiben alle gleichzeitig ihre Erinnerungen an den Zeitstrahl. Dafür vergibt die Trainerin jeweils individuelle Stiftfarben. So ist leicht erkennbar, wer welche Hochs und Tiefs auf das Whiteboard platziert hat. Hilfreich ist hier der Hinweis, dass es möglicherweise zu Textüberschneidungen kommen könnte, die Textfelder aber nach persönlichem Belieben verschoben werden können.

Hören – sehen – sich bewegen

Nach der kurzen Reflexionszeit in Einzelarbeit erzählt nun jeder Teilnehmer und jede Teilnehmerin im analogen Setting die eigene persönliche „Hochs-und-Tiefs-Geschichte". Dazu schreiten sie nacheinander vom Startpunkt aus los und legen ihre Kärtchen auf den entsprechenden Punkt auf dem Zeitstrahl entweder im Bereich „Hochs" oder im Bereich „Tiefs" ab – platzieren sie also entweder über- oder unterhalb des auf dem Boden liegenden Seils.

Das Sinneserleben noch weiter anregen

Durch dieses Schreiten durch die Zeit und an den „Hochs" und „Tiefs" der anderen vorbei, wird der kinästhetische Wahrnehmungskanal angesprochen. Gleichzeitig werden durch das Visualisieren und Platzieren der Kärtchen sichtbare Reize geschaffen, zusätzlich zu den auditiven, mit denen die Personen ihre Hochs und Tiefs erzählen.

Im virtuellen Setting werden durch das Erzählen und Aufschreiben ebenfalls der visuelle und der auditive Wahrnehmungskanal angesprochen. Wie aber lässt sich online das Körpergefühl stimulieren? Hierfür kann eine Trainerin beispielsweise die einzelnen Teilnehmenden so einstimmen: *„Bitte schließe die Augen und stell dir vor, es ist der 25. September 2019, der Abschluss unseres letzten Moduls. Du gehst mit* *gefülltem Kopf und Herz und doch ganz beschwingt aus dem Seminarraum und wahrscheinlich zurück nach Hause oder wo auch immer hin. Am nächsten Tag ist wahrscheinlich wieder ein normaler Arbeitstag und du startest in die letzten Tage dieser Arbeitswoche. Lass dich jetzt mal zu deinem ersten Hoch oder Tief treiben und schreite dafür in Gedanken diesen Zeitstrahl ab ..."* Diese Einleitung wird je nach Gruppe, Teilnehmenden und Kontext entsprechend angepasst.

Gerade im virtuellen Setting sollten Moderator, Trainerin oder Führungskraft alle in der Gruppe weiter in ihrem Sinneserleben anregen, um das Verständnis und die gegenseitige Anschlussfähigkeit der Teilnehmenden zu fördern. In diesem Sinne kann es hilfreich sein, vor allem bei den Hoch-Erlebnissen, jeweils vertiefende Fragen zu stellen, die unterschiedliche Sinneskanäle ansprechen. Beispielsweise:

- *„Wenn du an das Gespräch denkst, was klingt da weiter in dir nach?"*
- *„Wenn du dir die Situation wieder vor Augen führst, was steht im Zentrum deiner Wahrnehmungen?"*
- *„Weißt du noch, wie sich das angefühlt hat? Wo genau hast du das gespürt?"*

Bei den Erzählungen der Hochs und Tiefs kann die Trainerin das Gesagte paraphrasieren, um es zu verstärken und Verstehen zu signalisieren.

Resonanz geben

Am Ende der Berichte sollte die Trainerin noch mal die Resonanz des Gesamtteams zum Gehörten einholen. Das geht zum Beispiel anhand der nachfolgend aufgeführten Fragen:

„Wenn ihr einander zuhört ...
- *Welche Assoziationen tauchen da bei euch auf?*
- *Was klingt da in euch nach?*
- *Was können wir daraus für unseren gemeinsamen Workshop mitnehmen?"*

Wertschätzend und ressourcenorientiert zusammenfassen

Ob analog oder virtuell, für beide Settings gilt: Die Trainerin fasst wertschätzend und ressourcenorientiert zusammen. Wenn möglich hebt sie verbindende Punkte aus den verschiedenen Erzählungen hervor. Im besten Fall verbindet das die Gruppe und die Teilnehmenden sind mit „allen" Sinnen angeregt und abgeholt.

Das Team-Johari

von Simone Bardens und Anna Dollinger

Infos

- **Gruppengröße:** geeignet für Teamentwicklungen unabhängig von der Personenzahl
- **Material:** für die Durchführung online ist ein Whiteboard-Tool (z.B. Mural) nötig, für Präsenz eine Moderationswand und entsprechende Karten; darauf jeweils zwei vorbereitete Poster (eine Zwei- und eine Vier-Felder-Matrix)
- **Zeitaufwand:** ca. 60 Minuten

Die Selbst- und die Fremdwahrnehmung können sich nicht nur bei Individuen, sondern auch bei Teams unterscheiden. Ein Abgleich kann hier sinnvoll sein, um Missverständnisse und Unzufriedenheit zu vermeiden. Dabei hilft die Abwandlung eines Methoden-Klassikers: das Johari-Fenster für Teams.

„Ich habe das Gefühl, jeder kippt seine Probleme bei uns ein und denkt, dass wir uns schon darum kümmern werden." Die Juristin, die in der Rechtsabteilung eines Unternehmens arbeitet, ist sichtlich genervt. Denn es ist tatsächlich nicht die Aufgabe ihres Teams, sich um jegliche rechtliche Belange der Kolleginnen und Kollegen zu kümmern. Doch das ist scheinbar den wenigsten in der Firma bewusst.

Diskrepanz zwischen Selbst- und Fremdwahrnehmung

Was sich in dem genervten Ausruf zeigt, ist zweierlei: Erstens zeigt er, dass es hier offenbar eine Diskrepanz zwischen Selbst- und Fremdwahrnehmung gibt – und zweitens macht er deutlich, dass es diese Diskrepanz nicht nur in der Wahrnehmung von Individuen, sondern auch von Teams geben kann. Wobei die Folgen ähnlich sind: Missverständnisse und Enttäuschungen, frustrierte Teammitglieder und unzufriedene Kolleginnen. Entsprechend kann der Abgleich zwischen Selbst- und Fremdbild nicht nur für Einzelpersonen sinnvoll sein, sondern es lohnt sich bisweilen auch, als Team die verschiedenen Perspektiven zu erkunden.

Sehr gut eignet sich dafür die Abwandlung eines Methoden-Klassikers: das Johari-Fenster. Das Tool, das 1955 von den amerikanischen Sozialpsychologen Joseph Luft und Harry Ingham entwickelt wurde, stellt eigentlich Selbst- und Fremdbild einer Person gegenüber. Die Abwandlung zum „Team-Johari" ermöglicht es auch einem Team, das Selbstverständnis und das Verständnis der eigenen Rolle zu schärfen sowie Verbesserungspotenziale und Stärken zu erkennen. Diese können als Ansatzpunkte zur Weiterentwicklung besonders in Hinblick auf das Thema Kommunikation genutzt werden.

Einstieg: Vom Einzel- zum Team-Johari

Das klassische Johari-Fenster

Zunächst ist es hilfreich, wenn der Moderator den Teilnehmenden kurz das klassische Johari-Fenster vorstellt. Dazu erklärt er zunächst, dass es sich um ein Feedback-Tool zum Abgleich von Selbst- und Fremdbild handelt, das als Vier-Felder-Matrix dargestellt wird. Auf der horizontalen x-Achse befindet sich das Selbstbild. Hier können Persönlichkeitseigenschaften den Kategorien „Mir bekannt" und „Mir unbekannt" zugeordnet werden. Die vertikale y-Achse stellt das Fremdbild mit den Kategorien „Anderen bekannt" und „Anderen unbekannt" dar.

Die vier Felder

Es ergeben sich vier Felder: Die „öffentliche Person" beinhaltet Aspekte, die der Person selbst und anderen bekannt sind. Was ihr bekannt und anderen unbekannt ist, zählt zum Feld „Mein Geheimnis". Diese beiden Felder können von der betreffenden Person selbst ausgefüllt und anschließend mit der Wahrnehmung einer anderen Person abgeglichen werden. Aspekte, die sowohl der Person als auch anderen unbekannt sind, würden im Feld „Unbekanntes" auftauchen – wenn sie denn jemand benennen könnte. Und dann sind da noch die

Aspekte, die andere wahrnehmen, die Person selbst aber nicht. Diese stellen ihre „blinden Flecken" im vierten Quadranten dar.

Diese blinden Flecken sind besonders aussagekräftig, fährt die Moderatorin fort: *„Um die blinden Flecken zu entdecken, wird also ein Abgleich durchgeführt: Welche der eigenen Eigenschaften würden andere bei der öffentlichen Person einordnen, die man selbst nicht dort aufgeführt hat? Dies gibt Aufschluss über Eigenschaften, die man zeigt, obwohl sie einem selbst nicht bewusst sind, oder solche, die man selbst bei sich sieht, aber nicht nach außen trägt."*

Anschließend folgt die Übertragung des Prinzips auf die Innen- und Außen-Wahrnehmung eines Teams. Hier wird auf Eigenschaften wie Arbeitsweise, Kommunikation, Rollen und Fähigkeiten geschaut und warum häufig Missverständnisse und Frust entstehen, wenn es Unterschiede in der Innen- und Außen-Wahrnehmung gibt, die dem Team selbst und anderen nicht bewusst sind.

Schritt 1: Die Teameigenschaften werden gesammelt

Die erste Sammlung erfolgt zunächst nur in zwei Feldern, die auf einer Moderationswand oder – in virtuellen Workshops – auf einem digitalen, interaktiven Whiteboard wie z.B. Mural vorbereitet werden. Sie wird aus zwei Perspektiven durchgeführt:

Fragen zur Innen-Perspektive

Zuerst wird nach den Eigenschaften des Teams aus der Innen-Perspektive gefragt, etwa mit Fragen wie diesen (Feld 1):

- Welche Eigenschaften haben wir als Team?
- Wofür gibt es unser Team?
- Wofür gibt es unser Team nicht?
- Was können wir besonders gut?
- Wie kommunizieren wir im Team und nach außen?

Fragen zur Außen-Perspektive

Zweitens werden die Eigenschaften des Teams aus der Außen-Perspektive beleuchtet, Fragen dazu könnten sein (Feld 2):

- Welche Eigenschaften nehmen andere (unserer Ansicht nach) bei uns wahr?
- Was sehen sie als unsere Verantwortlichkeiten?
- Wie nehmen sie die Kommunikation mit uns wahr?

- Was denken sie, was wir besonders gut können?
- Was denken sie, was wir nicht gut können?

Nun sammeln alle Teammitglieder gemeinsam auf dem Whiteboard in den beiden Feldern Eigenschaften ihres Teams. Das können Adjektive wie „freundlich“ oder „hilfsbereit“, aber auch Rollen „Experten im Thema XY“ oder Aufgaben „Ansprechpartner zum Thema XY“, „Projektverantwortliche für Projekt XY“ sein. Hier entstehen oft bereits Diskussionen und Uneinigkeit. Das lässt sich in der Moderation wunderbar nutzen, indem z.B. farbig markiert wird, wo Einigkeit besteht und wo nicht.

Schritt 2: Eigenschaften sortieren

Im nächsten Schritt kommt nun die Vier-Felder-Matrix des Johari-Fensters ins Spiel, die vorab ebenfalls auf dem analogen oder virtuellen Whiteboard vorbereitet wurde: Auf der x-Achse befindet sich in der Teamversion die Innen-Perspektive mit den Kategorien *„Wie wir uns wahrnehmen“* und *„Was wir nicht wahrnehmen“*. Auf der y-Achse ist die Außen-Perspektive mit den Kategorien *„Was andere wahrnehmen“* und *„Was andere nicht wahrnehmen“* dargestellt.

Download: Vorlage Johari-Fenster

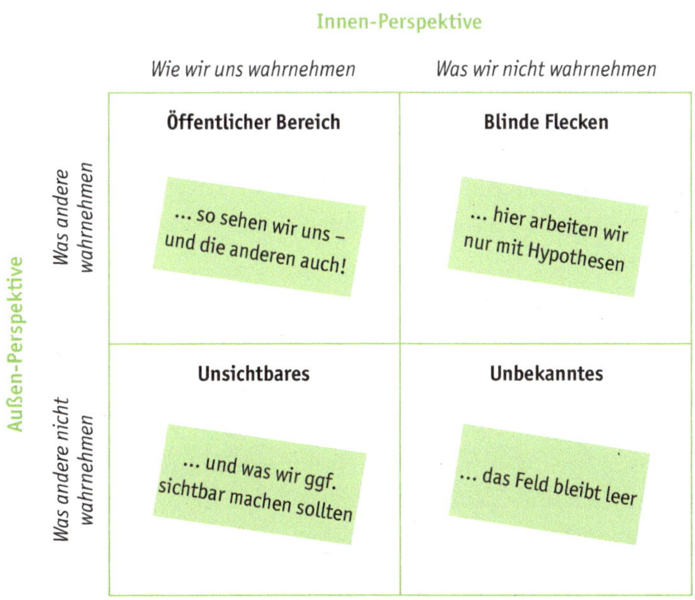

Abb.: Das Johari-Fenster kann auch Teams helfen, Selbst- und Fremdbild abzugleichen.

In diese Matrix wird das bisher Gesammelte nun gemeinsam einsortiert, und zwar nach folgendem System:

- Welche dieser Eigenschaften, die das Team bei sich sieht (Feld 1) werden auch von anderen so wahrgenommen (Feld 2)? Diese Überschneidungen werden im **„öffentlichen Bereich"** platziert.
- Eigenschaften aus der Innen-Perspektive (Feld 1), die sich nicht in der Außen-Perspektive (Feld 2) wiederfinden, landen im Bereich **„Unsichtbares"**.
- Die **„blinden Flecken"** stellen alle Eigenschaften dar, die nur von außen, aber nicht von innen wahrgenommen werden.
- Das vierte Feld **„Unbekanntes"** bleibt leer.

Schritt 3: Aus- und Einblicke reflektieren

Wenn das Team-Johari befüllt ist, können folgende Reflexionsfragen im Team diskutiert werden:

Reflexionsfragen für das Team

- Inwieweit stimmen die Innen- und Außen-Wahrnehmung überein? Wo unterscheiden sich das Innen-Selbstverständnis und das Außen-Selbstverständnis? Wo gibt es gravierende Abweichungen?
- Welche unserer Eigenschaften, Rollen und Fähigkeiten sollen verstärkt wahrgenommen werden?
- Welche Eigenschaften, Rollen und Fähigkeiten sehen andere bei uns, die nicht unserer gewünschten Außenwirkung entsprechen? Was sollten wir hier ändern? Wie könnten wir dabei vorgehen?
- Was ist unser Selbstverständnis? Wie konkret wünschen wir uns, dass wir wahrgenommen werden – und was wäre dann anders?
- Was können wir tun, um unsere Außenwirkung entsprechend zu verändern?
- Wie schaffen wir Akzeptanz für unser Selbstverständnis und kommunizieren dieses richtig?

Antworten auf diese Fragen helfen dabei, das gemeinsame Selbstverständnis zu definieren. Damit lässt sich dann auch leichter ein Ziel-Zustand festlegen, um die nächsten Schritte zu definieren, mit denen die gewünschte Außenwirkung erreicht werden soll.

Wertvolle Erkenntisse dafür ergeben sich schon allein aus der internen Diskussion im Team. Allerdings kann die Übung natürlich auch abgewandelt werden, um die Außen-Perspektive zu verstärken: Dann können beispielsweise tatsächlich Personen außerhalb des Teams befragt werden, sodass ein weiterer Abgleich erfolgen kann, in dem überprüft wird, ob die Gruppe als Team die eigene Außenwirkung richtig wahrnimmt.

Moving Motivators

von Katharina Fehse

Infos

- **Gruppengröße:** 4 bis max. 8 Personen
- **Material:** pro teilnehmender Person je ein Set „Moving-Motivators"-Karten, ggf. ein Flipchart mit der Übersicht über die zehn Motivatoren sowie ggf. ein Flipchart mit den Fragestellungen in den einzelnen Phasen
- **Setting:** ein großer Tisch mit genügend Platz, damit jeder die Karten in eine Reihenfolge anordnen kann.
- **Zeitaufwand:** je nach Gruppengröße 60 bis 90 Minuten

Wer weiß, was einen Menschen antreibt, kann dessen Verhalten besser verstehen. Das ist für eine gute Zusammenarbeit sehr hilfreich. Bei der systemischen Teamentwicklung lässt sich deshalb dort gut ansetzen – mit ein paar Kartensets und dieser spielerischen Intervention.

Ein Team bringt unterschiedlichste Menschen zusammen

Wir arbeiten mit vielen unterschiedlichen Menschen zusammen. Manche sehen wir täglich im Büro, andere, wie immer üblicher der Fall, nur remote. Manche sind seit Jahren in unserem Team, manche gerade erst neu dazugekommen. Manche verstehen wir blind, andere bleiben für uns nicht ganz einfach zu durchschauen. Mit allen gleichermaßen konstruktiv zu kooperieren, wird da bisweilen zur Herausforderung.

Das Modell „Moving Motivators" ist sehr hilfreich, um auf lockere Weise zu verstehen, wie ein Teamkollege „tickt", was die Kollegin antreibt und wie sich Veränderungen auf ihre Motivation auswirken. Es wurde von dem niederländischen Trainer, Buchautor und Agilitätsexperten Jurgen Appelo entwickelt und basiert auf zehn intrinsischen Motivatoren, die er aus der Arbeit der Verhaltensforscher Daniel Pink, Steven Reiss und Edward Deci herausgearbeitet hat. Der Fokus liegt hierbei auf Verhalten und Motivation im beruflichen Umfeld.

Wie Motive auch Teams bewegen

Ursprünglich hat Appelo die Moving Motivators konzipiert, damit Führungskräfte in Einzelgesprächen mehr darüber erfahren können, was den Mitarbeiter oder die Mitarbeiterin motiviert und begeistert. Sein Konzept lässt sich jedoch auch sehr gut in Teambuilding-Workshops und Retrospektiven anwenden.

Denn Motive triggern unser Verhalten. Und je nachdem, welche Motive stärker sind beziehungsweise getriggert werden, zeigen wir unterschiedliches Verhalten. Die eigenen sowie die Motive der anderen zu kennen, kann für eine erfolgreiche Zusammenarbeit deshalb sehr hilfreich sein:

Der Nutzen von Motiven

- Das Wissen hilft uns, zu verstehen, wie bestimmte Verhaltensweisen entstehen.
- Wir können die Andersartigkeit anderer beziehungsweise die Unterschiedlichkeit in ihrem Verhalten besser akzeptieren und nutzen.
- Der Aufbau von Vertrauen wird gestärkt.
- Die Kommunikation lässt sich verbessern – weil wir sozusagen eine Art Gebrauchsanweisung für uns selbst und für andere haben.
- Die unterschiedlichen Motive geben uns einen Einblick, wie wir im Team mit Veränderungen umgehen sollten.

Phase 1: Überblick gewinnen

Die Übung mit den Moving-Motivators-Karten kann in vier Phasen unterteilt werden. Zuerst stellt eine Moderatorin die zehn Motive, die sich auf den Arbeitskontext beziehen, vor und erläutert diese kurz. Wer möchte, kann sie dabei auch an einem Flipchart visualisieren:

Die zehn Motive der Moving-Motivators-Karten

1. **Anerkennung** – Die Menschen um mich herum schätzen, was ich tue und wer ich bin.
2. **Wissbegierde/Neugierde** – Ich möchte komplexe Dinge untersuchen, lernen, ausprobieren.

3. **Freiheit** – Ich bin unabhängig von anderen, was meine Arbeit und Verantwortlichkeiten betrifft.
4. **Ehre/Werte** – Meine persönlichen Werte spiegeln sich im Arbeitsumfeld wider, das fördert meine Loyalität.
5. **Perfektionierung** – Meine Arbeit fördert und fordert meine Kompetenz, bleibt aber erreichbar.
6. **Einfluss** – Ich habe genügend Raum, um zu beeinflussen, was um mich herum geschieht.
7. **Verbundenheit** – Ich habe gute soziale Kontakte zu den Menschen in meinem Arbeitsumfeld.
8. **Ordnung** – Um mich herum existieren Regeln und Sicherheit für eine stabile Arbeitsumgebung.
9. **Sinnerfüllung/Ziel** – Mein Ziel im Leben spiegelt sich in meiner Arbeit wider.
10. **Status** – Meine Position ist gut und wird von den Menschen um mich herum anerkannt.

Phase 2: Die eigenen Motivatoren

Die eigenen Motivatoren identifizieren

Im zweiten Schritt bittet ein Moderator jedes Teammitglied, in Einzelarbeit die eigenen Motive in eine individuelle Reihenfolge von links (= das am wenigsten wichtigste Motiv) nach rechts (= das wichtigste Motiv) zu bringen. Es geht hier darum, welche Motivatoren im Arbeitsumfeld für den Einzelnen oder die Einzelne besonders wichtig sind. Für diese Priorisierung haben alle etwa 15 Minuten Zeit.

Folgende Fragen können für die Festlegung der Reihenfolge hilfreich sein:

- Was motiviert mich und bringt mich in Bewegung?
- Worin gehe ich auf?
- Wann bin ich im Flow?
- Was demotiviert mich?
- Was stresst mich? Was bringt mich auf die Palme?
- Was brauche ich an Rahmenbedingungen, an Kommunikation und an Zusammenarbeit mit anderen, um gut arbeiten zu können?

Im Anschluss stellt jedes Teammitglied die eigene Anordnung den anderen vor und erläutert, warum die Motive in dieser Reihenfolge angeordnet sind. Dafür sind drei bis maximal fünf Minuten pro Person zu veranschlagen. Je nachdem, wie groß das Team ist, kann eine Moderatorin auch darum bitten, nur die drei stärksten und die zwei am wenigsten wichtigen Motive vorzustellen.

Feedback per Resonanzrunde

Wenn sich das Team schon länger kennt, sollte hier eine Resonanzrunde eingeführt werden. Dabei befragt die Moderatorin die Runde nach und nach dazu, wie sie die einzelnen Kollegen hinsichtlich ihrer vorgestellten Motive einschätzen. Hier geht es nicht darum, ob jemand „richtig" oder „falsch" eingeschätzt wurde, sondern darum, ihm oder ihr Gelegenheit zu bieten, mehr über die eigene Wirkung zu erfahren. Der- oder diejenige, um die es gerade geht, sollte einfach nur zuhören.

1. Wie schätzt ihr XY im Hinblick auf seine bzw. ihre Motive ein?
2. Was hat euch überrascht?
3. Wo seht ihr Ähnlichkeiten mit euch selbst, wo Unterschiede?

Die eigenen sowie die Motive der anderen zu kennen, kann für die erfolgreiche Zusammenarbeit in einem Team sehr förderlich sein, weil sie helfen, die Unterschiedlichkeiten im Verhalten zu verstehen – also sozusagen eine Art Gebrauchsanweisung für sich selbst und für andere liefern.

Phase 3: Wie Veränderungen die Motivatoren beeinflussen

Nun überlegt jedes Teammitglied, wie sich eine mögliche (oder konkrete) Veränderung im beruflichen Leben auf die eigenen Motivatoren auswirkt. Beispiele können die Einführung eines neuen Prozesses oder einer neuen Methode sein, eine Umstrukturierung, eine neue Führungskraft oder Ähnliches. Im Grunde ist hier jede Frage und jedes Thema denkbar, das einen Einfluss auf die Arbeit der Teammitglieder nimmt.

Die Moderatorin bittet nun alle, über die Karten nachzudenken, die sie gelegt haben. Jedes Teammitglied bewertet für sich selbst, ob die Motivatoren durch die Veränderung verstärkt oder geschwächt werden. Dazu werden die Karten bei einer positiven Veränderung nach oben oder bei einer negativen Veränderung nach unten verschoben. Motivatoren, die sich nicht verändert haben, bleiben am gleichen Platz. Dafür haben die Teammitglieder etwa zehn Minuten Zeit.

Im Anschluss werden die Veränderungen besprochen. Alle erklären nacheinander, warum sie eine Karte nach oben oder unten geschoben

Auswirkungen gemeinsam besprechen

haben. Auch hier werden wieder rund drei Minuten pro Teammitglied eingeplant. Für das gesamte Team und auch die Führungskraft ist es interessant zu sehen, wie sich Veränderungen auf das Team auswirken und ob sie auf die einzelnen Personen motivierend oder eher demotivierend wirken.

Phase 4: Sammeln der Erkenntnisse

Zum Abschluss werden die Erkenntnisse mit der Gruppe reflektiert und zusammengefasst. Mit Blick auf die Motivatoren im Team wird der Austausch mithilfe folgender Fragen moderiert:

Fragen für die Gruppenreflexion

1. Was haben wir über uns und über einander gelernt?
2. Welche Motivatoren sind uns am wichtigsten? Wo gibt es große Übereinstimmungen?
3. Welche Motivatoren sind weniger oder gar nicht wichtig für uns?
4. Wo können wir die Stärken im Team gewinnbringend einsetzen?
5. Wo sehen wir Handlungs- beziehungsweise Entwicklungsbedarf?

Ein Moderator kann hier die Erkenntnisse an der Moderationswand mitvisualisieren.

Besonderen Gesprächsbedarf gibt es, wenn aufgrund der Veränderung die Karten der Teammitglieder mehrheitlich nach unten oder nach oben platziert wurden. Hier ist es wichtig, zu klären, was es für die zukünftige Zusammenarbeit braucht und welche Maßnahmen entsprechend gemeinsam definiert und vereinbart werden können.

Tipp

- Das Moving-Motivators-Kartenset ist erhältlich unter: https://management30.com/practice/moving-motivators/#download (kann bestellt oder in verschiedenen Sprachen kostenfrei heruntergeladen und selbst ausgedruckt werden)

Systemisches Reconnect: Unser Heartbeat

von Janine Burmeister und Anna Dollinger

Infos

- **Gruppengröße:** geeignet für Teamentwicklungen unabhängig von der Personenzahl
- **Material:** Flipchart- oder Moderationspapier – mit der Überschrift „Unser Heartbeat", pro teilnehmender Person je eine Reconnect-Karte (siehe Seite 65)
- **Zeitaufwand:** 45 Minuten

Bei intensiver Entwicklungsarbeit in einer Gruppe geht es oft hoch her. Dabei verarbeitet jedes Mitglied das Erlebte für sich auf unterschiedliche Weise. Das kann dazu führen, dass bisweilen viele mit der eigenen Aufmerksamkeit woanders sind und der Fokus auf das gemeinsame Anliegen verloren geht. Hier kann es sinnvoll sein, für einen Reconnect zu sorgen.

Der Vormittag war anstrengend. Nach anspruchsvollem Input und verschiedenen Teamübungen sind die (Gruppen-)Dynamiken im Workshop ganz schön in Wallung geraten. Es wurde gefachsimpelt, es gab hitzige Diskussionen, ein Kollege stand vorne „im Wind", um eine Veränderung in großer Runde zu vertreten, von der Kollegin kam harsche Kritik, manche knabbern immer noch an überraschenden Erkenntnissen oder denken über sich selbst nach. Dazu fanden ständig kleinere Nach- und Nebengespräche im Team statt. Einig ist man sich aber immer noch nicht.

Aufmerksamkeit zusammenführen und Erlebtes sortieren

Das ist genau die richtige Situation, um die systemische Methode „Unser Heartbeat" einzusetzen. Mit ihr lässt sich die Aufmerksamkeit aller nach der Pause wieder zusammenführen und für einen „Reconnect" sorgen: Die Intervention bietet allen die Gelegenheit, das bisher im Workshop Erlebte miteinander zu teilen (und dadurch zu sortieren) und so emotionale Verbundenheit bei den Teilnehmenden zu schaffen. Das stärkt die gegenseitige Empathie und den Gemeinschaftssinn und erleichtert so die weitere Zusammenarbeit.

Besonders geeignet ist diese Methode für Teamworkshops oder Großgruppenveranstaltungen, bei denen Arbeits- und Projektteams oder Führungskräfterunden zusammenkommen, die sich bereits – zumindest größtenteils – untereinander kennen und nun im Workshop zusammen weiterarbeiten.

Vorbereitung: Postkarten für alle

Damit die Intervention eingesetzt werden kann, braucht es etwas Vorbereitung. Es lohnt sich aber, diese zu investieren, wenn Programm oder Gruppenkonstellation darauf hindeuten, dass es im Verlauf des Workshops zu Irritationen kommen kann. Dann lässt sich das Tool jederzeit starten.

Vorbereitet werden muss dafür ein großes Chart – z.B. ein Flipchart- oder Moderationspapier – mit der Überschrift „Unser Heartbeat". Für jeden und jede der Teilnehmenden druckt die Workshopleitung zudem eine Reconnect-Karte (siehe unten) in Postkartengröße aus. Sie enthält auf der einen Seite die Reconnect-Fragen und eine Grafik zum Einzeichnen des Heartbeats auf der anderen Seite. Diese Karten kann sie dann vor dem Start der Intervention – z.B. in der Mittagszeit oder der letzten Kaffeepause – auf den Stühlen der Teilnehmenden verteilen.

Die Reconnect-Karten

Für die Intervention „Mein Heartbeat" werden in ausreichender Zahl Postkarten für alle Anwesenden vorbereitet. Auf der einen Seite sind die folgenden Fragen abgedruckt:

- An welchen Stellen, bei welchen Themen stieg meine Temperatur/mein Puls an bzw. ist meine Temperatur/mein Puls gesunken?
- Wofür/für welche meiner Emotionen und Bedürfnisse war dies ein Zeichen?
- Wie ging es wohl dem Kollegen/der Kollegin/ den zentralen Stakeholdern bei diesem Thema?
- Was bräuchte ich, was bräuchten andere, damit es bei diesem Thema vorangeht/Ruhe einkehrt/...?
- Wie können wir zukünftig hier mehr füreinander sorgen?

Auf der anderen Seite der Postkarte befindet sich diese Grafik zum Einzeichnen des Heartbeats:

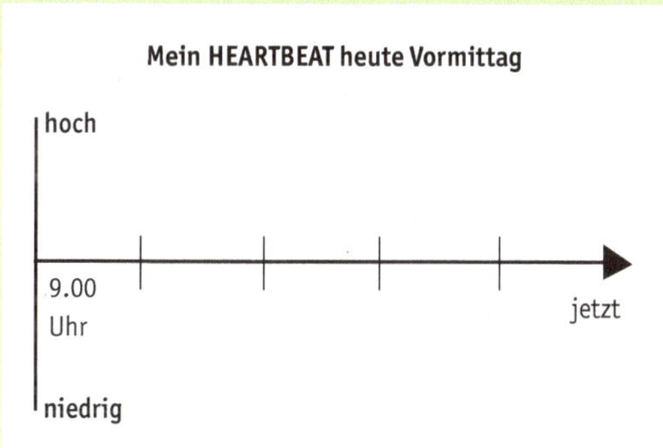

1. Schritt: Die eigene Kurve zeichnen

Nach der Pause oder auch kurz vor dem Abschluss des Workshops finden dann alle die Reconnect-Karten auf ihren Stühlen und die Workshopleitung stellt deren Sinn – also die Intervention – kurz vor. Nun erhalten alle zunächst fünf Minuten Zeit, um den Vormittag (alternativ den ersten Seminartag) für sich Revue passieren und nachklingen zu lassen und die Fragen auf der Postkarte zu reflektieren.

Auf der Basis der Gefühle und Gedanken, die dabei auftauchen, zeichnet dann jede und jeder auf der Rückseite der Reconnect-Karte den eigenen Heartbeat ein: An Stellen, an denen die eigene Temperatur oder der Puls gestiegen ist – weil ein Thema vielleicht besonders spannend, aufreibend, diskussionsreich, aktiv war – wird also ein hoher

Ausschlag nach oben eingezeichnet; wenn der Puls gesunken ist, etwa weil man selbst bei dem Programmpunkt weniger betroffen war, bleibt die Herzschlag-Kurve eher niedrig.

Die Workshopleitung regt hier an, wirklich in Gedanken das Sinnerleben, die Wahrnehmungen der letzten Stunden nochmals durchzugehen. Dazu lädt sie alle ein, sich zu hinterfragen und zu überlegen, für welches Bedürfnis oder welche Emotion der eingezeichnete Heartbeat oder die Temperaturveränderung jeweils ein Zeichen war. So erleben und verknüpfen die Teilnehmenden die vorherigen Inhalte oder Programmpunkte nochmals mit anderen Sinneskanälen.

Weiterführende Fragen

Die weiterführenden Fragen – also die, wie es anderen wohl mit dem Thema geht, und was nötig wäre für die gewünschte Weiterentwicklung der Situation – öffnen zudem die Perspektive für andere. Eine solche Öffnung kann zum Beispiel hilfreich sein, wenn in einer Veranstaltung kritische Veränderungsprozesse diskutiert wurden. Gerade bei schwierigen, emotionsgeladenen Themen kann die Reflexion helfen, andere Sichtweisen einzunehmen oder Betroffenheiten besser nachzuvollziehen.

2. Schritt: Über Kurven sprechen

Im nächsten Schritt erhalten die Teilnehmenden zehn Minuten Zeit, um sich zu zweit zusammenzufinden und gegenseitig ihren Heartbeat beziehungsweise ihre Temperaturkurve zu zeigen und sich zu den Reconnect-Fragen auszutauschen. Nach dem Motto „Move and Groove" können sich die Teilnehmenden dabei frei im Raum oder im Freien bewegen.

Nach dem Austausch werden alle gebeten, ihre Karte mit dem persönlichen Heartbeat an die Moderationswand zu pinnen. So entsteht eine Galerie mit den verschiedensten Temperaturkurven bzw. Herzfrequenzen zum Vormittag, die nun von den Teilnehmenden gemeinsam betrachtet werden. Um die gegenseitige Anschlussfähigkeit zu fördern, kann die Workshopleitung nun in die Runde fragen:

Abschließende Fragen

1. Was fällt Ihnen beim Betrachten der unterschiedlichen Heartbeats auf?
2. Wo gibt es Unterschiede? Wo gibt es Gemeinsamkeiten im Erleben?

3. Was braucht es jetzt/heute Nachmittag/morgen/im nächsten Workshop ggf. mehr oder anders?

Die Aufmerksamkeit wird durch die letzte Frage bewusst auf die Zukunft gelegt und gibt der Workshopleitung Feedback darüber, was bei der Gestaltung des weiteren Programms vielleicht noch zu berücksichtigen ist. Gleichzeitig werden durch die Visualisierung an der Moderationswand und die Resonanz aus der Runde Unterschiede und Gemeinsamkeiten im Erleben transparent und dadurch der Gemeinschaftssinn gestärkt.

Was ist hier systemisch?

- **Der Positionswechsel:** Systemisch an der Intervention „Heartbeat" sind die Fragen „Wie ging es anderen ...?", weil die Beteiligten damit dazu eingeladen werden, das Erlebte aus einer anderen Perspektive heraus wahrzunehmen und damit in die Beobachterposition zu gelangen.

- **Die konstruktivistische Herangehensweise:** Mit dem Reconnect wird nicht danach gefragt, wie etwas wirklich ist. Stattdessen werden die Beteiligten mit den Fragen zur Reflexion darüber angeregt, wer aus der Gruppe worauf die eigene Aufmerksamkeit legt und welche Unterschiede es im Erleben und bei der Bewertung von Beobachtetem gibt.

Belebende Bedeutungen

von Jennifer Stein

Infos

- **Gruppengröße:** idealerweise max. 12 Personen, bei mehr Personen: Untergruppen bilden und anschließend die Ergebnisse gemeinsam verdichten
- **Material:** eine Moderationswand, Stifte und Klebezettel bzw. im virtuellen Umfeld: ein Collaboration Board
- **Zeitaufwand:** in Abhängigkeit von der Anzahl der Personen – 6 Personen: 60 Minuten, 12 Personen: 120 Minuten

Sind Ziel und Auftrag nicht konkret formuliert, laufen Teamcoachings gerne mal ins Leere – bzw. auf zwar nützliche, aber doch meist etwas allgemein und somit leblos wirkende Impulse hinaus. Nicht, wenn es einen konkret abgesteckten Lösungsraum gibt. Dieses Tool hilft dabei, diesen zu entwickeln.

Mit dem Teamcoaching ist es manchmal wie mit dem Wald und den vielen Bäumen. Es werden munter wichtige und richtige Themen bearbeitet – ohne das große Ganze dabei im Blick zu haben. Erst am Ende eines Workshops fällt dann auf, dass Teilnehmende und Coach vorliegenden Strukturen und naheliegenden Verflechtungen gefolgt sind, anstatt das System zu durchleuchten und das eigentliche Problem an der Wurzel zu packen. Das Resultat: Es gibt viele gute Erkenntnisse und Impulse, aber keine echte Klarheit bzw. keine konkreten Handlungsansätze für eine nachhaltige Veränderung im Arbeitsalltag.

Dass es zu einem solchen Szenario kommt, liegt meist daran, dass dem Eintauchen in den Problemraum und der Formulierung des konkreten Auftrags und Ziels eines Teamcoaching- Workshops am Anfang zu wenig Zeit gewidmet wird. Und die braucht es. Unser Gehirn kann sieben plus/ minus zwei Informationseinheiten im Kurzzeitgedächtnis verarbeiten. Dementsprechend dauert es eine Weile, bis wir uns in ein komplexes Problem eingearbeitet und alle unsere Ressourcen aktiviert haben – selbst wenn wir noch so intelligent sind. Schon Albert Einstein bemerkte: „Wenn ich eine Stunde habe, um eine Aufgabe zu lösen, dann beschäftige ich mich 55 Minuten mit dem Ziel und fünf Minuten mit der Lösung."

Abb.: Inhaltliche Zusammenhänge aufdecken und verstehen, Beziehungen im System herausstellen, die Organisationsstrukturen beleuchten und so einen auf die individuellen Bedürfnisse angepassten Lösungsraum eröffnen – dabei unterstützt die „Semantische Analyse".

Die eingehende Beschäftigung mit Ziel und Auftrag ist also essenziell – und mithilfe der **Semantischen Analyse** zu Beginn eines Workshops sogar leicht zu bewältigen. In ihrer klassischen Form werden bei dieser Methode, die aus der Sprachwissenschaft entlehnt ist, Wörter über ihre eigentliche Bedeutung hinaus interpretiert – sprich: Es wird größerer Wert auf den Kontext und inhaltliche Zusammenhänge, die nicht explizit aus den einzelnen Wörtern hervorgehen, gelegt. Dabei wird das Unterbewusste der Mitglieder aktiviert, Analogien werden herbeigerufen, und es wird auf bekannte Prinzipien und Kompetenzen zurückgegriffen. Am Ende der Semantischen Analyse kann das Team das Ziel des Workshops dann idealerweise konkret umreißen und den Auftrag nachhaltig formulieren.

Die Semantische Analyse hilft dabei, ...

- vorhandenes Wissens zu aktivieren, Fragen und Annahmen über die Herausforderung im Team transparent zu machen und das Thema von vielen verschiedenen Perspektiven aus zu betrachten.
- zu zeigen, dass jedes Teammitglied ein anderes Verständnis der einzelnen Wörter und somit der gesamten Herausforderung/Fragestellung hat. Dieser Aspekt öffnet den Lösungsraum immens.

- das (Blick-)Feld ganz weit zu öffnen und alle möglichen Bereiche zu berücksichtigen, die es im weiteren Verlauf des Workshops zu bearbeiten gilt.
- ein gemeinsames Verständnis für die Herausforderung zu schaffen, damit die Teammitglieder sich synchronisieren können.

Zur Durchführung der Methode braucht es eine Moderationswand, Stifte und Klebezettel bzw. im virtuellen Umfeld ein Collaboration Board. Auf der Wand bzw. dem Board wird zunächst der Problemraum skizziert. Dies kann z.B. mithilfe einer Frage, die das Team beschäftigt, geschehen – etwa: „Wie kann es uns zukünftig gelingen, genügend Zeit für den kollegialen Austausch in unserem hybriden Team zu haben?" Diese Fragestellung wird anschließend in vier Schritten bearbeitet:

Die Frage aufschlüsseln

Schritt 1: Das Team schlüsselt die Frage zunächst auf, indem es die wichtigsten Wörter, z.B. durch Unterstreichen, hervorhebt. Die Frage könnte dann in etwa so aussehen: „Wie kann es uns *zukünftig* gelingen, *genügend Zeit* für den *kollegialen Austausch* in unserem *hybriden Team* zu haben?"

Stilles Brainstorming

Schritt 2: Die Teammitglieder schreiben alle bereits vorhandenen Kenntnisse, Informationen und Fragen, die sie mit den einzelnen Wörtern verbinden, auf Klebezettel bzw. Zettel. Dabei empfiehlt es sich, die Form des stillen Brainstormings zu nutzen, d.h., alle Teammitglieder notieren ihre Gedanken in Stillarbeit. Dafür sollte das Team ausreichend Zeit bekommen. Erst wenn alle Teammitglieder fertig sind, werden die Klebezettel an der Moderationswand gesammelt bzw. die Ergebnisse auf dem Collaboration Board zusammengetragen (siehe rechts).

Informationen sichten und sortieren

Schritt 3: Das Team bündelt die so gewonnenen Informationen, sucht nach Mustern und ermittelt überraschende, unterschiedliche und widersprüchliche Perspektiven. In diesem Schritt geht es darum, zu erkennen, was noch nicht klar ist und dementsprechend bearbeitet werden muss. Es kann auch sein, dass dem Team auffällt, dass bestimmte Informationen fehlen, und diese erst einmal beschafft werden müssen, bevor der Auftrag bearbeitet werden kann. Die gesammelten Gedanken werden gemeinsam durchgesehen, diskutiert und thematisch sortiert. In unserem Beispiel können sich z.B. zu dem

Wort „zukünftig“ die folgenden Themen ergeben: Was genau heißt zukünftig? Immer? Probeweise, ab wann? Für wie lange? Wieso sollen wir überhaupt etwas ändern? Für wen ist die aktuelle Situation ein Problem? Welchen Nutzen erwarten wir uns daraus? Was passiert, wenn nichts passiert? Alle Assoziationen, Fragen und Anmerkungen aller Teilnehmenden werden hier aufgenommen. Auf diese Weise entsteht eine umfassende Liste für die weitere Bearbeitung der Fragestellung.

Themen für die Bearbeitung auswählen

Schritt 4: Das Team beginnt mit der Auswahl der Themen, die im weiteren Verlauf des Workshops bearbeitet werden sollen. In diesem Schritt gilt es, sich zu fokussieren und aus den einzelnen aufgelisteten Themen und Fragen diejenigen zu selektieren, die nach Meinung des Teams im Hinblick auf den Workshop besonders relevant und somit zielführend sind. Um die Gewichtung und Priorisierung zügig vorzunehmen, kann mit Klebepunkten gearbeitet werden. An dieser Stelle hilft der Hinweis, dass es sich um eine erste Gewichtung handelt, und dass die anderen Themen, die es nicht in das Top-Ranking schaffen, natürlich auch wichtig sind und nicht vom Radar verschwinden. Sie werden lediglich später behandelt – oder ganz automatisch nebenbei. Denn im Laufe des Prozesses kann es durchaus sein, dass

Abb.: Formen, Farben und eine Menge Platz – die braucht es, um die mit den verschiedenen Themenfeldern verknüpften Bedeutungen zu sammeln und herauszustellen.

sich durch die Bearbeitung der hoch priorisierten Themen die Antworten für die niedrig priorisierten Themen ergeben.

Problemraum abstecken, Lösungsraum öffnen

Nach der Durchführung der Semantischen Analyse hat das Team den Problemraum abgesteckt und den Lösungsraum zugleich weit geöffnet, sprich: Klarheit im Hinblick auf Ziel und Auftrag gewonnen sowie darüber, welche Aspekte es bei der Bearbeitung zu berücksichtigen gilt. Auf diese Weise wird der weitere Prozess im Teamcoaching unterstützt, da die einzelnen Themenfelder entsprechend der Priorisierung gezielt abgearbeitet werden können und die Teammitglieder konkrete Fragestellungen vor Augen haben – oder anders ausgedrückt: den Wald trotz der vielen Bäume sehen.

Was ist hier systemisch?

Die beschriebene Methode nimmt eine formulierte Frage-/Problemstellung genau unter die Lupe und beleuchtet diese aus unterschiedlichen Perspektiven – ist somit also eine typisch systemische Vorgehensweise. Durch die detaillierte sprachliche Auseinandersetzung mit dem Auftrag und den individuell unterschiedlichen Definitionen der enthaltenen Wörter und Begriffe werden Systeme beleuchtet, Aufmerksamkeit und Konzentration gefördert und sprachliche Präzisierung erreicht. Zudem sind die dabei eingesetzten Fragetechniken ein Herzstück systemischen Arbeitens.

Mit Wirkung zur Wirklichkeit

von Katharina Fehse

Infos

- **Gruppengröße:** je nachdem, wie viele Bildkarten vorhanden sind (eine Person bekommt jeweils eine). Bei vorgefertigten Tools sind es meist 16 Karten.
- **Material:** Bildkarten, die zusammen eine Bildergeschichte ergeben
- **Zeitaufwand:** ca. 15 Minuten

Wird im Team gearbeitet, bringt jedes Mitglied seine eigenen Erfahrungen, Wissensstände und Wünsche mit ein und bewertet Sachverhalte nach der eigenen subjektiven Wahrheit. Auf diese Weise entstehen unzählige Wirklichkeiten – und jede/r hält die eigene für die reale. Der Reality Check hilft dabei, die Wirklichkeiten zu vereinen und den Blick für das große Ganze zu schärfen.

Subjektive Wahrheit: Unterschiedliche Sichtweisen auf dasselbe Ziel

Wenn Mitglieder eines Teams eng zusammenarbeiten, läuft das häufig so ab: Es wird ein Ziel vorgegeben, auf das alle zusteuern – ohne vorher zu überprüfen, ob sich wirklich alle dasselbe unter diesem Ziel und dem Weg dorthin vorstellen. Stattdessen werden etwaige Uneindeutigkeiten, unterschiedliche Standpunkte und Informationsstände sowie mitschwingende persönliche „Neben"-Ziele einfach direkt ausgeblendet – was nicht selten Missverständnisse und Konflikte zur Folge hat.

Denn häufig kommen die Mitglieder eines Teams aus verschiedenen Welten und bringen unterschiedliche Wissens- bzw. Erfahrungshintergründe und Wünsche mit und somit auch unterschiedliche Perspektiven auf bestimmte Themen. Das, was jede/r Einzelne sieht, mag nicht immer logisch und stringent für andere sein, weil es vielleicht nur ein kleiner Teilausschnitt des großen Ganzen ist. Das heißt aber nicht, dass es weniger der Wirklichkeit entspricht. Denn die nimmt jeder Mensch subjektiv wahr – eine Annahme, die mitunter durch verschiedene Studien zum Thema Aufmerksamkeitsfokussierung und selektive Wahrnehmung untermauert wird. Das führt zu dem Schluss: Es gibt nicht die eine richtige Wirklichkeit, sondern unzählige Wirklichkeiten, die jede/r Einzelne als real ansieht.

Objektive Perspektive einnehmen

Wenn wir also einen bestimmten Sachverhalt oder eine Situation überprüfen, geschieht dies innerhalb einer subjektiven Wahrheit. Sind wir uns dessen bewusst, können wir versuchen, eine möglichst objektive Perspektive einzunehmen – z.B. mithilfe eines Reality Checks. Er unterstützt dabei, möglichst nah an die eine objektive „Wahrheit" heranzukommen. Dafür werden verschiedene Sichtweisen kennengelernt und es wird die Fähigkeit entwickelt, mit Paradoxien, Ungenauigkeiten und Unschärfen umzugehen – und zwar, indem ein Rahmen geschaffen wird, der es ermöglicht, die Sicht jedes einzelnen Teammitglieds darzustellen, sich gegenseitig zuzuhören und ein gemeinsames Selbstverständnis zu entwickeln, das auch in kritischen Situationen Bestand hat.

Abb.: Häufig nehmen Teammitglieder nur Teile eines großen Ganzen wahr und erschaffen sich daraus ihre eigene Wirklichkeit – obwohl der Sachverhalt, objektiv betrachtet, vielleicht ganz anders aussieht.

Den Reality Check gibt es als vorgefertigtes Tool-Set bei verschiedenen Trainingsanbietern zu kaufen. Er kann aber auch einfach selbst entworfen werden, indem der Seminarleiter bzw. die Seminarleiterin eine Bildergeschichte kreiert, die in mehrere Bildsequenzen – dargestellt auf unterschiedlichen Bildkarten (meist 16 Stück) – aufgeteilt ist. In einem Workshop hat das Team dann die Aufgabe, innerhalb einer vorgegebenen Zeit (etwa 15 Minuten) aus den Bildkarten die Geschichte zu rekonstruieren.

So geht's

Bevor die Moderatorin bzw. der Moderator an jedes Teammitglied eine der Karten austeilt, weist er/sie das Team darauf hin, dass die jeweilige Bildkarte nur von dieser Person in der Hand gehalten und auch niemand anderem gezeigt werden darf. Dann darf die Gruppe mit der Aufgabe starten und wird aufgefordert, sich so zu koordinieren bzw. im Raum aufzustellen, dass am Ende die richtige Reihenfolge der Bildkarten im Sinne der Bildergeschichte zu erkennen ist. Sollte die Gruppe diese Aufgabe nicht innerhalb der vorgegebenen Zeit schaffen, ist es hilfreich, noch einmal zusätzlich Zeit zu geben. Auch eine kurze inhaltliche Unterstützung durch die moderierende Person (z.B. erste und letzte Bildkarte werden verraten, oder alle dürfen ihre Bildkarten für ein paar Sekunden zeigen) ist möglich. Im Vordergrund sollte auf jeden Fall das erfolgreiche Lösen der Aufgabe stehen.

Reflexionsrunde durchführen

Nach der Übung bietet sich eine erste Reflexionsrunde im Plenum an, in der die konkrete Zusammenarbeit in der Übung thematisiert wird. Die Inhalte kann die Moderatorin bzw. der Moderator in Form einer Mind Map mitvisualisieren. Hilfreiche Fragen für die Review sind:

Reflexionsfragen

- Wieweit konnte jede/r Einzelne ihre/seine Informationen vermitteln?
- Wieweit haben wir uns gegenseitig zugehört?
- Wieweit haben wir uns gegenseitig ernst genommen?
- Wer hat welche Rolle eingenommen? Wer hat ggf. den Lead übernommen und die Aufgabe strukturiert?
- Wie sind wir mit den unterschiedlichen Informationen, auch was den Detailgrad angeht, umgegangen – etwa, wenn manche der Teilnehmenden actionreiche Bildsequenzen hatten, zu denen sie viel berichten konnten, andere hingegen nur eine grün gepunktete Spirale auf dem Bild?
- Was ist hilfreich im Umgang mit Missverständnissen?
- Wie reagieren wir als Gruppe unter Zeitdruck?
- Welche Fähigkeiten haben uns geholfen, diese Aufgabe zu lösen?

Transfer in die Praxis

Optionale Gruppenarbeit

An diese erste Reflexionsrunde lässt sich dann z.B. noch eine Transferaufgabe in Form einer Gruppenarbeit zum Thema „Unser Selbstverständnis als Team" anschließen. Die Teilnehmenden bekommen 20 bis 30 Minuten Zeit, in Kleingruppen folgende Fragestellungen zu diskutieren und entsprechend festzuhalten:

Transferfragen

- Worin sehen wir den Mehrwert für unsere Unterschiedlichkeit und Vielfalt im Team, auch was Aufgaben und Rollen anbelangt?
- Wie gehen wir mit scheinbaren Unvereinbarkeiten von Informationen im Alltag um?
- Was heißt das für uns angesichts der Entwicklung von Entscheidungsfindungsprozessen?

Die Ergebnisse werden im Plenum vorgestellt. Anschließend kann der Seminarleiter bzw. die Seminarleiterin ggf. noch ein Wrap-up durchführen, um konkrete Regeln der Zusammenarbeit zu definieren – etwa mithilfe der Methode „Start – Stop – Keep":

Wrap-up mit Stop – Start – Keep

- Womit sollten wir ab sofort beginnen?
- Womit sollten wir aufhören?
- Was sollten wir beibehalten?

Auf diese Weise werden direkte Handlungsimpulse für die Praxis gesetzt. Zudem motiviert der Moderator bzw. die Moderatorin die Gruppe für das Vorhaben, in Zukunft häufiger unterschiedliche Sichtweisen anzuerkennen und eventuell auch mal die eigene Meinung kritisch zu hinterfragen.

Was ist hier systemisch?

Systemisch ist das Wahrnehmen unterschiedlicher Perspektiven von Teammitgliedern während der Übung und auch das „Ändern der eigenen Sicht" durch den Wechsel der Perspektiven. Zudem ist im systemischen Kontext die erzeugte Wirklichkeit ein sozialer Vorgang: Wir geben dem Gehörten oder auch dem, was wir beobachten, eine Bedeutung – z.B. indem wir uns fragen, wer welche Rolle einnimmt, wie Informationen geteilt werden oder wie mit Missverständnissen umgegangen wird. Durch den Blick auf die Transferaufgabe „Unser Selbstverständnis im Team" werden bewusst neue Denkräume in Richtung Lösung geöffnet.

2. Die gemeinsame Landkarte definieren

In diesem Abschnitt finden Sie folgende Interventionen:

Das systemische Team-Porträt

von Anna Dollinger

Infos

- **Gruppengröße:** mit einem Team möglich, aber auch mit 2 bis 6 Teams
- **Material:** mindestens eine Moderationswand pro Team
- **Zeitaufwand:** 2 bis 4 Stunden

Wenn sich Teams weiterentwickeln möchten, sollten die Teammitglieder erst einmal verstehen, wie sie aktuell gemeinsam funktionieren – und warum. Eine systemische Intervention, die die verschiedenen Perspektiven und inneren Dynamiken deutlich macht, hilft dabei.

Das Unternehmen ist so groß, dass sogar der Personalbereich in mehrere Abteilungen aufgeteilt ist: sowohl für Personalentwicklung, Recruiting, Gehaltsabrechnung, Employer Branding, Einkauf und Statistik gibt es jeweils ein eigenes Team. Dazwischen: viele Schnittstellen, viel Koordinationsbedarf, aber offenbar auch sehr viele Reibungsflächen: Die Zusammenarbeit läuft holprig.

Ein guter Ausgangspunkt, um die Zusammenarbeit in einem Team zu verbessern und sinnvoll weiterzuentwickeln, ist zunächst eine Umfeldanalyse: Wie sieht der Kontext aus, in dem eine Arbeitsgruppe agiert, und wie nehmen die unterschiedlichen Mitglieder diese Umwelten wahr? Diese Wahrnehmungen aus den unterschiedlichen Teamperspektiven lassen sich mithilfe eines systemischen Team-Porträts beschreiben und visualisieren.

Gemeinsame Dokumentation stärkt gegenseitiges Verständnis

Die Idee dahinter: Durch die gemeinsame Dokumentation und Bewertung der verschiedenen Sichtweisen und Wünsche können die Beteiligten ihre verschiedenen Perspektiven abgleichen und die vorhandenen Beziehungsnetze sichtbar machen. So stärken sie ihr gegenseitiges Verständnis und schaffen eine solide Verhandlungsbasis für die zukünftige Zusammenarbeit. Die Teams lernen sich dabei nicht nur besser kennen, sondern entdecken auch gegenseitige Abhängigkeiten und Wechselwirkungsbeziehungen. Auch latente Konflikte werden sichtbar und besprechbar.

Besonders hilfreich ist die Übung des systemischen Team-Porträts, wenn Veränderungen anstehen, etwa bezüglich Aufgabenverteilungen oder Prozessveränderungen.

Das Vorgehen: Zuerst das Porträt ...

Download: Beispiel Team-Porträt

Bevor jedes Team sein systemisches Team-Porträt zeichnet, erläutert die Trainerin die Aufgabenstellung, etwa so (oder ähnlich): *„Sie als Team schreiben Ihren Teamnamen in die Mitte eines Moderationspapiers. Außen herum werden die zentralen, relevanten Teams platziert, zu denen es Nahtstellen gibt und mit denen eine intensive Zusammenarbeit existiert."* Das könnten, je nach Größe der jeweiligen Organisation, auch mal nur zwei Teams sein. Im Falle unserer HR-Abteilung sind es fünf Teams, mit denen unser Beispielteam HR Development eng zusammenarbeitet und Nahtstellen hat: Team Recruiting, Team HR Statistics, Team Einkauf, Team Payroll und Team Employer Branding. Das kleinste Team hat 3 Mitglieder.

Jedes Team visualisiert seine Beziehungen zu den anderen Teams

„Die verschiedenen Beziehungen charakterisieren Sie nun entsprechend mit kleinen Zeichen, Bildchen oder Symbolen. Hilfreich ist es auch, ein kurzes Schlagwort zur Charakterisierung dazuzuschreiben. Was in der Beziehung als gut und erhaltenswert betrachtet wird, wird mit einem Häkchen versehen. Was verbessert werden soll, sollten Sie konkret danebenschreiben. Hilfreich ist es, sich pro Teambeziehung auf max. drei positive und drei verbesserungswürdige Punkte zu fokussieren. Wenn im Team die Beziehungen zum Nachbarteam unterschiedlich bewertet werden, kennzeichnen Sie dies einfach. Bei den verbesserungswürdigen

Punkten soll die Gruppe jeweils hinzuschreiben, was sie sich von der anderen Gruppe wünscht."

Das Team HR Development malt Symbole an die Striche, die die Beziehungen symbolisieren. Die Mitglieder heben dabei sowohl positive Beziehungsaspekte hervor, z.B. die Kommunikation mit dem Recruiting Team, markieren aber auch die Punkte, die als verbesserungswürdig empfunden werden, z.B. das Konkurrenzdenken und das Gefühl, dass im Team Employer Branding der HR-Gesamtteam-Gedanke zu kurz kommt.

... dann die Präsentation

Im zweiten Schritt präsentieren die Teams jeweils ihre Darstellungen. Wenn im Workshop nur drei bis vier Teams zusammenarbeiten, können sie dies jeweils nacheinander tun. Wenn mehr als vier Gruppen ihre Zusammenarbeit besprechen und verbessern wollen, so empfiehlt sich, dies mit der Zahnrädchen-Methode zu tun:

Zahnrädchen-Methode

Wenn viele – mehr als vier – Teilgruppen in einem Seminar oder Workshop sich gegenseitig die Ergebnisse einer Aufgabe präsentieren sollen, bietet die Zahnrädchen-Methode eine interessante Alternative dazu, einfach alle nacheinander antreten zu lassen.

Dabei zählt jedes Team – beispielsweise nach der Erstellung des Team-Porträts – in der eigenen Gruppe durch. Jedes Teammitglied merkt sich seine Zahl. Denn auf ihrer Basis werden nun neue Teams gebildet: Jeweils die Einsen, Zweien, Dreien usw. aus jedem Team finden sich nun zusammen.

So werden, nachdem die Porträts erstellt sind, neue Gruppen gebildet, in denen mindestens ein Mitglied aus jedem der vorherigen Teams vertreten ist. Diese neuen Teams machen nun einen „Rundkurs" durch die Ausstellungen aller Team-Porträts. Da auf diese Weise in jeder Gruppe ein Mitglied aus jedem Team dabei ist, gibt es nun für jedes Porträt einen Vertreter der „Erstellungsgruppe", der den Vertretern der anderen Teams nähere Erläuterungen zum Ergebnis der Ausarbeitungen seiner Gruppe geben kann.

So werden auch die Vertreterinnen und Vertreter der verschiedenen Personalteams neu gemischt. Der Vertreter von HR Development präsentiert nun in seiner neuen Gruppe sein Porträt und wie das Team die Beziehungen zu den benachbarten Teams empfindet. Wichtig ist, dass bei der Präsentation die Dinge, die gut laufen, genügend hervorgehoben werden. Darauf sollten die Moderatoren der Gesamtveranstaltung durchaus immer wieder hinweisen. Während der Präsentation sind Fragen erlaubt, es werden aber noch keine Verhandlungen über die zukünftigen Änderungen in der Zusammenarbeit geführt.

In diesem Schritt wird nur präsentiert

Als die Präsentatorin von den persönlichen Spannungen zwischen Teammitgliedern HR Development und Einkauf berichtet, fällt der Vertreter für Team Einkauf ihr ins Wort: „Das stimmt so doch überhaupt nicht, das seht ihr falsch." Der Moderator ermahnt an dieser Stelle, noch nicht zu diskutieren. Die Vertreterin von HR Development beendet die Vorstellung ihres Team-Porträts, für die rund 10 Minuten veranschlagt werden sollten. Dann ist eine Pause sinnvoll, in der die Ausarbeitungen nochmals in individueller Galeriearbeit betrachtet und diskutiert werden können.

... und endlich Verhandlungen

Erst im dritten Schritt beginnen die Teilnehmenden nun tatsächlich gemeinsam an den optimierungswürdigen Punkten zu arbeiten: Sie diskutieren die jeweiligen Wünsche aneinander, handeln aus, was möglich ist, und überführen die Erkenntnisse in konkrete Vereinbarungen.

Diskutiert wird erst in einer folgenden Veranstaltung

Dies kann in unterschiedlicher Weise geschehen. Zum Beispiel erstens: in einer Folgeveranstaltung, in der sich jeweils die Vertreterinnen und Vertreter von zwei Teams oder die beiden gesamten Teams treffen und Vereinbarungen ausarbeiten.

... oder in neuen Gruppenkonstellationen

Eine zweite Möglichkeit ist, dass jedes Team zwei bis drei Vertreter bestimmt, die in die jeweils anderen Gruppen gehen, um die Verhandlungen zu führen. Das ist in der Regel sehr spannend: Deshalb sollten die einzelnen Gruppen vorab jeweils für sich vereinbaren, wo der Verhandlungsspielraum der Vertreter liegt.

Eine dritte Möglichkeit: Im Anschluss an die Runde der „Zahnrädchen-Methode" und den Präsentationen gehen die Vertreterinnen der Gruppen direkt mit den Vertreterinnen der jeweils anderen Gruppe in die Verhandlungen. Die übrigen Gruppenmitglieder übernehmen die Rolle von Mediatoren. In jedem Fall werden die Vereinbarungen schriftlich festgehalten.

Das wird auch in unserem Praxisbeispiel gemacht: Die kritischen Punkte werden direkt angesprochen, indem alle ihre Sichtweise darauf darlegen und Wünsche an das andere Team oder ganz konkret den Vertreter des Teams formulieren. „Das Team HR Statistics blockiert uns manchmal, das erschwert die Zusammenarbeit", sagt etwa die Vertreterin von Team HR Development.

Moderatoren unterstützen die Teilnehmenden durch Nachfragen

Der Moderator hilft dabei, die Bedürfnisse hinter den Positionen sichtbar zu machen und in Wünsche zu übersetzen. Er fragt: „Was soll das Team stattdessen tun?" Die Antwort ist zunächst vage: „Wir wünschen uns mehr Unterstützung/mehr Verständnis /weniger ...", wird aber auf seine Nachfragen hin konkreter: „Wir wünschen uns, dass die Kolleginnen mehr nachfragen und aufmerksamer zuhören und dass auch die Fristen und Pflichten des anderen Teams beachtet werden." Der Moderator fragt den Vertreter des Teams HR Statistics, wieweit sich sein Team auf die einzelnen Punkte einlassen kann: „Was brauchen Sie dafür, um mehr/weniger ...?" Die Vertreterinnen und Vertreter leiten schließlich konkrete Vereinbarungen ab und halten diese schriftlich fest.

Nicht vergessen: Reflexion

Der vierte und abschließende Schritt der Intervention folgt erst nach drei Monaten. Dann treffen sich die Teams wieder und reflektieren die von ihnen getroffenen Vereinbarungen und würdigen die schon erzielten Verbesserungen.

Literatur

- Königswieser, R. & Exner, A. (2008): Systemische Intervention. Architekturen und Designs für Berater und Veränderungsmanager. Stuttgart: Schäffer-Poeschel, 9. Aufl.

Die Leinwand fürs Team

von Anna Dollinger

Infos

- **Gruppengröße:** flexibel
- **Material:** eine Moderationswand o.Ä. pro Klassifikationsfeld, wenn alle Felder bearbeitet werden, sind also zehn Wände nötig. Zudem Flipcharts, Klebezettel, Stifte
- **Bei kreativer Bearbeitung:** zusätzlich z.B. Farben, Leinwand, Pappmaschee ... Oder: Marker, Zeichenstifte, Wachsmalkreiden, große Papierbögen und ein paar Bücher mit Visualisierungsbeispielen sowie Kleber, um die gestalteten Bilder auf den Canvas zu kleben
- **Zeitaufwand:** flexibel

Mit der zunehmenden Komplexität der modernen Arbeitswelt nimmt auch die Sehnsucht nach Orientierung stetig zu: Wenn keiner die Übersicht hat und alles miteinander zusammenhängt – wo stehe ich dann? Und was wird von mir erwartet? Und was machen eigentlich die anderen? Der Team Canvas kann hier Antworten liefern.

Team Canvas zur Ausrichtung und Ausgestaltung

Gerade in Zeiten von zunehmender Komplexität, Ungewissheit und widersprüchlichen Anforderungen brauchen Menschen Orientierung. Und zwar nicht nur operativ, um beispielsweise zu verstehen, was aktuelle Anforderungen oder Aufgaben sind, wie sich dies in der Welt von Scrum und Design Thinking als nützlich erwiesen hat. Sondern vor allem auch, um Kräfte zu bündeln, die gemeinsame Ausrichtung greifbar zu machen und Gestaltungsmöglichkeiten aufzuzeigen.

Beides kann der sogenannte Team Canvas leisten. Canvas steht dabei für eine Leinwand oder auch ein Poster, auf dem eine Art Navigationssystem abgebildet wird. Der Begriff geht zurück auf den von Alexander Osterwalder und Yves Pigneur entwickelten Business Model Canvas, der Geschäftsmodelle greifbarer machen soll. Wie dieser setzt auch der Team Canvas auf den Nutzen von Visualisierung, um für Sinnstiftung und Orientierung zu sorgen. Die Erstellung eines Team Canvas eignet sich hervorragend, wenn neue Teams gebildet werden oder Teams sich weiterentwickeln wollen: etwa im Rahmen von Teamentwicklungen oder Projekt-Kick-offs. Das Navigationssystem, das er abbildet, kann jährlich überarbeitet, aber auch unterjährig modifiziert werden.

Abb.: Wenn alle im Team zur Erstellung des Canvas beitragen, bekommen sie nicht nur Orientierung, sie erleben auch Empowerment.

Die Team-DNA: Drei Felder für den großen Plan

Der Team Canvas umfasst insgesamt zehn Klassifikationsfelder in zwei Bereichen. Der erste ist die **Team-DNA** mit den ersten drei Feldern, der zweite Bereich stellt mit sieben weiteren Feldern das **Navigationssystem** dar. Arbeitsfragen erleichtern das Ausfüllen der Felder, aber auch Methoden wie Zukunftsreisen, Storytelling oder Kartenabfragen können eingesetzt werden. Hier ein paar Vorschläge:

Die Team-DNA: Mission, Vision, Purpose

Feld 1: Mission. Hilfreiche Fragen, aus denen Moderatorinnen, Führungskräfte oder die Teams oder die Untergruppen selbst auswählen können, sind beispielsweise:

- Wofür brennen wir?
- Was treibt uns an?
- Was ist unsere Leidenschaft?
- Was ist uns wirklich wichtig?
- Woran glauben wir?
- Was kommt durch uns, unsere besonderen Fähigkeiten und unser Tun in die Welt?

Feld 2: Vision. Hier geht es um die Frage, wo das Team in Zukunft stehen will. Mögliche Fragen:

- Was wollen wir 20xx gemeinsam erreicht haben?
- Woran werden wir/unsere Kolleginnen/unsere Kunden/unsere Führungskräfte/unsere Familien & Freunde/die Presse/... konkret festmachen, dass wir das erreicht haben? Was wird dann zu sehen, zu hören, zu messen sein?

Feld 3: Purpose. Gesucht wird hier, was die eigene Einzigartigkeit ausmacht.

- Wofür gibt es uns?
- Was ist besser, weil es uns gibt?
- Was würde wem (Kolleginnen, Kunden, Führungskräften) fehlen, wenn es uns nicht gäbe?
- Was wäre dann schlechter?

Das Navigationssystem: Sieben Mal Orientierung

Storytelling

Feld 4: Werte. Hier eignet sich ein Storytelling-Vorgehen.

1. Schritt: Jedes Teammitglied erzählt von konkreten eigenen Beispielen einer „besten eigenen Teamerfahrung".
2. Schritt: Das Team sammelt die aus der Geschichte gehörten Werte.
3. Schritt: Das Team verdichtet die Werte.
4. Schritt: Das Team nimmt die Werte für sich an.
5. Schritt: Das Team bespricht, wie und wann Feedback-Schleifen zu „unseren Werten und wieweit wir diese leben" durchgeführt werden sollen.

Critical Incident Technique

Feld 5: Unsere Prinzipien. Hier eignet sich zum Beispiel die Critical Incident Technique:

1. Schritt: Jedes Teammitglied reflektiert zuerst für sich – konkret erlebte oder vorgestellte – Teamsituationen, die es als schwierig empfindet, und formuliert dazu drei konkrete handlungsorientierte Prinzipien, wie diese gut zu bewältigen sind.
2. Schritt: Jedes Teammitglied erzählt von diesen schwierigen Teamsituationen und stellt seine oder ihre Prinzipien vor.
3. Schritt: Das Team verdichtet die Prinzipien.

4. Schritt: Das Team nimmt die Prinzipien für sich an ...
5. Schritt: und bespricht, wie und wie häufig Feedback-Schleifen zu ihnen durchgeführt werden sollen.

Bedarf erfassen und passend planen

Feld 6: Unser Heartbeat. Dieses Feld sollte in zwei Schritten bearbeitet werden. Zunächst wird gefragt:

- Welche Informationen brauchen alle Teammitglieder in Echtzeit bzw. in regelmäßigen Abständen, um erfolgreich und zufriedenstellend arbeiten zu können?
- Wie sorgen wir für die notwendige Transparenz und Schnelligkeit im Team?
- Welche Informationen aus dem Team müssen an wen weitergegeben werden?
- Welche Themen müssen bilateral bearbeitet werden?
- Welche Themen müssen mit der Führungskraft besprochen werden?
- Welche Probleme können auftauchen und wie sorgen wir für schnelle und zieldienliche Lösungen?
- Wie können wir und wo sollten wir möglichst gut voneinander lernen?

Dann wird im zweiten Schritt gefragt:
- Welche Besprechungen sollten wir **wofür** definieren?
- Wie häufig sollte die jeweilige Besprechung sein?
- Wie lange sollte sie dauern?
- Wer sollte die Agenda erstellen, und wer kann Themen wann einbringen? Wer dokumentiert? Gibt Protokolle an wen weiter?
- Wie (häufig) werden wir Feedback-Schleifen zu den Besprechungen durchführen? Mit welcher Methode?

Zusammenarbeit mit Partnern optimieren

Feld 7: Unsere Partner der Zusammenarbeit/des Netzwerkens. Hier geht es um die wichtigsten Partner der Zusammenarbeit:

- Was sind ihre Bedürfnisse? Welche Probleme haben sie (Pain Points)? Worum geht es ihnen im Grund?
- Wer kommuniziert hier mit wem? Wer betreut welche Nahtstellenpartner, und wer informiert in welchem Fall wen? Wer hält die Verbindung mit wem und sorgt für den notwendigen Informationsfluss?
- Worauf sollten wir bei der Zusammenarbeit achten, damit sie möglichst zufriedenstellend auch für unsere Partner ist?
- Wie sollten die Prozesse gestaltet sein? Was sind hier Prinzipien der Zusammenarbeit?

Konkrete Ziele, Pläne und Aufgaben

Feld 8 bis 10: In den drei letzten Feldern werden die konkreten Konsequenzen für die tägliche Arbeit abgeleitet. Neben den **strategischen Handlungsfeldern (Feld 8)** und den **KPIs und Events (Feld 9)** des jeweiligen Jahres werden hier auch **generelle Hausaufgaben im Team (Feld 10)** aufgelistet. Diese drei Felder müssen regelmäßig aktualisiert und mindestens einmal pro Jahr überarbeitet werden.

Idealerweise werden die Inhalte der Felder unter der Anleitung eines Moderators oder einer Moderatorin gemeinsam mit den Teammitgliedern und Führungskräften erarbeitet. Dabei orientieren sich die Teams selbstverständlich auch an dem gegebenen systemischen Rahmen des spezifischen Umfelds (etwa der Unternehmensstrategie), an Kontextentwicklungen und (internen) Kundenanforderungen.

Team Canvas: Das Wichtigste auf einen Blick

Die Planungsmatrix für Teams, die auf dem Business Model Canvas von Alexander Osterwalder und Yves Pigneur basiert, umfasst insgesamt zehn Klassifikationsfelder:

Bereich I: Unsere Team-DNA

Feld 1: Mission. Wofür brennen wir?
Feld 2: Vision. Was wollen wir in xx Jahren erreicht haben?
Feld 3: Purpose. Wofür gibt es uns, und was macht unsere Einzigartigkeit aus?

Bereich II: Das Navigationssystem

Feld 4: Unsere Werte
Feld 5: Unsere Prinzipien
Feld 6: Unser Heartbeat
Feld 7: Unsere Partner der Zusammenarbeit/des Netzwerkens
Feld 8: Unsere strategischen Handlungsfelder 20xx
Feld 9: Unsere KPIs und Events 20xx.
Feld 10: Generelle Hausaufgaben im Team

- Die Felder 8, 9 und 10 sollten mindestens jährlich überarbeitet werden.

Wahlweise kreativ oder kognitiv

Werden alle Klassifikationsfelder des Team Canvas auf einmal umfassend bearbeitet, muss ein mehrtägiger Workshop eingeplant werden. Das ist aber keineswegs zwingend. Möglich ist auch, sich nur auf bestimmte Felder zu konzentrieren. Man kann zum Beispiel sehr gut mit der Achse für strategische Ziele und Daseinszweck, also der Team-DNA, beginnen.

Dies könnte man zum Beispiel mittels einer Visualisierungsaufgabe für die Teammitglieder anpacken. Dann bekommen jeweils drei bis vier von ihnen die Aufgabe, die Vision, die Mission und den Purpose zu visualisieren. Die übrigen Felder werden in einem späteren Schritt bearbeitet.

Je nach Kultur des Umfelds oder des bestehenden Teams kann die Erstellung eher auf konkrete kognitive Ausarbeitungen oder auf metaphorisch-künstlerisch gestaltete Elemente setzen. Die Kunstwerke werden dann entsprechend der Klassifikationsfelder auf einen Moderationspapierbogen geklebt. Dieser kann anschließend in einem Besprechungsraum ausgestellt oder abfotografiert werden.

Gestaltende Ansätze schaffen eine hohe Anschlussfähigkeit

Es lohnt sich, solche gestaltenden Ansätze wenigstens als Ergänzung zu integrieren. Denn sie funktionieren sehr gut als – um Niklas Luhman zu zitieren – „Schlüssel zur Komplexitätsbewältigung“, da sie eine hohe Anschlussfähigkeit für alle Teammitglieder schaffen. Wenn die Teammitglieder bei der Gestaltung selbst aktiv waren, dient der entstandene Canvas zudem als Anker, der das Team an den ressourcen- und kraftvollen Zustand während der Teamentwicklung erinnert.

Literatur

- Osterwalder, A. & Pigneur, Y. (2011): Business Model Generation. Ein Handbuch für Visionäre, Spielveränderer und Herausforderer. Frankfurt a. M.: Campus.

Bürokratische Befreiung

von Judith Reinwald

Infos

- **Gruppengröße:** im Rahmen eines Teamworkshops bis zu max. 20 Personen
- **Material:** Material für Gruppeneinteilungen, ggf. Flipchart mit Instruktion und Flipcharts für die Gruppenarbeit, Klebezettel, Klebepunkte (drei pro Person), Moderationswand mit Vierfeldertabelle und beschrifteten Achsen
- **Zeitaufwand:** insgesamt ca. ein halber Workshop-Tag
  1. Schritt: 30 bis 40 Minuten
  2. Schritt: 15 Minuten
  3. Schritt: 30 Minuten
  4. Schritt: 30 Minuten (15 pro Regel)

Regeln gibt es in allen Farben und Formen, offizielle wie inoffizielle – und sie haben eine Tendenz dazu, sich zu vermehren. Deshalb lohnt es sich, bisweilen das bestehende Regelwerk kritisch zu prüfen und auszudünnen. Das verschafft einem Team neue Bewegungsfreiheit.

Jeder kennt sie: die geschriebenen oder auch ungeschriebenen Regeln in Unternehmen und in Teams. Also die existierenden Formulare und Genehmigungsprozesse, Reportings und Protokolle, aber auch unausgesprochene Gesetze – wie „Keiner geht vor dem Chef nach Hause" – oder bestimmte Annahmen, beispielsweise darüber, welche Arbeitskleidung man zu tragen hat.

Solche Regeln zielen darauf, Verhaltensweisen zu normen, Standards zu generieren – egal, ob sie explizit oder implizit, also informell, existieren. Sie können eine Reihe an positiven Effekten bringen: Sie garantieren Qualität und Rechtskonformität, regeln das soziale Miteinander, bieten Orientierung, schaffen Einheitlichkeit im Außenbild (Corporate Identity) und sorgen für Transparenz.

Gleichzeitig machen viele Vorschriften und Regeln eine Organisation starr, rigide, langsam – Eigenschaften, die nicht nur Innovationskiller, sondern existenzgefährdend sind in einer Zeit, in der Kundenorientierung, Individualität und Eigenverantwortung sowie kontinuierliche Veränderung im Fokus stehen und neue Arbeitsweisen einfordern.

Zu viele Regeln können zu Starrheit führen

So heißt es im agilen Manifest u.a.:

Grundsätze des agilen Manifests

- *„Individuen und Interaktionen haben Vorrang vor Prozessen und Werkzeugen“,*
- *„Funktionsfähige Produkte haben Vorsprung vor ausgedehnter Dokumentation“,*
- *„Das Eingehen auf Änderungen hat Vorrang vor strikter Planverfolgung“* und
- *„Zusammenarbeit mit dem Kunden hat Vorrang vor der Vertragsverhandlung“.*

Auch wenn sie ursprünglich aus dem Software-Bereich stammen, sind Leitsätze in diesen Klangfarben heute fest in den meisten Unternehmens- und Bereichsstrategien verankert.

Die Verregelung gestalten

Um die agilen Anforderungen in der Praxis mit Leben zu füllen, muss im Regel-Urwald eines Unternehmens jedoch erst einmal der notwendige Platz geschaffen werden. Es gilt deshalb, Bürokratie-Altlasten loszuwerden. Dabei hilft die nachfolgend beschriebene Intervention, zu der uns ein Artikel von Julia Zirn und Swantje Allmers inspiriert hat: Gemeinsam im Team werden nervige Regeln identifiziert, anschließend werden sie abgeschafft oder weiterentwickelt.

Abb.: Regeln bieten Orientierung und sorgen für Ordnung. Werden es zu viele, belasten sie allerdings. Dann ist es gut, einige abzuwerfen.

So beeinflusst jedes Mitglied ganz konkret den Grad der „Verregelung" im eigenen Team. Dadurch sollen Eigenverantwortung und Mut gestärkt, der Nutzen und das Ziel der verschiedenen Tätigkeiten fokussiert und nebenbei das Commitment zu denjenigen Regeln, die bestehen bleiben, gestärkt werden.

Das Auseinandersetzen mit alten Regeln erzeugt eine neue Art der Zusammenarbeit

Es geht also nicht nur darum, Ballast abzuwerfen, sondern auch um den Austausch im Team über bestehende Regeln und die Synchronisation für den Umgang mit diesen. Unterschiedlichkeit soll sichtbar gemacht und die Frage „Wie möchten wir künftig (zusammen) arbeiten und welche Regeln sind hierbei hilfreich für uns?" ausgehandelt werden. Deshalb kann die Übung gut in einer Teamentwicklung eingesetzt werden. Aber auch hierarchieübergreifend kann sie durchgeführt werden.

Schritt 1: Aufstellung zum Aufwärmen

Wie viele Regeln haben wir, wie viele brauchen wir?

Zu Beginn wird durch eine Aufstellungsarbeit die Aufmerksamkeit für das Thema geschärft. Hierzu markiert beispielsweise eine Teamentwicklerin – oder auch ein Coach, eine Moderatorin, ein Prozessbegleiter oder ein Trainer – mit Klebeband eine Linie auf den Boden und bezeichnet die Enden mit Moderationskarten als „0 Prozent" und „100 Prozent".

Zuerst bittet die Teamentwicklerin alle, sich entlang der Skala entsprechend aufzustellen in Bezug auf die Frage:

- Wie verreguliert erlebe ich meine alltägliche Arbeit in unserem Team?

Wichtig ist, zu betonen, dass es nicht um die ganze Organisation oder die Branche geht, sondern wirklich um die alltägliche Arbeit.

Anschließend werden die Personen, die bei dem kleinsten und dem größten Wert stehen, gefragt, was sie bewegt hat, sich dort hinzustellen. Je nach Zeitbudget können auch weitere Personen ihre Position erläutern. Wer einen eher hohen Grad an Regulierung erlebt, wird vermutlich schon erste Beispiele geben können für Regeln, die später als unnötig identifiziert werden.

Die Teilnehmerinnen und Teilnehmer stellen sich nun erneut auf, diesmal in Bezug auf die Folgefrage:

- Wie viel Regulierung/Bürokratie brauchen wir in unserem Team?

Wieder horchen Teamentwicklerin – oder Trainer – in die Gruppe hinein und befragen einzelne Teammitglieder. Wenn möglich sollte im Laufe der Übung jeder und jede einmal kurz zu Wort kommen. Auch hier lohnt es sich für die Moderatoren, achtsam zu sein und sich mögliche Beispiele für „nervende Regeln" zu merken.

Dieses Warm-up regt zum Nachdenken an, gibt ein kollektives Stimmungsbild und zeigt meistens auch, wie enorm unterschiedlich die Kolleginnen und Kollegen die Verregelung wahrnehmen. Es ist deshalb gut geeignet, um zu unterstreichen, dass es sich lohnt, sich im Team mit diesen Fragen zu beschäftigen:

- Welche Regeln gibt es und wie nützlich sind diese für mich bei meiner Arbeit und für uns als Team?

Dieser Einstieg ist erfahrungsgemäß nur bei Gruppen bis 16 Personen geeignet. Bei einer größeren Anzahl kann man auch direkt mit Schritt 2 einsteigen.

Gruppen mit über 16 Personen steigen bei Schritt 2 ein

Schritt 2: Regeln über Bord werfen

Nun wird die eigentliche Übung angekündigt. Hier erklärt beispielsweise der Coach, wie Regeln, die als unnötig empfunden werden, Kreativität bremsen, Motivation hemmen oder den Kundennutzen schmälern können. Dabei kann er gegebenenfalls Beispiele aus Schritt 1 aufgreifen oder eigene anbringen. Wichtig ist es, darauf hinzuweisen, dass dies für explizite wie auch implizite Regeln gilt und sich die negative Wirkung auch auf Verfahrensweisen, Regeln, Standards oder auch Normen beziehen kann.

Deutlich werden sollte auch, dass es nicht um Verhaltensweisen einzelner Personen und damit verbundenen Schuldzuweisungen geht, sondern eben um kollektive Verhaltensweisen, die durch gewisse Regeln hervorgerufen werden.

Nun lädt der Coach offen dazu ein, dass sich alle individuell für sich überlegen, welche Regel sie gerne als Erstes „über Bord werfen" würden. Die Schiff-Metapher eignet sich hier gut, da sie das kognitive Vorgehen bildlich verankert und der Übung einen spielerischen

Welche Regeln wollen wir „über Bord werfen"?

Charakter gibt. Durch die Wortwahl – „etwas von Bord werfen, Ballast loswerden" – wird zudem deutlich, dass es um diejenigen Regeln geht, die zurückhalten, hemmen, runterziehen. Das Ziel: kreativ, innovativ mit frischem Wind in den Segeln zu neuen Ufern. In dieser Metapher lässt sich zudem auch wunderbar anerkennen, dass es auf dem Schiff durchaus manche Regeln braucht, etwa um Sicherheitsvorschriften zu erfüllen, auf Kurs zu bleiben und Kentern zu verhindern.

Der Coach konkretisiert die Aufgabenstellung: Alle dürfen jeweils maximal drei Regeln wählen, die sie für unnötig halten, und schreiben diese auf einzelne Klebezettel. Wichtig sind folgende Hinweise:

Hinweise bei der Auswahl von Regeln

1. **Der Fokus liegt auf dem eigenen Einflussbereich** und dem eigenen Team. Es geht nicht darum, die Regulierung des gesamten Unternehmens oder einer Branche abzuschaffen.
2. **Es gibt rote und grüne Regeln.** Rote sind solche, die gesetzlich bindend oder branchenreguliert sind und somit unveränderlich sind. Alle anderen sind sogenannte grüne Regeln und können damit theoretisch abgeschafft oder verändert werden.

Jetzt schon einen Ausblick geben

Der Coach sollte hier bereits einen Ausblick geben und Transparenz schaffen, was mit den Regeln im Laufe des Workshops passiert. Hierzu eignet sich eine Übersicht über die einzelnen Schritte auf Flipchart oder im Handout.

Schritt 3: Abschaffungswerbung und Voting

In kleinen Gruppen mit maximal fünf Personen stellen sich nun alle gegenseitig ihre als unnötig empfundenen Regeln vor. Jede Gruppe erhält ein Flipchart, auf dem die Regelvorschläge gesammelt werden. In jeder Gruppe achtet zudem jemand mit Stoppuhr auf die Zeit: Denn jeder Teilnehmer und jede Teilnehmerin hat genau eine Minute pro Regel Zeit, um diese zu beschreiben und zu erklären, wieso sie so sehr nervt. Die Minute kann in der Anleitung auch als „Abschaffungswerbeblog" deklariert werden.

Nach der Minute wird der Klebezettel mit der vorgestellten Regel auf dem Flipchart platziert. So wird weiter verfahren, bis alle abzuschaffenden Regeln vorgestellt sind. Keine Regel wird doppelt vorgestellt. Erfahrungsgemäß werden nach einiger Zeit nur noch ergänzend noch nicht vorgestellte Regeln beschrieben und dazugehängt.

Anschließend erfolgt ein Gegencheck aller notierten Regeln:

- Handelt es sich tatsächlich um sogenannte grüne Regeln (siehe Schritt 2)?

Gibt es darunter rote Regeln, disqualifizieren sich diese für den weiteren Prozess. Schließlich können sie im Rahmen dieses Workshops nicht abgeschafft oder verändert werden.

An dieser Stelle ist es hilfreich, wenn der Moderator oder die Moderatorin die Gruppen im Blick hat, um bei Unstimmigkeiten zu unterstützen. Im seltenen Fall, dass sich eine Regel nicht eindeutig als grün identifizieren lässt, da z.B. rechtliche Fragen zum Zeitpunkt der Diskussion nicht bekannt oder einsehbar sind, empfiehlt es sich, diese auf einen imaginären „Regelparkplatz" zu platzieren. Sie wird im Rahmen des Workshops nicht weiter bearbeitet, aber z.B. der Führungskraft mit dem Auftrag der Prüfung mitgegeben.

Zwei Regeln gehen in die nächste Runde

Unter den übrig gebliebenen grünen Regeln wählt die Gruppe nun die zwei aus ihrer Sicht unnötigsten aus. Hierfür kann jedes Gruppenmitglied drei Klebepunkte vergeben. Die Votings können auch kumuliert (auf eine oder zwei Regeln) vergeben werden. Gewählt sind die zwei Regeln mit den meisten Punkten.

Schritt 4: Auswirkungen prüfen

In den kleinen Gruppen wird nun weiter an den zwei ausgewählten Regeln gearbeitet, die gemeinsam detailliert hinsichtlich ihrer Auswirkungen untersucht werden. Dabei helfen folgende Fragen:

- Wofür ist die Regel gut? Welche Risiken/unerwünschten Effekte birgt die Abschaffung dieser Regel in unseren Augen?
- Was sind aus unserer Sicht die positiven Aspekte, die sich in unserer täglichen Arbeit mit Abschaffung dieser Regel ergeben? Wer würde was konkret nicht mehr/anders/neu tun mit Abschaffung dieser Regel?
- Mit Blick auf die Chancen und Risiken bei der Abschaffung der Regel: Inwieweit möchten wir die Regel abschaffen oder aber ändern/weiterentwickeln?

Person und Intention hinter der überholten Regel anerkennen

Mit der ersten Frage nach den positiven Auswirkungen und Risiken bei der Abschaffung findet gleichzeitig eine Anerkennung der jeweiligen Regel statt, was im systemischen Kontext sehr wichtig ist.

Schließlich erfolgt die Regeleinhaltung bei einigen Teammitgliedern mit besten Intentionen. Bei ihnen lässt sich nicht selten das „Mein Baby"-Phänomen beobachten: Da sie diese Regel stark verinnerlicht oder vielleicht sogar ins Leben gerufen haben, möchten sie diese gegen jeden rationalen Angriff verteidigen. Werden die positiven Intentionen gewürdigt, fällt ihnen der Abschied leichter.

Abschaffen oder verändern?

Am Schluss soll die Gruppe entscheiden, ob sie die Regel ganz abschaffen, oder aber abändern möchte, und im zweiten Fall auch einen konkreten Vorschlag für die veränderte Regel formulieren.

Schritt 5: Vorstellen im Plenum

Nun stellt ein Vertreter oder eine Vertreterin jeder Gruppe die Gruppenergebnisse im Plenum vor. Dabei wird jede vorgestellte Regel per Klebezettel in ein Cluster auf eine Moderationswand platziert. Diese spannt sich in zwei Dimensionen auf: auf der einen Achse wird der Aufwand der Abschaffung bzw. Weiterentwicklung markiert und auf der anderen, wie groß die positive Auswirkung auf die tägliche Arbeit der Teammitglieder wäre. Diejenigen Regeln, die mit wenig Aufwand und großen positiven Auswirkungen abgeschafft oder weiterentwickelt werden können, erhalten folglich die höchste Priorität.

Für diese Regeln werden gemeinsam im Plenum verbindliche nächste Schritte festgelegt. Die Moderatorin leitet die Diskussion mit entsprechenden Fragen wie:

Nächste Schritte festlegen

- Was konkret brauche ich, um diese Regel in meinem Arbeitsalltag loszulassen?
- Was würde uns helfen, die veränderte Regel im alltäglichen Tun zu implementieren?
- Woran konkret würden wir erkennen, dass Regel Nr. x nun verändert gelebt wird?
- Wie können wir einem „Rückfall" in alte Muster und dem Wiederbeleben unnötiger Regeln entgegenwirken?

Mehr Bindung, mehr Beweglichkeit

Diese Intervention wirkt sehr befreiend in Teams, da oft eine Regelmüdigkeit zu erleben ist. In der Übung können alle Teammitglieder gemeinsam helfen, hindernde und bremsende Regeln abzuschaffen, oder aktiv an der Neuformulierung mitwirken.

Gleichzeitig wird auch deutlich, dass ein Team aus unterschiedlichen Mitgliedern besteht, die ganz unterschiedliche Bedürfnisse haben. So gibt es nicht selten Regeln, die den einen hindern, dem andern aber heilig sind. Ein moderierter, offener Dialog, der diese Sichtweisen transparent macht und die Teammitglieder in den Austausch und in die Diskussion bringt, fördert die Basis der Zusammenarbeit und das Vertrauen in die eigene Wirksamkeit.

Zum Weiterlesen

- Intervention „Eine Schiffsreise", ab Seite 152
- Zirn, J. & Allmers, S. (2018): Einfach. Machen. Micro Methods für das agile Projektsetup. In: OrganisationsEntwicklung, Nr. 3/2018.

Neue Spielregeln fürs Team

von Anja Wiggenhauser

Infos

- **Gruppengröße:** 3 bis 12 Personen
- **Material:** Klebezettel/Moderationskarten, vier bis fünf Moderationswände, ein Flipchart, leere Karten, Stifte, Bilder/Karten mit Verkehrszeichen
- **Zeitaufwand:** ca. 30 Minuten
- Eine Übersicht der gängigen Verkehrsschilder gibt es etwa unter dem Link: www.bussgeldkatalog.org/verkehrszeichen

Das Formulieren von Spielregeln ist bewährte Praxis in Seminaren und Workshops. Schließlich verbessern sie die Zusammenarbeit, geben dem Trainingsprofi aber auch wertvolle Einblicke in die vorherrschende Gruppendynamik. Einen neuen Ansatz bietet die folgende Intervention – inklusive alternativem Brainstorming und Rotationsmethode.

Spielregeln helfen, gemeinsames Commitment und Verständnis zu schaffen, um das Miteinander zu stärken. Das gilt besonders, wenn die Teilnehmenden neu zusammentreffen. Aber auch dann, wenn diese Regeln der Zusammenarbeit von den Teams, die in Seminaren oder Workshops zusammenkommen, schon offiziell oder inoffiziell ausgehandelt wurden, ist das Formulieren von gemeinsamen Spielregeln gut für die Zusammenarbeit. Und für die Trainerin oder den Trainer ist der Definitionsprozess gleichzeitig eine Gelegenheit, direkt Einblick in die Dynamik der Gruppe zu bekommen.

Die Idee, Regeln gemeinsam zu formulieren, ist also nichts Neues. Warum aber hier nicht einmal eine bewährte Methode in frischem Gewand ausprobieren? Mit einer intensiven, kreativen Methode, die sich vor allem für Gruppen eignet, die längerfristig zusammenwirken, wie beispielsweise Projektgruppen.

Phase 1: „Question Burst" (4 Minuten)

Statt mit Statements starten wir das Sammeln der Spielregeln mit Fragen: Der Question Burst ist eine alternative Methode zur traditionellen Brainstorming-Technik. Erfahrungen zeigen, dass sie eine kreativere und freiere Denkweise der Teilnehmenden anregt.

In vier Minuten möglichst viele Fragen sammeln

Einleitend könnte der Trainer beispielsweise sagen: *„Stellt euch eure Traum-Situation vor und fragt euch anschließend: Wie erreichen wir das? Was brauchen wir dafür?"* Dann schreiben alle ihre jeweils eigenen Fragen zum Thema „Unsere Spielregeln im Team" auf Klebezettel. Hilfreich ist es, wenn sich die formulierten Fragen an folgendem Schema orientieren:

- Offene Fragen
- W-Fragen
- Möglichst kurze Fragen

Alle Fragen dürfen gestellt werden, wie beim Brainstorming geht es um die Quantität – also darum, möglichst viele Fragen zu sammeln. Oft sind Teams jedoch geneigt, die Fragen direkt zu beantworten. Diesen Drang nach Antworten sollten Trainerin oder Trainer in dieser Phase wertschätzend eingrenzen und auf die späteren Phasen verweisen. Hilfreich ist hierbei ein strenges Timekeeping beziehungsweise Time-Boxing: Dabei werden mit einer sichtbaren Stoppuhr die maximal vier Minuten gestoppt, die für den Question Burst vorgesehen sind.

Die Fragen aus dem Burst sind oft sehr vielfältig – von „Welche Regeln brauchen wir in keinem Fall?", „Was machen wir, wenn Spielregeln verletzt werden?" bis „Wozu brauchen wir Spielregeln?" kann und darf alles genannt werden. Solche Fragen-Beispiele kann der Trainer auch zu Beginn der Gruppe nennen, um die Teilnehmenden zu inspirieren.

Phase 2: Clustern mit Metaphern (max. 10 Minuten)

Clustern nach Verkehrsschildern

Im zweiten Schritt clustert das Team gemeinsam die unterschiedlichen Fragen auf einer Moderationswand. Anstatt Oberbegriffe für die einzelnen Cluster zu finden, helfen Bilder dabei, die Cluster noch besser bei den Teammitgliedern zu verankern und sie greifbarer zu machen.

Eine Trainerin kann beispielsweise Abbildungen unterschiedlicher Verkehrsschilder anbieten. So könnte etwa die Frage „Wozu brauchen wir Spielregeln?" in einem Cluster mit dem Schild, das vor Bodenwellen warnt, gesammelt werden. Dieses Schild hat dann die Bedeutung „Grundlegende Überlegungen und Fragen zum Thema". Falls die angebotenen Bilder nicht ausreichen, können die Anwesenden auch Verkehrsschilder selbst neu entwickeln und zeichnen. Inspirierend sind auch Verkehrszeichen aus anderen Ländern.

Hilfreich ist hier der Hinweis vom Trainer, dass es beim Clustern der Fragen vor allem darauf ankommt, zu unterscheiden zwischen:

- Direkten Fragen zu den Spielregeln (z.B. „Wie möchten wir miteinander kommunizieren?") und
- Fragen zum Hintergrund oder Prozedere bezüglich der Spielregeln (z.B. „Wozu brauchen wir Spielregeln?").

Phase 3: Fragen beantworten (15-20 Minuten)

Aufteilung in Kleingruppen

Nun diskutiert das Team jeweils in Zweier- oder Dreiergruppen die Antworten auf die Fragen in den einzelnen Clustern. Hierfür sollte jeweils ein – maximal zwei – Fragen-Cluster mit Bild auf einer Moderationswand fixiert sein. So können die Gruppen ihre Antworten auf die einzelnen Fragen jeweils auf Klebezettel schreiben und an die passende Wand kleben.

Trainerin oder Trainer können hier beispielsweise die bewährte „Rotationsmethode" nutzen. Sie gewährleistet, dass jede Kleingruppe an den Antworten für jedes Cluster mitwirkt.

Die Rotationsmethode

Die unterschiedlichen Themen sollten hierzu jeweils auf unterschiedlichen Moderationswänden repräsentiert sein. Notfalls können auch zwei Themen auf eine Wand. Dann sollte für die Runden aber längere Zeit eingeplant werden, damit keine Wand doppelt belegt wird, und jede Gruppe an einer eigenen Station arbeiten kann.

Jede Gruppe arbeitet nun in einem „Rundkurs" für jeweils eine bestimmte Zeit – in unserem Fall etwa 5 Minuten pro Wand – mit einem Thema und wechselt auf das Signal des Trainers zum nächsten Thema beziehungsweise zur nächsten Wand. Die jeweils nachfolgenden Gruppen ergänzen und komplettieren dann das, was schon an der Wand steht, bis schließlich alle Gruppen an jeder Wand mitgewirkt haben.

Jedes Fragencluster wird von allen Gruppen bearbeitet

Wichtig ist hier der Hinweis, dass sich die Gruppen jeweils auf maximal eine Antwort pro Frage einigen sollen.

Aus Antworten werden Regeln

Anschließend verdichtet pro Cluster eine Gruppe – oder auch mehrere, wenn es nicht genug Cluster für alle Gruppen gibt – die Antworten nach dem Motto „Was wäre eine umfassende Antwort auf diese Frage".

Anschließend besprechen und entscheiden die Teilnehmenden in der gesamten Gruppe gemeinsam, welche „Antworten" sie in den Spielregel-Katalog aufnehmen möchte. Hier können wieder einzelne Antworten kombiniert oder zusammengefasst werden. Manchmal sind nicht alle Antworten zugleich Spielregeln. Es sind beispielsweise oft grundlegende Annahmen und Rahmenbedingungen bezüglich der Spielregeln notiert, die gegebenenfalls in anderer Form festgehalten werden können, aber nicht müssen.

Die wichtigen Spielregeln werden schließlich auf einem Flipchart oder Poster zusammen mit den Verkehrszeichen-Bildern festgehalten. Da die Gruppe diese Spielregeln auf kreative Weise selbst gewählt und formuliert hat, bewirkt das Ergebnis erfahrungsgemäß eine einhellige Zustimmung.

- Gregersen, H. (2018): Better Brainstorming. In: Harvard Business Review, März 2018.
- Hansen, H. (2017): A bis Z der Interventionen in Gruppen. Flipchart-Tools für Beratung, Supervision und Teamentwicklung. Stuttgart: Klett-Cotta.

Rollen-Release

von Anna Dollinger

Infos

- **Gruppengröße:** 8 Personen
- **Material:** ein Flipchart mit vorbereitetem Schaubild (siehe Seite 107), Handouts „Das Drei-Welten-Modell“ und „Aufgabenblatt Rollen-Release“ (siehe Download-Ressourcen), Klebezettel, ein zweites Flipchart mit einer zweispaltigen Tabelle und den Überschriften „I wish“ und „I like“
- **Zeitaufwand:** 4 bis 6 Stunden

Die beruflichen Anforderungen an Menschen ändern sich heute immer häufiger. Mit ihnen verändern sich dann auch die Erwartungen an sie – also ihre Rolle im beruflichen Kontext. Das kann für viel Unsicherheit sorgen und die Zusammenarbeit behindern. Mit dieser Intervention lässt es sich ändern.

Im Umfeld von Digitalisierung und Transformation verändern sich die Aufgaben von und die Anforderungen an Menschen in Unternehmen immer häufiger. Ihre Rollen werden also ständig neu definiert (siehe Kasten ab Seite 106). Diese Neu-Definition aber sorgt für Unsicherheit, wenn sie nicht klar kommuniziert wird.

Rollenerwartungen reduzieren Komplexität

Denn die generalisierten Rollenerwartungen – also die Erwartungen, die in einem bestimmten Kontext an alle Personen dieser Funktionsgruppe gerichtet werden – reduzieren Komplexität: Von einem Polizisten kann man erwarten, dass er bedrängten Personen zu Hilfe eilt, unabhängig von seiner Persönlichkeit. Ist diese Erwartungssicherheit – also die Verlässlichkeit, dass die Erwartungen auch erfüllt werden – gegeben, entlastet sie uns, weil eine Situation nicht jedes Mal neu verhandelt werden muss.

Herausforderung Rollenwechsel

Rollen sind folglich eine wichtige Orientierungshilfe und Basis für eine effiziente Zusammenarbeit. Sie ermöglichen Zugehörigkeit und erlauben bestimmte Privilegien, sind aber auch mit eindeutigen Verpflichtungen verbunden. So schützen sie auch ihre Träger, da sie gewisse Aufgaben mit bestimmten Funktionen verknüpfen und sie so vom Individuum und seinen Beweggründen trennen – auch wenn die Persönlichkeit des Menschen hinter der Rolle natürlich immer durchschimmert.

Abb.: Berufliche Rollen lassen sich nicht so einfach wechseln wie Hüte. So gut passen müssen sie aber schon.

Deshalb ist es für Mitarbeitende sehr wichtig, die eigene Rolle zu kennen und zwischen der beruflichen Rolle und der eigenen Persönlichkeit unterscheiden zu können. Das gilt erst recht, da in einer sich ständig verändernden Arbeitswelt Rollenkonflikte massiv zunehmen. Denn ...

Gründe für vermehrte Rollenkonflikte bei Veränderungen

- ... neue Rollen gehen häufig mit einer von der Organisation gewünschten Veränderung von Verhalten, Haltung und Überzeugungen einher: Diese Veränderung stellt sich nicht automatisch ein, sondern ist mühsam und bedarf Zeit.
- ... Menschen lassen ungern vertraute und Sicherheit bietende Aufgaben, Verhaltensweisen und Einstellungen los, die in der Vergangenheit den eigenen Erfolg gesichert haben.
- ... veränderte Erwartungen werden oft nur teilweise offen ausgesprochen, vieles bleibt implizit.

All dies ruft Dissens und Konflikte hervor, bis alle wieder in den neuen Rollen „zu Hause“ sind. Um das Funktionieren der Organisation zu sichern und zu einem zufriedenstellenden Miteinander zu kommen, müssen Rollen folglich immer wieder neu ausgehandelt werden.

Dieses Aushandeln lässt sich sehr gut mit der Übung „Rollen-Release“ gestalten, die vom Rollen-Radar, einem von den Unternehmensberatern Bertine und Bernd Kessel entwickelten Reflexionstool, inspiriert ist.

Ihr Einsatz bietet sich besonders anlässlich von Veränderungen an – aus welchen Gründen auch immer diese stattfinden.

Teil 1: Ausführliche Vorbereitung

Klärung des eigenen Rollenbildes und der eigenen Erwartungen

Bevor die Intervention in einem Workshop startet, sollten sich die Beteiligten zunächst einerseites ein klares Bild davon machen, welche Ausgestaltung sie sich für ihre eigene Rolle wünschen, und andererseits ihre Erwartungen an die Rollen der anderen im Team oder einer Prozesskette formulieren. Deshalb beginnt Rollen-Release mit einer ausführlichen individuellen Vorbereitung, bei der alle Teilnehmenden jeweils für sich die eigenen Rollenerwartungen klären.

Dafür gibt ihnen die Führungskraft beziehungsweise der – interne oder externe – Moderator, der anschließend den Workshop moderieren wird, eine Einführung ins Thema „Rolle“ an die Hand (siehe unten). Zudem erklärt er – oder sie –, wofür die Intervention jetzt durchgeführt wird und was man damit bestenfalls erreichen möchte: nämlich Klarheit und schnelle Orientierung ermöglichen und Effizienz und Zufriedenheit in der Zusammenarbeit sichern.

Zusätzlich stellen Moderator oder Moderatorin einige theoretische Grundlagen zusammen, mit denen sich die verschiedenen Rollen-Anforderungen, denen jeder Mensch ausgesetzt ist, besser verstehen lassen. Das hilft den Teilnehmenden erfahrungsgemäß dabei, Aushandlungsprozesse entspannter anzugehen und trotzdem differenziertes und wertschätzendes Feedback zu geben. Gern wird im anschließenden Prozess dann beispielsweise betont, dass sich Feedback und Wünsche auf die Rolle und nicht auf die Person beziehen, da keiner den Menschen als solchen kritisieren oder gar verletzen möchte.

Definition von Rollen

Unter einer Rolle versteht man ein „Bündel von Erwartungen“, das sich an den Inhaber oder die Inhaberin einer bestimmten Funktion richtet.

Diese Erwartungen beziehen sich auf Werthaltungen, Überzeugungen und Verhaltensweisen der Rollenträger. Sie sind stets mit einem spezifischen – dem organisationalen – Bezugsrahmen verknüpft.

Entsprechend werden sie nicht an einen individuellen Menschen gestellt, sondern an einen Funktionsträger. Wenn jemand beispielsweise attackiert wird und eine Polizistin in der Nähe ist, dann erwartet das Umfeld, dass diese zu Hilfe eilt. Welcher Mensch mit welcher Persönlichkeit die Polizistin ist, ist für die Erwartungsbildung nicht relevant.

Berufliche Rollen werden im Überlappungsbereich von Organisation und Mensch definiert. Die Anforderungen sind mehr oder weniger explizit durch die Organisation vorgegeben und werden durch die Rollenträger ausgestaltet.

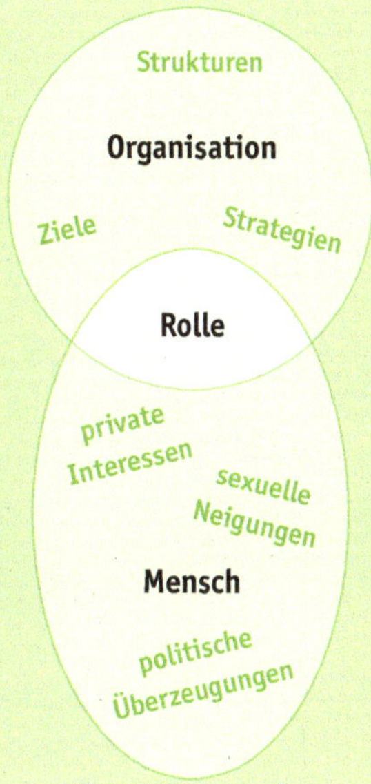

Das Drei-Welten-Modell

Insbesondere ist es sinnvoll, hier das Drei-Welten-Modell von Bernd Schmid, das zwischen Privatrollen, Professionsrollen und Organisationsrollen unterscheidet, vorzustellen (siehe Handout „Das Drei-Welten-Modell").

Download: Das Drei-Welten-Modell

Eine Einleitung dazu könnte etwa so aussehen:

Einleitung zur Intervention

„Im Laufe unseres Lebens nehmen wir sehr unterschiedliche soziale Rollen ein. Diese sind mit jeweils unterschiedlichen Kontexten und entsprechenden Erwartungen an die Rollenträger verbunden. Berufliche Rollen werden im Überlappungsbereich von Organisation und Mensch definiert. Die Anforderungen sind mehr oder weniger explizit durch die Organisation vorgegeben, werden durch die Rollenträger ausgestaltet und mit den übrigen Rollenträgern ausgehandelt."

Kritische Rollendistanz

Mit Hinweis auf das vorab vorbereitete Schaubild (siehe oben) erklären Moderator oder Moderatorin dann, wie wichtig die bewusste Unter-

Die professionelle Rollendistanz

scheidung zwischen dem individuellen Menschen und dem Rollenträger ist, die häufig als die professionelle Rollendistanz bezeichnet wird:

„Diese Rollendistanz hilft uns, zum Beispiel kritische organisationale Situationen nicht persönlich zu nehmen. Beispielsweise als Mitarbeiter einer Reklamationsabteilung: Wer dort arbeitet, wird nicht selten verbal attackiert, oft für Fehler von Kolleginnen und Kollegen. Deshalb ist es für alle dort extrem wichtig, sich immer wieder zu vergegenwärtigen, dass sie die Kritik in ihrer Rolle als Mitarbeiterin oder als Mitarbeiter entgegennehmen - und sie nicht ihnen als Person gilt. Nur dann werden sie mit solchen Beschwerden professionell umgehen können."

Ebenso hilft die professionelle Rollendistanz beispielsweise auch einer Führungskraft in einem Transformationsprozess, in der sie bestimmte Vorgaben umsetzen soll, für die sie sich persönlich nie entschieden hätte. Gleichwohl wird sie den Erwartungen an ihre Rolle entsprechend die Entscheidung des Unternehmens mittragen und umsetzen.

Selbstverständlich gibt es immer Grenzen des Matching, sei es, dass die Rollenträgerin als Mensch bei bestimmten Entscheidungen nicht mehr mitgehen kann oder der Reklamationsmitarbeiter die Grenzen des Akzeptablen von einer Kundin verletzt sieht. *„Das würde bedeuten, dass sich die Betroffenen dann entweder Hilfe holen oder sich sogar von ihren Rollen oder auch der Unternehmung trennen."*

Die Vorbereitungsaufgabe

Download: Aufgabenblatt Rollen-Release

Nach der theoretischen Einführung bekommt die Gruppe eine Vorbereitungsaufgabe (siehe „Aufgabenblatt Rollen-Release"). Hier muss vorab auch definiert werden, welche anderen Rollen von den Beteiligten geklärt werden sollen.

Moderierende können unterstützen und vermitteln

Die Vorbereitungsaufgabe ist nicht ganz einfach durchzuführen. Deshalb weisen Moderatorin oder Moderator darauf hin, dass sie jederzeit für Fragen zur Verfügung stehen. Gegebenenfalls können sie auch ein Beispiel vorstellen.

Zudem lohnt es sich, während der Vorbereitung immer wieder auf die attraktiven Ziele zu fokussieren, die mittels des Workshops erreicht werden können, um die Beteiligten positiv einzustimmen. Falls Sorgen oder Ängste verbalisiert werden, sollte der Moderator auf diese eingehen und klarstellen, dass alle sehr pfleglich und rollenbezogen Feedback geben werden und dass dies großen Mehrwert für jeden Einzelnen haben wird: Man weiß dann, wieweit man in der eigenen Rolle schon gut unterwegs ist und wo man etwas ändern kann. Falls bereits Konflikte im Raum sind, sollten diese behutsam angesprochen werden mit dem Hinweis, dass man durch die Rollenklärung anschließend besser zusammenarbeiten wird.

Teil 2: Der Workshop

Zur Eröffnung noch einmal Klarheit schaffen

Zur Eröffnung des Workshops selbst sollte der Moderator durchaus noch einmal die bereits vorgestellten Modelle präsentieren und Fragen dazu aus der Gruppe einholen. Dies hat sich bewährt, weil es für Klarheit sorgt.

Weitere Beispiele zum Thema Rollenkonfusion können hier – humorvoll erzählt – unterstreichen, dass es im Workshop primär um Organisationsrollen geht. Zum Beispiel: *„Stellen Sie sich vor, Ihre Geschäftsleitung kommt abends nach Hause und verhält sich privat so, als ob sie noch in der Chefinnen-Rolle wäre - wie wird die Familie vermutlich reagieren? Was wird passieren, wenn die betreffende Person den anderen Kontext nicht beachtet?"* Die Hauptrolle kann hier beliebig besetzt werden – etwa auch mit dem Qualitätsbeauftragten oder dem Sicherheitsdienst. Meist können die Anwesenden diese Geschichten aus eigener Erfahrung gut ergänzen.

Der Aushandlungsprozess

Erst dann beginnt der eigentliche Aushandlungsprozess, am besten in der folgenden Schrittfolge:

1. **Vorstellen des Rollenverständnisses:** Jeder Rollenträger stellt die eigenen Ausführungen vor – ohne unterbrochen zu werden.

2. **Klärungsrunde:** Hier können Verständnisfragen gestellt werden.

3. **Feedbacks schreiben:** Nun schreiben alle auf Klebezettel ihr Feedback in der Form von **„I wish"** (Ich wünsche mir) und **„I like"** (Ich mag). Eine entsprechende – leere – zweispaltige Tabelle ist als Flipchart vorbereitet. Dabei kommen die Notizen aus Teil 2 der Vorbereitungsaufgabe zum Einsatz (Aufgabenblatt Rollen-Release). Dazu erklärt der Moderator nochmals: *„‚**I wish**' steht für das, was ich mir künftig von Ihnen in Ihrer Rolle wünsche - und zwar ganz konkret als Verhalten beschrieben -, und nicht das, was ich nicht mehr möchte; ‚I*

like' steht für das, was ich am Verhalten und der Haltung des Rollenträgers gut finde und was ich diesen bitte, beizubehalten."

4. **Feedbacks geben:** Alle stellen ihre Klebezettel nun der Reihe nach vor, wobei sie gegebenenfalls verbal ihre Gründe dafür ergänzen. Der Feedback-Nehmer darf Verständnisfragen stellen.

5. **Resonanz des Rollenträgers:** Dann erklärt beispielsweise die Rollenträgerin, wie sie mit dem Feedback umgehen möchte (etwa dem widersprüchlichen), was sie leisten kann oder möchte und was nicht.

6. **Verhandlungsrunde:** Wenn Rollenträger sich auf bestimmte Wünsche nicht einlassen können oder möchten, werden sie gebeten, alternative Vorschläge zu machen. Die Moderatorin visualisiert hier auf Klebezetteln mit. Ebenfalls visualisiert sie, wo keine Einigung erzielt werden kann, damit die Gruppe an den Themen dranbleiben kann.

Tipps und Anmerkungen

Zeitlich und kognitiv intensive Arbeit

Dieser Prozess dauert pro Rollenträger zwischen 30 und 60 Minuten. Das ist viel. Die Moderatorin sollte deshalb darauf achten, dass zügig gearbeitet wird und eben das erreicht wird, was gerade möglich ist, ohne etwas erzwingen zu wollen. Aus dem gleichen Grund ist es auch wichtig, dass die Gruppen nicht zu groß sind und maximal acht Personen umfassen. Weil die Arbeit sehr kognitiv und durchaus anstrengend ist, sind die Teilnehmenden aus unserer Erfahrung heraus nach vier bis maximal sechs Stunden intensiver Aushandlungsarbeit durchaus erschöpft.

Mit mehr Personen kann man möglicherweise parallel in mehreren kleinen Gruppen arbeiten. Optimal kann es dann sein, Funktionsgruppen zu bündeln, die im Anschluss die Ergebnisse abgleichen und diskutieren.

Es hat sich bewährt, zwischen den Sequenzen neben Pausen auch kleine Achtsamkeitsübungen einzuschieben, um die volle Präsenz der Runde zu gewährleistet. Wie wichtig das ist, können im Allgemeinen alle gut nachvollziehen.

Selbstverständlich kann die Arbeit auch immer mit eher handlungsorientierten oder metapherhaften Übungen ergänzt werden. Zum Beispiel mit einer „Team-Vernissage", bei der die Teilnehmenden aus dem Bauch heraus zunächst Bilder der aktuellen Teamsituation zeichnen (siehe ab Seite 131).

Erfahrungsgemäß sorgt das Vorgehen, insbesondere auch das Feedback in Form von „I wish – I like", für gute Ergebnisse. Heftige Auseinandersetzungen haben wir eher selten erlebt. Extrem wichtig ist in jedem Fall die Vorbereitungsaufgabe, für die die Rollenträger unbedingt genügend Zeit haben müssen. Ist dies der Fall, braucht es für den Erfolg des Workshops nur noch eine gute Dokumentation des Austauschs und Führungskräfte, die dafür sorgen, dass das Team an den formulierten Themen dranbleibt.

Charta für hybride Zusammenarbeit

von Anna Dollinger

Infos

- Kann in Präsenz oder direkt hybrid durchgeführt werden
- **Gruppengröße:** 6 bis 12 Personen
- **Material:** Kollaborationsplattform, z.B. Collaboration Board, für das hybride Format, Kärtchen zum Beschreiben falls keine Onlineplattform zur Verfügung steht
- **Zeitaufwand:** ein halber bis ein ganzer Tag

Wenn virtuelles Arbeiten zum Alltag wird, führt dies auch dazu, dass wir lernen müssen, in hybriden Kontexten besser zusammenzuarbeiten. Ein Workshop zur gemeinsamen Entwicklung einer Charta, die die systemischen Zusammenhänge verdeutlicht und den Blick füreinander öffnet, kann dabei helfen.

Corona hat das Arbeiten im Homeoffice massentauglich gemacht. Das zeigen viele Untersuchungen klar. Große Gruppen von Mitarbeitenden erwarten, dass sie künftig zumindest einige Tage in der Woche von zu Hause aus arbeiten können, so eine Erkenntnis, zu der Umfragen immer wieder gelangen. Damit wird nicht nur die virtuelle Zusammenarbeit zum Normalfall. Wenn immer mal wieder eine Kollegin oder ein Kollege im Homeoffice ist, bedeutet das auch, dass wir uns darauf einstellen sollten, künftig überwiegend hybrid zusammenzuarbeiten.

Verbindung von virtuellem und Präsenzmodus

Im Gegensatz zu einem „Remote-Modus", bei dem Menschen nahezu ausschließlich virtuell zusammenarbeiten, werden beim hybriden Arbeiten die Mitarbeitenden gleichzeitig sowohl virtuell als auch im Präsenzmodus zusammenwirken. Die technischen Voraussetzungen hierfür werden in den Unternehmen weiter vorangetrieben und entsprechende Betriebsvereinbarungen zum Thema geschlossen.

Hybrides Konfliktpotenzial

Was einerseits enorme Vorteile nicht nur für die Mitarbeitenden birgt, beinhaltet gleichwohl jede Menge Konfliktstoff und wirft eine ganze Reihe von Fragen auf. Diese Fragen können in die folgenden drei Themenbereiche für die hybride Zusammenarbeit gegliedert werden:

Herausforderungen des hybriden Arbeitens

- Wie können wir trotz der hybriden Arbeitsweisen auch in Zukunft **ein gutes Zusammengehörigkeitsgefühl** erhalten? (Wir-Gefühl)
- Wie schaffen wir hybrid eine gute Basis für **Wissens- und Informationsaustausch**, Inspiration und gegenseitige Unterstützung? (Kommunikation)
- Wie organisieren wir uns, um auch hybrid unsere **Effizienz und Effektivität** zu sichern? (Arbeitsorganisation)

Erfahrungsgemäß werden diese Fragen am besten direkt gemeinsam in den hybrid zusammenarbeitenden Teams bearbeitet. Auf diese Weise können die sehr unterschiedlichen Bedürfnisse von Teammitgliedern gehört, teamspezifische Ideen entwickelt und gemeinsam getragene Lösungen verabschiedet werden. Dies gelingt am besten in einem Teamworkshop, dessen Ziel es ist, zu einer **Teamcharta für hybride Zusammenarbeit** zu kommen.

Rahmenbedingungen eruieren

Bevor der Workshops startet, sollten die Verantwortlichen sowohl die betrieblichen Rahmenbedingungen als auch den Bedarf im Team klären und mit der Unternehmenspolitik abgleichen. Das gelingt entlang der folgenden Fragen:

Rahmenbedingungen und Bedarf im Team vorab klären

- Welche Betriebsvereinbarungen gibt es zum Thema „Mobile Working"?
- Welche weiteren unternehmensspezifischen Regeln gibt es, die das Team beachten muss? Zum Beispiel eine systematische Ablage, sicherheitsrelevante Themen?
- Welche Arbeitszeitmodelle gibt es in unserem Team, die wir berücksichtigen müssen?
- Welche Vorgaben und Planungen gibt es vonseiten der IT oder vom Facility Management? Werden wir z.B. künftig noch über Festnetz telefonieren? Welche IT-Tools und Kollaborationsplattformen dürfen wir nutzen? Welche Messenger sind okay?

- Wieweit brauchen wir Budgets – etwa für das Training von digitalen Kompetenzen?

Die Charta entsteht im Workshop

Sind die Fakten gesammelt, kann der Workshop „Unsere Charta für hybride Zusammenarbeit" durchgeführt werden. Das geht bei Bedarf auch direkt hybrid. Dann sollte unbedingt im Vorfeld entschieden werden, inwieweit die in Präsenz Anwesenden auch ihre eigenen Laptops mitbringen, um z.B. Ergebnisse auf einer gemeinsamen Kollaborationsplattform zu visualisieren.

Für ein gutes Gelingen des Formats bietet es sich außerdem an, zum Einstieg methodische Arbeitsansätze (siehe rechts) bewusst zu definieren. Je nach Situation und Zeitbudget kann dies auch online vorbereitet werden. Zudem können so auch schon im Vorfeld die Kernfragen aufgegriffen werden, die das Team gemeinsam bearbeiten will. Grundsätzlich sollten für den Workshop etwa acht Stunden oder auch zweimal vier Stunden veranschlagt werden.

Herausforderungen in der Eröffnungsrede skizzieren

In die Eröffnungsrede, die sowohl von einer Moderatorin oder auch von der Führungskraft des Teams gehalten werden kann, werden zunächst die Herausforderungen skizziert. Zum Beispiel so: *„Wie empirische Erkenntnisse zeigen, ist hybride erfolgreiche Zusammenarbeit von einigen Herausforderungen begleitet. Zum Beispiel ist es problematisch, wenn Teilnehmende ihre Kamera nicht einschalten. Denn wenn wir einander sehen und anlächeln, wird das Hormon Oxytocin ausgeschüttet, das zum einen ein gemeinsames Wohlfühlen auslösen kann, zum anderen auch das Gefühl der Zusammengehörigkeit stärkt. Das sind genau die Emotionen, die wir entwickeln, wenn wir einander etwa am Kaffee-Automaten im Büro begegnen. Diese Emotionen brauchen wir, damit wir uns gut gegenseitig unterstützen und unser Wissen teilen können. Ist die Kamera aus, können sie nicht entstehen."*

Der Proximity Bias

Ebenso kann hier eine andere Herausforderung in der hybriden Zusammenarbeit zur Sprache kommen: der sogenannte Proximity Bias. Das bedeutet, dass wir uns oft denjenigen näher fühlen, die wir öfter sehen, als denen, die wir nur virtuell oder nur auditiv erleben. Mit *„Auch deswegen ist es wichtig, dass wir unsere Kameras anschalten. Und das bitten wir euch jetzt auch zu tun"*, kann die Moderation dann überleiten zur Vorstellung der Agenda und der Spielregeln (siehe rechts).

Regeln im hybriden Raum

Für eine gelingende hybride Zusammenarbeit haben sich die folgenden Kernregeln bewährt. Es ist sinnvoll, sich zum Einsteig in einen hybriden Workshop auf diese zu verständigen:

Hybride Meetings werden zu zweit moderiert: Eine Person hat Meldungen und den Chat im Blick, die andere führt durch die Agenda. In größeren Gruppen kann eine dritte Person gleichzeitig für die Ergebnisdokumentation sorgen. Die Jobs können abwechselnd von unterschiedlichen Personen wahrgenommen werden.

Obligatorischer Technik-Check: Vor der Veranstaltung wird immer geprüft, ob eine stabile Verbindung gegeben ist, die Einstellungen stimmen und Audio- & Video-Kanäle funktionieren.

Die virtuell Teilnehmenden werden gut sichtbar im Raum präsentiert: Deshalb wird immer mit zwei Bildschirmen gearbeitet. Auf dem einen läuft die Präsentation oder das Collaboration Board, auf dem anderen sind all diejenigen zu sehen, die virtuell zugeschaltet sind.

Kameras sind eingeschaltet: Sich gegenseitig zu sehen („Rich Media") verbessert die Kommunikation und schafft Nähe.

Offline-Anwesende kooperieren paarweise mit Online-Anwesenden: Die Offline-Kollegin beachtet, dass die Online-Kollegin (ihr „Buddy") eingebunden ist, nimmt bei Gruppenarbeiten gegebenenfalls diese auf ihrem Laptop mit in die Kleingruppe (Spotlight-Funktion nutzen).

Danach können bereits wichtige Aspekte aufgegriffen werden, die für die Ausarbeitung der Teamcharta wichtig sind: die Ziele, die bei der hybriden Zusammenarbeit im Auge behalten werden sollen, sowie die Faktoren, die Wir-Gefühl, Kommunikation und Arbeitsorganisation beeinflussen. Dazu beantworten alle drei Check-in-Fragen – am besten auf einem vorbereiteten Collaboration Board, auf das alle per Laptop oder Computer zugreifen können.

Check-in-Fragen

- Was sind aus meiner Sicht unsere Ziele im Rahmen der hybriden Zusammenarbeit?
- Was hat gut funktioniert, was wollen wir behalten?
- Wo haben wir Grenzen erlebt, was wollen wir wieder ändern?

Wenn man nicht mit einer digitalen Kollaborationsplattform arbeiten möchte, werden Paare zwischen je einem virtuell und einem in Präsenz anwesenden Teammitglied gebildet. Dann ist es die Aufgabe der Präsenzperson, die Aussagen ihres „Workshop Buddys" auf Kärtchen mitzuvisualisieren.

Abb.: Antworten der Teammitglieder werden auf dem Collaboration Board oder Whiteboard gesammelt und anschließend geclustert.

Drei zentrale Kapitel für die Charta

Clustern nach den drei Haupt-Herausforderungen

Nach der Sammlung werden die Kärtchen entsprechend der drei eingangs genannten zentralen Herausforderungen nach den drei Zielen geclustert:

1. Unser Wir-Gefühl stärken
2. Unsere Prozesse und unsere Arbeitsorganisation sichern
3. Unsere Kommunikation strukturieren

Anschließend kann die Gruppe zum ersten Hauptthema übergehen.

Kapitel I: Wir-Gefühl stärken. Nun werden die vorab formulierten Ziele, die sich auf diesen Themenblock beziehen, nochmals gesichtet. Auch Aspekte aus dem Check-in „Was hat gut funktioniert und was wollen wir beibehalten?" werden dabei berücksichtigt. Dann fasst die Moderatorin oder Führungskraft die Erkenntnisse zu einer einführenden Inspiration zusammen. Dann sammelt die Gruppe weitere Ideen und stimmt über diese abschließend ab.

Verschiedene Facetten beleuchten

Kapitel II: Prozesse und Arbeitsorganisation sichern. Ähnlich wird auch hier vorgegangen. Gleichwohl kann es hier sinnvoll sein, mit verschiedenen Fragen zu verschiedenen Facetten dieses Themenschwerpunktes zu arbeiten. Zum Beispiel:

- Wie gelingt es uns, den unterschiedlichen Bedürfnissen im Team gerecht zu werden – wenn etwa einige Mitarbeitende am liebsten dauerhaft von zu Hause arbeiten würden, andere dagegen wieder primär ins Büro kommen möchten? **Ein möglicher Vorschlag:** ein fixer Tag für Treffen im Büro zweimal monatlich.

- Wie können wir uns als Team auch bei sehr unterschiedlichen Arbeitszeitmodellen (von der Acht- bis zur 38-Stunden-Woche) gut organisieren und beispielsweise Konstanz bei der Aufgabenverteilung beibehalten? Wie können wir Doppelarbeit und Missverständnisse verhindern, die zu Enttäuschungen und unnötigen Belastungen führen? **Vorschläge könnten sein:** Daily Synchros via MS Teams oder das Arbeiten mit einem Lean Board.

- Wie halten wir es mit Erreichbarkeit oder Vertretungsregelungen? **Ein möglicher Vorschlag:** Alle Teammitglieder halten sich eine fixe Stunde pro Woche frei von Meetings, um telefonisch erreichbar zu sein.

- Wie und wobei wollen wir Eigenverantwortung leben? **Ein Vorschlag könnte sein:** Ab 500 Euro muss bei Entscheidungen über Ausgaben Rücksprache gehalten werden, vorher nicht.

Kapitel III: Kommunikation strukturieren. Auch hier ist es sinnvoll, den Themenschwerpunkt anhand verschiedener Fragen auszuleuchten. Zum Beispiel:

- Welche Besprechungsformate, -routinen und -tools online wie in Präsenz brauchen wir für eine gute – formelle *und* informelle –

Kommunikation? Welche Informationen sind nötig, um unsere Effizienz und Effektivität zu sichern?
- Welche Kommunikationskanäle wollen wir für was genau nutzen?
- Wie wollen wir Erreichbarkeiten und Reaktionszeiten regeln?
- Wie können wir uns gegenseitig anregen und stimulieren im Denken – auch wenn das spontane Erzählen und Inspirieren an der Kaffeemaschine deutlich weniger sein wird?
- Wobei müssen wir uns mit anderen Teams abstimmen?

Abschluss

Die Ergebnisse sollten in der Teamcharta für hybride Zusammenarbeit visualisiert und veröffentlicht werden. So können bei Bedarf auch Kolleginnen an Nahtstellen oder Kooperationspartner wissen, wie sie gut mit ihrem Nachbarteam zusammenarbeiten. Und möglicherweise werden sie auch angeregt, ein solches Tool auch für ihr Team zu erarbeiten und zu veröffentlichen.

Feedback am gemeinsamen Collaboration Board

Zum Abschluss wird zudem das Feedback aller Teilnehmenden zum Workshop eingeholt. Dazu wird wieder das digitale Collaboration Board genutzt, auf dem alle einen Zettel mit einer Antwort auf die folgenden Fragen platzieren:

1. Wo habe ich schon heute erlebt, dass wir uns an unsere Charta gehalten haben?
2. Wo habe ich heute erlebt, dass wir noch nachbessern müssen?
3. Was wird mein Beitrag sein, um unsere Teamcharta für hybride Zusammenarbeit zu leben?

Die eigenen Antworten stellt jeder und jede kurz im Plenum vor. Das Feedback direkt zu sammeln, ist sinnvoll, da die aktuellen Einsichten morgen vielleicht schon wieder vergessen oder überholt sind. Denn für die Ewigkeit werden keine Erkenntnisse gültig sein – trotzdem sind sie wichtig als Referenzerfahrungen. Diese Sichtweise kann auch die Führungskraft oder der Moderator im Abschluss-Statement aufgreifen:

Abschluss-Statement

„ *Diese Arbeitsansätze sind für unsere Entwicklung wichtig, um uns durch den ‚Strom des Wachstums' und das ‚digitale Meer' zu tragen. Wir werden gemeinsam erkunden, wieweit sie uns in den ‚Niederungen und Höhen des Alltags' helfen, unsere Ziele der hybriden Zusammenarbeit zu erreichen. So werden wir immer wieder Impulse für die Weiterentwicklung der Charta gewinnen. Daher definieren wir schon heute einen nächsten Termin, an dem wir in eine Retrospektive gehen, um von uns selbst zu lernen.*" Dort oder in einem Folge-Workshop kann dann an den gesammelten Feedbacks weitergearbeitet werden.

Was ist hier systemisch?

Die Intervention zur Erarbeitung der „Charta für hybride Zusammenarbeit" ist deshalb systemisch, weil hier aus unserer Sicht die folgenden vier systemischen Annahmen zum Tragen kommen:

1. Systeme können nicht von außen verändert werden: Sie können sich, und tun dies auch ständig, nur selbstinitiiert weiterentwickeln (Autopoiese).
2. Wichtig für Systeme ist, dass relevante Umfeldentwicklungen wahr- und aufgenommen werden, damit die Anschlussfähigkeit an Kontexte erhalten bleibt.
3. In Systemen sind wir immer Ursache und Wirkung zugleich füreinander. Wenn Verhaltensmuster in Systemen erweitert und verändert werden sollen, sollten die Systemmitglieder gemeinsam an gewünschten Mustern arbeiten.
4. Was aus Sicht des Systems Mehrwert stiftet, ist anschlussfähig ans System. Daher kann ein gutes Vorgehen sein, auf positive Ergebnisse und Erkenntnisse zu schauen, um für das Team nützliche Muster zu verstärken.

Noch mehr Online-Tools für Teams

▸ Strehlau, K., Berscheid, B. (2021): Online-Teamhacks. Impulse und Tools für die Online-Zusammenarbeit. Bonn: managerSeminare.

Abgeben & annehmen

von Anna Dollinger

Infos

- **Gruppengröße:** je nach Größe des Teams
- **Material:** Klebezettel, Stifte, Flipchart, ggf. Moderationswand
- **Zeitaufwand:** ein halber bis ein ganzer Tag

Die Zeiten, in denen Führungskräfte Entscheidungen gefällt und Aufgaben vorgegeben haben, sind längst vorbei. Heute wollen und sollen Teammitglieder in Entscheidungsprozesse involviert werden und Verantwortung übernehmen. Doch wie lässt sich ein Teamklima schaffen, in dem Führungskräfte Aufgaben gerne abgeben und Teammitglieder sich imstande fühlen, sie zu übernehmen?

Abb.: Manche Aufgaben kosten Führungskräfte viel Anstrengung – obwohl sie einem Teammitglied möglicherweise leicht und motiviert von der Hand gehen würden. Sie gilt es zu identifizieren und zu übertragen.

In vielen Unternehmen werden derzeit Themen wie „Selbstverantwortung der Mitarbeitenden fördern", „Delegation" und „Eigeninitiative der Mitarbeitenden stärken" intensiv diskutiert. Dabei geht es vor allem darum, Ermächtigung zu ermöglichen und Freiräume zu gewähren – etwa, indem Entscheidungsspielräume ausgeweitet, mehr Gestaltungsmöglichkeiten gegeben und Aufgaben (z.B. an Meetings teilnehmen, Besprechungen moderieren, Präsentationen halten ...) übertragen werden. Doch eines ist klar: Den Mitarbeitenden auf der Tonspur „Ermächtigt euch!" und „Macht einfach!" zuzurufen und dann darauf zu hoffen, dass dies in gewünschtem Sinn geschieht, ist naiv. Allzu oft folgen Enttäuschung, Frustration und Demotivation, weil gegenseitige Erwartungen unklar bleiben und die Wahrscheinlichkeit der Fehler und des Misslingens nicht mitdiskutiert werden.

Mitarbeitende erfolgreich „empowern"

Um dies zu vermeiden, ist es wichtig, sich ins Bewusstsein zu rufen, dass die erfolgreiche Übernahme von Verantwortung von den jeweiligen individuellen Erfahrungen der Mitarbeitenden abhängt, von deren Wissen und Selbstvertrauen. Was den einen Menschen motiviert und mobilisiert, kann den anderen verunsichern und stressen. Daher sollte die Übertragung von Aufgaben an das Team bzw. an einzelne Teammitglieder gemeinsam besprochen, ausgehandelt und reflektiert werden – z.B. mithilfe des Workshop-Konzeptes „Empower". Richtig angewendet kann es Teams dabei unterstützen, zu echtem Empowerment zu gelangen, das beflügelt, bei den Mitgliedern das Erleben der eigenen Bedeutsamkeit und Selbstwirksamkeit stärkt und klar zu erhöhter Motivation und Zufriedenheit beiträgt. Im Zentrum stehen dabei folgende Fragen:

- Welche Themen/Aufgaben/Entscheidungen sollen delegiert werden?
- Welche Strukturen, Regeln und Rahmenbedingungen werden gebraucht, damit dies gelingen kann?
- Was tun die Beteiligten, wenn „es" mal nicht gelingt oder die Beteiligten nicht zufrieden mit dem Verlauf und den Ergebnissen sind?

Diese Fragen können und sollten vorab sowohl von der Führungskraft als auch vom Team reflektiert werden („Was kann und will ich delegieren?" bzw. „Bezüglich welcher Aufgaben, Themen und Entscheidungen möchten wir mehr Verantwortung und Eigeninitiative übernehmen?"). Diese Vorstellungen werden dann im Workshop gemeinsam diskutiert, abgeglichen und münden in entsprechenden Vereinbarungen.

Einen „Empower"-Workshop vorbereiten

Die Führungskraft bzw. der Trainer/die Trainerin schlägt dem Team vor, einen Teamworkshop zum Thema Empowerment durchzuführen. Um Interesse an dem Thema zu wecken, ist es ratsam, sich vorher Gedanken über Vorhaben, Absicht und Nutzen zu machen, die in einer kurzen Vorstellung des Themas verpackt werden. Beantwortet werden dabei folgende Fragen:

Interesse am Thema wecken

- Was kann Empowerment für das Team bringen?
- Was kann Empowerment für mich als Führungskraft bringen?
- Welche Rahmenbedingungen braucht es, damit Empowerment gelingen kann?
- Wo leben wir bereits Prozesse, die Empowerment unterstützen?

Wird der Workshop von allen gewünscht, bittet die Führungskraft bzw. der Trainer/die Trainerin die Teammitglieder, sich auf den Workshop vorzubereiten und die Themen, die aus ihrer/seiner Sicht zukünftig vom Team statt von der Führungskraft erledigt werden könnten, zum Workshop mitzubringen. Im Idealfall visualisieren die Mitglieder (einzeln oder auch gemeinsam) diese Themen auf Klebezetteln, die dann direkt im Workshop eingesetzt werden können. Hilfreiche Fragen zur Vorbereitung sind zum Beispiel:

Fragen zur Vorbereitung für das Team

- Welche Themen werden aus meiner/unserer Sicht aktuell erfolgreich delegiert?
- Welche Themen oder Entscheidungen sollten wir künftig eigenständig(er) treffen können?
- Welche Zusagen an (interne) Kundinnen und Kunden sollten wir künftig eigenständig(er) entscheiden können?
- Welche (Teil-)Aufgaben (z.B. Teilnahme an Besprechungen, Halten von Präsentationen, Vorbereitung/Terminierung/Moderation von Besprechungen ...) sollten wir übernehmen?
- Welche Rahmenbedingungen sind wichtig, damit die Delegation erfolgreich gelingen kann?

Die Führungskraft geht bei der Vorbereitung in ähnlicher Weise vor und benennt Themen- und Aufgabenfelder, die sie gerne in den Verantwortungsbereich des Teams überführen möchte. Sie kann sich zum Beispiel fragen:

Fragen zur Vorbereitung für die Führungskraft

- Welche Aufgabe(n) (siehe oben), Themen, Entscheidungen wären bei meinen Teammitgliedern besser aufgehoben?
- Will ich die Aufgabe(n) wirklich weggeben?
- Welchen Nutzen habe ich, wenn ich die Aufgabe/das Thema/die Entscheidung dem Team übertrage?
- Welche Auswirkungen und Konsequenzen hätte das für mich, wenn ich meinem Team die Aufgabe/das Thema/die Entscheidung nicht übertrage?
- Schenke ich dem Team das Vertrauen, das hinzubekommen?

- Welche Bedingungen könnte ich herstellen, unter denen ich (besser) loslassen kann?
- Darf ich die Aufgabe überhaupt übertragen? (Dabei ist im Hinterkopf zu behalten, dass originäre Führungsaufgaben nicht übertragbar sind.)
- Hat der von mir vorgesehene Mitarbeiter bzw. die Mitarbeiterin oder das Team als Ganzes die notwendigen Voraussetzungen (bspw. Teilnahme an bestimmten Besprechungen, um Zugang zu nötigen Informationen zu bekommen) sowie die Befugnis, die Aufgabe auszuführen (z.B. Gabelstaplerberechtigung, gesetzlich geforderte Zertifizierung etc.)?

Auch die Führungskraft visualisiert die aus ihrer Sicht übertragbaren Aufgaben/Themen auf Klebezetteln.

Den „Empower"-Workshop durchführen

Benötigte Zeit	Tagesordnungspunkt
ca. 15 Min.	**Eröffnungsrede, Begrüßung & Vorstellung der Agenda und Spielregeln**
ca. 30 Min.	**Check-in** der Teammitglieder (je nach Gruppengröße)
20 plus 20 Min.; gesamt ca. 40 Min.	**Übertragbare Themen** (aus beiden Perspektiven): Präsentationen und anschließendes Clustern
ca. 30 Min.	**Diskussion & Aushandeln:** Wo sehen wir Gemeinsamkeiten, wo Unterschiede? Worauf können wir uns (zum Start in das Thema) einigen?
ca. 30 Min.	**Rahmenbedingungen definieren:** Was sind die Ziele bei dieser Entscheidung/diesem Thema/dieser Aufgabe? Woran messen wir, dass die Entscheidung/das Thema/die Aufgabe erfolgreich bearbeitet wurde? Was brauchen wir (noch), um die Entscheidung/das Thema/die Aufgabe umfassend entsprechend der Ziele und Erfolgskriterien zu bearbeiten (z.B. Informationen, Kompetenzen, Budget)?
15 Min.	**Pause**
ca. 40 Min.	**Umgang mit Misserfolg, Fehlern & Scheitern oder „Wie wir schnelles Lernen sichern":** Welche Arten von Fehlern gibt es (Input)? Welche Art von Feedback wollen wir hier nutzen (z.B. „3-W-Methode" oder „I wish – I like")? Wie wollen wir unsere Retrospektiven aufbauen? In welchem Abstand wollen wir auf die delegierten Themen schauen? **Ein gemeinsames Commitment verfassen:** Wie wollen wir mit Misserfolg, Fehlern & Scheitern umgehen, um schnellstmöglich miteinander zu lernen?
ca. 30 Min.	**Feedback und Ausblick** auf den nächsten gemeinsamen Workshop und die erste Retrospektive

1. Eröffnungsrede, Begrüßung & Vorstellung der Agenda

Zur Begrüßung hält die Führungskraft bzw. der Trainer/die Trainerin eine Eröffnungsrede und stimmt die Mitarbeitenden auf den Workshop ein. Anschließend stellt sie/er die Agenda des Workshops sowie die Themenschwerpunkte, deren Bearbeitung jeweils unterschiedlich viel Zeit in Anspruch nimmt (s. Tabelle), auf einem Flipchart-Papier dar. Auch gewisse Spielregeln (z.B. Veto-Recht) sollten in diesem Schritt geklärt bzw. vorgestellt werden.

2. Check-in der Teammitglieder

Sind die Tagesordungspunkte geklärt, gilt es, die Teilnehmenden emotional abzuholen. Dazu können folgende Fragen genutzt werden, die sich auf das Umfeld außerhalb des beruflichen Kontextes beziehen:

Fragen zum Check-in

- Wann hat es mir bisher besonders Spaß gemacht, Verantwortung zu übernehmen (in Vereinen, ...)?
- Wann/wo war ich eher unglücklich oder unzufrieden damit, Verantwortung zu übernehmen/wann ist es mir schwergefallen?
- Was ist mein Fazit daraus?

Hierbei ist es hilfreich, wenn die Führungskraft, der Trainer/die Trainerin oder ein Mitglied des Teams (kann auch pro Workshop-Schritt wechseln) die Fazits mitvisualisiert. Diese können sehr nützlich und hilfreich sein – gerade, wenn das Team zu einem gemeinsamen Commitment kommt. Dann kann es sich diese nochmals ansehen und für einen Abgleich nutzen.

3. Zu übertragende Themen erarbeiten

Team und Führungskraft stellen Themen nacheinander vor

Im nächsten Schritt stellen die einzelnen Teammitglieder bzw. das Team die vorbereiteten übertragbaren Themen vor. Die Klebezettel mit den Themen werden nach Möglichkeit direkt geclustert. Verständnisfragen sind erlaubt, die Diskussion sollte allerdings erst stattfinden, wenn alle Ergebnisse der Vorbereitung präsentiert wurden. Wenn die Aufgabe nicht als Vorbereitungsaufgabe gegeben wurde, kann diese auch im Workshop bearbeitet werden.

Sind die Teammitglieder mit ihrer Präsentation fertig, stellt auch die Führungskraft ihre Themen vor – sprich, die Aufgaben, die sie sich vorstellen könnte, an das Team zu übergeben. Dabei kann sie mit dem vorher Gehörten mitschwingen und ihre Präsentation entsprechend anpassen – das bedeutet: ähnliche, bereits genannte Themenfelder bekräftigen, andere Themenfelder ergänzen und ggf. anmerken, welche Themenfelder sie kritisch findet und weshalb. Sie kann aber auch eigene Themen weglassen, wenn sie den Eindruck hat, dass das Team dann überfordert wäre. Abschließend werden alle Themenfelder (nochmals) geclustert.

4. Diskussion & Aushandeln

Gemeinsamkeiten und Widersprüche erfassen

Nun werden die Gemeinsamkeiten und Widersprüche erfasst und mit Blick auf die zu übertragenden Entscheidungen/Themen/Aufgaben anhand folgender Fragen diskutiert:

- Wo sehen wir Gemeinsamkeiten, wo Unterschiede?
- Worauf können wir uns (zum Start in das Thema) einigen?

Gegebenenfalls könnte auch hier schon die Frage nach Rahmenbedingungen auftauchen, nach dem Motto „Wenn ich das übernehmen soll, dann muss ich aber auch ... (z.B. „an dem XYZ-Meeting teilnehmen, sonst habe ich ja die relevanten Informationen nicht"). Die Führungskraft bzw. der Moderator/die Moderatorin hält solche gewünschten Rahmenbedingungen erst einmal fest, ohne zu bewerten oder zu diskutieren. Sie werden im nächsten Schritt im Detail bearbeitet.

Aushandeln nach dem Konsent-Prinzip

Wichtig beim Aushandeln ist, darauf zu achten, dass sich weder die Führungskraft noch die Teammitglieder überfordert fühlen. Jede/r sollte ein Veto einlegen können – nach dem Motto „Das ist mir zum aktuellen Zeitpunkt noch zu viel/zu früh; lasst uns da zu einem späteren Zeitpunkt noch mal draufschauen". Das entspricht einer Entscheidung nach dem Konsent-Prinzip (Kernkriterium: Wenn ein Teammitglied, und das gilt auch für die Führungskraft, einen schwerwiegenden Einwand gegen die Übertragung hat, wird diese erst einmal nicht so durchgeführt).

5. Rahmenbedingungen diskutieren & aushandeln

Im nächsten Schritt überlegen die Teammitglieder, welche Rahmenbedingungen sie brauchen, damit sie die Verantwortung für die Themen bestmöglich übernehmen können und sich dabei wohlfühlen. Wenn die Gruppe nicht zu groß ist (weniger als zehn Mitglieder), kann die Gruppe auch in diesem Schritt gemeinsam im Plenum arbeiten. Umfasst die Gruppe mehr als zehn Mitglieder, empfiehlt es sich, sie in

Kleingruppen aufzusplitten und jeweils ein bis drei Themencluster pro Gruppe zur Verfügung zu stellen. Die ggf. bereits vorher genannten Anforderungen werden in diese Diskussion mit einbezogen. Fragen sind unter anderem:

Fragen zu den Rahmenbedingungen

- Was sind die Ziele bei diesem Thema/dieser Aufgabe/dieser Entscheidung?
- Woran messen wir, dass die Aufgabe erfolgreich bearbeitet wurde?
- Was brauchen wir (noch), um die Aufgabe umfassend – entsprechend der Ziele und Erfolgskriterien – zu bearbeiten (z.B. Informationen, Kompetenzen, Budget)?

Die Gruppen visualisieren ihre Erkenntnisse. Im Anschluss präsentieren die Gruppen ihre Ergebnisse im Plenum. Dann wird ein gemeinsames Commitment herbeigeführt – zum Beispiel mithilfe des Konsent-Prinzips.

6. Umgang mit Misserfolg, Fehlern & Scheitern

Eine positive Lernatmosphäre schaffen

Die Führungskraft bzw. der Trainer/die Trainerin gibt ihr/sein Wissen bzgl. Fehlern und Feedback an die Teilnehmenden weiter. Dazu hat sie/er ggf. bereits ein Flipchart vorbereitet. Für das Thema Empowerment ist es wichtig, eine Atmosphäre der psychologischen Sicherheit sowie eine gemeinsame Lernatmosphäre zu schaffen. Unter anderem sollte im Team diskutiert werden:

- Welche Arten von Fehlern gibt es, und wie wollen wir mit diesen umgehen?
- Welche Team-Feedback-Methoden gibt es? (ggf. „3-W-Methode", siehe Seite 225, oder „I wish – I like", siehe auch ab Seite 109)

Mit Blick auf die betrachteten Themen gilt es zudem, folgende Fragen zu klären und anschließend zu einem Commitment zu gelangen:

- Was daran ist für unser Team sinnvoll und wichtig?
- Wie wollen wir mit Misserfolg, Fehlern & Scheitern umgehen, um schnellstmöglich miteinander zu lernen?
- Welche Feedback-Methode wollen wir für uns nutzen?
- In welchen Abständen wollen wir eine Retrospektive für uns durchführen?
- Wie wollen wir unsere Retrospektiven gestalten?

7. Feedback und Ausblick

Abschließend fragt die Führungskraft bzw. der Trainer/die Trainerin nach Feedback für den „Empower-Workshop" und bestätigt ggf. den Termin für die erste Retrospektive. Für das Feedback kann beispielsweise die „I wish – I like"-Methode genutzt werden.

- **I wish:** Das würde ich mir in unserem nächsten Teamworkshop/ in unserer nächsten Retrospektive anders wünschen – und zwar konkret so: ...
- **I like:** Das würde ich mir in unserem nächsten Teamworkshop/in unserer nächsten Retrospektive konkret genau so wie heute wieder wünschen: ...

Nachfragen, aber keine Diskussionen

Jedes Teammitglied stellt nacheinander seine Klebezettel vor (ggf. können diese pro Frage auf drei begrenzt werden, wenn das Team mehr als zehn Mitglieder umfasst). Nachfragen sind erlaubt, eine Diskussion findet aber nicht statt. Die Führungskraft fasst das Abschluss-Feedback würdigend zusammen.

Was ist hier systemisch?

In Systemen sind wir immer Ursache und Wirkung zugleich füreinander. Systeme können daher nicht von außen verändert werden: Sie können sich, und tun dies auch ständig, nur selbstinitiiert weiterentwickeln (Autopoiese). Dies hängt von Impulsen ab, die auf das System einströmen: von innen oder von umgebenden Systemen. Ob und wie solche Impulse aufgenommen werden, ist nicht vorhersagbar. Erscheinen sie für die Einstellungs- und Wertperspektiven im geltenden System als sinnvoll, ist die Wahrscheinlichkeit gegeben, dass sie anschlussfähig sind. Daher gilt es, darauf zu achten, immer auch den Nutzen von Vorgehensweisen darzustellen – und sich vor Augen zu führen: Wenn wir Muster erweitern und verändern wollen, sollten wir im System gemeinsam an solchen Mustern arbeiten.

Zum Weiterlesen

- Intervention „Sicherheit säen", ab Seite 220

3. Das Team in Fahrt halten: Metaphernarbeit

In diesem Abschnitt finden Sie folgende Interventionen:

Team-Vernissagen

von Anna Dollinger

Infos

- **Gruppengröße:** eine oder mehrere Gruppen mit maximal 5, besser nur 4 Teilnehmenden
- **Material:** je eine Pinnwand pro Gruppe, beschriftet mit „Was uns gerade umtreibt"; verschiedenfarbige dicke Moderationsstifte, eventuell ergänzend Wachsmalkreide; Flipchart mit Instruktionen „Fragen an die Kunstexperten"
- **Zeitaufwand:** 5 Minuten Instruktion, 10 bis 15 Minuten Gruppenarbeit, für die Vernissage bei drei Gruppen ca. 20 Minuten. Ein Debriefing ist nicht vorgesehen, das kann ggf. mit anderen Methoden erfolgen.

Für einen Externen ist es meist schwierig, die Zusammenhänge in einem Team oder Bereich zu durchblicken. Denn bewusst erklären kann sie oft keiner. Deshalb kann es sinnvoll sein, wenn die Teilnehmenden den systemischen Kontext intuitiv bearbeiten – zum Beispiel mit der Übung „Team-Vernissage".

Metaphern als Schlüsselelement

Für den Soziologen Niklas Luhmann sind Metaphern „der Schlüssel zur Komplexitätsbewältigung". Denn, so der Wissenschaftler, der zu den wichtigsten Vertretern der soziologischen Systemtheorie zählt, Metaphern können kognitive Komplexität reduzieren, indem sie Vieldeutigkeit zulassen, ja sogar suchen und somit hochanschlussfähig werden. Was für Menschen in Worten manchmal schwer auszudrücken ist, weil es zu vielschichtig, vieldimensional und kaum strukturierbar wirkt, wird plötzlich einfach. Durch das Arbeiten mit Bildern werden emotionale Einstellungs- und Handlungsebenen erreicht, die neue Möglichkeiten aufzeigen, wie Wirklichkeit wahrgenommen und interpretiert werden kann. Wahrnehmungsroutinen werden durchbrochen, und es wird möglich, andersartige Lösungsimpulse zu finden.

Download: Prinzipien und Elemente des systemischen Denkens

Zur Erinnerung: „Systemisch" definiert

Wer wissen will, was systemisch heißt, bekommt viele Antworten. Denn es gibt nicht die eine gültige Definition des Begriffs. Auch nicht für uns Autorinnen. Alle im Buch vorgestellten Interventionen basieren aber auf den folgenden Grundsätzen:

Das systemische Denken geht davon aus, dass jeder Mensch die Wirklichkeit aus seiner individuellen Wahrnehmung „konstruiert". Dafür setzt er Phänomene wie Personen zueinander in Beziehung. Probleme – aber auch Teams etc. – sind deshalb nie isoliert zu betrachten, sondern immer als System.

Wer systemisch denkt, betrachtet dieses System wie ein Mobile: Wenn man hier ein neues Teil hinzufügt, die Position eines Elements verändert oder auch das ganze Mobile anstößt, hat dies gleichzeitig Auswirkungen sowohl auf das Mobile als System als auch auf seine Elemente.

Immer wenn Menschen mit anderen Menschen interagieren, lässt sich ihr „System" als solch ein Mobile beschreiben. Das gilt für Familien ebenso wie für Projekte oder Abteilungen, aber auch für die Zusammenarbeit zwischen Teams oder mit externen Lieferanten.

Probleme entstehen, wenn das Mobile aus der Balance fällt – etwa wenn einer im Team ausgegrenzt wird. Um wieder Balance herzustellen, reicht es nicht, nur einen Aspekt – etwa die Person des Mitarbeiters – im Blick zu haben. Es braucht auch den Blick aufs System.

Das systemische Denken ist kein Denken in Ursache und Wirkung, das von A auf B schließt. Es geht vielmehr davon aus, dass wir es in Systemen stets mit einem nicht linearen, äußerst komplexen Geschehen zu tun haben

Quelle: Manfred Schwarz, Iris Schwarz, Maja Härri: smartGuide Führung. managerSeminare, Bonn 2012

Ziele vorab klar formulieren

Team-Vernissagen bringen zudem stets eine Menge Spaß. Damit Teilnehmende ihnen trotzdem mit dem nötigen Ernst begegnen, sollte der Trainer oder die Moderatorin sie vorab unbedingt mit viel Informationen versorgen und vor allem verdeutlichen, was man mit dieser Übung erreichen kann. Folgende Zielsetzungen lassen sich dabei formulieren:

Ziele der Team-Vernissage

- Eine intuitive Analyse der aktuellen Team- oder auch Bereichssituation vornehmen, die die Beteiligten zum Schmunzeln bringt und bei der sie Spaß haben.
- Über die Arbeit mit Metaphern lassen sich Themen leichter ansprechbar machen.
- Es lassen sich Ideen für Veränderungsansätze gewinnen.

Dies ist keine Übung, um detaillierte Informationen über Probleme zu gewinnen. Es geht eher darum, eine Ausgangsbasis zu schaffen, um anschließend mit einem klaren „Solution-Fokus" in Richtung Ziele und Veränderungen zu arbeiten.

Das Vorgehen: Künstler ermutigen ...

Der Trainer lost die jeweiligen Teamzusammensetzungen aus. Dies stellt einigermaßen sicher, dass sich nicht die Teilnehmenden zusammenfinden, die eher „analytisch-kognitiv" strukturiert sind oder sich „anstecken" beim „Ich kann nicht zeichnen". Er bittet die Teilnehmenden, sich an die vorbereiteten, beschrifteten Pinnwände zu begeben (unbedingt an jeder Pinnwand verschiedenfarbige Stifte auslegen) und ein Bild zur aktuellen Situation zu zeichnen, nach dem Motto „Was uns gerade umtreibt".

Dabei erklärt der Trainer: *„Bei dieser Übung soll nicht gesprochen werden. Beginnen Sie einfach irgendwo auf dem Blatt, das zu zeichnen, was Sie passend finden. Sie werden sehen, dass sich Ihre Zeichnung ganz gut mit den Bildern der Kolleginnen zusammenfügen wird. Es geht darum, Symbole oder Metaphern oder auch Botschaften zu entwerfen, nicht darum, schön zu zeichnen. Es geht da-*

rum, Spaß zu haben und vielleicht einen zeichnerischen Dialog auf dem Papier zu entwickeln ... Sie werden dafür zehn bis maximal 15 Minuten Zeit zur Verfügung haben. So, und jetzt bitte loslegen.“ Manche Teilnehmendew brauchen ein wenig Zeit, bis sie Mut fassen, loszulegen, und schauen vielleicht erst einmal eine Weile zu. Dazu kann sie die Moderatorin gegebenenfalls auch ermutigen.

Wenn ca. 15 Minuten vergangen sind, sind meist schon einige Teilnehmende fertig. Die Moderatorin oder der Trainer beendet entsprechend die Zeichenaktion und ruft die Teilnehmenden bei einem Bild zusammen. Dabei achtet sie oder er darauf, wer die Teilnehmenden der vorgelagerten Gruppe sind. Diese nämlich werden von ihr oder ihm gebeten, nun das Bild des anderen Teams zu interpretieren, so, wie dies möglicherweise ein Kunstexperte tun würde.

... und Experten anleiten

Teilnehmende werden zu „Kunstkritikern“

Nun bittet der Trainer die „Kunstexperten“ mit einem Schmunzeln, das Dargestellte als Kunstkritiker zu interpretieren: *„Dabei können Sie bitte gerne jede Interpretationsfreiheit nutzen. Schließlich ist, wie wir wissen, das, was uns der Künstler sagen wollte, das eine. Und das, was wir in dem Bild lesen und was uns die Kunsthistoriker sagen, das andere. Und wer hat recht? Keiner! Denn beides sind ja nur Konstrukte.“*

Anschließend verweist der Trainer auf ein Flipchart, auf dem er „Fragen an die Kunstexperten“ vorbereitet hat, und liest diese vor:

- Was wollten uns die Künstler mit diesem Bild sagen?
- Wie interpretieren Sie die Details auf diesem Werk?
- In welchem Zusammenhang sehen Sie diese?
- Was sehen Sie, was wir nicht sehen?
- Welchen Titel würden Sie dem Bild geben?

Auflösung durch die „Künstler“

Der Trainer bzw. die Moderatorin sollte nach den Aussagen der Kunstexperten den Applaus starten. Nun sollte man auch die Künstler und Künstlerinnen selbst bitten, noch etwas zu ihrem Werk und zu ihren Botschaften zu sagen. Wenn dies ganz anders ist als die Interpretation der „Kunstexperten“, gibt es meist großes Gelächter. Nach und nach wird so jedes Bild besprochen.

Beispiel: Haifischbecken oder Aquarium?

So referieren zum Beispiel die ausgewählten Kunstexperten und -expertinnen über das Bild der Kollegengruppe wie folgt: *„Ganz deutlich wird zunächst einmal die große Liebe der Künstlerinnen und Künstler zum Wasser: Hier die plätschernden Wellen, das dominierende Blau des Gesamtwerks, einige der Künstler selbst schwimmend inmitten von Fischen und Algen. Allerdings ist es nicht das weite Meer, das sie hier darstellen, sondern ein sehr eingegrenztes Nass - ein Becken. Voller Schlingpflanzen, in denen man sich verfangen kann. Und diese Fische da: Haben sie nicht ziemlich spitze Flossen? Man glaubt auch eine Reihe von Zähnen angedeutet zu sehen. Sollen es vielleicht Haie sein? Und das Thema des Bildes: Der Überlebenskampf im Unternehmen?"* Als Titel wählt der Experte „Im Haifischbecken".

Die Künstlerinnen und Künstler selbst verfolgen die Besprechung des Kunstwerks schmunzelnd. Auf Bitte des Coachs stellen sie anschließend ihre Version des Bildes vor: *„Also das mit der Eingrenzung stimmt - wir fühlen uns im Team manchmal schon etwas abgeschirmt vom Rest der Welt, allerdings eher geschützt als beschränkt. Die Pflanzen sollten eigentlich alles etwas bunter machen. Na ja - und die Fische sollen eigentlich grinsen. Es geht ja immer so lustig zu bei uns ..."* Ihr Alternativ-Titel „Im Süßwasseraquarium."

Hinweise: Passung testen

Die Methode erst „antesten"

Einschränkend ist zu sagen: Metaphernarbeit ist nicht für alle Unternehmenskulturen, alle Veränderungsvorhaben und schon gar nicht für die Bearbeitung starker Konflikte geeignet. Hilfreich kann sein, eine solche Vorgehensweise vorab mit einigen Einzelpersonen aus der betreffenden Kultur und einigen Meinungsbildnern/Hierarchien „anzutesten".

Meist lohnt sich dies allerdings: Auch bei technikaffinen Unternehmen findet diese Art von „Analyse-Arbeit" meist großen Anklang. Erfahrungsgemäß gilt: je jünger das Durchschnittsalter in einem Unternehmen, desto unkomplizierter ist die Anwendung der Methode.

Familiengeschichten

von Anna Dollinger

Infos

- **Gruppengröße:** eine oder mehrere Gruppen mit jeweils 4 bis 6 Teilnehmenden
- **Material:** Schreibutensilien, vorbereitete Fragebögen
- **Zeitaufwand:** 15 Minuten Instruktion, 45 bis 60 Minuten Gruppenarbeit, je nach Anzahl der Gruppen ca. 10 Minuten Ergebnissicherung pro Gruppe

Teams haben oft Themen, die nicht leicht offen anzusprechen sind – gerade wenn es um systemische Zusammenhänge geht, die das Miteinander versteckt dominieren. Dann helfen Metaphern, zum Beispiel die Beschreibung des Teams als Familie. Richtig eingesetzt kann diese Übertragung Ansatzpunkte für zu bearbeitende Themen liefern – und für gute Laune sorgen.

Die „Familiengeschichten" sind eine Intervention, mit der sich aktuelle Situationen in einem Team oder einem Bereich auf humorvolle Weise sichtbar machen lassen. Sie arbeitet mit Metaphern, was es für die Beteiligten leichter macht, Themen anzusprechen und Ideen für Veränderungen zu formulieren, ohne dass diese nachgearbeitet oder mit konkreten (vielleicht manchmal verletzenden) Beispielen hinterlegt werden müssen. Besonders geeignet kann die Übung zum Start oder auch gegen Ende eines Seminar- bzw. Workshop-Tages eingesetzt werden.

Abb.: Bei Familien geht oft einiges durcheinander – aber die gemeinsamen Geschichten kennen alle.

Das Vorgehen: Schnelle Assoziationen ...

Die Trainerin erklärt zunächst, zu welchem Zweck sie die Übung durchführt. Dann bittet sie die Teilnehmenden, sich mit Stift und Schreibblock zu versorgen und sich möglichst bequem hinzusetzen. Sie erklärt, dass sie gleich eine Reihe von Fragen vorlesen wird, nach dem Muster *„Stellen Sie sich vor, Sie und Ihre Kollegen und Kolleginnen sind eine große Familie ...“* und die Teilnehmenden bitten wird, spontan Assoziationen und Antworten beziehungsweise entsprechende Stichworte aufzuschreiben.

Folgende Fragen haben sich dabei bewährt, je nach Kontext können sich Coachs aber auch leicht neue ausdenken:

Bewährte Fragen, um die „Familie“ zu charakterisieren

- Wie sieht die Familienstruktur aus (Vater, Mutter, Onkel, Erbtanten etc.)?
- Welche Rollen gibt es in der Familie („Seelentröster“, „Schwarzes Schaf“, „Nesthäkchen“ etc.)?
- Wie sehen die Familienbande aus? Welche Verbindungen gibt es?
- Was macht die Familie zusammen? Zu welchen Gelegenheiten oder Anlässen trifft sie sich? Welche Hobbys hat die Familie?
- Was ist gerade bei der Familie los? Worüber spricht die Familie gerade?
- Was ist in der Familie superwichtig?
- Was wird belohnt?
- Was sind Tabus in der Familie? Was wird bestraft?
- Wofür gibt die Familie Geld aus?
- Worüber streitet die Familie?
- Wer hat offiziell in der Familie das Sagen? Wie ist das inoffiziell?
- Wer ist in der Familie für welche Aufgaben zuständig?
- Welche Rituale gibt es in der Familie?

Auch wenn man die Fragen ausgedruckt an die Teilnehmenden verteilt, ist es besser, sie zusätzlich vorzulesen und dabei den Teilnehmenden Zeit zu geben (max. zwei Minuten pro Frage), um sich Stichworte zu notieren.

... werden zu spannenden Geschichten

Im Anschluss werden Gruppen gebildet, die aus den Stichworten eine Geschichte über diese Familie entwickeln werden. Dies kann eine Science Fiction Story, ein Krimi oder ein Märchen sein. Denkbar ist auch ein Reportagebeitrag wie „Familie XY beim Abendessen", in dem es zum Beispiel darum gehen könnte, wer beim Vorbereiten des Essens hilft und wer mit welcher Begründung fernbleibt, welche Interaktionen dabei stattfinden und welche Werte sich darin offenbaren.

In den Kleingruppen stellt jeder Teilnehmer und jede Teilnehmerin seine oder ihre wichtigsten Assoziationen kurz vor. Dann einigt sich die Gruppe auf die Präsentationsform (schriftlich, per Sketch, per Film – das Ganze soll in der Präsentation max. zehn Minuten dauern) und beginnt, die Geschichte intuitiv-iterativ zu entwickeln. Weitere Instruktionen sind ab diesem Punkt eher hinderlich.

Präsentation der Geschichten

Die Geschichten werden abschließend – gerne in informellem Rahmen – vorgelesen oder vorgestellt. Dabei sollte der Trainer oder die Trainerin darauf achten, dass sie möglichst nicht kommentiert werden. Nach jeder Geschichte sollte er oder sie den Applaus starten.

Die Geschichten werden ausdrücklich nicht im Detail analysiert. Falls mit den Inhalten weitergearbeitet werden soll, sollte der Trainer bzw. die Trainerin darauf hinweisen, dass dies auf einer generellen Ebene geschehen wird, um die Metaphern nicht zu überfrachten und die Teilnehmenden nicht zu hemmen.

Beispielgeschichte: Mittagessen

Es ist kurz vor Mittag. In der Küche duftet es köstlich: **Essen** ist in der Familie äußerst wichtig und wer zu Hause ist, muss zu den Mahlzeiten dazukommen. Gekocht hat das französische Au-pair-Mädchen. Das ist ihr Hauptjob.

Die Mutter deckt den Tisch und ruft ihrer Tochter, die noch in ihre Hausaufgaben vertieft ist, zu: „Du musst dich beeilen, sonst kommst du zu spät zum Nachmittagsunterricht. Iss noch schnell was ..." Doch die Tochter stürmt schon aus dem Zimmer: „Keine Zeit!" – „Ich mach dir noch schnell ein Vesper", sagt die Mutter und fragt: „Wie war eigentlich dein Test gestern?" – „Sehr gut. Ich bin wieder die Beste in der Klasse!" Alle freuen sich mit ihr: „Das müssen wir feiern!" **Die Besten** zu sein, ist in der Familie noch wichtiger als Essen und wird sowieso von allen erwartet. **Feiern** ist auch wichtig.

Die Tochter ist schon weg. „Hat mein Bruder sich schon gemeldet?", fragt eine jüngere Schwester. „Wo ist der eigentlich schon wieder?" **Reisen** ist in der Familie auch sehr wichtig! „Der ist gerade bei weit entfernten Verwandten. Die planen eine Reise nach Italien und wollen unsere Kompetenz dabei haben. Er meldet sich bestimmt noch", antwortet die Mutter. Denn zu Mittag müssen alle Kinder der Familie sich einmal täglich melden.

„Mittagessen ist fertig!", ruft das Au-pair und stellt das Essen auf den Tisch. Sie rennt in die Zimmer der verschiedenen Kinder, die alle sehr arbeitsam sind, und holt sie zum Essen herbei. Die Mutter und das Au-pair-Mädchen setzen sich schon an den Tisch, der Rest der Familie kommt nun nach und nach dazu ...

Arbeitsfragen

Während der Intervention sollte der Trainer/die Trainerin einige Fragen im Hinterkopf behalten, die ihm/ihr helfen, das Geschehen richtig einzuordnen. Sie können je nach Zielsetzung und Zweck verändert und ergänzt werden.

Das Geschehen richtig einordnen

- Welche Themen sind in den Familiengeschichten aufgetaucht, ...
  - die auf die Stärken der „Familie" hinweisen?
  - bei denen sich etwas ändern oder verbessern muss?
- Welche Lösungsansätze waren in den Geschichten erkennbar? Wie können wir diese konkret nutzen?
- Welche Happy Ends waren in den Geschichten erkennbar, oder welche würden wir uns konkret wünschen?
- Was wäre der Nutzen einer solchen Veränderung für das Team, den Bereich, den einzelnen Kollegen etc.?

Insbesondere wenn die Familiengeschichten als Basis für eine weitere Bearbeitung von Themen vorgesehen sind, ist es hilfreich, diese Fragen gemeinsam abzuarbeiten.

Drei alternative Abschlüsse

Man kann die Geschichten „einfach so stehen lassen" oder eben auch eine Themensammlung anschließen nach der Devise „Mit Blick auf unsere Metapher-Geschichten – über welche Themen sollten wir hier aus Ihrer Sicht sprechen?".

Alternativ ist es möglich, die Teilnehmenden zu bitten, die Teamgeschichten unbedingt mit einem Happy End zu versehen und entsprechende Maßnahmenvorschläge in die Geschichten einzuarbeiten, wie das Happy End erreicht werden könnte. Auch diese Metapher kann zurückübertragen werden.

Hinweis: Besser vorher antesten

Auch hier gilt wieder: Metaphernarbeit ist nicht für alle Unternehmenskulturen, alle Veränderungsvorhaben und schon gar nicht für die Bearbeitung starker Konflikte geeignet. Es kann hilfreich sein, eine solche Vorgehensweise vorab mit einigen Einzelpersonen aus der betreffenden Kultur und einigen Meinungsbildnern/Hierarchien „anzutesten". Unserer Erfahrung nach gilt: Je jünger das Durchschnittsalter in einem Unternehmen, desto unkomplizierter ist die Anwendung der Methode. Auch bei technikaffinen Unternehmen findet diese Art von „Analyse-Arbeit" aus unserer Sicht meist großen Anklang.

Die Problemlösebrücke

von Anna Dollinger und Katharina Fehse

Infos

- **Gruppengröße:** eine Gruppe mit mindestens 4 und bis zu 15 Teilnehmenden
- **Material:** ein Bogen Papier, auf den die Brücke gemalt wird und auf den auch die Ideen geschrieben werden können sowie Moderationskarten mit den Arbeitsfragen
- **Zeitaufwand:** je nach Gruppengröße und Komplexität der Themen 2 bis 4 Stunden

Systemisches Denken ist komplex und schwer zugänglich? Nicht unbedingt. Denn es arbeitet viel mit Metaphern. Zum Beispiel in dieser Übung, mit der sich sowohl sachliche als auch zwischenmenschliche Herausforderungen systemisch bearbeiten lassen.

Die Metapher, die in dieser Methode genutzt wird, ist die einer Brücke. Das andere Ufer ist dabei der ersehnte Zustand („jenseits des Problems"), wenn die schwierige Situation überwunden ist. Die Arbeit mit einer Metapher hilft den Betroffenen dabei, eine gute Distanz zu ihrem Problem oder auch Konflikt herzustellen. Diese Distanz erleichtert es den Teilnehmenden, mit der Situation umzugehen. Denn so stecken sie nicht mehr mittendrin, also auch nicht mehr so fest. Entsprechend wird die Beweglichkeit des Denkens größer und Lösungswege können leichter erkannt und aufgegriffen werden.

Trainer können die Methode vorbereiten, wenn die Situation, um die es geht, vorab bekannt ist. Die Methode lässt sich aber auch spontan in einem Workshop nutzen, wenn ein entsprechendes Problem auftaucht. Beispielsweise in einem Team, das das Gefühl hat, nicht mehr handlungsfähig zu sein.

Drei Etappen und sieben Schritte

Die Problemlösebrücke bildet die drei grundlegenden Schritte des Problemlösens ab:

Drei Schritte des Problemlösens

- die Ist-Analyse,
- die Zielklärung bzw. die Beschreibung des Soll-Zustands und
- die möglichen Lösungswege.

Die Intervention beinhaltet sieben Bearbeitungsschritte. Sie stellen den Leitfaden dar, der es beispielsweise einer Moderatorin ermöglicht, die Gruppe durch den „Problemsumpf" bis hin zur „ersehnten Lichtung" zu navigieren und letztendlich mit der Gruppe eine „tragfähige Konstruktion" der eigenen Themen zu erstellen.

1. Einleitung und Geschichte

Die Moderatorin stellt die Intervention vor, bettet das zu bearbeitende Thema möglichst angemessen in eine Gesamtgeschichte ein. Dabei kann zum Beispiel

Mögliche Metaphern für die Teamsituation

- die schwierige Ausgangssituation „diesseits des Problems" (also der Ist-Zustand) als eine Art schwierige Landschaft beschrieben werden: ein Problemstrudel, Konfliktsumpf, Konfliktdschungel, Tal der Tränen, Albtraumabgrund …
- das Team, das das Problem oder den Konflikt zu lösen hat, als eine Art Schicksalsgemeinschaft dargestellt werden: eine Forschergemeinschaft, die sich verirrt hat; eine Expedition, die eine schwierige Mission zu erfüllen hat; als Insassen eines Flugzeugs, das notlanden musste …
- die ersehnte Rettung, „jenseits des Problems" (der Soll-Zustand), als das andere Ufer ausgemalt werden, das alle erwartet, wenn die schwierige Mission erfolgreich zu Ende geführt wurde: Die Forschergemeinschaft kann erfolgreich und für alle zufriedenstellend wieder ihrem originären Auftrag nachkommen; die Expedition

rettet ihre Ergebnisse; die Insassen des Flugzeugs kommen alle an einem sicheren Ort wohlbehalten an ...

Das Land, in dem die Lösungen blühen

2. Ist-Analyse: „Diesseits des Problems – die Umgebung"

Fragen zur Ist-Situation (Diesseits der Brücke)

Nun leitet die Moderatorin die Ist-Analyse ein, indem sie die Teilnehmenden bittet, sich beispielsweise vorzustellen, eine Expeditionsgemeinschaft zu sein, die eine schwierige, aber höchst wichtige Mission zu erfüllen hat und im Augenblick irgendwie feststeckt. Die Teilnehmenden werden reihum aufgefordert, zu erzählen, was sie in diesem Augenblick wahrnehmen: *„Wenn Sie sich umsehen in unserem Bild, was sehen Sie aktuell, was umgibt uns ...?"*

Man kann als Moderator nach Landschaften, Tieren, Pflanzen, Wetter ... fragen, aber vor allem unter der Perspektive „Was umgibt uns?".

Weitere Fragen:
- Wie stehen wir uns jetzt in unserem Expeditionsteam gegenüber?
- Wie sehen wir uns an?
- Wie sieht unsere Körperhaltung aus?
- Wie sind unsere Gesichtsausdrücke?

Die Moderatorin spricht dabei die einzelnen Teammitglieder an: *„Wie sehen Sie das? Und Sie?"* Wenn die Runde ins Stocken gerät, fragt sie: *„Diesseits des Problems – was hat uns denn geholfen, überhaupt bis hierhin zu kommen und zu überleben?"* Das zielt erstmals schon auf die im Team vorhandenen Ressourcen ab.

3. Soll-Analyse: „Jenseits des Problems – die ersehnte Lichtung"

Fragen zum Soll-Zustand (Jenseits der Brücke)

Die Moderatorin beginnt nun, die Teilnehmenden zur Ausarbeitung des Zielzustands hinzuführen. Sie bittet die Teilnehmenden, sich vorzustellen, sie würden mit ihrer Expedition weiterziehen und nach langem schweren Weg merken, dass sie endlich an dem von ihnen gewünschten Ort angelangt sind: *„Woran würden wir das merken? Wenn Sie sich an diesem Ort umsehen, was umgibt uns ...?"*

Die Teilnehmenden werden auch hier reihum aufgefordert, zu erzählen. Man sollte als Moderator auch hier wieder nach Landschaften, Tieren, Pflanzen, Wetter ... fragen. Man kann auch fragen: *„Wie stehen* *wir uns jetzt in unserem Expeditionsteam gegenüber? Wie sehen wir uns an? Wie sieht unsere Körperhaltung aus? Wie sind unsere Gesichtsausdrücke? Wie sehen Sie das? Und Sie?"*

Der Brückenbau – mit Stift und Kärtchen

4. Lösungsansätze: „Die Erstellung der Brücke"

Hier beginnt die Moderatorin, die Teilnehmenden in Richtung einer Lösungsorientierung zu führen. Entsprechend sollen sich die Teilnehmenden vorstellen, dass sie als Expeditionsteam an einer Stelle angekommen sind, wo sie die ersehnte Lichtung schon sehen: etwa auf der anderen Seite eines Flusses voller gefährlicher Strudel oder eines gefährlichen Sumpfgebietes.

Brückenbau, ggf. mit Schwierigkeiten

Um das Zielgebiet zu erreichen, müssten sie eine Brücke bauen. Nun fragt die Moderatorin reihum die Teilnehmenden: *„Womit würden Sie beginnen? Was würden Sie als Erstes tun?"* Und bittet sie, ihre Handlungen zu schildern. Sie kann auch Schwierigkeiten einbauen und zum Beispiel fragen: *„Und was würden Sie tun, wenn jetzt eines der Lianenseile reißt?"* So kann sie die Teilnehmenden, wenn sie allzu „einfach" die Geschichte weiterformulieren, auf die unvermeidbaren Schwierigkeiten in der Realität vorbereiten. Hier kann man als Moderator durchaus die Vorschläge auf Kärtchen aufschreiben und direkt auf die Moderationswand mit der Brücke kleben, man kann aber später auch nur aus der Erinnerung arbeiten.

5. Konkretisierung: „Was können die einzelnen Bauaktionen in der Realität bedeuten?"

Konkrete Lösungen finden

Nun folgt die Übersetzung der Vorschläge in konkrete mögliche Aktionen. Wichtig ist, dass hier nicht eins zu eins gearbeitet wird, sondern dass jede Karte wieder ein Anlass zum Brainstorming und ein Anknüpfungspunkt für weitere Ideen ist. Ziel ist es, wirklich konkrete Lösungen zu haben, die sofort umgesetzt werden können. Das heißt, dass zum Beispiel Spielregeln zur Kommunikation ausformuliert und definiert sind.

Schön ist es, wenn die Moderatorin hier die Schwierigkeiten aus Schritt 4 einbaut und zum Beispiel fragt:

- *„Wie können wir die Lianenseile nicht reißen lassen und verstärken?*

- *Was können wir tun, um während des Brückenbaus nicht seitlich abzustürzen?*
- *Wenn jemand von uns Hilfe braucht, was tun wir?*
- *Was müssen wir nun hier anpacken, um weiterzukommen?*
- *Was kann jede und jeder Einzelne hier tun?*
- *Wie konkret könnte das aussehen?"*

Statik prüfen – und stärken

6. Abstimmung: „Eine tragfähige Konstruktion schaffen"

Im vorletzten Schritt werden die Maßnahmen ausgewählt, die konkret und gemeinsam von der Gruppe umgesetzt werden. Jede einzelne Maßnahme wird von der Gruppe priorisiert.

Gemeinsam Maßnahmen wählen und priorisieren

Während dieser Diskussion ist es wichtig, dass die Moderatorin oder der Moderator spürt, ob es zu diesen Themen noch Widerstand seitens einzelner Teammitglieder gibt. Wenn ja, muss er sofort angesprochen werden. Dadurch fühlen sich die Teammitglieder respektiert und mit ihren Bedenken ernst genommen.

Abschließend wird von allen Anwesenden das Commitment zu den erarbeiteten „Maßnahmenpaketen" eingeholt – durch eine Unterschrift direkt auf die Papiere oder Flipcharts.

7. Sichern der Maßnahmen: „Die Tragfähigkeit sichern"

Um die Bereitschaft, sich einzubringen, bei jedem Einzelnen zu stärken, sollte die Moderatorin die Teilnehmenden bitten, nochmals zu überdenken, welchen Nutzen sie von den Maßnahmen hätten – und welche Konsequenzen es hätte, wenn sich nichts ändert. Zum Beispiel so:

Bereitschaft zum Mitmachen stärken

„Ihre Expeditionsgruppe ist nun an der ersehnten Lichtung angekommen. Wie fühlen Sie sich jetzt? Was geht Ihnen gerade durch den Kopf? Wenn Sie Ihre gemeinsame Arbeit so betrachten, wo sehen Sie den Nutzen für sich und Ihr Team? Für welche weiteren Situationen würde es sich für Sie lohnen, an einer weiteren haltbaren Brücke zu arbeiten? Was wird passieren, wenn Sie das nicht anpacken? Was sind Konsequenzen und Folgekosten? Für wen wäre es am meisten ein Problem, wenn Sie nichts ändern? Für wen wäre es eventuell sogar positiv? Was oder wer kann Sie unterstützen? Was brauchen Sie von Kolleginnen und Kollegen? Was von Ihrer Führungskraft?"

Fragen zum Abschluss

Einen hilfreichen Abschluss bilden folgende Fragen:

- Was tun wir, wenn es mal nicht klappt?
- Was wäre hier eher hilfreich und nützlich?
- Was wäre hier eher störend, destruktiv und kontraproduktiv?

Tipp: Fotoprotokoll

Die Erfahrung hat gezeigt, dass es sehr nützlich ist, das Gesagte an diesem Punkt zu visualisieren: Somit können Führungskraft und Teammitglieder im Zweifelsfall auf das Fotoprotokoll verweisen. Das, was gemeinsam vereinbart wurde, bekommt so noch mehr Gewicht.

Wir ziehen uns aus dem Sumpf

von Jennifer Stein

Infos

- **Gruppengröße:** 10 bis ca. 30 Personen
- **Material:** Klebestreifen (Krepp-Band o.Ä.) oder Seile, Stifte, Karteikarten, Flipcharts und Moderationswände sowie 5 Klebepunkte pro teilnehmer Person
- **Zeitaufwand:** ca. eine bis 1,5 Stunden

Sind die Herausforderungen groß oder die eigenen Möglichkeiten klein, reagieren viele Gruppen mit Resignation und fallen in eine Problemtrance. Diese systemische Intervention hilft ihnen, einen Ausweg zu finden. Und zwar mithilfe des Lügenbarons von Münchhausen, der – zumindest in seinen Erzählungen – gern das Unmögliche möglich gemacht hat.

Immer wieder gibt es Situationen, in denen Gruppen das Gefühl haben, wenig bis gar nichts bewirken zu können. Sie haben das Gefühl, schon alles versucht zu haben, mit dem Ergebnis, dass nichts vorangeht und ihre Ideen nicht auf fruchtbaren Boden fallen. Es fehlt ihnen an Zuversicht, und der Glaube an eine positive Zukunft ist nicht ausgeprägt. Sie fallen dann gemeinsam in eine Art Problemtrance – beispielsweise zum Ende einer Diskussion bzw. eines Meetings.

Aus der „Problemetrance" zurück ins Gestalten

In einer solchen Situation kann die Übung „Wir ziehen uns aus dem Sumpf" einen Weg aus der Problemtrance weisen und Möglichkeiten für eine positive Gestaltung der Zukunft aufzeigen. Mit der Übung bekommen die Teilnehmenden wieder mehr den Fokus auf die eigene Wirksamkeit und erleben sich stärker in der Position des Gestaltens.

Räume und Perspektiven öffnen

Zentrale Aussage der Übung ist es, dass jede und jeder Einzelne in ihrem oder seinem Einflussbereich etwas bewirken kann, dass die Gruppe gemeinsam etwas bewegen kann und dass durch diese Freisetzung der Energien auch Initiativen für das gesamte Unternehmen in Gang gebracht werden. Somit entsteht wieder das Gefühl für die eigene Wirksamkeit. Der Mut, die Dinge konkret anzugehen, wächst.

Die Übung ist für Gruppen mit einer Größe zwischen 10 und 30 Teilnehmenden gedacht. Als Zeitrahmen kann, je nach Komplexität der Themen, mit einer bis eineinhalb Stunden gerechnet werden. Der Raum sollte groß genug sein, um ihn teilen zu können, und nicht mit Tischen und Stühlen vollgestellt sein.

Denn im ersten Schritt wird der gesamte Raum zunächst in drei Segmente aufgeteilt. Dafür können Klebestreifen auf dem Boden oder Seile genutzt werden. Jedes Segment sollte ungefähr die gleiche Fläche einnehmen und wird nun jeweils für den Betrachtungsbereich gekennzeichnet, für den es steht:

Drei Betrachtungsbereiche

- Ich als Individuum
- Wir als Gruppe
- Unser Unternehmen

Nun leitet der Moderator – oder die Trainerin – die Übung mit der Geschichte des Barons von Münchhausen ein, der sich aus eigener Kraft aus dem Sumpf gezogen hat. Im Fokus steht hier nicht der „Lügenbaron", sondern die Idee, mit der eigenen Fantasie und dem Glauben an die eigenen Kräfte Großes bewirken zu können.

Über diese Metapher will er in den Teilnehmenden die Energie für den Glauben an die eigene Kraft wecken. Wenn sich die Gruppe in einer starken Problemtrance befindet, passt das Bild und Gefühl eines Sumpfes, der einen umgibt, sehr gut. Ebenso wie das Bild des Glaubens an sich selbst und die eigenen Kräfte.

Münchhausens Metapher

Die zentrale Metapher dieser Intervention ist eine der bekanntesten Lügengeschichten des Barons von Münchhausen.

Demnach setzte der Lügenbaron, wie er selbst berichtet, bei der Verfolgung eines Hasens mit seinem Pferd zum Sprung über einen Sumpf an. Mitten im Sprung allerdings musste er erkennen, dass er sich verschätzt hatte und das sumpfige Gelände sehr viel breiter war als erwartet. Er machte deshalb in der Luft kehrt und landete wieder an der Stelle, an der er abgesprungen war.

Beim zweiten Versuch nahm er einen größeren Anlauf, sprang aber dennoch zu kurz und landete auf dem sumpfigen Untergrund, wo er bis an den Hals versank. „Hier hätte ich sicher kläglich umkommen müssen, wenn es mir nicht gelungen wäre, mich selbst an meinem eigenen Haarschopf herauszuziehen!", so etwa berichtete der Lügenbaron. Das treue Pferd zog er natürlich mit.

Quelle: eigene Nacherzählung

Im nächsten Schritt leitet der Moderator die Geschichte des Barons Münchhausen über in die Situation im Unternehmen:

- Was könnte hier als Sumpf empfunden werden?
- Welche eigenen Kräfte können wir aktivieren?

Rollierende Arbeit auf drei Ebenen

Jeder Teilnehmende sucht sich nun eine Ebene aus, auf welcher er die Übung starten will – er entscheidet sich also für den Bereich Individuum, Gruppe oder Unternehmen. Es ist hilfreich, wenn die Anzahl der Teilnehmenden in den Gruppen einigermaßen ausgeglichen ist. Zumindest aber sollte der Moderator darauf achten, dass so viele Teilnehmende in einer Gruppe sind, dass eine gute Ideensammlung möglich ist. Hat jeder seine Ebene ausgewählt, begeben sich die Teilnehmenden in ihr jeweiliges Segment.

Anschließend erläutert der Moderator die Arbeitsfragen für die einzelnen Betrachtungsebenen:

Arbeitsfragen für die drei Ebenen

1. **Segment „Individuum":** Was will ich ganz konkret als Einzelner tun? Zum Beispiel: *„Ich werde Probleme sofort ansprechen!"*
2. **Segment „Gruppe":** Was wollen wir ganz konkret als Gruppe tun? Zum Beispiel: *„Wir werden eine gemeinsame Veranstaltung planen."*
3. **Segment „Unternehmen":** Was soll das Unternehmen tun? Zum Beispiel: *„Welche Veränderungen wollen wir hier anregen?"*

Die Teilnehmenden in jedem Segment begeben sich ganz konkret in die jeweilige Rolle: Dabei sammelt jeder Teilnehmer zuerst in Einzelarbeit seine Ideen, nach fünf Minuten teilt jeder seine Gedanken der Gruppe mit. In einem gemeinsamen Brainstorming werden dann weitere Ideen gesammelt und aufgeschrieben. Die Ergebnisse dieses Brainstormings werden in jeder der drei Gruppen auf Kärtchen schriftlich festgehalten und auf Moderationswänden fixiert.

Alle Ebenen werden nacheinander von allen Gruppen bearbeitet

In einem rollierenden System werden anschließend die bereits notierten Ideen von den Teilnehmenden aus den anderen Gruppen ergänzt: Das heißt, die Teilnehmergruppen „wandern" jeweils in das Segment der benachbarten Gruppe und heften dort ihre Ergänzungen an die Wände. Durch dieses Vorgehen werden noch mehr Ideen für die einzelnen Ebenen zusammengetragen, und alle Teilnehmenden bekommen einen Eindruck davon, wie viel auf jeder der Betrachtungsebenen bewegt werden kann.

Im abschließenden sechsten Schritt werden alle Ideen mit ihren Moderationswänden im Raum nebeneinander gestellt. Hierdurch wird noch deutlicher sichtbar gemacht, wie viele Ideen gesammelt wurden – und wie viel eigene Kraft dadurch entstehen kann.

Zum Abschluss die Umsetzungsplanung

Ideen priorisieren

Der Moderator verteilt nun an die Teilnehmenden jeweils fünf Klebepunkte und fordert sie auf, diese auf die Ideen, die sie jeweils gerne umsetzen möchten, zu verteilen. Aus der individuellen Gewichtung ergibt sich über die Punktesammlung ein Gesamtbild der Möglichkeiten und eine Priorisierung für die nächsten Schritte: Die Ideen mit den meisten Klebepunkten werden in konkrete nächste Schritte übergeleitet, d.h., im Plenum wird gemeinsam entschieden, wer sich bis wann um den nächsten Schritt kümmert. Für die Punkte, die an das Unternehmen gerichtet sind, wird entschieden, wer diese bei den entsprechenden Personen vorbringt. Zudem wird von allen Teilnehmenden ein Commitment zum vereinbarten Vorgehen abgeholt.

„Themenparkplatz" als Ideenreservoir

Die Ideen, die nicht gleich umgesetzt werden, kommen auf den Themenparkplatz. Diesen Themenparkplatz stellt der Moderator als Energiespeicher vor, der dafür genutzt werden kann, die eigene Kraft immer wieder aufzubauen. Denn hier gibt es ja noch viele weitere Ideen, die die Gruppe anpacken kann – andere Möglichkeiten also, um selbst wirksam zu werden und die Zukunft mitzugestalten.

Zum Weiterlesen

- Intervention „Wo drückt der Schuh?", siehe Download-Ressourcen

Eine Schiffsreise

von Judith Reinwald und Anna Dollinger

Infos

- **Gruppengröße:** Gruppen mit 3 bis 30 Personen
- **Material:** Möbel, Boards, Seile, Besen, Tücher – hier kann man ruhig kreativ werden, zusätzlich evtl. die Technik, um Geräusche wie Meeresrauschen oder Seemannslieder abzuspielen, Moderationsmaterial
- **Zeitaufwand:** ca. eine Stunde (abhängig von der Teilnehmerzahl)

In der systemischen Arbeit spielen Metaphern eine große Rolle. Sie helfen, den Blick fürs größere Ganze zu öffnen, die Perspektive zu wechseln und Zusammenhänge zu erkennen. Das geht mit Storytelling. Noch besser aber funktioniert es, wenn Teilnehmende selbst mitspielen und sich zum Beispiel auf hohe See begeben – zumindest mental.

Abb.: Auch wenn alle in der gleichen Situation sind, sieht jeder etwas anderes. Mithilfe von Metaphern lassen sich die Unterschiede aufspüren und verständlich machen.

Realität ist relativ: Oft haben einzelne Teammitglieder ganz unterschiedliche Wahrnehmungen von ihrer Umgebung, fokussieren auf unterschiedliche Faktoren in der Umwelt und bewerten diese auf unterschiedliche Weise. Das ist nicht schlimm, hat aber Folgen. Es führt häufig zu Irritationen im Team, zu Reibungsverlusten bei der Zusammenarbeit bis hin zu handfesten Konflikten.

Um für diese Gefahr zu sensibilisieren oder sie gar zu vermeiden, eignet sich die Übung „Schiffsreise“. Sie ist eine für den systemischen Ansatz typische Metaphernarbeit: Genutzt wird das Bild eines Schiffs, um unterschiedliche Wahrnehmungen einzelner Teammitglieder sichtbar zu machen und so das gegenseitige Verständnis zu stärken und Perspektiven zu erweitern.

Die Teilnehmenden – beispielsweise eines Teamworkshops – werden eingeladen, sich auf eine Schiffsreise einzulassen: Alle stellen sich eine Crew vor, mit der sie unterwegs sind, zum Beispiel zu neuen Ufern. Sie beschreiben, was sie sehen, – und hören aufmerksam zu, wie unterschiedlich die anderen Personen diese Reise zum gegebenen Zeitpunkt erleben.

Die Metapher erleichtert die Kommunikation

Der Einsatz der Metapher hilft dabei, Komplexität aus Situationen zu nehmen, was die Kommunikation über schwierige Themen erleichtert. Das prädestiniert die Übung für den Einsatz in der Teamentwicklung, wo sie gut zu Beginn eines Workshops, aber auch zwischendurch eingesetzt werden kann. Geeignet ist sie für mindestens drei bis zu höchstens 30 Teilnehmende.

Vorbereitung: Kreativ im Raum

„Schiff" und Atmosphäre vorbereiten

Vorbereitend wird für diese Übung im Raum ein „Schiff" aufgebaut. Hier können die Verantwortlichen – zum Beispiel die Trainerin eines Teamworkshops – kreativ sein und sich von vorhandenem Material inspirieren lassen. Bereits mit sehr einfachen Gegenständen lässt sich mit wenig Aufwand ein Schiff skizzieren: Dicke Seile können dabei für die Außenbegrenzung benutzt werden, Stühle für die vordere und hintere Begrenzung des Schiffs und ein Besen o. Ä. für den Mast.

Die Größe des Schiffs sollte der Anzahl der Teammitglieder beziehungsweise der Workshop-Teilnehmer angepasst werden. Empfehlenswert ist es auch, die Metapher durch mitgebrachte Musik beziehungsweise Geräusche zum Thema Meer, Schiff, Wasser zusätzlich zu beleben. Die Fragen werden vorher oder währenddessen auf einem Flipchart visualisiert.

Einladung zur Fantasiereise

Nun führt die Trainerin ins Setting ein und erklärt, dass sie die Anwesenden gern zu einer gemeinsamen Schiffsreise einladen möchte.

Hier hilft der Einsatz von Meeresrauschen oder meditativer Musik den Teilnehmenden, sich auf die Fantasiereise einzustimmen. Zusätzlich inspiriert und motiviert sie die Gruppe mithilfe verschiedener Fragen dazu, sich die Reise bildlich vorzustellen. Dies können beispielsweise folgende sein:

Fragen, die helfen, sich die Reise bildlich vorzustellen

- Auf welcher Art von Schiff sind wir unterwegs? (Beispiele: Forschungsschiff, Segelschiff, Eisbrecher, Dampfer, ...)
- Auf welchem Teil des Schiffs befinde ich mich? (Bug, Heck, Aussichtsturm, Maschinenraum, Gallionsfigur, ...)
- Auf welchem Gewässer bewegen wir uns? (Binnengewässer, offenes Meer, ...)
- Was ist ringsherum los? Ist die See eher ruhig, stürmisch, glatte See, ...? Glitzert das Wasser, gibt es Wind? Vielleicht sind Möwen zu sehen oder Wolken am Himmel ...? Sind da dunkle Wolken in der Ferne, oder seht ihr einen Sonnenuntergang/-aufgang? Gibt es Zeichen für Land in Sicht?
- Wo wollen wir hin? Was steuern wir an? Sind wir auf einer Entdeckungsreise? In welche Richtung steuern wir, und was wollen wir dort tun, wenn wir angekommen sind ...?
- Wie ist die Stimmung an Bord/in der Mannschaft? Ist es eine Mannschaft oder vielleicht mehrere ...?
- Womit sind die Menschen beschäftigt an Bord? Werden Themen bearbeitet oder abgearbeitet? Wird viel gesprochen?

Alle an Deck!

Positionierung im Schiff

Anschließend instruiert die Trainerin die Teilnehmenden, sich aktiv im Schiff zu positionieren, d.h. sich dort hinzustellen im Schiff, wo man sich sieht. Bei kleinen Gruppen bis zu etwa zehn Teilnehmenden können alle dort während des weiteren Verlaufs stehen bleiben oder auch ihre Position gegebenenfalls verändern.

Bei größeren Gruppen empfiehlt es sich, die Namen auf Kärtchen zu schreiben und diese als Platzhalter zu benutzen. Anschließend setzen sich bei dieser zweiten Variante alle wieder in den Stuhlkreis, und eine Person nimmt jeweils ihre Position im Schiff ein und erzählt mithilfe der Fragen, was sie derzeit umtreibt. Wenn man die Schiffsreise als Einstieg in einen Teamworkshop benutzt, kann man dabei auch wunderbar Erwartungen und Anliegen abfragen.

Auch der Körper wird angesprochen

Durch die Positionierung im Schiff reflektieren alle im Team einerseits auf kreative Weise, was sie selbst gerade bewegt, und erweitern andererseits ihre Perspektive. Dabei werden alle Sinne einbezogen; mit Fragen wie „Was seht, hört und fühlt ihr?" wird die Aufmerksamkeit auch auf körperliche Wahrnehmung gelenkt. Der Mensch wird ganzheitlich angesprochen, in seinem Denken, Fühlen und Handeln.

Austausch fördert Synchronisation im Team

So bekommen alle einen Eindruck der durchaus manchmal recht unterschiedlichen Wahrnehmungen. Es wird deutlich, wie unterschiedlich die Kollegen die Organisation, das Team, die Umwelt oder auch bestimmte Geschehnisse bewerten. Der Austausch über diese verschiedenen Sichtweisen auf das Bezugssystem – also die Unternehmensrealität – fördert das gegenseitige Verständnis. Er erleichtert aber auch die Akzeptanz von Mehrdeutigkeit und Komplexität – was besonders wichtig ist, wenn sich das gemeinsame Bezugssystem im Wandel befindet oder verborgene Konflikte vorhanden sind. So hilft diese Intervention, sich im Team zu synchronisieren.

Konflikte auf dem Schiff

Während des Erzählens erhalten alle Beteiligten verdichtete Informationen, aus denen sie eine Vielfalt an Hypothesen bilden können. Je nach Anwendungsfokus des Workshops oder Coachings werden diese Hypothesen anschließend zur Weiterarbeit genutzt.

Bei konfliktären Einschätzungen etwa oder wenn Bewertungen sich widersprechen, kann beispielsweise mit folgenden Fragen weitergearbeitet werden:

Lösungsorientierte Fragen bei Konflikten oder Widersprüchen

- Wenn wir uns jetzt zugehört haben, was würdet ihr sagen, was liegt an?
- Auf welchem Schiff wollen wir denn unterwegs sein? Und mit welcher Mannschaft?
- Wie soll unser Schiff denn von außen wahrgenommen werden?

Wichtig ist hierbei, dass Coach oder Trainer lösungs- und stärkenorientiert fragen und immer wieder darauf achten, Fähigkeiten und Stärken zu betonen, die bei Veränderungs- und Entwicklungsprozessen relevant sein können.

Lösungsfindung mit WeQ

von Jennifer Stein und Anna Dollinger

Infos

- **Gruppengröße:** Gruppen mit 10 bis 30 Personen
- **Material:** Moderationskärtchen und Stifte, vier bis fünf Moderationswände; genügend Platz im Raum für die Bildung von Kleingruppen (evtl. auch Arbeitsnischen oder Gruppenräume)
- **Zeitaufwand:** 1,5 bis 2 Stunden

Wenn ein Entscheidungsprozess ins Stocken gerät, weil keine Einigkeit über ein Problem an sich besteht oder weil die Situation unübersichtlich ist, kann es hilfreich sein, auf die gemeinsame Intelligenz – den WeQ – zurückzugreifen. Dann können auch Stargazer, Trackies, Deep Diver und Masterminds zusammen Lösungen finden.

Abb.: Die kluge Wahrnehmung eines Problems setzt sich immer aus verschiedenen Perspektiven zusammen. Mit vier Metaphern lassen sie sich systemisch zusammenbringen.

WeQ bedeutet: Gemeinsam sind wir intelligenter, leistungsstärker und nachhaltiger. Und zwar deutlich. Denn bei dieser gemeinschaftlichen Intelligenz ist das Ganze mehr als die Summe seiner Teile: Der WeQ ist größer als die zusammengezählten IQs der einzelnen Mitglieder.

Weil der WeQ die Unterschiede in einer Gruppe nutzbar macht, vergrößert er den Möglichkeitsraum. Deshalb kann es hilfreich sein, diese gemeinschaftliche Intelligenz gezielt anzusprechen, um einem ins Stocken geratenen Entscheidungsprozess eine neue, lösungsorientierte Dynamik zu geben – eine Dynamik, die nicht möglich ist, solange zwanghaft versucht wird, eine gemeinsame Sichtweise zu erlangen.

Stattdessen wird bei dieser Intervention jede Sichtweise in der Gruppe gewürdigt und ernst genommen, gegensätzliche Strömungen in der Gruppe werden wertneutral abgeglichen. Alles darf, nichts muss. Durch diese entspannte Öffnung gelingt es, selbst in einer von den Teilnehmenden als chaotisch empfundenen Situation neue Energien freizusetzen. Es wird plötzlich möglich, was zuvor undenkbar war: ein Konsens. Das klingt paradox, funktioniert aber dennoch, oder gerade deshalb.

Alle Sichtweisen würdigen statt eine gemeinsame erzwingen

Vier Positionen für eine Lösung

Grundidee der Methode, die in Gruppen von 10 bis 30 Personen angewandt werden kann, ist es, die Unterschiedlichkeit der Beteiligten zunächst durch die Zuordnung zu vier möglichen Positionen sichtbar zu machen. Insgesamt sollten Trainerin oder Trainer etwa eineinhalb bis zwei Stunden Zeit einplanen.

Schritt 1 (15 Minuten): Der Moderator stellt die vier Gruppen und Positionen vor:

- Die **Stargazer** („Sterndeuter“) deuten, was bislang im Prozess erarbeitet wurde.
- Die **Trackies** („Spurensucher“) sichern Spuren im bisherigen Prozess.
- Die **Deep Diver** („Tiefentaucher“) gehen der Sache auf den Grund, hinterfragen, graben tiefer, haken nach.
- Die **Masterminds** („Vordenker“) sind sehr konkret unterwegs und möchten das Problem lösen, sind pragmatisch.

Vier Positionen leisten wichtige Beiträge für die Gruppe

Dabei ist es wichtig, dass der Moderator sehr deutlich hervorhebt, dass jede Gruppe einen wichtigen Beitrag auf dem Weg zur Lösung liefert. Das gerade in der Unterschiedlichkeit die Stärke liegt. Nur mit der Beteiligung aller wird das WeQ nutzbar gemacht.

Schritt 2 (5 Minuten): Nun ordnen sich die Teilnehmenden jeweils einer Gruppe zu. Dies sollten sie möglichst intuitiv tun, ohne langes Nachdenken und Abwägen, denn eine Entscheidung „aus dem Bauch heraus“ fördert die Kreativität.

Intuitive Zuordnung

Damit die Teilnehmenden sich schnell entscheiden können, sollte die Erklärung der unterschiedlichen Positionen und Aufgaben in Schritt 1 sehr klar und transparent sein. Eine metaphorische Gestaltung erhöht die Leichtigkeit der intuitiven Zuordnung ebenfalls.

Positionen bildhaft beschreiben

Metaphern erleichtern das Einordnen

Zum Beispiel kann die Moderatorin hier passende Symbole und Bilder zur Erklärung hinzuziehen. Für die Stargazer können dies Fotos von Sternbildern, ein Teleskop, ein Bild der Heiligen Drei Könige oder ein Bild von Nostradamus sein. Denn **Stargazer** sind Menschen, die Zeichen deuten und interpretieren, sie sind kreativ, entwickeln Hypothesen und betrachten die Situationen aus verschiedenen Blickwinkeln.

Eine Lupe, Fotos von Tierspuren im Schnee, ein Bild eines Fährtenlesers oder Fussstapfen-Symbole gehören zu den **Trackies.** Diese orientieren sich an Fakten, sammeln diese akribisch. Dafür brauchen sie vor allem Genauigkeit, gründliches Arbeiten und Ausdauer.

Die **Deep Diver** finden sich wieder in Bildern von Tauchern, von Fragezeichen, einer Bohrmaschine, einer Höhle. Sie gehen den Dingen auf den Grund, geben sich nicht mit einfachen Antworten zufrieden, wollen mehr wissen. Deshalb brauchen sie, neben dem Mut für viele Fragen, auch Ausdauer und Hartnäckigkeit.

Für die **Masterminds** wiederum steht beispielsweise ein Schachspiel, eine leuchtende Glühbirne, ein Foto von Elon Musk oder ein Bild von Jedi-Meister Yoda. Sie suchen und finden Lösungen, sind sachlich und pragmatisch und können auch in andere Richtungen denken, obwohl sie sich grundsätzlich nach vorn orientieren, in der Überzeugung, dass es für jedes Thema eine gute Lösung gibt. Sie sind smart und nutzen ihre intellektuellen Kompetenzen im Dienste der Sache.

Nur bei großem Ungleichgewicht nachhelfen

Nach solchen Beschreibungen fühlen sich jeder Teilnehmer und jede Teilnehmerin meist direkt zu einer der Positionen am meisten hingezogen. Erfahrungsgemäß funktioniert die intuitive Aufteilung gerade bei Uneinigkeit und Unterschiedlichkeit im Team sehr gut. Sollte doch ein großes Ungleichgewicht entstehen, kann der Moderator unter pragmatischem Gesichtspunkt ein bisschen nachhelfen und beispielsweise eine Gruppe auffüllen, indem er Freiwillige sucht, denen es nichts ausmacht zu wechseln. Das Einverständnis aller Personen ist dabei allerdings unverzichtbar.

Zersplitterung in Kleingruppen

Schritt 3 (45 Minuten): Die Gruppen arbeiten mit ihren jeweiligen Arbeitsfragen an den aktuellen Themen. Die Punkte, die sie erarbeitet haben, halten sie auf Moderationskarten fest.

Die Arbeitsfragen

... für die Stargazer („Sterndeuter"):

- Welche Muster sind bisher im Prozess erkennbar?
- Was sagt dies über unsere Beziehungen aus?
- Was heißt das für die Situation in unserem System?

... für die Trackies („Spurensucher"):

- Welche Hypothesen finden wir zur aktuellen Situation?
- Wer sind die Hauptakteure hier?
- Durch was werden sie getrieben?
- Was passiert aktuell auf den unterschiedlichen Ebenen? Sichtbar und nicht sichtbar?

... für die Deep Diver („Tiefentaucher"):

- Welche Tabuthemen gibt es?
- Was gibt es hier zu entdecken?
- Was muss an die Oberfläche geholt werden?

... für die Masterminds („Vordenker"):

- Welche Lösungswege fallen uns konkret ein?
- Wie können wir im nächsten Schritt vorgehen?
- Womit können wir sofort beginnen?

Schritt 4 (20 Minuten): Jede Gruppe präsentiert ihre Erkenntnisse innerhalb von fünf Minuten im Plenum.

Schritt 5 (20 Minuten): Die präsentierten Ergebnisse werden zunächst im Plenum diskutiert, anschließend wird aus jeder Gruppe ein Stellvertreter gewählt für den nächsten Arbeitsschritt.

„Fishbowl" nach der Plenumsdiskussion

Schritt 6 (15 Minuten): Die Stellvertreter diskutieren nun im Rahmen eines „Fishbowl"-Formates (siehe unten) die Lösungsvorschläge, d.h., die Runde der Vertreter sitzt mittig im Plenum. Aus der Runde können hier auch noch Ergänzungen vorgenommen werden. Es obliegt den Stellvertretern zu entscheiden, welche Lösungsvorschläge umgesetzt werden und wie das weitere Vorgehen aussieht. Abschließend holen sich die Stellvertreter das Commitment der gesamten Gruppe, und der Weg für die Lösungen wird durch alle freigegeben.

Fishbowl

- Eine Diskussionsmethode für Großgruppen, mit der sich Wortmeldungen fokussieren und das Zuhören intensivieren lassen.
- Dabei schicken Kleingruppen je einen Vertreter oder eine Vertreterin, der/die ihre Argumente im Innenkreis (Fishbowl) einbringt. Die übrigen Teilnehmenden sitzen außen herum und hören nur zu. Sie können sich aber jederzeit selbst einwechseln und die Vertretung ihrer Grupe übernehmen.
- Mehr Infos zum Tool: www.managerseminare.de/Trainerkoffer/Tools/Moderations-Tool-Fishbowl,3186

Turning Point: Konsens entsteht

Sichtwechsel entstehen von selbst

Während der Gruppenarbeit kann beobachtet werden, dass beispielsweise die Stargazer nach einer gewissen Zeit ebenfalls anfangen, an Lösungen zu arbeiten. Und dass die Masterminds anfangen, Dinge zu hinterfragen und so zu Deep Divern werden. Somit geschieht, was vorher undenkbar war: Die Teilnehmenden vollziehen einen Perspektivwechsel, der es ihnen ermöglicht, zu einer gemeinsamen Sichtweise und zu tragfähigen Lösungsvorschlägen zu kommen.

Das gelingt, weil die Methoden den unterschiedlichen Bedürfnissen innerhalb der Gruppe die Möglichkeit zur Entfaltung bietet: Jeder spricht über das, was ihn bewegt. Dabei dürfen alle ihre Unterschiedlichkeit voll ausleben, auch was die Geschwindigkeit angeht, mit der sie sich dem Thema widmen: Während ein Teil der Gruppe schon mitten in der Lösungsfindung ist, ist ein anderer Teil der Gruppe vielleicht noch damit beschäftigt, das Problem überhaupt zu erfassen und für sich zu begreifen.

Offenheit für Zersplitterung wirkt befreiend

Diese Offenheit für Zersplitterung wirkt auf die Teilnehmenden sehr befreiend. Sie schafft so eine gute Basis für eine konstruktive Zusammenarbeit und Lösungsfindung. Perspektivwechsel werden angeregt, festgefahrene Gedanken- und Verhaltensmuster aufgeweicht und neue Denkräume eröffnet. Selbst Tabuthemen können mit dieser Methode angesprochen und bearbeitet werden.

Metaphernarbeit mit Katapult

von Simone Bardens

Infos

- Online oder in Präsenz möglich
- **Gruppengröße:** flexibel
- **Material Präsenz:** Moderationswand mit den Bildern (Berg, Katapult, Team und Zielbild) und Moderationskarten oder Klebezettel in mindestens zwei Farben
- **Material online:** Whiteboard-Tool (z.B. Mural, Miro oder Concept Board)
- **Zeitaufwand:** 2 Stunden

Die Arbeit mit Metaphern ist besonders dann sinnvoll, wenn es Dinge gibt, die sich nicht einfach ansprechen lassen. Aber auch dann, wenn ein Team Gefahr läuft, den Fokus auf die gemeinsame Zielerreichung zu verlieren, wie diese Intervention zeigt. Ein einfaches Bild kann dann zu frischem Schub und neuen Lösungsimpulsen verhelfen.

Wenn neue Herausforderungen im Team oder in der Organisation anstehen, kann schon mal der Eindruck entstehen, man stehe vor einem unüberwindbaren Berg. Die neuen Aufgaben sind groß, bisweilen sind sie nicht einmal klar und vollständig zu erkennen. Denn der Weg zur Bewältigung liegt voller Steine und Felsbrocken.

Dieses Hindernis zieht viel von unserer Aufmerksamkeit ab. Der Fokus auf die Steine im Weg kostet wertvolle Energie, die für die Bewältigung der anstehenden Aufgabe nützlich wäre. Deshalb ist es gut, in dieser Situation den Fokus zu verändern – weg vom bedrohlichen Hindernis und hin zu hilfreichen Perspektiven. Denn oft genug bleibt unberücksichtigt, was das eigene Team und die Organisation selbst an Fähigkeiten und Eigenschaften mitbringen, um den Berg zu überwinden.

Wertvolle Aufmerksamkeit nicht vom Hindernis stehlen lassen

Metaphernarbeit für mehr Fokus

Um etwa in einem Change-Workshop die Energie für die Bewältigung entsprechend zu bündeln, lässt sich mit der Methode „Katapult" auf eine hilfreiche Metapher zurückgreifen. Die Herausforderung wird hier als Berg beschrieben, den das Team mithilfe eines Katapults überwinden kann. So fällt es leichter, gezielt verschiedene Perspektiven einzunehmen. Die strukturierte Betrachtung hilft dabei, die wahrgenommene Komplexität zu reduzieren.

In den Fokus wird dabei dreierlei genommen: Neben der Herausforderung an sich werden auch vorhandene Ressourcen für deren Bewältigung in der Organisation und im Team selbst sowie das Zielbild in Form des erreichten Ergebnisses näher beleuchtet. So wird der Fokus auf die Stärken, die eigene Wirksamkeit und die gemeinsame Motivation gelegt, und es können neue Lösungsimpulse entstehen.

Fokus auf Stärken, Wirksamkeit und Motivation

Der Ablauf: Einstieg am Berg

Zunächst wird das Bild eines Bergs auf der Moderationswand oder dem Whiteboard gezeigt. Der Berg trägt den Namen der Herausforderung und kann dementsprechend beschriftet werden – zum Beispiel mit einem Schild, das auf dem Gipfel steckt oder einem einfachen Klebezettel.

Dann wird der Berg weiter beschrieben. Dazu schreiben die Teilnehmenden auf Klebezettel in einer anderen Farbe ihre Antworten zu den folgenden Fragen:

- Was macht diese Aufgabe besonders herausfordernd?
- Was sind unbekannte Steine im Weg zum Ziel, also Einflussfaktoren und Hindernisse, die wir nicht kennen?
- Welcher Teil der Aufgabe – also des Aufstiegs – scheint am schwierigsten? Welcher scheint leichter zu bewältigen?

Den „Berg" – die Herausforderung – beschreiben

Die Klebezettel werden der Reihe nach kurz vorgestellt und angeklebt, wobei direkt thematisch geclustert werden kann.

Ist die Herausforderung beschrieben, wird das Zielbild rechts vom Berg ergänzt, das zum Beispiel durch eine schöne Wiese am See symbolisiert wird. Dieses Bild stellt die Ergebnisse dar – den Nutzen, die Chancen oder die Verbesserungen, die durch das Überwinden des Berges erreicht werden. Auch hier schreiben alle wieder Klebezettel und reflektieren so gemeinsam, was dieses Ziel attraktiv macht:

Das Zielbild – unsere Motivation

- Was bringt es uns, wenn wir das Ziel erreicht haben?
- Was ist dann in unserem Arbeitsalltag besser?
- Wofür werden uns andere anerkennen, wenn wir unser Ziel erreicht haben?

Anschub für den Aufstieg

Dann werden zusätzlich das Katapult links vom Berg und die fliegenden Teammitglieder in der Luft über dem Berg ergänzt. Das Katapult steht hier metaphorisch für die Fähigkeiten in der Organisation und günstige Rahmenbedingungen, die für die Herausforderung bereitstehen und deren Bewältigung ermöglichen.

Das „Katapult“ – was gibt uns Kraft und Schwung?

Indem das Katapult – ebenfalls mit gesammelten Klebezetteln – beschrieben wird, öffnet sich die Perspektive für die Handlungsmöglichkeiten und mögliche Unterstützung bei der Bewältigung der Aufgabe. Die Metapher des Katapults unterstreicht die Kraft und den Schwung, die von außen beigesteuert werden können. Ressourcen, die zur Verfügung stehen, können dabei auch andere Personen wie eine Führungskraft oder eine Kollegin aus der anderen Abteilung sein. Genauso wird auf die Handlungsfähigkeit des Teams selbst fokussiert, das den Schwung nutzen und entsprechend steuern kann.

Die metaphorische Gesprächsebene ermöglicht es, wahrgenommene Zusammenhänge aufzudecken und Themen, die einzelne Teammitglieder beschäftigen, mit Distanz zu betrachten und besser zu verstehen. So können emotionale Themen – wie beispielsweise Sorgen über mangelnde Steuerbarkeit von Rahmenbedingungen oder fehlende Unterstützung – in der Katapult-Metapher greifbar gemacht und für die Entwicklung von Lösungsimpulsen genutzt werden.

Das Katapult: Was verleiht uns Flügel?

Welche Ressourcen haben wir im Team?

Im Workshop wird der Blick nun zuerst auf die Teammitglieder gerichtet, die mithilfe des Katapults über den Berg springen. Eine Trainerin eröffnet dann die Perspektive auf die Stärken der Teammitglieder selbst, beispielsweise durch die folgenden Fragen:

- Welche Fähigkeiten und Eigenschaften bringt jedes Teammitglied mit, die uns beim Bewältigen der Herausforderung helfen (Überblick, Fachwissen, Koordination, Kommunikation, ...)?
- Was macht uns als Team stark für die Bewältigung der Herausforderung?
- Wo haben wir schon Herausforderungen bewältigt, und welche Fähigkeiten haben wir dabei gezeigt?
- Wie schaffen wir es, unser Ziel zu fokussieren und auf dieses zuzusteuern?

Zusätzlich zum Blick auf die vorhandenen Ressourcen wird hier auch darauf geschaut, was über diese hinaus benötigt wird. Hierfür bietet es sich an, Klebezettel in einer anderen Farbe zu schreiben:

- Wie können wir uns gegenseitig unterstützen?
- Wie können wir uns bestmöglich auf unser Ziel ausrichten und dieses im Blick behalten?
- Was tun wir, wenn wir mal den Schwung verlieren? Woran können wir uns dann erinnern?

Weitere Ressourcen außerhalb des Teams

Mit Blick auf das Katapult wird nun noch gesammelt, welche Fähigkeiten und Rahmenbedingungen in der Organisation vorhanden sind:

- Welche weiteren Ressourcen stehen uns zur Verfügung?
- Was gibt uns Sicherheit und Kraft beim Weg über den Berg?
- Wodurch werden wir unterstützt?

Auch hier bietet es sich an, eine zweite Klebezettel-Farbe zu verwenden, um den Blick auf die Chancen, Handlungsmöglichkeiten und mögliche Unterstützer zu lenken:

- Wer kann uns außerhalb des Teams noch unterstützen?
- Was kann unsere Organisation (mehr/anders/neu) dazu beitragen, um die Herausforderung zu bewältigen?

Konkrete nächste Schritte entwickeln

Nachdem alle Felder ausgefüllt wurden, folgt eine abschließende Reflexion, in der darauf basierend konkrete Handlungsfelder und nächste Schritte abgeleitet werden. Der Weg, um die Herausforderung anzugehen, ist nun geebnet, viele Steine und Felsbrocken sind zur Seite geräumt.

Inventur im Ressourcenvorrat

von Simone Bardens und Anna Dollinger

Infos

- **Gruppengröße:** ca. 12 Personen
- **Material:** in Präsenz sind Moderationswand und Klebezettel, für die Online-Durchführung ein Whiteboard-Tool (z.B. Mural, Miro, Concept Board ...) erforderlich
- **Zeitaufwand:** 4 Stunden

Der Jahreswechsel wird gern als Anlass zur Reflexion genutzt. Warum also nicht mal im Team eine Inventur der eigenen Ressourcen machen? Das kann äußerst nützlich sein, um sich für anstehende Herausforderungen zu stärken.

Während das Jahr langsam ausklingt, wächst bei vielen der Wunsch, bewusst zurückzublicken. Denn das trägt in der Regel dazu bei, sich danach gestärkt und gesammelt den zukünftigen Herausforderungen zuwenden zu können – egal, ob sie persönlicher oder beruflicher Art sind. Das gilt auch für Teams, für die gerade in diesen unruhigen Zeiten nicht selten die bange Frage mitschwingt: „Wie sollen wir das alles bloß schaffen?"

Dann kann es sinnvoll sein, den Blick bewusst in die Vergangenheit zu richten und eine Ressourceninventur durchzuführen. Denn dabei werden unbekannte oder vergessene Schätze entdeckt: Fähigkeiten und Beziehungen, von denen niemand ahnte, dass sie für das Kommende bereitstehen.

Als Ausblick oder Rückblick auf Projekte oder Jahre

Als Teamintervention lässt sich die Methode sowohl für eine Jahres-Retrospektive als auch für den Rückblick und Ausblick auf einzelne Projekte verwenden.

Der Einstieg in die Metapher

Die Moderatorin beginnt die Übung, indem sie alle einlädt, zurückzuschauen auf die vergangenen Herausforderungen, die im Team bewältigt wurden und sie erläutert die Metapher des Vorratsspeichers: *„Jeder und jede Einzelne hat mit den eigenen Fähigkeiten, Kompetenzen und Erfahrungen dazu beigetragen, was wir erreicht haben. Und auch als Team zeichnen uns besondere Ressourcen aus und machen uns erfolgreich. All das, was uns ausmacht, können wir uns als Inhalt eines großen Vorratsspeichers vorstellen, auf den wir jederzeit zugreifen können."*

Welche Ressourcen haben wir im „Vorratsspeicher"?

Dann fahren Moderator oder Moderatorin fort: *„In Stresssituationen steht allerdings oft die Frage ‚Wie sollen wir das alles schaffen?' im Vordergrund, und wir vergessen möglicherweise, was wir alles in diesem Vorratsschrank haben: also über welche Fähigkeiten, Kompetenzen und Erfahrungen wir verfügen. Wir verlieren in gewisser Weise den Überblick und können nicht auf diese Ressourcen zurückgreifen."*

Schließlich wird die Gruppe eingeladen, sich die eigenen Ressourcen bewusst vor Augen zu führen: *„Wir führen jetzt eine Inventur durch, zählen durch, räumen auf und verschaffen uns dabei einen Überblick über Vorhandenes und Brauchbares. Unseren so bewusst gemachten Vorratsspeicher können wir uns dann in jeder Situation vor Augen führen, um zu sehen, was wir darin Nützliches vorrätig haben."*

Runde 1: Die eigene Erfolgsbilanz

Nach der Einführung wird in der ersten Runde gemeinsam gesammelt, auf welche Ergebnisse und Erfolge das Team zurückblickt. Dafür machen alle Teilnehmenden mit Blick auf den vergangenen Zeitraum – also z.B. die Projektlaufzeit oder das vergangene Jahr – Notizen auf Klebezetteln in drei verschiedenen Farben. Die Fragen lauten:

1. Was waren kleinere und größere Ergebnisse, die wir erreicht haben?
2. Was waren kleinere und größere Erfolge, die wir erreicht haben?

3. Was waren einzelne Schritte in Richtung Erfolg, die wir zu verzeichnen haben?

Die Antworten werden dann gemeinsam auf einer Moderationswand gesammelt. Damit ist die Vorbereitung für die zweite Runde abgeschlossen.

Runde 2: Metaphern für die Ressourcenreserve

Mit Blick auf die an der Wand oder dem Whiteboard gesammelten Erfolge und Ergebnisse geht es nun darum, die Fähigkeiten und Ressourcen sichtbar zu machen, die geholfen haben, diese Ergebnisse und Erfolge zu realisieren. Auf der Moderationswand wird dazu das skizzierte – oder digital bearbeitete – Bild eines Vorratsschranks gezeigt, der folgende Fächer hat:

Fächer des Ressourcen-„Vorratsschranks"

- **Fach 1:** Was haben wir bei uns entdeckt, was wir immer mal wieder sehr gut können?
- **Fach 2:** Welche Kompetenzen haben wir weiterentwickelt?
- **Fach 3:** Worauf können wir uns bei uns immer verlassen?
- **Fach 4:** Welche besonderen Fähigkeiten oder Eigenschaften wurden uns von außerhalb des Teams zurückgemeldet?

Zunächst wird alleine gearbeitet. Alle Teammitglieder machen sich zu den Fragen Notizen auf Klebezetteln. Dabei wird der Blick auf das Team im Gesamten gerichtet. Beispielsweise könnte hier jemand aufschreiben: „Wir haben gelernt, auch remote über kritische Themen zu diskutieren und Lösungen zu finden." Oder: „Wir können uns aufeinander verlassen, wenn bei jemandem ein Engpass entsteht."

Thematische Cluster auch als Metaphern verankern

Anschließend wird gemeinsam gesammelt. Pro Kategorie stellt jedes Teammitglied die eigenen Punkte kurz vor und bringt die Klebezettel an. Dabei kann auch schon thematisch geclustert werden, wobei die Cluster anschließend mit metaphernreichen Namen versehen werden können. Alles, was die kollegiale Hilfsbereitschaft betrifft, wird dann zum Beispiel zum „Sicherheitsnetz", was das Qualitätsbewusstsein angeht, vielleicht zur „Haarspaltungskompetenz", und konzeptionelle Kompetenzen zum „Planungsbüro". So werden die gesammelten Fähigkeiten und Ressourcen noch anschaulicher und damit besser verankert.

Was ist hier systemisch?

Ist die Arbeit an einem Vorratsspeicher an Ressourcen systemisch? Fragen wie diese diskutieren wir im Autorinnenteam immer wieder – und sie sind gar nicht so leicht zu beantworten. Denn natürlich gibt es nicht das eine systemische Arbeiten – sondern sehr unterschiedliche theoretische Schulen. Deshalb können wir hier nur erläutern, welche vier systemischen Annahmen uns bei der Entscheidung für diese Methode geleitet haben:

- **Annahme 1:** Alles Zusammenwirken in Systemen entwickelt sich in Mustern. Solche **Muster können für die Beteiligten sinnvoll, Mehrwert stiftend, viabel oder auch wenig hilfreich sein.** Und nur die Akteure im System selbst können in der gemeinsamen Reflexion erkennen, welches Muster aus ihrer Sicht wie zu bewerten ist.

- **Annahme 2:** Anschlussfähig ans System ist das, was anscheinend im System Mehrwert stiftet. Daher kann es ein gutes Vorgehen sein, den **Fokus auf positive Ergebnisse und Erkenntnisse** zu setzen, um für das Team nützliche Muster zu verstärken.

- **Annahme 3:** In Systemen **sind die Beteiligten immer Ursache und Wirkung zugleich** füreinander. Sollen Muster erweitert und verändert werden, sollten sich alle im System gemeinsam für solche Muster entscheiden.

- **Annahme 4:** Muster in Systemen zu verändern, ist nicht einfach, und von außen können sie überhaupt nicht verändert werden. Daher braucht es **Verankerungsrituale, auf die sich die Beteiligten einigen.**

Systemisch ist an der Methode insbesondere auch die Arbeit mit einer Metapher, der Perspektivwechsel, der um vermutete Meinungen von Personen außerhalb des Teams angereichtert werden kann, sowie die Ermutigung, im System „Lernschleifen" zu drehen.

Runde 3: Der wertschätzende Blick von außen

In einem weiteren Durchgang wird nun noch ein Perspektivwechsel eingebracht. Dafür werden Zweiergruppen gebildet, die gemeinsam die Sicht von außen auf das Team reflektieren. Dieser Ansatz hilft dabei, die Ergebnisse aus Runde 2 weiter zu verstärken: Dadurch, dass diese von anderen Personenkreisen – die meist auch andere Eigenschaften und Prioritäten haben als die Teammitglieder – beleuchtet werden, bleiben sie besser im gemeinsamen Gedächtnis.

Jede Zweiergruppe bekommt dazu eine Karte mit einer der folgenden Aufgaben:

Was würde ...

1. Wenn wir die nächsthöhere Führungsebene nach ihrer Meinung zu unserem Team fragen würden ...
2. Wenn wir unsere Nahtstellenpartner fragen würden ...
3. Wenn der Dalai Lama uns die ganze Zeit beobachtet hätte ...
4. Wenn Greta Thunberg unsere Arbeit verfolgt hätte ...
5. Wenn Manuel Neuer uns zugeschaut hätte ...

Dazu bekommen alle die gleichen Fragen, die aus der jeweiligen Perspektive mit Hinblick auf die eigenen Kompetenzen beantwortet werden sollen:

... dazu sagen?

- ... was würde er/sie sagen, was wir besonders gut können?
- ... was würde er/sie sagen, was wir toll hinbekommen haben?
- ... wo haben wir uns seiner/ihrer Sicht nach dabei weiterentwickelt?

Die fünf Aufgaben können natürlich je nach Gruppe und Kontext variieren und um passende Perpektiven erweitert werden. Am besten wird immer mit Personen gearbeitet, die gut zur Branche passen und dort als Guru oder Vorreiterin gelten.

Unkonventionelle Denkweisen ermutigen

Natürlich werden hier an einigen Stellen Rückfragen kommen und es kann schwierig sein, für alle Perspektiven passende Antworten zu finden. Die Moderatorin betont dann am besten, dass gerne in alle Richtungen kreativ gedacht werden darf und dass es keine „richtigen" Antworten gibt. Genau dieses Ermutigen einer unkonventionellen Denkweise bietet den Mehrwert dieser Übung.

Nachdem die Paare gesammelt haben, werden auch hier wieder die Ergebnisse vorgestellt. Dabei werden die Fächer 1 und 2 auf der Moderationswand entsprechend ergänzt, in denen die eigenen Annahmen übers Team ihren Platz finden.

Zum Abschluss der Blick in die Zukunft

„Kompetenz-Päckchen" mitnehmen und verankern

Danach folgt eine gemeinsame Reflexion in der Gruppe. Hier wird der Blick nun von der Vergangenheit auf die Zukunft gerichtet und auf die Frage: „Was nehme ich für mich mit, woran ich mich immer erinnern werde?" Die Antwort schreiben alle jeweils für sich auf. Alle stellen daraufhin ihr eigenes „Kompetenz-Päckchen" der Runde vor.

Zusätzlich kann diese Erinnerung auf kreativem Wege verankert werden: Die Teilnehmenden können sich etwa ein Objekt aussuchen, das sie mit den Erkenntnissen des Workshops verbinden, ein Bild davon malen oder einen Song suchen, in dem sie sie wiedererkennen.

Ihren Anker können alle dann präsent, z.B. am Arbeitsplatz, platzieren, sie können ihn im Nachgang dem Team zeigen bzw. alle im Team können sich ihre Anker gegenseitig vorstellen. Werden Songs ausgewählt, kann auch eine „Team-Playlist" erstellt werden, die bei gemeinsamen Veranstaltungen immer wieder läuft und die Erinnerung an den Ressourcenvorrat weckt.

Der Vorrat hilft in „schwierigen Zeiten"

Es empfiehlt sich, abschließend noch einen Blick auf anstehende Situationen, die besonderen Stress oder Druck bereithalten, zu werfen und darüber zu reflektieren: „Was, wenn es mal nicht klappt?" Auch hier kann der Blick immer wieder auf den Vorratsspeicher gelenkt werden: Was hilft uns dabei, uns – auch im Falle eines Rückschlags – immer wieder auf das Ziel zu fokussieren und erfolgreich zusammenzuarbeiten? So gestärkt lassen sich neue Herausforderungen zuversichtlich angehen – egal, ob sie im neuen Jahr oder im neuen Projekt warten.

Literatur

- Edmondson, A.C. (2020): Psychological Safety in Unternehmen – Angstfrei arbeiten. In: managerSeminare 269, August 2020.

Häuser aus Stroh, Holz und Stein

von Anja Wiggenhauser

Infos

- **Gruppengröße:** optimal 10 bis 12 Personen pro Gruppe
- **Material:** Moderationswand, Klebezettel, Stifte und Klebepunkte, wenn die Retrospektive in Präsenz stattfindet, bzw. ein virtuelles Whiteboard und ein digitales Voting Tool, wenn sie online stattfindet
- **Zeitaufwand:** 30 bis 60 Minuten, je nach Gruppengröße

Prozesse in Unternehmen sind oft ein Thema mit Konflikt- oder Ermüdungspotenzial – da kann Humor nicht schaden, um die Motivation der Beteiligten zu erhöhen. Die „Drei Schweinchen"-Methode ist eine kreative und amüsante Art der Retrospektive, mit der Teams ungezwungen über Prozesse sprechen können.

Kennen Sie die Geschichte von den drei Schweinchen? Alle drei sind überzeugt, ein sicheres Haus zu haben, bis der böse Wolf kommt und eins nach dem anderen zerstört. Nur nicht das eine wirklich stabile Haus aus Stein, das schließlich alle Schweinchen rettet. Die Schweinchen gingen dabei komplett unerfahren an den jeweiligen Hausbau heran – möglicherweise hätte ihnen vorab eine kurze gemeinsame Reflexion geholfen. Aber vermutlich wussten sie nicht sehr viel über agile systemische Methoden der Zusammenarbeit, geschweige denn über Retrospektiven.

Prozesse stabiler und solider machen

Die „Drei Schweinchen"-Methode ist eine kreative und amüsante Art der Retrospektive, die ursprünglich von Aaron Chua auf seinem Blog „Agiledynasty" beschrieben wurde. Sie unterstützt darin, im Team ungezwungen über Veränderungen und Verbesserungen von Prozessen in Bezug auf Projekte oder interne Teamprozesse zu sprechen, um diese stabiler und solider zu machen. Oftmals sind Prozesse in Unternehmen ein Thema mit Konflikt- oder Ermüdungspotenzial – da kann Humor nicht schaden, um die Motivation der Beteiligten zu erhöhen.

Vorbereitungen

Zur Vorbereitung auf die Retrospektive braucht es ein Chart (online oder analog) mit einer Tabelle mit drei Spalten. Diese werden beschriftet mit „Haus aus Stroh", „Haus aus Holz" und „Haus aus Stein". Wer sehr kreativ ist, kann natürlich auch Häuser aus Stroh, Holz und Stein malen und so das Chart noch ansprechender gestalten. Außerdem braucht es Klebezettel und Stifte für jeden Teilnehmenden bzw. in der digitalen Version ein virtuelles Whiteboard, auf das alle zugreifen können. Der Zeitbedarf beträgt 30 bis 60 Minuten, je nach Teamgröße.

Zur Einstimmung

Geschichte zum Einstimmen

Um die Methode möglichst amüsant und kreativ zu gestalten, erzählt die Moderatorin bzw. der Moderator zur Einführung der Methode die Geschichte der drei Schweinchen. Die Geschichte kann die Haltung und Erwartung der Teilnehmenden im Sinne einer Leichtigkeit in der Auseinandersetzung mit (oftmals konfliktfördernden) Prozessen erhöhen. Diese Geschichte finden Sie online mit einer kurzen Suche.

Kurz zusammengefasst schickt die Schweinchen-Mutter ihre drei Schweinchen in die weite Welt hinaus und ermahnt ihre Schützlinge, sich vor dem bösen Wolf in Acht zu nehmen und sich dafür schützende Häuser zu bauen. Das erste Schweinchen baut eines aus Stroh, das zweite eines aus Holz und das dritte eines aus Stein. Eines Tages kommt der Wolf und versucht bei jedem der Schweinchen ins Haus einzudringen. Alle drei lassen ihn nicht hinein, allerdings reicht beim ersten wie auch beim zweiten Schweinchen ein Pusten, Husten und Stampfen, um das jeweilige Haus zum Einsturz zu bringen. Glücklicherweise hat das dritte Schweinchen sein Haus aus Stein gebaut, und die anderen beiden schaffen es, dorthin zu fliehen und somit den Wolf in die Flucht zu schlagen. Je nach Erzähltalent kann die Geschichte natürlich kreativ verändert oder ausgeschmückt werden.

Zur Methode

Nach dieser kurzen, amüsanten Einstimmung folgt die Erklärung der drei Spalten auf der Moderationswand bzw. dem virtuellen Whiteboard.

Qualitäten der drei „Häuser"

In die Spalte **„Haus aus Stroh"** werden Prozesse oder Aspekte eines Projektes eingetragen, die vorübergehende Lösungen oder Prototypen darstellen. Diese müssen aus Sicht der Teilnehmenden unbedingt überarbeitet werden. Oftmals sind das auch Prozesse, die durchaus zu einem bestimmten Zeitpunkt als sinnvoll erschienen und auch hilfreich waren. Aktuell werden diese aber als nicht mehr langfristig wirksam oder sogar risikobehaftet bewertet und brauchen deshalb ein sofortiges Handeln und Veränderung durch das Team.

In der Spalte **„Haus aus Holz"** stehen Prozesse und Projektabschnitte, die aktuell sehr vertrauenswürdig und zuverlässig sind. Gleichzeitig können diese aus Sicht der Teammitglieder verbessert werden, um beispielsweise die Performance des Teams zu steigern oder effizienter bzw. effektiver zu arbeiten. Diese Prozesse charakterisiert auch, dass eine Veränderung dieser in der Hand des Teams liegt.

Und schließlich werden in die Spalte **„Haus aus Stein"** Prozesse und Projektteile eingetragen, die äußerst zuverlässig sind und aktuell nicht verändert werden müssen, da sie effizient sind und von allen verstanden werden.

Zum Ablauf

Bestehende Prozesse einordnen

Nach Beschreibung der Methode erhalten nun alle Teammitglieder zehn Minuten Zeit, um einzeln über die jeweiligen Team- oder Projektprozesse und deren Einordnung nachzudenken. Diese werden dann von jedem Teilnehmer und jeder Teilnehmerin auf Klebezetteln bzw. direkt auf dem virtuellen Whiteboard festgehalten. Anschließend bringen die Teammitglieder ihre Punkte in den jeweiligen Spalten an und beschreiben kurz im Plenum, was mit dem jeweiligen Prozessaspekt gemeint ist. Durch das gemeinsame Anbringen und kurze Erklären der Klebezettel werden Doppelungen vermieden. Das Einzel-Brainstorming zu Beginn ist hilfreich, um Groupthink-Effekte zu vermeiden.

Für die Spalten „Haus aus Stroh" und „Haus aus Holz" wird anschließend gevotet (in Präsenz mit Klebepunkten, virtuell mit Icons bzw. einem digitalen Voting Tool), an welchen ein bis zwei Aspekten innerhalb der nächsten Wochen gearbeitet werden soll. Wichtig ist hierbei, dass alle gleichzeitig abstimmen können, um Ankereffekte zu vermeiden.

Instabiles ausbessern; von „Steinhäusern" lernen

Nach dem Voting werden Handlungsvorschläge sowie Verantwortliche diskutiert und festgehalten. Wichtige Fragen könnten hierzu sein: Was könnten wir tun, um aus diesem Prozess ein „Haus aus Stein" zu machen? Oder: „Was liegt bei der Veränderung dieses Prozesses in unserer Hand?" In Bezug auf die Spalte „Haus aus Stein" wird zu jedem aufgeführten Punkt jeweils ein wichtiges Learning visualisiert. Hier hilft möglicherweise die Frage „Was macht diese Prozesse so stark?".

Weitere Ideen zur Methode

Wiederkehrende Hindernisse identifizieren

Als weitere Spalte kann „Unsere bösen Wölfe" aufgenommen werden. Diese Spalte steht für Hindernisse oder Fallstricke, die im Projekt aufgekommen sind bzw. nochmals auftreten könnten und die hier gesammelt und festgehalten werden. Die Methode kann in regelmäßigen Abständen für Teamretrospektiven genutzt werden, und so können die beschriebenen Aspekte stetig weiterentwickelt werden.

Viel Erfolg und Freude beim Häuserbau!

Was ist hier systemisch?

Typisch systemisch ist hierbei 1. das **Einnehmen unterschiedlicher Perspektiven** mithilfe der Metaphernarbeit, 2. der **Lösungsfokus** sowie 3. die **Betrachtung von Mustern** im System.

1. Die komplexen Prozesse im Team werden hier in einer hilfreichen Metapher als Häuser beschrieben. Über die

Metaphernarbeit fällt es oftmals leichter, verschiedene Perspektiven einzunehmen.

2. Die strukturierte Betrachtungsform hilft, die wahrgenommene Komplexität zu reduzieren. Außerdem bleibt über die beschriebenen Reflexionsfragen und die unterschiedlichen Spalten der Lösungsfokus im Gespräch erhalten. Statt dessen, in einer Problemtrance über nicht wirksame Prozesse zu verharren, schaffen die unterschiedlichen Spalten weitere Perspektiven und eröffnen Denkräume.

3. Außerdem werden durch die Betrachtung unterschiedlicher Prozesse erfolgreiche und weniger erfolgreiche Muster im System reflektiert.

Zum Weiterlesen

» Intervention „Metaphernarbeit mit Katapult“, ab Seite 162

Veränderung verankern

von Anna Dollinger

Infos

- **Gruppengröße:** maximal 25 Personen, die in Kleingruppen von 2 bis 4 Personen aufgeteilt werden
- **Material:** Flipcharts, Baumaterial (Lego®, PlayMais o. Ä.)
- **Zeitaufwand:** ca. 1,5 Stunden

Ein Team, das eine neue Strategie ausgearbeitet oder eine Vereinbarung getroffen hat, fällt gerne mal in alte Muster zurück. Damit das nicht geschieht, braucht es Unterstützung – etwa durch ein Ankerritual, das das Team in einem Workshop gemeinsam erarbeitet.

Eine der wichtigsten Methoden, um Aufmerksamkeit zu fokussieren, etwas Neues zu markieren, zu „verankern" oder sich gewünschte Veränderungen im Bewusstsein zu behalten, sind Rituale. Rituale sind strukturelle Mittel, um die Bedeutung von Handlungen über profane Alltagsbedeutungen hinaus sichtbar zu machen, also unsere Aufmerksamkeit bewusst auf etwas Bestimmtes zu lenken.

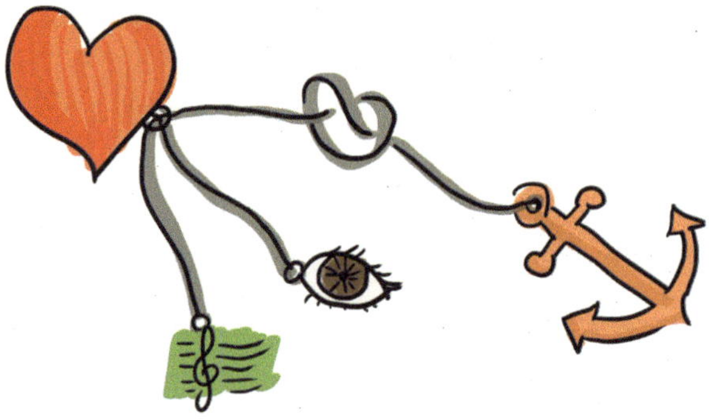

Gerade in Zeiten des multimedialen, permanenten Wettbewerbs um Aufmerksamkeit ist das notwendig. Entsprechend kann die Einführung von Ritualen sehr hilfreich sein, wenn man etwas Bestimmtes betonen, erinnern oder neu in das eigene Verhaltensrepertoire aufnehmen will. Das kennen wir beispielsweise aus religiösen Ritualen wie der Taufe oder aus zyklischen Ritualen wie dem Erntedankfest.

Es gibt nationale Grußrituale und ganz persönliche Rituale – für manche Menschen ist das sonntagabendliche Tatort-Schauen das Abschlussritual zum Wochenende, für andere ist es das Wechseln der Kleidung nach dem Bürotag. Solche Handlungen symbolisieren „Jetzt ist etwas abgeschlossen, etwas Neues beginnt".

Mit Methode Rituale einführen

Neues mit Ritualen verankern

Gerade wenn in Teams oder Bereichen etwas Neues ausgearbeitet oder definiert worden ist – von der Strategie bis hin zu Vereinbarungen zur Zusammenarbeit – kann es äußerst hilfreich und nützlich sein, das Neue über ein Ritual zu verankern. Denn wenn die Aufmerksamkeit für bestimmte Themen nachlässt, können nicht nur Individuen, sondern auch ganze Organisationen schnell in alte Muster zurückfallen.

Der Aspekt „Kein echtes und nachhaltiges Monitoring bzw. keine Erfolgskontrolle der Aktivitäten" ist ein häufig genannter Grund für das Scheitern von Veränderungsprozessen. Entsprechend kann eine Moderatorin oder Führungskraft zum Abschluss eines Workshops die Umsetzung einer Veränderung mithilfe eines Ankerrituals anregen.

Methode aus dem Design Thinking

Um das Ankerritual zu erarbeiten, arbeiten wir mit der Methode „You must remember this", die aus dem Umfeld des Design Thinking stammt. Sie ist darauf ausgelegt, Ideen einzelner Gruppen zu einer Gesamtidee zu verdichten. Wir beginnen mit einer sogenannten „Question Zero", mit einer Quellfrage, die uns inspirieren soll, in Lösungen zu denken. Dann werden die verschiedenen Ideen zusammengeführt und zu einem gemeinsamen Ankerritual verdichtet.

In Kleingruppen Antworten finden

Drei Kernfragen

Step 1. Zu Beginn teilt sich die Gruppe in Kleingruppen auf. Alle bekommen etwa 20 Minuten Zeit, ihre Antworten auf die nachfolgenden Fragen auf einem Flipchart zu notieren.

1. **Topic:** *„Was ist das Kernthema, an das ihr euch erinnern möchtet, in einem Satz formuliert?"*

2. **Question Zero:** *„Was ist dementsprechend die Question Zero (Kernfrage/Quellfrage), die für dieses Thema auftaucht? Bitte formuliert eine Frage, die beginnt mit ‚Wie kann ich erreichen, dass ich mich, wenn das Thema eintritt, erinnere und dann … tue?'"*

3. **Perform Magic:** *„Mit Blick auf die Question Zero fragt euch: Angenommen, ihr kommt in die betreffende Situation und ein Wunder würde passieren, und ihr würdet euch sofort erinnern, dass ihr … tun wollt, und tut es dann auch sofort, wieso hättet ihr das sofort hinbekommen? Bitte formuliert die Antwort mit einem ‚weil' in der Mitte des Satzes: ‚Ich habe … sofort hinbekommen, weil …'"*

Praxisbeispiel

Ein Praxisbeispiel einer Kleingruppe könnte etwa wie folgt aussehen:

1. **Topic:** „Unser strategisches Hauptthema ‚Schneller lernen als andere' muss mehr in den Fokus rücken."

2. **Question Zero:** „Wie kann ich erreichen, dass ich mich, immer wenn ich etwas Neues gelernt habe/neue Erkenntnisse gewonnen habe, daran erinnere, diese Inhalte an die Kollegen weiterzugeben."

3. **Perform Magic:** „Ich habe das sofort hinbekommen, weil ich in unserem OneNote in ein paar Worten festgehalten habe, worum es geht," oder „Ich habe das sofort hinbekommen, weil ich das Thema sofort auf die Agenda unseres Slack Time Meetings gesetzt habe," oder „Ich habe das sofort hinbekommen, weil ich, wenn ich einen für uns interessanten Artikel gelesen habe, sofort eine Zusammenfassung auf OneNote geschrieben habe."

Prototyp bauen

Step 2. Nachdem die Kleingruppen Ideen erarbeitet haben, bekommen sie noch einmal 20 Minuten Zeit – diesmal, um ihre Ideen greifbar zu machen. Dazu braucht es Lego®, PlayMais oder vergleichbares Baumaterial.

Einen Prototyp bauen: *„Nehmt eure Ideen aus den Weil-Sätzen und visualisiert diese: Welche Bilder fallen euch ein? Welche Metaphern? Wenn nötig, könnt ihr dazu googeln. Einigt euch auf eine Idee und baut sie."*

Ergebnisse präsentieren und Symbol auswählen

Step 3. Nun geht es zurück ins Plenum. Jede Kleingruppe bekommt etwa drei Minuten Zeit, um ihre Ergebnisse aus der Gruppenarbeit vorzustellen. Je nach Anzahl der Gruppen dauert dieser Schritt insgesamt ca. 30 Minuten.

- **Topic, Question Zero und Prototyp vorstellen:** *„Stellt nun nacheinander eure Ergebnisse vor. Erst euer Topic und die Question Zero und dann euren Prototyp. Nachfragen sind erwünscht, wenn ihr etwas nicht versteht, Diskussionen oder Bewertungen stiften allerdings keinen Mehrwert."*

Step 4. Die Kleingruppen finden sich ein letztes Mal für etwa fünf Minuten zusammen, um aus ihren Prototypen eine Sache auszuwählen, die ihre Idee am besten symbolisiert.

Mit je einem Element aus jedem Prototyp weiterarbeiten

Ein Element auswählen: *„Wählt ein Element aus eurem Gesamtgebilde aus, das aus eurer Sicht eure Idee repräsentieren/symbolisieren kann: etwa ein Teilobjekt, ein bestimmtes Verbindungsstück, eine bestimmte Farbsequenz. Wählt dann einen Teamrepräsentanten aus, der mit dem Teilobjekt in die Fishbowl geht."*

Letzte Schritte in der Fishbowl

Step 5. Alle finden sich im Plenum bzw. der Fishbowl zusammen – die Repräsentanten im Innenkreis, der Rest im Außenkreis. Dieser letzte Schritt der Methode dauert noch einmal etwa 20 Minuten.

Gemeinsamens Ankerobjekt aus allen Einzelteilen

1. **Die Repräsentanten bauen gemeinsam ein neues Ankerobjekt aus den mitgebrachten Teilen:** *„Bitte nehmt alle vorliegenden Teile und baut sie intuitiv zusammen. Dabei kann diskutiert und erklärt werden, muss aber nicht."*

2. **Wenn das Objekt fertiggestellt ist, wählt jedes Teammitglied (nicht nur die Kollegen im Fishbowl) einen Satz für sich aus. Analog zum Beispiel oben etwa so:** „Schneller lernen als andere mit Blick auf unseren Anker heißt für mich, dass ich es sofort in Stichworten aufschreibe, wenn ich etwas Neues gelernt habe."

Den Beginn des Satzes, sprich: „Schneller lernen als andere mit Blick auf unseren Anker heißt für mich, ..." schreibt die Moderatorin oder die Führungskraft auf ein Flipchart mit der Überschrift „Unser Ankerritual", damit alle diesen Satz vor Augen haben. Dabei darf jedes

Teammitglied seine eigene Satzergänzung wählen und sollte diese bewusst aussprechen, damit sich alle committen.

Das Objekt ist Symbol für die Beiträge aller Mitglieder

Als Verankerungsritual für das Gesamtteam dienen ergänzend die Diskussionen, aber vor allem das Zusammenfügen der Objektteile zu einem gemeinsamen Ankerobjekt. Es steht symbolisch für das „Sich-zu-eigen-Machen" des gesamten Prozesses, bei dem von jedem Teammitglied ein Beitrag eingewoben wird.

Deshalb ist der Bau des Ankerobjekts so wichtig. Mit einer Zeichnung oder der Auswahl eines Bildes allein würde der Prozess nicht funktionieren. Zum Abschluss kann das Ankerobjekt aber sehr wohl fotografiert werden. Das Foto lässt sich dann gut auf das oben genannte Flipchart mit dem Ankerritual kleben oder anderweitig „ausstellen".

Was ist hier systemisch?

Wirklichkeit wird als sozialer Vorgang der gemeinsamen Mustererzeugung gesehen. Diese Muster beziehen sich auf: Was genau **beobachten** wir? Wie **erklären** wir uns das Beobachtete? Wie **bewerten** wir das Beobachtete? Alle drei Dimensionen werden in der Übung aufgegriffen.

Es gibt nicht nur den einen Blick auf eine Situation, sondern viele. Die Wahrnehmung vieler Blickwinkel löst im besten Fall Selbstreflexion aus und erweitert die eigenen Haltungs- und Handlungsmöglichkeiten.

In Systemen sind wir immer Ursache und Wirkung zugleich. Wenn Verhaltensmuster in Systemen erweitert und verändert werden sollen, sollten die Systemmitglieder gemeinsam an gewünschten Mustern arbeiten.

Memes für Teams

von Anja Wiggenhauser

Infos

- **Gruppengröße:** bis maximal 15 Personen
- **Material:** Whiteboard, Moderationswand mit ausgedruckten Memes oder Handout mit Memes
- **Zeitaufwand:** etwa 10 Minuten

Vor allem aus den Social Media sind die kleinen lustigen Bildchen mit Schrift, besser bekannt als „Memes", nicht mehr wegzudenken. Doch auch in Training und Teamcoaching können sie einen echten Nutzen bringen – indem sie Perspektiven in Systemen erweitern und zur Reflexion anregen.

Jeder bzw. jede, der/die viel im Internet unterwegs ist, hat sicherlich bereits das eine oder andere Mal ein „Meme" zu Gesicht bekommen – sprich: ein kleines, meist in Form eines „Image Macro" (Bild mit darübergelegter Schrift) daherkommendes Media Asset. Abgebildet sind meist Personen des öffentlichen Lebens, Figuren oder Situationen, mit denen bestimmte Inhalte bzw. Kontexte verknüpft sind, und Sätze, die variieren und von Nutzern regelmäßig neu beschrieben werden.

Abb.: Memes sorgen nicht nur im Internet für Erheiterung – auch im Seminar können sie, z.B. ausgedruckt und zur Selbstgestaltung an eine Moderationswand geheftet, Spaß und Reflexion bringen.

Einmal viral gegangen, tauchen Memes daher immer wieder auf. Bekannte Beispiele sind u.a. der „Socially Awkward Penguin" (*bit.ly/3TgFvOv*) oder ein Meme, das den Schauspieler Steve Carell in seiner Rolle als Führungskraft Michael Scott in der US-amerikanischen Fernsehserie „The Office“ zeigt. Dabei der Slogan: „Would I rather be feared or loved? – Hmmm ... easy, both. I want people to be afraid of how much they love me.“ (*bit.ly/3SZHhno*).

Humorvolle Metaphern

Wer die Sitcom gesehen hat und mit dem Charakter vertraut ist, dürfte bei der Betrachtung unwillkürlich schmunzeln. Und genau das zeichnet Memes aus: Indem sie Abbildungen und sprachliche Ausdrücke (oftmals aus anderen Bedeutungszusammenhängen) kreativ zusammenführen, werden sie zu humorvollen, mitunter sogar sarkastischen und satirischen Metaphern, die häufig auf Missstände in der Gesellschaft hinweisen und ganze Systeme infrage stellen.

Memes im systemischen (Team-)Coaching oder Training

Aufgrund dieser Eigenschaft eignen sie sich hervorragend für den Einsatz im systemischen (Team-)Coaching oder Training. Dort ist die Arbeit mit Metaphern eine beliebte Methode, um komplexe Themen oder Stimmungen auszudrücken, die Teilnehmenden anzuregen und ihnen auf kreativem, emotionalem Weg zu begegnen.

Systemische Metaphernarbeit

Durch Metaphern wird zwischen einer bestimmten Situation und etwa einem Begriff, einem Satz oder einer Geschichte eine Analogie hergestellt, ohne dass die übereinstimmenden Elemente genau benannt werden. Metaphern können genutzt werden, um Situationen, Themen und Ressourcen zu versinnbildlichen. Der Transfer in die Lebenswelt erfolgt größtenteils unbewusst. So können Restriktionen im bewussten Denken umgangen (Skepsis, gedankliche Tabus, „Ja, aber“-Haltung) und Distanz zum Problem/Thema gewonnen werden. Problem-Metaphern können zu Lösungs-Metaphern umgedeutet werden. Am Ende stehen veränderte Bilder, die ein verändertes Erleben und eine veränderte Haltung in der Realität ermöglichen.

Auch Humor kann im systemischen Arbeiten ein hilfreicher Kanal sein, da durch ihn Menschen dabei unterstützt werden können, den Blick auf die eigenen oder gemeinsamen Ressourcen zu schärfen und Perspektiven auf sich und die Welt zu erweitern. Indem Memes gleich beides bieten, sind sie ein gutes Mittel, um den Teilnehmenden einen kreativen, individuellen Zugang zu persönlichen Themen zu ermöglichen.

Ressourcen erkennen und neue Perspektiven einnehmen

Geeignete Memes für bestimmte Themen lassen sich durch eine einfache Schlagwort-Internetsuche finden. Hilfreiche Stichwörter sind u.a. „wholesome memes" und „respectful memes". Es können auch eigene Memes, z.B. über den MemeGenerator unter *https://imgflip.com/memegenerator*, erstellt werden. Wichtig ist es, bei der Suche nach Memes mit Bedacht vorzugehen, da auf vielen Seiten auch zuweilen sexistische, rassistische oder ableistische Memes geteilt werden.

Memes als aktivierende Methode

Die ausgewählten Memes können den Teilnehmenden zu Beginn eines Trainings über ein virtuelles Whiteboard dargeboten werden. Ist diese Möglichkeit im Live-Training nicht gegeben, können die Memes auch ausgedruckt und den Teilnehmenden vorgelegt werden. Begleitet werden kann dieser Einstieg von Fragen wie:

Memes als Einstieg

1. Welches Meme spricht mich in meiner aktuellen Stimmung an und weshalb?
2. Welches Meme könnte zu meiner Kollegin, meinem Kollegen passen?
3. Mit Blick auf die letzten vier Wochen im Team – welches Meme beschreibt am besten unsere Stimmung?

Memes als Aktivierung, Blitzlicht oder Anker

Doch nicht nur am Anfang eines Seminars bietet sich die Arbeit mit Memes an. Sie können z.B. auch bei der Aktivierung nach der Pause im virtuellen Training helfen: Jedes Seminarmitglied sucht ein Meme im Internet passend zu seiner Stimmung nach der Pause und postet dieses auf das digitale Whiteboard. Oder Memes werden als Blitzlicht zum Abschluss eingesetzt – z.B. von der Frage begleitet: Welches Meme drückt das Seminar/den Seminartag am besten aus? Oder: Welches Meme beschreibt meine Stimmung mit Blick auf das vergangene Seminar? Zudem können Memes auch dabei helfen, den Transfer des Gelernten sicherzustellen, indem persönlich relevante Seminarinhalte durch Memes verankert werden.

Memes in der Teamentwicklung

Noch mehr kreative Einsatzmöglichkeiten

Memes können aber auch in anderen Settings eingesetzt werden – und z.B. als kreativer Einstieg oder Grundlage für einen Teamentwicklungsprozess im Sinne einer Darstellung von „Wer wir als Team sind" dienen. Spannend ist es auch, sie von den Teilnehmenden selbst entwickeln zu lassen – beispielsweise angelehnt an die „What ... think I do"-Memes (*bit.ly/3VmnEHZ*), die sich auf bestimmte (Berufs-) Gruppen beziehen und diese aus unterschiedlichen Perspektiven humorvoll darstellen. Das macht Spaß und gibt den Teilnehmenden zudem die Möglichkeit, Selbst- und Fremdwahrnehmung ihrer Teamarbeit darzustellen und zu reflektieren.

Dafür werden unterschiedliche Bilder virtuell (oder ausgedruckt) zur Verfügung gestellt. Als hilfreich hat es sich erwiesen, die Teammitglieder selbst online nach Bildern suchen und diese auf einem digitalen Whiteboard zusammentragen zu lassen. Anschließend fügen sie die Bilder in ein vorbereitetes Blankoraster mit den entsprechenden Perspektiven ein. Diese könnten sein „What department xy thinks we do", „What the colleagues of the group think we do", „What our customers think we do", „What society thinks we do", „What we really do". Als eine Erweiterung können auch folgende Perspektiven eingenommen werden: „What we want the department xy to think of us", „What we want our customers to think of us" etc.

4. Die gemeinsame Lernstrecke ausbauen

In diesem Abschnitt finden Sie folgende Interventionen:

Rückschau mit Seestern

von *Katharina Fehse*

Infos

- **Gruppengröße:** 12 Personen
- **Material:** Ausdrucke der Seestern-Matrix (siehe Download-Ressourcen) in Postergröße bzw. mit den Überschriften beschriftete Klebezettel, die auf einer größeren freien Fläche oder einer Moderationswand angebracht werden können
- **Zeitaufwand:** insgesamt 45 Minuten (Vorstellung der Methode: 15 Minuten; Anwendung: ca. 20 Minuten; Auswertung im Plenum: 10 Minuten)

Die kontinuierliche Verbesserung der Zusammenarbeit im Team ist ein wichtiger Aspekt für lernende Teams. Dafür können Retrospektiven als Tools aus der agilen Arbeitswelt sehr nützlich sein. Eine bekannte Variante davon ist die Starfish-Methode, die sich sowohl in Workshops einsetzen lässt als auch Teams als agiles Werkzeug für ihren Arbeitsalltag mitgegeben werden kann.

Die Fähigkeit zu Selbstreflexion und Lernen gehört zu den entscheidenden Kriterien für den Erfolg in der VUKA-Welt. Daher ist es sinnvoll, mit unterschiedlichen Formen des Feedbacks für unterschiedliche Situationen zu experimentieren und dabei Vorgehensweisen zu finden, die das Lernen – gerade aus Fehlern – sowohl für den Einzelnen als auch für das Team positiv befördern.

Sanfter Einstieg ins agile Arbeiten

Ein einfaches Modell dafür liefert die Seestern-Methode. Sie stellt ein Werkzeug und einen Prozess zur Verfügung, um die beteiligten Menschen in eine gedeihliche Lern-Interaktion zu bringen. So erleichtert sie die gemeinsame Reflexion in Teams, Seminar- oder Projektgruppen. Zudem bietet sie aber auch einen sanften Einstieg ins agile Arbeiten: Mit ihr lässt sich der agile Kreislauf von „Ausprobieren – Ergebnis bewerten – Lernen" ausprobieren. Umsetzbar ist das Tool sowohl in Präsenzformaten wie auch im virtuellen Raum, wo das Modell dann statt an der Moderationswand auf einem gemeinsamen Whiteboard oder in einem geteilten Dokument bearbeitet wird.

Intro: Interaktion durch Interaktion erlernen

Das Team organisiert Lernprozesse selbst

Zur Einführung machen Moderator oder Moderatorin deutlich, dass nach den Werten der agilen Welt das Lernen zur Pflichtaufgabe wird und dass diese Aufgabe zunehmend direkt in die Verantwortung der Teams gelegt wird: Sie sollen die notwendigen Lernprozesse selbst organisieren. So kann zum Beispiel der Moderator in einem Teamworkshop erklären: *„Lernen war für Unternehmen und Individuen schon immer wichtig: Schlagwörter wie zum Beispiel Qualitätszirkel, KVP – also Kontinuierlicher Verbesserungsprozess – oder TQM – also Total Quality Management – sind seit den 1950er-Jahren in vielen Unternehmen präsent. Bisher allerdings waren die Verbesserungsprozesse und Qualitätszirkel häufig von den Teams und der direkten Zusammenarbeit abgekoppelt. Zuständige wurden ‚entsandt', also wegdelegiert. Verbessert werden sollten die Prozesse und die Produkte, nicht die Interaktionen in den Teams."*

Dann erklären Moderatorin oder Moderator, warum es besser ist, dies in Zukunft anders zu machen: *„Anders die Lernkultur, die in den vergangenen Jahren gerade in Softwarefirmen entstanden ist: Sie setzt auf Selbstorganisation in den Teams und darauf, dass diese in regelmäßigen Abständen selbst reflektieren, wie sie effektiver werden und ihr Verhalten entsprechend anpassen können."* Die Frage, wie dies gelingen kann, beantwortet der Trainer nun mit der Seestern-Methode:

Einfache Methode zur Reflexion

„Sie ist eine beliebte und sehr einfache Methode, um in einer Gruppe oder einem Team rückwirkend aus Projekten, Prozessen und Erfahrungen in der Vergangenheit für die unmittelbar anstehende zukünftige Zusammenarbeit zu lernen und entsprechend gemeinsam Vereinbarungen zu treffen. Dazu vereinbaren zum Beispiel Teams, sich in regelmäßigen Abständen für eine sogenannte ‚Retrospektive' zu treffen, oder Gruppen kommen spontan zu bestimmten Ereignissen, wie dem Ende eines Projektes, einer Weiterbildung oder eines Tages, zu einer Reflexion über das Erlebte zusammen. Die Retrospektive läuft immer nach einer sehr einfachen Struktur ab. Sie orientiert sich an drei Leitfragen: Was war gut und sollte beibehalten werden? Was war nicht hilfreich und sollte in der

Zukunft nicht weiter verfolgt werden? Was hat gefehlt und womit sollte folglich begonnen werden?"

Der Seestern für die Retrospektive

Nach dieser grundsätzlichen Einführung erklärt zum Beispiel die Trainerin nun, woher die Methode ihren Namen hat: *„Das amerikanische Original des Vorgehens heißt Starfish Retrospective. Starfish steht für Seestern, denn das Format hat fünf Felder, die kreisförmig angeordnet sind wie die Beine der meisten Seesterne. Sie stehen für:* ***Stop, Start, Keep, More*** *und* ***Less.****"*

In den deutschen Erläuterungen stehen diese fünf Begriffe beziehungsweise Felder für folgende Fragestellungen:

Die fünf „Arme" des Seesterns

1. **Stop:** Womit sollten wir aufhören, weil es nicht hilfreich ist und deshalb auch nicht weiterverfolgt werden sollte?
2. **Start:** Was sollten wir neu ausprobieren?
3. **Keep:** Was sollten wir beibehalten, weil es sich bewährt hat?
4. **More:** Was sollten wir mehr tun, weil es sich als hilfreich erwiesen hat?
5. **Less:** Was sollten wir weniger tun, weil es nicht so hilfreich ist?

Fünf Felder sind frei

Je nach Teilnehmerzahl kann mit der Methode im Plenum oder in Gruppen gearbeitet werden. Für jede Gruppe – oder nur einmal, falls im Plenum gearbeitet wird – werden dann zunächst die verschiedenen Felder visualisiert, etwa in Form eines Posters oder Canvas. Möglich ist es auch, einfach Klebezettel mit den Überschriften an eine Moderationswand, an ein Fenster, eine Tür oder Ähnliches zu kleben (siehe auch Handout „Seestern-Matrix").

Download: Seestern-Matrix

Dann wird begonnen, mit kleinen Klebezetteln die fünf verschiedenen Bereiche zu füllen. Dabei hat sich gezeigt, dass gerade bei kürzeren

Lern-Zusammenkünften die Differenzierung zwischen „Keep", „Less" und „More" Schwierigkeiten bereiten kann. Dann ist es auch gut möglich, die drei Punkte zusammenzufassen und vor allem drei Aspekte in den Vordergrund zu stellen: „Start – Stop – Keep" – und es sozusagen bei einem „Small Starfish" zu belassen.

Variante: „Small Starfish"

Wenn man möchte, könnte man den Starfish zu einem späteren Zeitpunkt noch einmal aufnehmen und eine zweite Reflexionssequenz anschließen im Sinne von:

- Was hat nach wie vor Gültigkeit? Dies kann dann entsprechend mit einem Häkchen markiert werden.
- Was ist neu dazugekommen?

Doppelter Vorteil: Lernerfahrung plus Lernwerkzeug

Es gibt vielfältige Möglichkeiten, ein Seestern-Meeting in einen Workshop oder ein Seminar zu integrieren. Am besten geschieht dies, wenn es ohnehin gerade einen passenden Gegenstand für Lernen und Selbstreflexion gibt: etwa als Retrospektive am Ende des Trainings, als Abschlussreflexion im Plenum oder auch als Abschluss eines Seminartages oder einer längeren Übung.

Der Vorteil dieser Reflexionsmethode: Mit dem Seestern-Modell stellen Trainerinnen und Trainer ihren Gruppen auch einen Prozess zur Verfügung, den die Teilnehmerinnen und Teilnehmer in ihrem eigenen Arbeitsumfeld nutzen können: Sie erfahren, wie sie mit einfachen Mitteln Selbstreflexion, Feedback und gemeinsames Lernen anregen können.

Der Einsatz: Jeder gibt sein Bestes

Sechs wichtige Punkte für den Ablauf

Wichtig für den Ablauf einer Lernzusammenkunft nach dem Seestern-Prinzip sind sechs Punkte:

- Das Ziel des Austauschs und der Lerngegenstand sollten klar definiert sein.
- Die Dauer sollte transparent festgelegt werden. Im Englischen gibt es dafür das schöne Wort „Time Boxing": Für alle gibt es vorab definierte Zeitspannen, damit sie sich kurz und sachlich äußern, ohne die Themen zu zerreden.

- Es sollten ein geeigneter Raum und Materialien vorbereitet sein (siehe Infos Seite 191).
- Während der Durchführung gilt: Die Statements der einzelnen Teilnehmenden werden nicht hinterfragt oder kritisiert.
- Wenn unterschiedliche Ausrichtungen bei „Start – Stop – Keep" auftreten, sollte sich das Team oder die Gruppe einigen, wie es mit einer solchen Situation umgehen will. Möglich ist zum Beispiel, das Ergebnis so stehen zu lassen und zu beobachten, was passiert, oder auch einen entsprechenden gemeinsamen Beschluss herbeizuführen; sei es per Konsens oder durch Mehrheitsentscheide.
- Es kann hilfreich sein, Check-in- und Check-out-Rituale an den Anfang und an den Schluss einer Retrospektive zu setzen.

Wertschätzendes Grundsatz-Statement

Alternativ oder auch ergänzend könnte zum Beispiel im Rahmen eines Check-in das Grundsatz-Statement hervorgehoben werden, das im Englischen die „Prime Directive" genannt wird. Sie soll dafür sorgen, dass eine Retrospektive in einer Atmosphäre stattfindet, die einen positiven und ergebnisorientierten Austausch ermöglicht. Dieser Grundsatz lautet: „Unabhängig davon, was wir heute entdecken und verstehen, glauben wir aufrichtig, dass in der gegebenen Situation, mit dem vorhandenen Wissen und den verfügbaren Ressourcen und unseren individuellen Fähigkeiten, jede und jeder sein oder ihr Bestes getan hat."

Feedback per Speedback

von Jennifer Stein

Infos

- **Gruppengröße:** 6 bis 8 Personen; bei größeren Gruppen sollten sich ebensolche Kleingruppen bilden lassen
- **Material:** Stoppuhr, Stifte, Klebepunkte, Flipcharts und Moderationswände
- **Zeitaufwand:** ca. 2 Stunden

Feedback ist ein Dauerthema, wenn es um Teamentwicklung geht: Wie gibt man es richtig? Wie reagiert man am besten? Und wie, verflixt, übt man eigentlich, es besser zu machen? Das „Speedback" ist eine dynamische Alternative zu den klassischen Rollenspielen.

Das Thema Kommunikation ist der Klassiker in Teamworkshops. Und damit einhergehend in vielen Fällen die „Feedback-Kultur" in der Abteilung oder dem Bereich. Oft ist dann zu erkennen, dass sich die Teams im Alltag schwertun, eine „Feedback-Kultur" überhaupt aufzubauen. Das liegt häufig daran, dass die Kolleginnen und Kollegen keine Vorstellung davon haben, wie sie Feedback üben könnten. Abstrakte Modelle und Methoden gelten für sie als im Alltag nicht praktikabel, zum Teil lösen die anspruchsvollen Ansätze sogar Hemmungen aus, was die Beteiligten daran hindert, sie einfach mal auszuprobieren.

Die Vorteile der Methode

In solchen Fällen wirkt die Methode des „Speedback" entspannend. Dies mag zwar merkwürdig klingen, da „Speed" eher nach Beschleunigung klingt. Gleichwohl sorgt die zeitlich begrenzte Übungszeit, die den Kern der Übung ausmacht, dafür, dass die Hemmschwelle, Feedback zu geben und anzunehmen, merkbar sinkt. Ein weiterer Vorteil der Methode: In der Reflexionsrunde zu den Erfahrungen aus dem

„Speedback" können die Teams direkt auch ihre eigenen Feedback-Regeln erarbeiten und so dafür sorgen, dass sich das Thema gut in ihren Arbeitsalltag integrieren lässt.

Acht Stühle, vier Paare, zwei Feedback-Geber

Die Übung ist für Gruppen ab sechs und bis zu acht Teilnehmenden geeignet. Eine größere Gruppe sollte in ebensolche Kleingruppen unterteilt werden, die dann in „Speedback-Zirkeln" miteinander arbeiten. Für die Vorbereitung des Feedbacks durch die Teilnehmenden sollte eine halbe Stunde eingeplant werden, die Durchführung des „Speedbacks" selbst dauert bei acht Teilnehmenden etwa eine halbe Stunde und für die anschließende Reflexion und Ableitung der Feedback-Regeln für das Team sollte nochmals eine Stunde angesetzt werden.

Wichtigstes Werkzeug bei der Umsetzung ist eine Stoppuhr. Sie ist unverzichtbar, da beim „Speedback" die Zeiteinhaltung eine wichtige Rolle spielt: Denn die Trainingsteilnehmer finden sich zu Zweiergruppen zusammen, die immer nach vier Minuten gewechselt werden.

Das Setting

Als Setting eignet sich – für eine Gruppengröße von acht Feedback-Gebern und -Nehmern – eine lockere Reihe von vier Tischen oder einfach zwei Reihen mit jeweils vier Stühlen, die sich gegenüberstehen. Diese Zweiergruppen werden jeweils mit einer Moderationswand voneinander abgetrennt.

Um bei den schnellen Wechseln die Übersicht zu behalten, empfiehlt es sich außerdem, dass allen Teilnehmenden eine Ziffer (1 bis 8) zugeordnet und ein entsprechender Übersichtsplan für die Wechsel erstellt und gut sichtbar aufgehängt wird. Damit kann die Teamentwicklerin – oder der Trainer, Moderator oder Prozessbegleiter – dann auch leichter das Vorgehen erklären.

Wertschätzend vor-formulieren

Bevor die einzelnen Schritte erklärt werden, erläutert der Moderator den gesamten Prozess, erklärt also die Schritte 1 bis 3. Das unterstützt die Sinnstiftung: Die Teilnehmenden können sich besser auf die Intervention einlassen und verstehen eher, worum es eigentlich geht.

Schritt 1: Feedback aufschreiben. Zur Vorbereitung des Feedbacks bekommen die Teilnehmenden drei Leitfragen, anhand derer sie eine Rückmeldung für jeden aus ihrer Gruppe formulieren sollen:

- Was ich an dir schätze ...
- Was ich von dir lernen kann ...
- Was ich dir gerne mitgeben möchte/auf was du zukünftig achten kannst ...

Das ausformulierte Feedback schreiben sie auf eine Moderationskarte.

Unterstützende Hinweise für die Teilnehmenden

Gerade bei Teilnehmenden, die nicht geübt darin sind, Feedback zu geben, ist es hilfreich, ihnen an dieser Stelle die Angst davor zu nehmen. Einen sehr positiven Effekt hat hier in der Regel der Hinweis, dass die anschließenden Feedback-Gespräche mit den Kolleginnen und Kollegen nur jeweils zwei Minuten dauern. Ebenfalls ist es hilfreich, zu erklären, dass die Leitfragen lediglich eine Anregung sind und nicht für jeden Teilnehmer und jede Teilnehmerin immer alle drei Fragen beantwortet werden müssen.

Die positive, ressourcenfördernde Formulierung der Fragen trägt – ganz im Sinne des systemischen Ansatzes – entscheidend zum Erfolg des Prozesses bei. Der Moderator sollte für diesen Schritt genügend Zeit einräumen und im Zweifelsfall einzelne Teilnehmende unterstützen, sobald er merkt, dass sie hier in der Formulierung des Feedbacks gehemmt sind.

Schnell mal ausprobieren ...

Schritt 2: Feedback geben und nehmen mit der Speed-Dating-Methode. Nun leitet die Moderatorin die Übung damit ein, dass sie die Speed-Dating-Methode erklärt und an jeden einen Aufkleber mit einer Ziffer von 1 bis 8 verteilt. Dann erläutert sie die Rollen der beiden Gesprächspartner in der Feedback-Sequenz: Hier gibt erst die Nummer 1 ihr Feedback an die Nummer 2 (und die Nummer 3 an die Nummer 4 etc.). Der Teilnehmer 2 hört lediglich zu und nimmt sein Feedback auf. Nach zwei Minuten signalisiert die Moderatorin dann den Wechsel der Rollen der Gesprächspartner. Nun hört Nummer 1 zu und Nummer 2 gibt ihr Feedback. Nach weiteren zwei Minuten gibt die Moderatorin ein eindeutiges und lautes Signal: Partnerwechsel!

Wenn die Zeit um ist: Partnerwechsel!

Dies bedeutet, dass sich nun neue Feedback-Paare bilden. Hier hilft ein Übersichtsplan bei der Organisation, der gegebenenfalls schon bei der einführenden Erläuterung zum Einsatz kommen sollte. Ebenso kann die Moderatorin auch die neuen Gesprächspaare einfach laut ausrufen: „Teilnehmer 1 spricht nun mit Teilnehmer 3, Teilnehmerin 2 spricht nun mit Teilnehmer 4, ..." Solange sie selbst den Überblick darüber behält, wer schon mit wem gesprochen hat und wer sich noch austauschen muss, werden die Partnerwechsel so reibungslos laufen.

Schnelles Feedback ohne langes Grübeln

Inhaltlich sorgt die Dynamik der Speed-Dating-Methode dafür, dass der Austausch gut läuft. Durch sie lernen die Teilnehmenden, wie sich Feedback geben und nehmen tatsächlich anfühlt – und das, ohne erst einmal zu grübeln, welche Schwierigkeiten entstehen könnten. Meist ist zu beobachten, wie von Runde zu Runde die Stimmung gelöster wird.

Schritt 3: Das erlebte Feedback reflektieren. In einer kurzen Resonanzrunde direkt im Anschluss berichten zunächst alle nacheinander etwa zehn Minuten lang, wie sie das Geben und Nehmen von Feedback erlebt haben. Der Moderator dokumentiert die Resonanz auf dem Flipchart.

Danach empfiehlt sich eine kleine Unterbrechung, zum Beispiel eine Kaffeepause, um dem Erlebten noch etwas Raum zu lassen.

... und eigene Regeln entwickeln

Schritt 4: Feedback-Regeln für das eigene Team ableiten. Jetzt ist der Boden bereitet, um mit der Ableitung der Feedback-Regeln für das eigene Team zu beginnen. Dafür bearbeiten die Teilnehmenden im ersten Teil zunächst drei Arbeitsfragen (pro Frage arbeitet eine Kleingruppe etwa zehn Minuten):

- Wie ist uns das Feedback gelungen? Was haben wir getan, damit uns das Feedback gelungen ist?
- Welche unserer Erkenntnisse aus dem Speed-Dating wollen wir in unsere tägliche Arbeit übernehmen?
- Was brauchen wir dafür? Wer kann uns unterstützen?

Ihre Erkenntnisse dokumentieren alle auf Moderationskarten, um sie anschließend im Plenum zu präsentieren. Während jeder Präsentation werden die einzelnen Punkte sofort durch die Gruppe geclustert. So entstehen verschiedene Sammlungen von Schlagwörtern, die später priorisiert werden.

Regeln ausformulieren

Wenn alle drei Gruppen präsentiert haben und die Schlagwortsammlungen vollständig sind, formuliert die gesamte Gruppe mit Unterstützung des Moderators Sätze, die als Feedback-Regeln fungieren können.

Feedback-Regeln ableiten

Wenn es darum geht, Feedback-Regeln für das eigene Team oder die eigene Gruppe aufzustellen, sammeln die Beteiligten zunächst Schlagworte dazu, was für ein gelingendes Feedback hilfreich ist und was sich dafür in den eigenen Alltag übernehmen lässt. Aus dieser Sammlung werden anschließend Sätze formuliert, die als Feedback-Regeln fungieren können.

Zum Beispiel die Schlagwortgruppe:

- Bereitschaft, Feedback zu geben und zu nehmen; gegenseitiges Interesse; entspannte Atmosphäre; Spielraum für persönliche Begegnungen

Hieraus können die folgenden Sätze entstehen:

- Wir schaffen Spielraum für eine offene Atmosphäre.
- Wir zeigen gegenseitiges Interesse.
- Wir sind bereit, offen und respektvoll miteinander umzugehen.
- Wir sind bereit, Feedback zu geben und zu nehmen.

Jeder Teilnehmer und jede Teilnehmerin bekommen drei Klebepunkte und dürfen diese bei den Sätzen platzieren, die ihnen wichtig erscheinen. Durch die Priorisierung entsteht dann ein gutes Bild, welche Aspekte beim Feedback dem Team besonders wichtig sind und wie Feedback im Alltag zukünftig gelebt werden soll.

Die Sätze mit den meisten Punkten werden dann in die entsprechende Reihenfolge gebracht und ggf. noch in Abstimmung mit der Gruppe in der Formulierung geschärft.

Zum Abschluss werden die erarbeiteten Feedback-Regeln des Teams durch den Moderator oder die Moderatorin auf ein schönes Flipchart geschrieben und können so gleich vom Team in den Alltag transportiert werden.

After Action Review

von Anna Dollinger und Anja Wiggenhauser

Infos

- **Gruppengröße:** Sie ist insofern nicht begrenzt, als man die Intervention in mehreren Gruppen auch parallel durchführen kann.
- **Material:** Flipcharts mit den After-Action-Review-Fragen, eine Moderationswand pro Gruppe zur Visualisierung der Ergebnisse
- **Zeitaufwand:** 15 bis 30 Minuten in der schnellen/kurzen Version, 60 bis 90 Minuten in der ausführlichen Version. Angaben jeweils bei ca. acht Personen

Eine kritische Rückschau auf die geleistete Arbeit ist Voraussetzung dafür, dass aus eventuellen Fehlern gelernt wird. Dafür gibt es viele strukturierte Herangehensweisen. Eine bisher weniger bekannte ist der After Action Review (AAR).

Aus Erfahrung lernen – dieses Prinzip klingt vertraut und selbstverständlich. Gleichwohl wissen wir nicht nur aus der Praxis, zum Beispiel aus dem Unternehmensalltag, sondern auch aus der Forschung und der Lernpsychologie, dass Menschen nicht fortlaufend dazulernen: Sie machen nicht immer wieder neue und andere Fehler, sondern stolpern häufig auch immer wieder über die gleichen Fallstricke. Und immer wieder finden sie die passenden Erklärungen, warum dies so war beziehungsweise gar nicht anders sein konnte.

Zugleich lesen wir in allen relevanten Veröffentlichungen, dass gerade in VUKA-Kontexten Selbstreflexion und Lernen zu den erfolgsentscheidenden Kriterien gehören. Daher ist es sinnvoll, mit unterschiedlichen Formen des Feedbacks für unterschiedliche Situationen zu experimentieren und dabei Vorgehensweisen zu finden, die das Lernen – gerade aus Fehlern – sowohl für den Einzelnen als auch für das Team positiv befördern.

Situation und Art des Feedbacks müssen zusammenpassen

Sich lieber absichern als dazulernen

In vielen Unternehmen ist deshalb die Methode „Lessons Learned" im Einsatz, eine Vorgehensweise, die zum Beispiel bei der Projektarbeit dazu genutzt wird, die Zusammenarbeit des Projektteams zu reflektieren, um daraus für die Zukunft zu lernen (siehe Seite 204). Das ist grundsätzlich eine sehr gute Idee. Leider aber nicht unbedingt eine erfolgversprechende. Denn in vielen Unternehmen lässt sich vor allem eines festhalten: Gelernt wird dabei kaum.

Das liegt am OHIO-Prinzip: Hauptsache, die eigene Abteilung steht gut da: „Own house in order!" Dieses Prinzip regiert in vielen Firmen bei Rückblick, Auswertung und Feedback. Denn die größte Aufmerksamkeit und Energie wird darauf verwendet, dass das eigene Team gut dasteht. Man könnte das Prinzip auch „Finger Pointing" nennen – nach dem Motto „Wir waren's nicht, die sind schuld!" oder auch CYA, also: „Cover your ass".

Haltungen, die ein Lernen aus Fehlern erschweren

In Zeiten, in denen schnelles Lernen notwendig ist, in Zeiten von VUKA und Agilität also, ist das nicht erfolgversprechend. Im Rahmen von Scrum und Retrospektiven werden deshalb Methoden genutzt, die helfen, die Haltungen und das Verhalten der Beteiligten in eine andere Richtung zu lenken.

Darauf zielt auch die Methode After Action Review, die eine gute Alternative zu klasssischen Lessons Learnded wie auch dem agilen Format der Retrospektive (siehe Seite 204) darstellt.

Im Vergleich zu beiden stellt der AAR einen stärkeren Bezug zu den Zielen her und wertet das konkrete Handeln in der Vergangenheit stärker aus. Der Fokus liegt dabei stärker als bei anderen Tools vor allem auf Handlungsmustern, die sich als nützlich erwiesen haben.

Der AAR fokussiert dagegen nützliche Handlungsmuster

Lessons Learned

So wird die klassische Form der Rückschau auf gemeinsame Projekte bezeichnet. Sie erfolgt üblicherweise schriftlich: Erfahrungen, Entwicklungen, Fehler und Hinweise werden von allen Beteiligten eines Projekts systematisch gesammelt, bewertet und dokumentiert.

Die so gewonnenen Erkenntnisse sollen den Verantwortlichen künftiger Projekte helfen, Fehler zu vermeiden und effizienter zu arbeiten. In der Praxis gelingt dies allerdings nur, wenn eine gute Fehlerkultur herrscht und keiner Angst vor Schuldzuweisungen haben muss. Zudem bleiben die Dokumentationen oft ungelesen.

Retrospektiven

Eine Alternative zum schriftlichen Rückblick bildet dieses Format aus dem agilen Projektmanagement: In regelmäßig stattfindenden Meetings wird hier der bisherige Prozess nicht nur am Ende eines Projekts reflektiert. Anpassungen können deshalb schneller vorgenommen und die Zusammenarbeit im Team so ständig verbessert werden.

Die Meetings sind kurz und klar strukturiert. Die Agenda lautet in Kürze „Keep, drop, try", die entsprechenden Leitfragen lauten:

- Was läuft gut und was behalten wir?
- Was läuft nicht gut, was sollten wir lassen?
- Was wollen wir Neues ausprobieren?

Bisweilen werden die Fragen um zwei weitere ergänzt:

- Wovon sollen wir **mehr** machen?
- Und wovon **weniger**?

Bie diesem fünfstufigen Vorgehen spricht man dann von der Seestern-Methode – zu Ehren des fünffüßigen Meeresbewohners (siehe ab Seite 191).

After Action Review: Die Methode

Ursprünglich wurde der AAR im amerikanischen Militär entwickelt und genutzt, derzeit wird er immer häufiger in der Teamarbeit und im Projektmanagement eingesetzt sowie zur Auswertung anderer Situationen, von denen man zu lernen hofft: in Krisenstäben ebenso wie in der Katastrophenhilfe und bei Sondereinsatzkommandos.

AAR kommt also vor allem auch dort in Situationen zum Einsatz, die von Komplexität und Unsicherheit geprägt sind. Denn die Methode hilft, die verfügbaren Denk-, Lern- und Handlungsspektren immer wieder zu erweitern und zu flexibilisieren.

Der AAR fokussiert in komplexen Situationen das Ziel

Der Unterschied zu anderen Formen der Reflexion – etwa der Seestern-Retrospektive – ist, dass das Wort „Ziel" immer auftaucht und daran erinnert, welche Fokussierung relevant ist. Bei immer wieder neuen Zielfacetten oder Projektschritten kann dies sehr hilfreich sein.

Regelmäßiger Review: Der Einsatz

Dabei gibt es nicht die eine Vorgehensweise des After Action Reviews. Als Systemiker haben wir eine Variante für unsere Arbeit ausgewählt und weiterentwickelt, die genau unseren Anforderungen der Lösungsorientierung und des kontinuierlichen Lernens entspricht. Diese AAR-Variante kommt zum Beispiel im Laufe eines Projektes zudem wiederholt und nicht erst gegen Ende des Projekts zum Einsatz und wird beispielsweise auch von uns selbst zur Auswertung von Veranstaltungen, schwierigen Verhandlungen oder zur Analyse der Zusammenarbeit mit Kunden genutzt.

Den Einsatz der Methode sowie die Reflexion sollte ein Teamcoach beziehungsweise ein Moderator oder eine Moderatorin begleiten. Im teamspezifischen After Action Review kann auch ein Teammitglied diese Rolle übernehmen: Seine oder ihre Aufgabe ist es dann vor allem, die Diskussion entlang der Leitfragen des AAR zu strukturieren.

Kurz und schnell: Das Vorgehen

Für regelmäßige Feedbacks und Auswertungen

Wir nutzen zwei verschiedene Formen des AAR – eine schnelle kurze und eine ausführliche Form. Die kurze, schnelle Version ist vor allem für regelmäßige Feedbacks und Auswertungen geeignet.

Dies sind die Leitfragen dafür:
1. Was waren bei diesem Arbeitspaket unsere konkreten Ziele?
2. Was haben wir getan, das uns unseren Zielen nähergebracht hat?
3. Was hätten wir noch tun können, um unsere Ziele schneller, einfacher oder besser zu erreichen?

Fazit: Auf welche der möglichen erfolgversprechenden Handlungsmuster sollten wir beim nächsten Mal am stärksten fokussieren?

Lösungen statt Schuldige suchen

Jedes Teammitglied schreibt zunächst die eigenen Antworten zu den ersten drei Fragen auf einen Klebezettel und stellt diese dann kurz vor. Insbesondere die zweite und dritte Frage werden klar mit einem lösungsorientierten Fokus beantwortet: Es geht also nicht darum, Schuldige zu suchen, sondern zu überlegen, was alle miteinander aus diesen Punkten ableiten können.

Bei Frage 1 ist besonders spannend zu sehen, ob alle die gleichen Ziele vor Augen hatten, oder ob es hier unterschiedliche Zielausrichtungen gibt. Falls dies der Fall ist, achtet das Team bei den nächsten Arbeitsschritten besonders auf die gemeinsame Zielklärung.

Bei Frage 3 sollte das Team die Ergebnisse einfach stehen lassen, ohne sie zu bewerten oder zu zerreden. Gegebenenfalls kann höchstens eine schnelle Priorisierung mittels Klebepunkten vorgenommen werden.

Dann erfolgt eine Abfrage zum Fazit: Hier sollten je nach Gruppengröße drei bis fünf Schwerpunkte schon bei der Abfrage gesetzt werden. Das heißt, jedes Teammitglied schreibt dann maximal drei bis fünf Klebezettel.

Wenn sich keine eindeutige Priorisierung erkennen lässt, kann man die Gruppenmitglieder bitten, ein Plädoyer für ihre favorisierten Handlungsschwerpunkte zu halten und die Zielsetzungen, die aus ihrer Sicht damit erreicht werden sollen, darzustellen. Dann kann man die Fazit-Abfrage wiederholen. Erfahrungsgemäß klären sich dann die Prioritäten meist.

Ist das nicht der Fall, müssen Moderatorin oder Moderator anders fortfahren. Beispielsweise mit der Arbeitshypothese, dass eine negative Anerkennungsdynamik in der Gruppe vorliegt. Dann bietet es sich an, auf der Ebene „Was wünsche ich mir von ..." beziehungsweise „Was brauche ich von ..." weiterzuarbeiten.

Die ausführliche Variante

Für den Abschluss von Themen und Projektschritten

Die ausführliche Form des AAR wird eher zum Abschluss eines Themas oder Projektschrittes eingesetzt. Hier wird sehr viel Wert darauf gelegt, dass der Bezug zur Zielerreichung immer wieder betont wird und dass diese ausführlich diskutiert wird. Diese Ausrichtung basiert auf der Erkenntnis, dass bei verschiedenen Aufgabenstellungen der Zielklärung – dem „Wofür?" – oft zu wenig Aufmerksamkeit geschenkt wurde. Entsprechend ist die Handlungsausrichtung im Team dann zu wenig synchronisiert beziehungsweise fokussiert und kann sogar in einem „Stuck State", also sozusagen in eine Sackgasse, münden. Das soll mit den folgenden Leitfragen vermieden werden:

Ziele des Teams synchronisieren

1. Was konkret waren unsere Ziele?
2. Wofür ist die Erreichung dieser Ziele wichtig?
3. Woran konkret wollten wir die Erreichung unserer Ziele messen?
4. Auf einer Skala von 0 bis 100 Prozent – wo liegen wir bei der Erreichung unserer Ziele?
5. Was haben wir getan, was hilfreich und nützlich war, um unsere Ziele zu erreichen?
6. Was hätten wir noch tun können, um unsere Ziele umfassender/leichter/ressourcenschonender zu erreichen?

Fazit: Auf welche erfolgversprechenden Handlungsmuster werden wir (bei vergleichbaren Aufgabenstellung) künftig mehr fokussieren?

Warum die Zielklärung so wichtig ist

Tatsächlich sind es selten die Sachthemen, die zu einem ausweglosen Zustand im Projekt führen, sondern meist die Zusammenarbeit im Team. Die Art der Fragestellungen führt bei der ausführlichen Variante indirekt auf diesen Aspekt hin und erleichtert es dem Team, in dieser Hinsicht zu lernen.

Unterschiedliche Wahrnehmungen nutzbar machen

Es kann vorkommen, dass bei der Beantwortung der Fragen sehr unterschiedliche Wahrnehmungen im Raum stehen. Die Hauptausrichtung des Moderators sollte es dann sein, darauf hinzuwirken, diese Unterschiedlichkeit zu nutzen. Und zwar ganz einfach mit der entsprechenden Frage, die ständig wiederkehrt: *„Wie können wir diese unterschiedlichen Wahrnehmungen und Bewertungen für künftige vergleichbare Aufgaben nutzen?"* Oder: *„Welche erfolgversprechenden Vorgehensweisen nehmen wir dann ins Fazit?"*

Ganz sicher nicht hilfreich wäre es dagegen, nach den Gründen zu suchen, wie diese Wahrnehmungen zustande kommen, sie zu nivellieren oder gar darüber zu diskutieren, wer nicht recht hat. Frei nach Steve de Shazer „Der Lösung ist es egal, wie das Problem entstanden ist".

De-Bono-Retrospektive

von Katharina Fehse

Infos

- **Gruppengröße:** maximal 10 Personen
- **Material:** ausreichend Platz für die Bodenarbeit und um Stühle im Halbkreis aufzustellen; Hüte in den Farben Weiß, Rot, Schwarz, Gelb, Grün und Blau (alternativ auch Bilder entsprechender Hüte); Moderationswand mit einer Visualisierung der „Six Thinking Hats" (siehe Handout in den Download-Ressourcen); Moderationswand mit der Überschrift „Takeaways"
- **Zeitaufwand:** je nach Gruppengröße und Länge der Beiträge etwa 45 bis 90 Minuten

Die Retrospektive ist ein Klassiker aus dem agilen Werkzeugkoffer und eine entscheidende Komponente auf dem Weg eines jeden agilen Teams zu hoher Leistung. Durch die Kombination mit einem anderen Methodenklassiker lässt sich das Format kreativ bereichern.

Agile Prozesse basieren auf zwei Säulen: zum einen auf dem Überprüfen und Anpassen und zum anderen auf der Transparenz durch schnelle Feedback-Schleifen. Erreichtes kommt immer wieder auf den Prüfstand und wird offen kritisch angesprochen und so systematisch weiterentwickelt. Eine sinnvolle Unterstützung dafür sind Retrospektiven, in denen das Team alle ein bis drei Monate die eigene Zusammenarbeit reflektiert.

Doch oft werden Retrospektiven als langweilig und ineffektiv wahrgenommen, vor allem, wenn immer das gleiche Format zum Einsatz kommt. Das lässt sich durch eine methodische Ergänzung leicht ändern: Mit den sechs Denkhüten von Edward de Bono können Teams ihren Austausch bereichern und vorangegangene Sprints wunderbar aus unterschiedlichen Perspektiven reflektieren.

Dabei blicken die Mitglieder des Projektteams nacheinander von mehreren Betrachtungsebenen auf den Prozess und die Ergebnisse und erzählen, wie sie die Zusammenarbeit im letzten Sprint – oder den letzten Sprints – erlebt haben. Nicht nur die Sachaspekte, sondern auch Emotionen bekommen dabei einen Raum.

Der Einstieg: Die sechs Denkhüte von de Bono

Zur Einführung der Methode erklären Moderator oder Moderatorin – z.B. im Rahmen der regulären oder einer eigens angesetzten Retrospektive – die Idee und die methodischen Besonderheiten der „sechs Denkhüte": *„Um die Zusammenarbeit in unserem vergangenen Sprint zu reflektieren, möchte ich eine kreative Methode einführen, die von dem britischen Kognitionswissenschaftler Edward de Bono entwickelt wurde."* Dann folgt eine detaillierte Beschreibung, wie de Bono sechs Hüte in verschiedenen Farben nutzt, um damit sechs unterschiedliche Denkperspektiven zu symbolisieren:

Die Hüte repräsentieren Denkperspektiven

- Der **weiße** Hut steht für objektive Informationen und direkte Beobachtungen. Hier werden Zahlen, Daten, Fakten zusammengetragen, z.B.: Was konkret haben wir im vergangenen Sprint erreicht? Welche Beispiele können wir nennen?

- Der **rote** Hut richtet die Aufmerksamkeit nach innen – schaut auf emotionale Eindrücke und Befindlichkeiten: Was waren die Emotionen im Verlauf unseres vergangenen Sprints? Wie war das Klima der Zusammenarbeit?

- Der **gelbe** Hut weist auf Vorteile und den Nutzen. Die Teilnehmenden identifizieren alle positiven Aspekte, die sie finden können: Welche Learnings/Erkenntnisse können wir aus dem Sprint ziehen?

- Der **schwarze** Hut steht für die kritische Sichtweise. Wer ihn trägt, blickt aus der Perspektive des Richters und Kritikers. Er wägt ab, warnt vor Risiken und Gefahren und wendet damit Schaden ab. Also: Was waren kritische bzw. schwierige Passagen während des Sprints?

- Der **grüne** Hut fordert Kreativität. Mit ihm werden Vorschläge und Ideen entwickelt und nach Alternativen gesucht. Was möchte ich in Zukunft beim nächsten Sprint berücksichtigen, ausprobieren, erreichen?
- Den **blauen** Hut trägt unter anderem der Moderator oder die Moderatorin: Mit ihm blickt man von außen auf das Geschehen, behält den Überblick und definiert den Prozess.

Download: Die sechs Denkhüte von de Bono

Es empfiehlt sich, die sechs Hüte und den jeweiligen Fokus der einzelnen Denkhüte an einer Moderationswand zu visualisieren und dieses Poster für alle sichtbar im Raum zu platzieren.

Die gemeinsame Reflexion: Bodenarbeit

Aktiv verschiedene Perspektiven erleben

Nun beginnt die Bodenarbeit, für die vorab im Raum Hüte in den sechs Farben – alternativ auch Bilder von entsprechenden Hüten – verteilt wurden. Der Moderator bittet nun nacheinander jedes Mitglied des (Projekt-)Teams, sich drei Perspektiven auszusuchen, sich jeweils auf den entsprechenden Platz des Hutes zu stellen, eventuell den Hut aufzusetzen und dann aus der eigenen Sicht zu erzählen, wie es die Zusammenarbeit im letzten Sprint erlebt hat.

Die anderen hören zu. Wenn jemand anfängt, in einer Weise zu reden, die eigentlich nicht zum aktuellen Hut passt – und z.B. Kritik äußert, obwohl sie im Feld des grünen Hutes steht, wo es um kreative Ideen geht –, kann die Moderatorin behutsam auf die Perspektivverschiebung hinweisen. Beispielsweise nach dem Motto: *„Das ist ein toller schwarzer Hut-Gedanke. Aus der Perspektive des grünen Hutes würde es eher um Lernen und mögliche Alternativen gehen.“*

Erfahrungsgemäß belebt die Bodenarbeit den Austausch sehr: Sich konkret in das Feld mit dem jeweiligen Hut zu stellen, erzeugt bei den Teilnehmenden ein intensiveres Erleben der jeweiligen Perspektive. Das kann für die Reflexion und die anschließende Diskussion sehr hilfreich sein.

Die Resonanzrunde: Was nehmen wir mit?

Wenn alle die Zusammenarbeit im Sprint reflektiert haben, ist es hilfreich, wenn der Moderator der Gruppe ein wenig Zeit gibt und dann um eine erste Resonanz zum Gehörten bittet. Das ist besonders dann wichtig, wenn im Team sehr häufig die Perspektiven des roten und schwarzen Hutes gewählt wurden. Hilfreiche Fragen für die Resonanzrunde können sein:

1. Welche Themen sollten wir weiter vertiefen, um Maßnahmen zu definieren?
2. Welche Zusammenhänge sehen wir zwischen den einzelnen Themen?
3. Gibt es Themen/Punkte, die besonders herausstechen?

Konkrete Ergebnisse definieren

Nach dieser Runde unterstützt der Moderator die Gruppe darin, konkrete Maßnahmen oder Erkenntnisse zu definieren, die alle für den nächsten Sprint mitnehmen können. Es empfiehlt sich, dass Moderatorin oder Moderator diese Beiträge an einer Moderationswand mitvisualisieren.

Retro mit vier L

von Anja Wiggenhauser

Infos

- In Präsenz oder virtuell möglich
- **Gruppengröße:** 15 Personen
- **Material Präsenz:** Moderationswand o. Ä. mit den vier L-Überschriften; Klebezettel
- **Material online:** virtuelles Teamboard (z.B. Miro, Mural, Conceptboard) mit vier Bereichen, die mit den entsprechenden L-Überschriften versehen werden
- **Zeitaufwand:** je nach Gruppengröße und Länge der Beiträge etwa 45 bis 90 Minuten

Retrospektiven sind eine beliebte Methode, um sich sortiert über das Miteinander im Team auszutauschen. Dafür sorgen schon die methodischen Vorgaben des agilen Meetingformats. Bisweilen aber ist es sinnvoll, das Treffen noch klarer auszurichten. Dann hilft diese Struktur bei der Evaluierung der Zusammenarbeit.

Im Gespräch mit unseren Kunden hören wir oft, dass der Kalender aus immer mehr Meetings besteht. Gerade durch viel Arbeit im Homeoffice scheint sich diese „Meetingflut" noch verschlimmert zu haben. Nicht selten wird diese Entwicklung begleitet von dem Gefühl, dass die Zusammenkünfte ineffizient sind – oder gar „reine Zeitverschwendung". Das ist sicher bisweilen verständlich. Gut ist es aber nicht.

Denn eines haben die vielen Meetings in der Regel gemeinsam: Sie fördern – zumindest bestenfalls – den Wissens- und Informationsaustausch, klären Fragen und schaffen Beziehung zwischen den Teilnehmenden. Und diese Foren für Selbstreflexion und Lernen sind gerade in Zeiten, in denen die weltweite Menge an Wissen förmlich explodiert und die Komplexität unserer Arbeitswelt stetig steigt, unabdingbar.

Retrospektiven befeuern das gemeinsame Lernen

Deshalb sind gerade Meetings mit unterschiedlichen Formen des Feedbacks wichtig, um erfolgreich zu sein: Sie befeuern das effiziente gemeinsame Lernen und Weiterentwickeln nach dem Motto „Learn-Build-Measure" – also dem Prinzip „Lernen, Umsetzen und Bewerten", das dem iterativen Vorgehen bei der Produktentwicklung im Lean Management („Build-Measure-Learn") entlehnt ist. Diese Meetings werden im agilen Umfeld Retrospektiven genannt.

Gelegenheit zum Lernen, Umsetzen, Bewerten

Eine Retrospektive ist weder ein „Laber-Meeting" noch ein „Blame Game": Belangloses Geplänkel hat dort ebenso wenig Platz wie ein Feilschen um Verantwortlichkeiten und nachträgliche Schuldzuweisungen. Retrospektiven bieten vielmehr Zeit, um außerhalb der täglichen Routine über vergangene Ereignisse und Verhaltensweisen nachzudenken, und schaffen so eine Gelegenheit, im Team daraus zu lernen und besser zusammenzuarbeiten.

Es gibt unzählige Vorgehensweisen und Methoden, um diese Retrospektiven kurzweilig zu gestalten, und sie auch dann effizient zu nutzen, wenn wenig Vorbereitungszeit zur Verfügung steht. Sie alle sollen den Mehrwert der Feedback-Schleifen für die Teilnehmenden erhöhen, um sie langfristig dafür zu gewinnen, sich freiwillig und aktiv an den Meetings zu beteiligen. Beispiele dafür sind die Starfish- bzw. Seestern-Methode (siehe ab Seite 191) und die hier vorgestellte 4-L-Methode.

Vier L für mehr Lernerfolg

Einstieg in die Arbeit mit Retrospektiven

Der von den beiden agilen Prozessbegleiterinnen Mary Gorman und Ellen Gottesdiener entwickelte Ansatz ist ein einfaches Modell, um die Teilnehmenden in eine gewinnbringende Lern-Interaktion zu begleiten. Er bietet sich deshalb als einfacher Einstieg in die Arbeit mit Retrospektiven an. Eingesetzt werden kann die Methode in Teams ebenso wie in Projektteams oder Gruppen in Trainingsseminaren – im Präsenzformat wie auch virtuell.

Das Wichtigste in Kürze: Die 4-L-Methode

Die vier L stehen für:

Loved: Was hat uns an der gemeinsamen Arbeit gefallen? Was sollte unbedingt beibehalten werden?
Learned: Was haben wir in den vergangenen Tagen, Wochen und Monaten gelernt?
Lacked: Was hat uns in der gemeinsamen Arbeit gefehlt?
Longed for: Was hätten wir noch gebraucht? Was hätten wir uns gewünscht?

Wichtig für das Lernen mit der 4-L-Methode sind folgende Punkte:

Es darf alles gesagt werden, jede Meinung ist wertvoll und auch gerade vermeintliche Kleinigkeiten sind wichtig. Sie helfen, auch kleine Fortschritte zu bemerken und diese wertzuschätzen (z.B. beim Thema „What I learned").
Das Ziel des Austausches sollte klar definiert sein.
Die Dauer sollte ebenfalls klar definiert sein (Time Boxing).
Die Materialien sollten im virtuellen wie auch im Präsenzraum vorbereitet sein: Beim Online-Einsatz wird auf einem virtuellen Teamboard (z.B. bei Miro, Mural, Conceptboard oder einer anderen kollaborativen Plattform) je ein Bereich mit der entsprechenden L-Überschrift versehen.
Für den analogen Einsatz werden vorab vier Klebezettel beschriftet, mit denen die entsprechenden Überschriften schnell an eine Moderationswand o. Ä. gepinnt werden können. Diese Klebezettel können immer wieder verwendet werden, was den Vorbereitungsaufwand minimal macht.

Einführend kann der Moderator oder die Moderatorin darauf eingehen, dass Lernen für Unternehmen und uns Menschen im Allgemeinen schon immer wichtig war – etwa mit Verweis auf das Qualitätsmanagement. *„Im agilen Umfeld muss dieses Lernen jedoch vielmehr selbstorganisiert, flexibel im Alltag integrierbar und in kürzeren regelmäßigen Abständen stattfinden. Anderenfalls ist es kaum möglich, mit der sich* *schnell verändernden Umwelt Schritt zu halten - oder ihr bestenfalls einen Schritt voraus zu sein"*, so eine mögliche Einleitung.

Ziel- und lösungsfokussierte Haltung

Nun wird erklärt, wie wichtig beim gemeinsamen Lernen die Einstellung der Teilnehmenden ist. Hier kann gut auf „The Prime Directive" des agilen Pioniers Norm Kerth verwiesen werden, also die primäre Leitlinie für Retrospektiven, die der Software- und Teamentwickler in seinem 2001 erschienenen Handbuch formulierte: *„Unabhängig davon, was wir entdecken werden - wir verstehen und glauben aufrichtig, dass in der gegebenen Situation, mit dem verfügbaren Wissen und den verfügbaren Ressourcen und den individuellen Fähigkeiten, alle ihr Bestes getan haben. Konzentriere dich darauf, was du in der Zukunft machen wirst."* Kurz gesagt geht es also darum, dass die Teilnehmenden eine ziel- und lösungsfokussierte Haltung einnehmen.

Die vier L im Einsatz

Nachdem dies in der Moderation unterstrichen wurde, können die 4 L beschrieben werden:

1. What I **Loved ...**: Hier beschreiben die Teilnehmenden, was ihnen an der gemeinsamen (Projekt-)Arbeit gefällt beziehungsweise gefallen hat und was gerne in Zukunft beibehalten werden kann.
2. What I **Learned ...**: Unter diesem Aspekt reflektieren die Teilnehmenden, was sie in den vergangenen Tagen, Wochen oder Monaten über das gesamte Projekt gelernt haben.
3. What I **Lacked ...**: Hier wird beschrieben, was den Beteiligten in der gemeinsamen Arbeit gefehlt hat.
4. What I **Longed for ...**: Und hier beschreiben sie, was sie noch gebraucht hätten.

Teilnehmende geben Rückmeldungen zu allen vier Bereichen

Nun hängt es davon ab, wie die Methode praktisch eingesetzt wird. In kleinen Gruppen können die vier Punkte beispielsweise auf sehr einfache Art im Team diskutiert werden, das dann gemeinsam wichtige Punkte sammelt.

Eine andere typische Vorgehensweise eignet sich auch für größere Gruppen. Dann bittet zum Beispiel eine Moderatorin alle Anwesenden – jeweils für sich –, so viele Klebezettel für jede der vier L-Kategorien zu schreiben wie möglich. Dafür gibt sie ihnen drei bis vier Minuten Zeit.

Anschließend werden sie eingeladen, ihre Klebezettel auf die Moderationswände zu kleben bzw. auf das virtuelle Teamboard zu verschieben.

Rückmeldungen clustern und präsentieren

Danach werden alle in vier Kleingruppen aufgeteilt, die sich jeweils um einen L-Bereich kümmern. Jede der vier Gruppen clustert nun die Klebezettel thematisch auf ihrer Moderationswand und findet Überschriften für die entstandenen Cluster. Nacheinander präsentieren alle kurz ihre Ergebnisse. Gemeinsam in der gesamten Gruppe wird abschließend besprochen, was mit den Ergebnissen passiert und was gegebenenfalls aus den Aspekten in den Bereichen „Lacked"- und „Longed for" gelernt und zukünftig geändert werden kann.

Im Training kann man diese Methode idealerweise dann integrieren, wenn es sowieso einen passenden Gegenstand zum Lernen und für die Selbstreflexion gibt. Also beispielsweise als Feedback-Methode am Ende eines Trainings, als Abschlussreflexion am Ende eines Tages oder nach einer längeren Übung. So ist die Selbsterfahrung direkt mit dem Kennenlernen der Methode verknüpft.

Wenn die Zeit knapp ist, kann übrigens auch ein L weggelassen werden. Allerdings besteht dann immer das Risiko, dass überraschende Erkenntnisse verpasst werden. Vor allem das vierte L – das „Longed for" – bietet meist neue Perspektiven.

Zum Weiterlesen

➤ Intervention „Rückschau mit Seestern", ab Seite 191

Sicherheit säen

von Janine Burmeister und Anna Dollinger

Infos

- **Gruppengröße:** maximal 16 Personen
- **Material:** Moderationswand, Klebezettel, Moderationskarten, Klebepunkte
- **Zeitaufwand:** ca. 3 Stunden

Maßnahmen zur Teamentwicklung erarbeiten und nachhaltig zu verankern – dabei hilft die Methode „Saatgut". Grundgedanke der Intervention ist, dass Systeme sich nur dann entwickeln können, wenn alle gemeinsam die Basis dafür bereiten: Um beispielsweise psychologische Sicherheit ernten zu können, müssen Führungskräfte entscheiden, welche Fehlerkultur sie aussäen.

Das gesamte Wissen der Menschheit verdoppelt sich mittlerweile etwa jeden Tag. Einer einzelnen Person wird es dadurch unmöglich, ihr Wissen – selbst im eigenen, spezifischen Fachgebiet – aktuell zu halten. Das Lesen von Fachartikeln oder der Besuch von Konferenzen allein reicht nicht mehr, um die Wissensflut und ständige Veränderung zu bewältigen. Für Unternehmen wird es deshalb immer dringender notwendig, eine Kultur des lebenslangen Lernens aufzubauen.

Psychologische Sicherheit stärkt Teams

Ein notwendiges Fundament für diese Kultur ist die von der US-Forscherin Amy C. Edmondson definierte psychologische Sicherheit in Teams. Neben den Erkenntnissen aus dem Google-Forschungsprojekt „Project Aristotle" belegte vor allem die Harvard-Professorin in zahlreichen Studien, dass psychologische Sicherheit die Basis für eine höhere Performance, schnelleres Lernen und Innovation darstellt.

Das Ziel: Psychologische Sicherheit

Angstfreie Arbeitsatmosphäre

Unter psychologischer Sicherheit versteht man eine Arbeitsatmosphäre, in der Menschen angstfrei ihre Ideen, Meinungen, Bedenken und Beobachtungen, aber auch eigene Fehler offen äußern können. Und zwar ohne beschämt, abwertend behandelt oder beschuldigt zu werden. Dadurch kann ein entsprechender Umgang mit Fehlern und Scheitern für Mitarbeitende zur Quelle des Lernens werden.

Es liegt entscheidend in den Händen der Führungskräfte, in und mit ihren Teams für diese psychologische Sicherheit zu sorgen und so den Lernprozess voranzubringen – etwa durch bewusste Reflexion und (gemeinsames) Aufarbeiten von Fehlern. Das aber ist gar nicht so einfach.

Denn die ständigen Veränderungen und Krisen befördern eher die Unsicherheit bei allen Beteiligten. Dazu kommt, dass das Arbeiten im Remote- oder Hybrid-Modus Führungskräfte hier zusätzlich vor Herausforderungen stellt. Daher kann es sinnvoll sein, sie dabei mithilfe der „Saatgut-Methode" zu unterstützen und mit ihnen im Rahmen eines Workshops Möglichkeiten und Ressourcen zu beleuchten, die helfen, die Fehler- beziehungweise Lernkultur im eigenen Team zu stärken.

Die Idee: Gemeinsam säen

Der Begriff „Saatgut" verdeutlicht, dass zu einem Thema – hier ist es die psychologische Sicherheit – eine gute Aussaat vorbereitet wird, wobei gleichzeitig alle im Team ihren Beitrag dazu leisten, dass die Saat aufgehen kann. Grundsätzlich kann der Workshop durch die Führungskraft selbst oder durch eine externe Moderatorin oder einen Facilitator durchgeführt werden.

Bevor mit der eigentlichen Methode gearbeitet wird, wird dabei zunächst ein allgemeines Verständnis bei der Führungskraft und dem Team für die Notwendigkeit von psychologischer Sicherheit und einen entsprechenden Umgang mit Fehlern geschaffen. Hierbei ist es hilfreich, wenn beispielsweise die Moderatorin Hintergrundinformationen in Form von Studienergebnissen zum Effekt von psychologischer Sicherheit einbringt.

In einigen Branchen und Bereichen, in denen eine Null-Fehler-Kultur herrscht, kann es auf Reaktanz stoßen, wenn dazu ermuntert wird, offen mit Fehlern umzugehen, sie einzugestehen und als Quelle des Lernens zu sehen. Dies ist beispielsweise in der Medizin oder der Baubranche der Fall. Doch auch dort entscheidet gerade in kritischen Situationen, in denen Fehler geäußert oder wahrgenommen werden, die Reaktion der Führungskraft gegenüber Mitarbeitenden essenziell darüber, ob ein Gefühl der Sicherheit oder eine Atmosphäre der Angst geschaffen wird.

Mit allen Formen des Scheiterns umgehen lernen

Vor diesem Hintergrund ist es sinnvoll, einführend auch auf die drei unterschiedlichen Formen von Fehlern und Scheitern einzugehen (siehe unten). Während für das Lernen des Teams und der Organisation vor allem die Form des „intelligenten Scheiterns" wertvoll ist, wird im Anschluss nun gemeinsam ausgearbeitet, wie mit allen drei Situationen konstruktiv umgegangen werden sollte.

Drei Arten des Scheiterns

1. **Das „vermeidbare Scheitern":** Dies tritt zum Beispiel ein, wenn sich ein Mitarbeiter auf der Baustelle verletzt, weil er keinen Schutzhelm trägt. Dieses entsteht durch Abweichungen von Regeln und führt dadurch zu unerwünschten Ergebnissen – hätte somit vorab verhindert werden können.

2. **Das „komplexe Scheitern":** Dieses entsteht durch das Zusammenwirken von mehreren bekannten und unbekannten Faktoren. Diesem kann bereits im Vorfeld entgegengewirkt werden durch die Integration unterschiedlicher Meinungen und Perspektiven sowie den Verbindungen von intuitiven und analytischen Entscheidungsmethoden.

3. **Das „intelligente Scheitern":** Diese Form ist besonders wertvoll für das Lernen der Organisation. Es passiert beim Vorstoßen in Neuland, z.B. bei der Entwicklung von Proto-

typen für neue Produkte oder beim Experimentieren in Teams mit neuen Dienstleistungen, zu denen von Kunden schnelles Feedback eingeholt wird (in Form von Retrospektiven). Nach dem Motto „Fail often, fail fast, fail cheap".

Die Methode: Saatgut sortiern

Zum Umgang mit den verschiedenen Arten des Scheiterns wird die eigentliche „Saatgut-Methode" genutzt, für die die Moderation eine Übersicht mit vier Spalten auf einer Moderationswand vorbereitet hat. Die Spalten tragen die folgenden Überschriften:

1. Mögliche herausfordernde/kritische Situationen
2. Was kann ich zur psychologischen Sicherheit beitragen?
3. Was brauchen wir von unserer Führungskraft für die Teamatmosphäre?
4. Wie können wir uns gegenseitig stärken und stützen (auch wenn es mal schiefgeht)?

Zuerst werden im Team kritische Situationen gesammelt, in denen psychologische Sicherheit wichtig ist. Diese werden in der ersten Spalte festgehalten. Eine kritische Situation könnte beispielsweise bei Besprechungen und Meetings sein, wenn Mitarbeitende ihre Perspektiven und Ideen vor der Gruppe beziehungsweise dem Team zu einem Thema einbringen. Eine weitere, wenn jemand der Führungskraft den Misserfolg bei einem Kundenprojekt oder bei einem Wettbewerb verkündet.

In der zweiten Spalte wird nun je Thema gesammelt, was die Mitarbeitenden selbst tun können, um in der jeweiligen Situation psychologische Sicherheit herzustellen oder worauf geachtet werden sollte. In der dritten Spalte wird festgehalten, wie die Führungskraft entsprechend unterstützen kann oder was von ihr benötigt wird. In der vierten geht es schließlich um kollegiale Unterstützung.

Aufmerksamer Umgang miteinander

Denn auch wenn die Verantwortlichen in der Regel davon ausgehen, dass alle Beteiligten stets ihr Bestes geben, ist es sinnvoll, darüber zu sprechen, wie miteinander umgegangen werden kann, wenn dies einmal nicht gelingt. Denn es passiert schnell, dass ein Kollege in alte Muster zurückfällt und z.B. einer Mitarbeiterin ins Wort fällt, oder dass eine Kollegin unangemessen reagiert und vielleicht eine im Meeting geäußerte Idee mit abwertenden Bedenken abtut. In der letzten Spalte wird deshalb notiert, welche Verhaltensweisen in diesen Fällen hilfreich und nützlich wären. Das könnte zum Beispiel sein, die Kollegin ruhig darauf hinzuweisen *„Wir wollten doch alle Bedenken und Ideen im Team wertschätzen …“*.

Maßnahmenplan und Commitment werden visualisiert

Die Ideen und Maßnahmen in den Spalten werden zunächst per Zuruf gesammelt. Abschließend werden sie zum Beispiel mit Klebepunkten bewertet und bestätigt. Am Ende steht am Board dann nicht nur ein konkreter Maßnahmenplan, sondern auch das Commitment dazu vom gesamten Team und der Führungskraft als übersichtliche Visualisierung.

Literatur

- Edmondson, A. C. (2020): Psychological Safety in Unternehmen – Angstfrei arbeiten. managerSeminare 269, August 2020.

Forward statt backward

von Anna Dollinger

Infos

- **Gruppengröße:** etwa 10 Personen
- **Material:** Whiteboard oder Moderations- oder Pinnwand, Papier, Stifte – bzw. digitale Pendants
- **Zeitaufwand:** rund 2 Stunden

Damit Teammitglieder aus Fehlern lernen und ihre Zusammenarbeit optimieren können, brauchen sie Hinweise auf Verbesserungspotenziale. Mithilfe der Methode Feedforward können diese zukunftsgerichtet, lösungsfokussiert und wertschätzend vermittelt werden – und somit insgesamt nutzenbringender und nachhaltiger als durch den Einsatz des rückwärtsgewandten Feedbacks.

Die zeitaufwendigen Lessons Learned am Ende eines Projekts oder am Ende eines „Teamjahres" kann man sich getrost schenken – zu dieser Erkenntnis kommt nicht nur die Managementprofessorin Amy C. Edmondson in einigen ihrer zahlreichen Bücher. Auch viele Weiterbildungsprofis und Führungskräfte dürften bereits festgestellt haben, dass ein Rückblick auf das, was so alles in der Vergangenheit schiefgelaufen ist, keinen wirklichen Einfluss auf das zukünftige Verhalten von Teammitgliedern hat.

Schuldige ausmachen ist wenig effektiv

Die Gründe dafür liegen auf der Hand: Zum einen haben alle meist längst vergessen, wie „es" genau war und zum anderen geht es leider allzu häufig darum, selbst gut dazustehen und den ganzen „Schlamassel" elegant und möglichst indirekt anderen in die Schuhe zu schieben. So gipfeln diese Reviews meist im „Finger Pointing at its best" – und zugleich in unguten Gefühlen. Den meisten Teammitgliedern dürfte es nämlich widerstreben, auf andere zu zeigen und diese somit zu verletzen – und zwar nicht nur, weil sie in Zukunft weiter mit ihnen zusammenarbeiten müssen, sondern auch, weil ihr moralisches Empfinden Einwände dagegen erhebt. Hinzu kommt die Befürchtung, selbst auch durch kritisches Feedback von anderen beschämt zu werden.

Vermeidung von kritischem Feedback verhindert ein Lernen

Aus diesem Dilemma führt dann vermeintlich nur ein Weg: in gemeinsamem Einverständnis die eigenen Aussagen möglichst weich und vage zu halten – sodass letztlich genau das erzeugt wird, was niemand wollte. Alle Beteiligten spüren, es gibt etwas zu sagen, etwas zu verbessern, tappen aber im Hinblick auf die Konkretisierung dieses „Etwas" im Dunkeln. Statt zu echten „Aha-Erlebnissen" und Ideen, wie man das Ganze künftig besser machen könnte, zu gelangen, werden auf diese Weise die gleichen Fehler immer wieder gemacht. Das Muster des Zusammenwirkens ändert sich nicht. Besonders deshalb nicht, weil in der komplexen Welt, in der wir zusammenarbeiten, Fehler letztlich selten alleine produziert, sondern im verwobenen Miteinander eingebaut werden.

Den Blick auf die Zukunft richten

Anders verhält es sich, wenn Teammitglieder einen alternativen Weg einschlagen und sich statt auf vergangene Ereignisse auf die Zukunft konzentrieren. Sie fokussieren sich darauf, was das Team gut kann und wo versteckte Potenziale und Kompetenzen liegen – mit dem Ziel, diese dann in künftigen Projekten gezielter und nutzenbringender einzusetzen. Die „Altlasten" werden einfach unbeachtet stehen gelassen – ganz dem Ausspruch von Uwe Kanning gemäß: „Vieles ist plausibel, weniges wirklich wichtig." Der Wirtschaftspsychologe hat gut erforscht, was es braucht, damit kritisches Feedback positiv wirksam wird: Es ist erstens der konkrete Vorschlag, was in der Zukunft besser gemacht werden kann, und zweitens das Gefühl des Feedback-Nehmers, dass das Feedback Nutzen für ihn persönlich stiftet und vom Feedback-Geber wohlwollend gemeint war. Auf diese Weise entsteht ein Umfeld, in dem Psychological Safety herrscht – laut Edmondson die Vorausset-

Abb.: Gemeinsam in Richtung einer bestmöglichen Zukunft steuern – dazu soll das Team nach Einsatz der Methode Feedforward in der Lage sein.

zung, damit echtes Lernen, wirkliche Entwicklung und Innovation stattfinden können.

Viele Teams stellt das jedoch vor die Herausforderung, umzudenken, den Blickwinkel zu verändern und ein elegantes ressourcenorientiertes Umdeuten im Sinne eines Reframings bzw. einer Neukonstruktion vorzunehmen – oder kurz: von der rückwärtsgewandten Fehler- und Schwächenanalyse hin zu einer auf die Zukunft gerichteten lösungsorientierten Sichtweise zu gelangen. Die Methode Feedforward kann dabei helfen. Sie eignet sich dafür:

Dafür ist „Feedforward" geeignet

- gemeinsam vereinbarte Handlungsstrategien zu verankern,
- eine neue Art der Feedback-Kultur zu etablieren und damit schneller zu lernen,
- mehr Spaß beim Thema „Feedback" zu haben,
- die Produktivität zu erhöhen.

Feedforward schlägt Feedback

Das Besondere der Methode Feedforward ist dabei, dass sie Kritik in positive Zukunftsszenarien umdeutet und nicht das kritische Verhalten der Vergangenheit zum Thema macht – wie es bei herkömmlichen Methoden, etwa der 3-W-Regel, der Fall ist. Bei dieser besteht das Feedback aus:

3-W-Regel zum Vergleich

1. **Wahrnehmung:** *„Du hältst deine Absprachen nicht ein und setzt mich am Ende vor vollendete Tatsachen, nach dem Motto ‚Du kriegst das eben erst jetzt - schau wie du damit zurechtkommst'."*
2. **Wirkung:** *„Das ärgert mich total, weil ich dann in Stress und unter Zeitdruck gerate und mich von dir nicht wertgeschätzt fühle."*
3. **Wunsch:** *„Kannst du mich bitte künftig frühzeitig, also mindestens eine Woche vor dem vereinbarten Termin, informieren, dass du den Zeitplan nicht einhalten kannst und dann mit mir gemeinsam besprechen, was ich ggf. schon vorarbeiten kann."*

Fokus auf Wünsche für die Zukunft

Im Rahmen der Methode Feedforward wird lediglich der dritte Punkt der Regel ausgesprochen. Und das am besten zum Start eines neuen Projekts oder zum Auftakt eines neuen „Team-Jahres" – als neuem Abschnitt der Zusammenarbeit. Es ist dann gar nicht mehr wichtig, was genau wer wann wie falsch gemacht hat. Denn beim Feedforward wird optimalerweise generalisiert bzw. eine Regel formuliert. Zum Beispiel:

„Wenn wir Zeitrahmen nicht einhalten können, dann informieren wir uns frühzeitig mindestens eine Woche vor dem vereinbarten Termin und besprechen miteinander, wie ich bzw. wir ggf. schon vorarbeiten können." Im Detail umfasst die Methode sechs Schritte:

Negative Kritik als Wünsche formulieren

Schritt 1: Die Teammitglieder werden zu Beginn bzw. zum Start eines neuen Projekts gebeten ...

- für sich selbst aufzuschreiben, was ihnen an der bisherigen Zusammenarbeit nicht gefallen hat/was in der Zusammenarbeit aus ihrer Sicht störend war. Dabei gibt die Trainerin bzw. der Coach den Hinweis: *„Ihr braucht nicht mehr genau zu wissen, was nicht gut gelaufen ist oder wer genau etwas nicht gut gemacht hat. Es geht nur darum ..."*

- zu notieren, was sie gerne stattdessen hätten und dabei darauf zu achten, kein Vermeidungsziel zu formulieren, also nicht „Ich möchte, dass Ergebnisse nicht mehr zu spät geliefert werden", sondern „Alle informieren alle frühzeitig, wenn zeitliche Absprachen nicht eingehalten werden können und beziehen die betroffenen Kolleginnen und Kollegen aktiv in weitere Abstimmungen ein". Als Regel formuliert könnte es auch lauten: „Wir informieren uns frühzeitig, wenn wir zeitliche Absprachen nicht einhalten können und besprechen gemeinsam, ..."

- die für sie persönlich wichtigsten fünf bis sieben Punkte der Verbesserung auszuwählen.

Positives ebenfalls festhalten

Schritt 2: Die Teammitglieder werden zu Beginn bzw. zum Start eines neuen Projekts gebeten ...

- für sich selbst aufzuschreiben, was ihnen konkret an Verhaltensweisen bei der Zusammenarbeit gut gefallen hat/was in der Zusammenarbeit zu positiven Ergebnissen geführt hat.
- die für sie selbst wichtigsten fünf bis sieben Punkte auszuwählen.

Schritt 3: Jedes Teammitglied stellt seine Punkte vor. Nachfragen zum Verständnis sind erlaubt, Zerreden oder Zerdiskutieren nicht. Vermeidungsziele werden bestenfalls gemeinsam umformuliert oder aussortiert.

Schritt 4: Die Themen werden geclustert, ggf. wird sich auf die zutreffendste Formulierung geeinigt.

Schritt 5: Die Teammitglieder werden befragt, ob sie gegen einen der Vorschläge/Formulierungen einen schwerwiegenden Einwand haben: Ggf. wird umformuliert; falls das nicht gelingt, aussortiert.

Ergebnisse sichtbar machen

Schritt 6: Die Punkte werden sichtbar aufgehängt. Bei der nächsten Retrospektive wird dann betont, was schon gut gelungen ist und wovon das Team mehr gebrauchen könnte.

Bestmögliche Zukünfte entwickeln

Betonen, worum es „eigentlich" geht

Auf diese Weise werden wenig zufriedenstellendes Verhalten und Muster des Miteinanders der Vergangenheit aufgegriffen und durch ein Denken à la „Was möchte ich eigentlich erreichen" bzw. „Worum geht es mir eigentlich" lösungs- und potenzialorientiert in bestmögliche Zukünfte verwandelt. Es findet keine Bewertung der Person statt, sondern eine transformierende, chancenorientierte Zukunftskonstruktion, die für psychologische Sicherheit sorgt und gleichwohl sehr konkret ist. So kann das Team wirklich lernen und vor dem Beginn eines neuen „Abschnitts" Erfahrungen und Erkenntnisse umsetzen. Frei nach dem Psychotherapeuten Steve de Shazer: „Es ist der Lösung völlig egal, wie das Problem entstanden ist."

„Aber ich muss doch konkret sagen, was der Fehler war, sonst kann mein Gegenüber den in Zukunft nicht vermeiden", mögen nun einige Einwände laut werden – meist von Menschen, die in ihrem Denken eher technisch sozialisiert wurden. Dieses Argument klingt zunächst überzeugend. Doch wenn es wie in unserem Beispiel darum geht, einen definierten Zeitrahmen einzuhalten, dann wird die Benennung eines einzelnen Fehlers die Erreichung dieses Ziels nicht sicherstellen. Im Gegenteil: Sie wird mehr Schaden als Nutzen stiften.

Was ist hier systemisch?

In komplexen Prozessen der Zusammenarbeit sind alle Beteiligten Ursache und Wirkung zugleich. Es hat also wenig Sinn, nach Verursachern zu suchen oder herauszufinden, wie etwas

„wirklich" war. Viel hilfreicher ist es, die Beteiligten stattdessen dazu anzuregen, darüber nachzudenken, was sie sich wünschen und wie bestimmte Kollaborations-Szenarien ihrer Meinung nach aussehen sollten. Die Übung dient somit dem sozialen Vorgang einer gemeinsamen **Mustererzeugung** – mit Fokus auf Muster des Gelingens. Das Resultat: Anstelle angesichts nicht wirksamer Prozesse in Problemtrance zu verharren, nehmen die Teammitglieder miteinander einen Lösungsfokus ein, der darauf ausgerichtet ist, Muster des Zusammenwirkens in gemeinsamer Synchronisation weiterzuentwickeln.

Sensibel mit Signal

von Simone Bardens

Infos

- **Gruppengröße:** Anzahl der Teilnehmenden eines Meetings
- **Material:** Feedback-Karten, z.B. Meeting-Karten (gekauft, besser aber: selbst gestaltet)
- **Zeitaufwand:** mehrere kurze (wenige Sekunden andauernde) Einheiten

Müßige Diskussionen und Abschweifungen vom Thema ziehen Meetings häufig unnötig in die Länge und lassen sie darüber hinaus zäh und in Teilen sogar überflüssig erscheinen. Signale, die während eines Meetings – exakt in der störenden Situation – eingesetzt werden, können hier Abhilfe verschaffen.

„Wir haben über manche Themen schon wieder zu lange diskutiert – das müssen wir nächstes Mal wirklich anders machen." Diese oder ähnliche Aussagen fallen oft am Ende von Team- oder Projektmeetings, wenn in einer Retrospektive über die Zusammenarbeit gesprochen wird. Doch anstatt Vereinbarungen zu treffen und neue „Spielregeln" für zukünftige Meetings zu entwickeln, werden derartige Erkenntnisse meistens aus Scheu davor, am „ganz großen Rad" drehen zu müssen, einfach beiseitegeschoben – mit dem Effekt, dass bei den nächsten Meetings alles wieder genauso abläuft.

Einfache Signale als kleine Impulse im Meeting

Das muss jedoch nicht so sein, denn es braucht gar nicht unbedingt das ganz große Rad, um Veränderungen herbeizuführen. Oft reicht eine Verständigung und die Entwicklung kleiner Impulse, um neue Verhaltensweisen im Team einzuführen – etwa mithilfe von agilen Team-Feedback-Methoden. Dabei handelt es sich um einfache, meist visuelle Signale, die daran erinnern, worauf in der Zusammenarbeit geachtet werden soll.

Abb.: „Enough, let's move on" – dafür steht die ELMO-Karte mit der entsprechenden Figur aus der Sesamstraße, die als Feedback-„Signal" in ausufernden Meetings eingesetzt werden kann. (Illustration: noesis)

Recht simpel und intuitiv in der Anwendung sind beispielsweise Meeting-Karten, die ihren Ursprung im agilen Arbeiten haben, wo sie z.B. in Scrum-Meetings zum Einsatz kommen, und die es in diversen Online-Shops in unterschiedlichen Ausführungen zu kaufen gibt. Auf diesen Karten sind Bilder mit entsprechenden Statements wie „Enough! Let's move on" oder „In die Metaebene wechseln bitte" abgebildet. Während einer Besprechung können sie einfach ausgespielt oder hochgehalten werden, mit dem Vorteil, den Gesprächsfluss nicht zu unterbrechen – und stattdessen vielfältigen Nutzen zu bringen:

Visuelle Signale mit vielfältigem Nutzen

- Verbesserung der Zusammenarbeit durch sofortiges Feedback
- Gemeinsames Konkretisieren von Veränderungen im Team sowie Lernen, sich untereinander direktes Feedback zu geben und anzunehmen
- Förderung von Spaß beim Thema Feedback
- Beseitigung zu vieler „Ehrenrunden in alten Mustern" – gemeinsames Weiterlernen
- Ergänzung zu Retrospektiven zur Zusammenarbeit im Team, besonders in Bezug auf die synchrone gemeinsame Arbeit während Besprechungen, Workshops etc.

Eigene Signale erhöhen die Identifikation

Da jedes Team individuell unterschiedliche Feedback-Signale benötigt, empfiehlt es sich, eigene Signale (z.B. in Form von Karten) zu entwerfen. Dies erhöht die Identifikation der Teammitglieder mit der Methode und damit auch die Wahrscheinlichkeit, dass das agile Feedback zum Einsatz kommt. Außerdem können die Signale gemeinsam so definiert werden, dass der Fokus auf Wertschätzung und Anerkennung durch das agile Feedback liegt. Entsprechend dem Prinzip individueller Kudos-Karten (Lobkarten) wird dann gezielt und situativ zurückgemeldet, welches Verhalten als positiv und hilfreich wahrgenommen wurde.

Benötigte Signale gemeinsam ermitteln

Für die Entwicklung solcher Signale ist es sinnvoll, dass sich die Teammitglieder zunächst einmal darauf einigen, worauf geachtet werden soll. Es kann z.B. darum gehen, wertschätzend zu kommunizieren, sich gegenseitig zuzuhören und ausreden zu lassen oder lösungsorientiert zu diskutieren (statt in die Problemwelt abzutauchen). Die Herausforderung liegt nun in der konkreten Definition von „Spielregeln". Wenn das Team also feststellt, dass es ihm immer wieder schwerfällt, am Thema dranzubleiben, kann es sich – ganz im Sinne der Feedforward-Methode (siehe ab Seite 223) – darauf einigen: „Wir diskutieren zielorientiert und halten Exkurse möglichst kurz."

Gemeinsam zum Konsens

Retrospektiven können als Basis genutzt werden

Eine solche Einigung auf gewisse Spielregeln kann entweder in einem extra Meeting oder ergänzend zu einer gemeinsamen Retrospektive im Team, bei der die bisherige Zusammenarbeit unter die Lupe genommen wird, erfolgen. Auf diese Weise werden Erkenntnisse nicht nur verankert, sondern für zukünftige Meetings nutzbar gemacht. Hierfür eignet sich neben der Feedforward-Methode auch die „I wish – I like"-Methode, die ebenfalls zukunftsorientiert ist. (siehe auch Seite 109) Dafür notieren die Teammitglieder: **I wish** – Das wünsche ich mir beim nächsten Mal anders, und zwar konkret so ...; **I like** – Das möchte ich beim nächsten Mal wieder genauso, und zwar konkret so ... Die Punkte, bei denen alle Mitglieder übereinstimmen, werden dann für das Team festgehalten. Anschließend überlegen die Mitglieder gemeinsam, was sie tun können, damit die Umsetzung der Regeln klappt. Dabei können folgende Fragen helfen:

- Was kann ich dafür tun, dieses Verhalten zu zeigen?
- Was können andere tun, um dieses Verhalten zu unterstützen?
- Was tun wir, wenn es mal nicht klappt?

Zu den ersten beiden Punkten werden gemeinsam Ideen gesammelt und überlegt, wie jedes Teammitglied sich selbst und andere bei der Umsetzung unterstützen kann. Hier kann auch schon in Bildern gedacht und visualisiert werden „was uns als Team wichtig ist". Und auch der Fall, dass das Signal vielleicht einmal keine Wirkung zeigt, sollte mitberücksichtigt und diskutiert werden – ebenso wie folgende Fragen:

- Soll das Signal visuell sein (wie eine Karte, die gehoben wird) oder beispielsweise auditiv über ein bestimmtes Stichwort erfolgen?

- Wer soll das Signal geben? In welcher Situation genau?
- Soll dann sofortiges, ergänzendes Feedback gegeben werden?
- Wie reagiert die Person, die das Signal-Feedback bekommt? Darf sie beispielsweise noch den Gedankengang zu Ende bringen, bevor der Exkurs beendet wird?

Assoziationen werden zu Signalen

Möchte ein Teammitglied auf die Metaebene wechseln und ein Thema im Gesamtkontext zu betrachten, könnte das Hochhalten einer Karte mit „Metacopter" als Signal dienen. (Illustration: noesis)

Sind diese Fragen geklärt, geht es an die konkrete Ausgestaltung der Signale. Dabei darf in Bildern, Geräuschen und allem anderen gedacht werden, das mit der jeweiligen Regel assoziiert wird. Auf der visuellen Ebene könnte beispielsweise der „Metacopter" dazu anhalten, auf die Metaebene im Gespräch zu wechseln, der „Wertschätzungsspender" könnte das Team zu einem kurzen Applaus anhalten, um einen Erfolg zu feiern, und der Karabinerhaken könnte ein visuelles Signal dafür sein, dass sich ein Teammitglied Unterstützung wünscht. Um alle Beteiligten für den Einsatz der Signale zu motivieren, kann es hilfreich sein, die Karten oder Gegenstände, die im Team gemeinsam als Signale definiert wurden, an alle Beteiligten zu verteilen, sodass jedes Teammitglied ein persönliches Set erhält.

Klare Absprachen erleichtern den Einsatz der Signale

Wichtig ist dabei, dass alle Teammitglieder mit den Regeln einverstanden sind und dass das Vorgehen möglichst konkret vereinbart wird. Einigen Teammitgliedern mag es vielleicht unnötig erscheinen, über die genaue Form des Zeichens nachzudenken. In diesem Fall sollte erklärt werden, dass das Geben des agilen Feedbacks sehr viel leichter fällt, wenn das „Wie" klar ist und die Feedback-Nehmenden auf diese Art der Unterbrechung schon vorbereitet sind.

Neben Karten bzw. Signalen, die anderen ein Feedback geben, kann es auch Töne, Bilder oder Slogans geben, die das Fragen nach Unterstützung symbolisieren – nach dem Motto „Support me" oder „Please repeat" – oder Bedürfnisse ausdrücken wie „Ich möchte dazu etwas sagen". Auch Signale zur Verstärkung eines Verhaltens, das sich die Teammitglieder mehr wünschen – beispielsweise Beiträge mit konkreten Lösungsvorschlägen oder direktes Aussprechen von Lob –, können entwickelt werden. Und wenn es mal nicht klappt? Auch für das agile Team-Feedback gilt natürlich, dass Retrospektiven hilfreich und Korrekturschleifen willkommen sind. Dann wird gemeinsam überlegt: Brauchen wir mehr oder andere Signale im Team? Was hilft uns noch dabei, diese einzusetzen?

Was ist hier systemisch?

1. Die Methode fokussiert auf die **individuelle Dynamik** im System „Team" mit seinen sich selbst aufrechterhaltenden Mustern: Diese können durch Bewusstmachen und einfache Signale gezielt unterbrochen oder verändert werden.

2. Anstatt bei nicht wirksamen Prozessen in Problemtrance zu verharren, nehmen die Teammitglieder miteinander einen **Lösungsfokus** ein, in dem Muster des Zusammenwirkens besser in gemeinsamer Synchronisation weiterentwickelt werden.

3. Durch den Fokus auf erwünschte Verhaltensweisen wird der ressourcenorientierte Ansatz unterstützt, indem bewusst gemacht wird, was schon gut funktioniert. Das führt gleichzeitig zu einer Unterschiedsbildung: Wo hat es schon geklappt und was haben wir da genau getan?

Zum Weiterlesen

▸ Intervention „Forward statt backward", ab Seite 223

Von der Antwort zur Frage

von Janina Merk

Infos

- **Gruppengröße:** je nach Teamgröße
- **Material:** Moderationswand, Papier, Moderationskarten, Klebezettel, Stifte
- **Zeitaufwand:** ca. 30 bis 45 Minuten

Häufig werden Retrospektiven strikt nach demselben Muster abgehalten – was dazu führen kann, dass Teammitglieder im Denken blockieren und die Lernerfahrung ausbleibt. Die Methode Q&A hilft dabei, auf humorvolle Art und Weise Retrospektiven-Muster aufzubrechen, Feedback-Schleifen zu variieren und neue Blickwinkel zu ermöglichen.

Wie kommen wir in unserem Projekt voran? Was brauche ich gerade von meinen Kolleginnen? Bis wann müssen wir die anderen Abteilungen mit einbeziehen? Welche Kunden sind aktuell besonders herausfordernd und welche Lösungen sehen wir? Wo setzen wir unsere Prioritäten? Das sind nur einige der Fragen, die im Rahmen einer Teamarbeit immer wieder auftauchen – und in Meetings und Abstimmungsterminen zur Sprache kommen. Nicht immer ist dabei jedoch auch gewährleistet, dass wirklich jedes Teammitglied dasselbe unter jeder Frage versteht bzw. die Fragen auf diesselbe Weise interpretiert wie die Kolleginnen und Kollegen. Im Gegenteil: Oftmals nähern sich Teammitglieder einer Frage von unterschiedlichen Standpunkten und nehmen bei der Suche nach Antworten verschiedene Elemente in den Fokus.

Das Team synchronisieren

Um hier eine gute Synchronisation zu erreichen und aus Projekten, Aufgaben und alltäglichen Situationen zu lernen, haben viele Teams Feedback-Schleifen in ihren Arbeitsalltag integriert. In regelmäßigen Retrospektiven stellen sie sich Fragen wie:

- Was ist uns gut gelungen?
- Worauf sind wir stolz?
- Was war schwierig?
- Was haben wir gelernt?
- Was möchten wir in Zukunft neu/anders/nicht mehr machen? ...

Retrospektiven können auf Dauer ermüden

Zur Abwechslung: Erst die Antwort, dann die Frage!

Werden Retrospektiven jedoch immer nach demselben Muster und mit ähnlichen Fragen durchgeführt, kann das dazu führen, dass die Teammitglieder auf Dauer ermüden, abschalten und keine Learnings aus gemachten Erfahrungen ziehen. Um das zu vermeiden und stattdessen Abwechslung in den Lernprozessen im Team zu schaffen, neue Blickwinkel und Erkenntnisse zu erreichen und somit eine differenzierte Basis für das Teamlernen zu ermöglichen, bietet es sich an, die Feedback-Schleifen hin und wieder zu variieren – z.B. mithilfe von Q&A, einer Methode, die sich den Lernerfahrungen ganz bewusst und mit einer Prise Humor nähert. Inspiriert von der bekannten TV-Show Jeopardy setzt Q&A nämlich nicht bei den Fragen (Questions), sondern bei den Antworten (Answers) an – funktioniert also wie eine Art umgekehrtes Quiz. Das heißt: Das Team bekommt Antworten vorgelegt, zu denen es sich die passenden Fragen überlegen muss.

Abb.: Wie bei einem Quiz gilt es auch bei der Methode Q&A, auf die richtige Lösung zu kommen – allerdings nicht, indem die richtige Antwort auf eine Frage gegeben, sondern umgekehrt: die passende Frage zu einer Antwort gefunden wird.

Dafür werden aus dem Teilnehmerkreis zunächst je nach Teamgröße ca. drei bis vier kleinere Gruppen gebildet. Bei einer kleineren Teamgröße kann alternativ einzeln oder zusammen mit einem Partner oder einer Partnerin gearbeitet werden. Der Moderator bzw. die Moderatorin stellt zudem eine Moderationswand mit einem Raster auf, auf dem die Anzahl der jeweiligen Gruppen als Spalten und die definierte Zahl der pro Gruppe zu findenden Fragen und Antworten als Zeilen abgebildet sind. (Beispiel: Bei drei Gruppen und fünf Q&A-Kombinationen entspricht dies einem Raster von drei Spalten und fünf Zeilen.) Dieses Raster dient der Visualisierung und Auswertung der Methode.

Jede Gruppe notiert eigene Fragen und kurze Antworten

Anschließend sammeln die jeweiligen Gruppen Fragen und Antworten auf Moderationskarten. Die Frage wird dabei auf die eine, die Antwort auf die andere Seite der Moderationskarte notiert – es entstehen die Q&A-Karten. Abhängig von der Komplexität des Themas, der Größe des Teams und der Anzahl der zu suchenden Fragen, kann dieser Schritt unterschiedlich viel Zeit in Anspruch nehmen. Der ungefähre Richtwert liegt bei 15 bis 25 Minuten für drei bis fünf Q&A-Karten je Gruppe. Der Zeitrahmen wird den Mitgliedern zu Beginn mitgeteilt.

Der Kreativität sind so gut wie keine Grenzen gesetzt

Die Kreativität der Teilnehmenden kann und darf sich bei diesem Schritt frei entfalten. Wichtig ist nur, dass die Antworten so kurz wie möglich gehalten sind, also bestmöglich aus einem Wort oder einem kurzen Halbsatz bestehen. Denkbare Antwortmöglichkeiten sind z.B. spezifische Prozessbezeichnungen, Arbeitsmittel, Ressourcen, Zeiträume oder auch Personennamen von Teammitgliedern oder Kunden. Einzige Voraussetzung ist, dass die Fragen und Antworten aus dem Kontext des Teams stammen und sich inhaltlich in den Rahmen der Retrospektive einordnen lassen.

Die übrigen Gruppen erraten die Fragen anhand der Antworten

Anschließend treffen sich die Gruppen wieder im Plenum und pinnen ihre Q&A-Karten mithilfe des Moderators bzw. der Moderatorin in das tabellarische Raster auf der Moderationswand, sodass die Antworten sichtbar sind. Nun gilt es für alle Gruppen, herauszufinden, welche Fragen sich die jeweils anderen Gruppen zu den abgebildeten Antworten gestellt haben. Ziel dabei ist es, möglichst nahe an die auf der Rückseite der Karte notierte Frage heranzukommen. Der Moderator/die Moderatorin begleitet das Team dabei.

Auflösung

Dafür werden zu jeder sichtbaren Antwort im Plenum ca. drei Ideen (oder mehr) von denjenigen Teilnehmenden gesammelt, die das Geheimnis der Q&A-Karte – sprich: deren Rückseite – nicht kennen. Die genannten Vorschläge visualisiert der Moderator/die Moderatorin mit und pinnt sie an die jeweilige Position im Raster auf der Moderationswand. Erst danach erfolgt die Auflösung durch die Gruppe, die die Fragen und Antworten ursprünglich formuliert hat. Auf diese Weise werden zu allen Antworten Frageideen gesammelt. Am Ende entsteht ein Raster voller Assoziationen und Impulse, das zur weiteren Arbeit an den Themen genutzt werden kann.

Am Ende steht die Reflexion

Auswertung von Ergebnissen und Methode

Sind alle Felder auf dem Raster aufgelöst, leitet der Moderator bzw. die Moderatorin zu einer Reflexionsrunde über. Mögliche Fragen, die er oder sie stellen kann, sind:

- Bei welchen Inhalten erleben wir eine große Übereinstimmung?
- Wo sind wir schon sehr synchron unterwegs?
- Wo liegen wir noch weiter auseinander?
- Wie erklären wir uns diese Unterschiedlichkeit?
- Wie können wir diese Unterschiedlichkeit nutzen?
- Welche konkreten Schritte können wir ableiten?

Aber auch inhaltlich zur Methode können Lernmomente festgehalten werden:

- Wie leicht (oder schwer) ist es mir gefallen, von den Antworten her zu denken? Wie kann ich mir das erklären?
- Was ist meine persönliche Lernerfahrung? Was nehmen wir als Team aus dieser Retrospektive mit?

Die Lernmomente werden auf einem Flipchart oder der Moderationswand festgehalten. Grundsätzlich gilt: Q&A kann sowohl in festen Teams – im normalen Arbeitsablauf sowie auch im Rahmen eines Teambuildings – als auch in Projektgruppen oder Trainings eingesetzt werden und dabei unterstützen, sich dem Thema „Lernen durch Retrospektiven" spielerisch und humorvoll zu nähern und ein Bewusstsein für die unterschiedlichen Blickwinkel von Teammitgliedern zu erzeugen. Die Methode ist kurzweilig, macht Spaß und erzeugt eine differenzierte Diskussion verschiedener Perspektiven hinsichtlich der Themenschwerpunkte der Retrospektive.

Was ist hier systemisch?

Muster bestimmen das Zusammenwirken in Systemen: Diese Muster können die Beteiligten unterstützen, Mehrwert stiften und sinnvoll sein oder eben auch wenig hilfreich sein. Wo sich gemeinsame oder unterschiedliche Denkmuster oder Herangehensweisen zeigen und an welchen Stellen Muster möglicherweise überdacht werden sollten, können die Akteure eines Systems in der (gemeinsamen) Reflexion erkennen.

Da wir in Systemen immer Ursache und Wirkung zugleich füreinander sind, fällt diese Aufgabe nicht immer leicht. Wenn wir Muster erweitern und verändern wollen (was von außen nicht möglich ist), sollten wir uns darum im System gemeinsam für neue Muster-Bestandteile entscheiden – stets mit dem Leitsatz vor Augen: Was im System einen Mehrwert stiftet, ist anschlussfähig ans System. Daher eignet sich z.B. das Vorgehen, auf positive Ergebnisse und Erkenntnisse zu schauen, um die für das Team nützlichen Muster zu verstärken. Wo benötigen wir Synchronität? Wo ist Unterschiedlichkeit nötig, um Erfolge im Team zu erzielen?

Zusätzlich ist es sinnvoll, mit Verankerungsritualen zu arbeiten. Retrospektiven in regelmäßigen Abständen bieten sich als Rituale an, um den Blick der Teammitglieder für Synchronität und Unterschiedlichkeit im Team zu schärfen und daraus für die Gruppe nützliche Maßnahmen abzuleiten.

5. Auf zu neuen Ufern

In diesem Abschnitt finden Sie folgende Interventionen:

Ressourcen-Triple

von Anna Dollinger

Infos

- **Gruppengröße:** eine oder mehrere Gruppen mit je 3 Teilnehmenden
- **Material:** der VAKOG-Leitfaden (siehe Download-Ressourcen); außerdem sollten ausreichend Rückzugsorte für die Gruppenarbeit vorhanden sein
- **Zeitaufwand:** insgesamt 45 bis 60 Minuten pro Person

Zum systemischen Denken und Handeln gehört auch eine starke Lösungs- und Ressourcenorientierung. Diese lässt sich mit der hier beschriebenen Technik gezielt fördern – bei Einzelpersonen ebenso wie in Gruppen.

Das Ressourcen-Triple zielt darauf ab, dem Nutzer oder der Nutzerin zu helfen, sich selbst für schwierige Prozesse zu wappnen oder sich während dieser zu motivieren und zu stärken. Das ist besonders bei der Begleitung von Change-Projekten interessant, kann aber auch für die Bewältigung individueller Herausforderungen eingesetzt werden. Die Technik ist eine modifizierte Version der „Absorptionsmethode", die der Psychotherapeut Arne Hofmann für die Bearbeitung von Traumata entwickelt hat.

In der Übung rufen sich die Teilnehmenden zunächst Kompetenzen beziehungsweise Fähigkeiten oder Ressourcen ins Bewusstsein, die bei der Bewältigung eines Veränderungsprozesses nützlich sind. Ich nutze hier gerne alle drei Begriffe, denn Humor zum Beispiel empfinden viele Menschen nicht als Fähigkeit, aber als Ressource können sie Humor durchaus sehen.

Die Teilnehmenden fokussieren sich anschließend auf die gefundenen Stärken und verankern diese. So können sie die Ressourcen bei Bedarf wieder abrufen und sich selbst vor Augen führen – nach dem Motto: „Das habe ich ja da und da schon gekonnt! Da habe ich doch gezeigt, dass ich es kann!"

Vorgehen in fünf Schritten

Abb.: Wer sich seine Ressourcen möglichst lebendig vergegenwärtigt, kann leicht auf sie zurückgreifen.

Der Trainer oder die Moderatorin bittet die Teilnehmenden, sich in Dreiergruppen zusammenzufinden. Jedes Trio bekommt die Aufgabe, sich gegenseitig dabei zu unterstützen, ein persönliches Ressourcen-Triple zu entwickeln, also sich pro Person auf drei Fähigkeiten oder Ressourcen zu einigen. Sind diese identifiziert, sucht jeder/jede jeweils bei sich selbst nach Situationen und Erfahrungen, in denen er/sie diese Fähigkeiten bereits gezeigt hat.

Im Detail sieht der Ablauf so aus:

Schritt 1: Beschreiben und Bewerten der Veränderungssituation
(3-5 Minuten)

Anstehende Herausforderung ermitteln

Zunächst beginnt z.B. ein Teilnehmer, der sogenannte Erzähler, damit, sich die Veränderungssituation, die auf ihn zukommen wird oder in der er sich befindet, vorzustellen und den anderen zu beschreiben. Er nimmt eine Einschätzung vor, wie stark ihn diese Situation auf einer Skala von 1 (gering) bis 10 (hoch) belastet oder vermutlich belasten wird und teilt seinen Kolleginnen und Kollegen dies mit.

Schritt 2: Finden von persönlich stärkenden Ressourcen
(bis zu 10 Minuten)

Anschließend unterstützen die anderen beiden den Erzähler dabei, drei Kompetenzen/Fähigkeiten/Ressourcen zu finden, die für ihn im Umgang mit der Veränderungssituation hilfreich erscheinen (z.B. Gelassenheit, Humor, die Fähigkeit, sich abzugrenzen, offene Kommunikation ...). Die Kolleginnen oder Kollegen dürfen gerne Vorschläge machen, auswählen wird selbstverständlich der Erzähler selbst.

Das „Triple": Drei persönliche Ressourcen finden

Es ist wichtig, darauf zu achten, dass die gefundenen Fähigkeiten (Ressourcen, Kompetenzen) von der Bedeutung her nicht zu dicht aneinanderliegen. Die Begriffe „Sich gut abgrenzen können" und „Auf sich selbst achten" wären beispielsweise semantisch zu nahe beieinander und würden somit keinen Mehrwert schaffen. Ein solides Triple könnte beispielsweise so aussehen:

1. Sich gut abgrenzen können.
2. Rechte mutig einfordern können.
3. Auch mal „Fünfe gerade sein lassen" können.

Konkrete Erinnerung hilft

Schritt 3: Konkrete Situationen, in denen die betreffenden Fähigkeiten schon relevant waren; Vertiefung anhand des VAKOG-Leitfadens (20 Minuten)

Wenn eine Erzählerin drei Kernkompetenzen – also ihr „Ressourcen-Triple" – gefunden hat, erinnert sie sich für jede Ressource an eine konkrete Situation, in der sie sie schon einmal nutzbringend einsetzen konnte. Das ist manchmal nicht ganz einfach und kann einige Zeit dauern. Mit etwas Geduld wird man hier aber immer fündig – und wenn es in einem ganz anderen Zusammenhang ist.

Beispielsweise fand eine Teilnehmerin lange keine Situation, in der sie mutig etwas gefordert hatte – obwohl sie sicher war, dass dies eine relevante Ressource für sie ist. Erst als die Kleingruppe auf ihre Kinder zu sprechen kam, stellte sich heraus, dass sie in deren Namen sehr gut und sehr regelmäßig Dinge mutig einfordern konnte.

Dann führt sich der Erzähler oder die Erzählerin die betreffenden Situationen nacheinander so konkret wie möglich vor Augen:

Konkrete Situationen zu jeder Ressource näher betrachten

- Wie genau lassen sie sich beschreiben?
- Was hat der Erzähler/die Erzählerin getan? Wie hat er/sie konkret reagiert, was hat er/sie gesagt?
- Wie hat er/sie sich gefühlt? Währenddessen? Und danach?

Mit allen Sinnesmodalitäten

Download: VAKOG-Leitfaden

Als Hilfsmittel dazu erhalten die Teilnehmenden den VAKOG-Leitfaden (siehe Download-Ressourcen). VAKOG steht für die fünf Sinnesmodalitäten: **V**isuell, **A**uditiv, **K**inästhetisch, **O**lfaktorisch und **G**ustatorisch. Anhand dieser Modalitäten wird die Beschreibung jeder Situation nun spezifiziert.

Die beiden anderen Gruppenmitglieder unterstützen den Erzähler oder die Erzählerin dabei, indem sie die Fragen des VAKOG-Leitfadens stellen und die Antworten vertiefen und konkretisieren:

- Wie klang deine Stimme?
- Welche Haltung hattest du? Wie hat sich die des Gegenübers verändert?
- Gibt es Gerüche, an die du dich erinnerst?

Dabei sind nicht für alle Beteiligten alle diese Modalitäten gleich wichtig. Die Fragenstellenden verweilen in dieser Übung deshalb da, wo es dem Erzähler/der Erzählerin leichter fällt, sich auszudrücken.

Wir haben dem VAKOG-Leitfaden noch die Dimension „Denken" hinzugefügt – also die Frage:

- Was hast du dir gedacht? Was hast du in dieser Situation gedacht?

Denn Fragen hierzu können sehr ergiebig sein. Für die Beteiligten (auch den Erzähler/die Erzählerin) ist es hilfreich, sich die Erinnerungen zu notieren.

Schritt 4: Wiederholen, Vertiefen und Ankern der Ressourcenerfahrungen (insgesamt 10 Minuten)

Gruppenmitglieder fassen die Ergebnisse zusammen

Wenn sich der Erzähler oder die Erzählerin seine/ihre drei Ressourcen in den Situationen bewusst und intensiv vor Augen geführt hat, werden diese nun noch einmal zusammengefasst, ohne die Situationen erneut zu benennen. Dies geschieht durch eines der anderen Gruppenmitglieder beispielsweise so:

„Du hast gezeigt, dass du dich sehr wohl abgrenzen kannst. Dabei hast du zum Beispiel Folgendes gesagt: ‚Es tut mir leid, bei uns ist gerade so viel los' und auch Folgendes: ‚Leider geht es nicht – aber nächste Woche

kann ich dir sicher helfen'. Und während du das gesagt hast, hast du gedacht: ‚Schau an, das kann ich also so klar aussprechen. Das finde ich richtig gut'. Und dabei hast du den anderen gerade angeschaut, deinen Körper aufgerichtet und deine Brust. Du hast gefühlt, wie sich dein Rücken stark anfühlt und dass eine gute Distanz zwischen dir und deinem Gegenüber liegt …"

Abrufbar verankern

Körperanker entwickeln

Bevor man dies als Partner oder Partnerin zusammenfasst, bittet man den Erzähler, sich eine bestimmte Geste zu suchen, die er während des Erzählens zu den betreffenden drei Ressourcen ausführen kann und als passend empfindet. Dies kann zum Beispiel das Drücken des kleinen Fingers sein oder eine Geste, als würde man etwas ruhig und doch nachhaltig mit den Händen von sich schieben, oder auch ein ruhiges, langsames Klopfen mit den Handflächen auf den Oberarmen oder Oberschenkeln. So soll ein Körperanker geschaffen werden, der bei Bedarf genutzt werden kann, um sich die Ressourcen wieder in Erinnerung zu rufen.

Für alle drei Ressourcen kann dies die gleiche Geste sein oder auch eine Abfolge von Gesten – wie das der Erzählerin am liebsten ist. Während das Gegenüber die Aussagen zusammenfasst und ruhig spiegelt (das „Mitgehen" darf gerne auch körperlich sein), bittet der Trainer die Erzählerin, die von ihr gewählte(n) Geste(n) auszuführen. Zum Abschluss bittet er die Erzählerin, für sich die Geste(n) nochmals auszuführen und sich das eben Gehörte dabei innerlich selbst zu erzählen.

Schritt 5: Erneute Bewertung der Situation und „Übungsauftrag"

(3 Minuten)

Ziel ist, die wahrgenommene Belastung zu senken

Nun bitten die beiden anderen Gruppenmitglieder den Erzähler oder die Erzählerin, erneut eine Einschätzung bezüglich des betreffenden Veränderungsprozesses vorzunehmen: *„Mit Blick auf die bei dir vorhandenen Ressourcen: Wie belastend fühlt sich die Situation auf einer Skala von 1 (gering belastend) bis 10 (hoch belastend) nun an?"*

Bestenfalls ist der Erzähler oder die Erzählerin zwei bis drei Skalenpunkte nach unten gerutscht! Wenn dies so ist, sollten die beiden anderen ihn/sie beglückwünschen und noch mal deutlich machen, dass er/sie sich am besten ab jetzt zweimal täglich das Besprochene selbst erzählt und dabei seine/ihre Gesten ausführt. Das hilft, damit ihm oder ihr in Erinnerung bleibt, worüber er/sie als Ressource, Fähigkeit und Kompetenz verfügt.

Wenn die gefühlte Belastung nicht geringer geworden ist, sollte die Moderatorin nachfragen, was der Erzähler/die Erzählerin jetzt aus seiner/ihrer Sicht bräuchte, damit dies der Fall wäre. Anschließend kann sie entweder nachfragen, wie der Erzähler oder die Erzählerin hier entsprechend für sich selbst sorgen könnte, oder mit einer anderen Technik weiterarbeiten.

Per strategischer Schleife zur Zukunft

von Katharina Fehse

Infos

- **Gruppengröße:** maximal 12 Personen
- **Material:** Flipchart, Kärtchen
- **Zeitaufwand:** ein halber bis ein ganzer Tag

Die systemische Schleife ist ein grundlegendes Denk- und Prozessmodell für das systemische Arbeiten. Als solches eignet es sich auch sehr gut für die Entwicklung und Überprüfung der Unternehmensstrategie.

Wenn der Wettbewerb sich unerwartet verändert oder die Rahmenbedingungen sich verschieben, ist es nicht immer einfach, den Überblick zu behalten und den eigenen Fokus nicht aus den Augen zu verlieren. Doch das ist wichtig für Unternehmen – nicht nur in dynamischen Märkten oder volatilen Kontexten. Nur dann können sie, statt blind zu agieren, gezielt und bewusst handeln. Deshalb sollte das Management in regelmäßigen Abständen einen kritischen Blick auf die eigene Strategie werfen und sie für die Sicherung des Unternehmenserfolgs gegebenenfalls anpassen.

Für diesen regelmäßigen Check der Position des Unternehmens anhand von Orientierungspunkten, die dabei helfen, Kurs zu halten, kann die strategische systemische Schleife sehr nützlich sein. Sie geht auf ein Konzept der Berater Reinhart Nagel und Rudolf Wimmer zurück und unterstützt auf zwei Ebenen: Einerseits symbo-

Pendeln zwischen strategischer Perspektive und Tagesgeschäft

lisiert sie das Auftauchen aus dem operativen Tagesgeschäft in eine strategische Perspektive, aus der man die Zusammenhänge anders beobachten und leichter neue Ansätze finden kann als in den Zwängen des Alltags. Andererseits beinhaltet die Schleife auch das periodische Eintauchen in das Tagesgeschäft.

Die Methode lässt sich gut in Strategie-Workshops einsetzen, beispielsweise als eine mehrstündige Intervention. Sie kann aber auch den gesamten Workshop über bis zu zwei Tage hinweg tragen – wenn die Beteiligten sehr tief in die Fragen einsteigen möchten.

Die aktive Ausrichtung erkennen

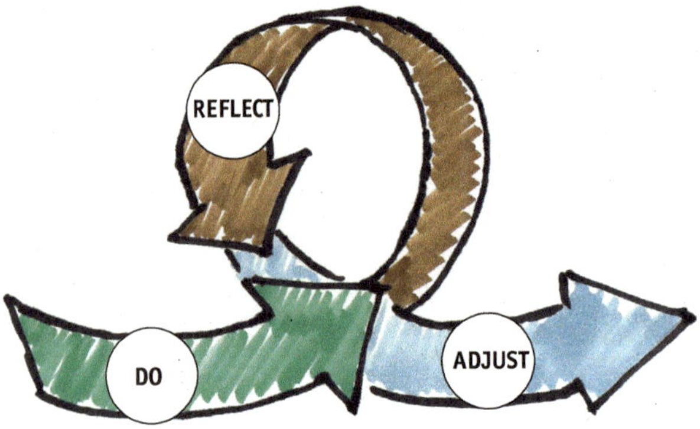

Neben Moderationsmaterialien ist vor allem eine Moderationswand mit einer Darstellung der strategischen systemischen Schleife und den entsprechenden Fragen zur Veranschaulichung wichtig (siehe Download-Ressourcen). Sie hilft, das Setting zu erklären und die drei Phasen des Modells zu erläutern, die im Workshop bearbeitet werden: **Do, Reflect, Adjust.**

Download: Die systemische Schleife

Im ersten Schritt wird dann überprüft, inwieweit die gewünschten Ergebnisse mit den bisherigen Tätigkeiten (dem „**Do**") erreicht wurden. Ziel ist es, die Sichtweise aller einzuholen und ein gemeinsames Verständnis für das zu schaffen, was erreicht wurde. Außerdem wird nach Erklärungsmodellen und Hypothesen gesucht, warum bestimmte Ziele oder gewünschte Ergebnisse nicht erreicht wurden. Hilfreiche Fragen für den Einstieg in die Reflexion (das „**Reflect**") sind hier zum Beispiel:

Bisherige Tätigkeiten analysieren

- Mit Blick auf die Ergebnisse: Worauf sind wir stolz? Und was bedauern wir?
- Was haben wir getan, um die Ergebnisse zu erreichen?
- Welche Erklärungsmodelle oder Hypothesen haben wir dafür, dass wir die gewünschten Ziele nicht erreicht haben?
- Was hätten wir noch tun können, um die Ergebnisse zu erreichen?

Wenn die Gruppe nicht zu groß ist (maximal zwölf Personen), kann zum Beispiel die Moderatorin alle bitten, die Fragen zunächst für sich selbst zu beantworten. Die wichtigsten Punkte halten sie auf Kärtchen fest, die sie anschließend im Plenum präsentieren, wo sie, wenn möglich, von der Moderatorin – oder dem Moderator – am Flipchart geclustert werden. Alternativ sind bei größeren Gruppen Murmelgruppen möglich, in denen beispielsweise drei Personen die Fragen bearbeiten.

Die Ausrichtung überprüfen

Auch Veränderungen im Umfeld einbeziehen

Im zweiten Schritt wird geschaut, inwieweit sich der Markt verändert hat, also welche Entwicklungen es im relevanten Umfeld aktuell gibt. Hilfreiche Fragen sind hier:

- Welche Dynamiken und Trends nehmen wir in unserem Umfeld wahr?
- Welche technologischen Veränderungen erleben wir?
- Was macht der Marktbegleiter/Wettbewerber?
- Wie erleben wir unsere Kunden und Kundinnen bzw. deren Verhalten? Was hat sich ggf. hier verändert?

Ergebnisse vor der Weiterarbeit verdichten

Diese zweite Phase kann gut in Kleingruppen bearbeitet werden. Im Anschluss an die Gruppenarbeit ist es wichtig, dass die Ergebnisse aller präsentiert und zu einem gemeinsamen Bild verdichtet werden. So lässt sich erkennen, welche Themen stärker im Team fokussiert werden sollten. Dieses Verdichten stellt die Grundlage für den nächsten Schritt, die weitere Arbeit in Richtung Zukunftsbild, dar.

Die Ausrichtung anpassen

Im dritten Schritt geht es darum, unter Berücksichtigung der identifizierten Veränderungen ein Zukunftsbild zu zeichnen. Zunächst lädt die Moderatorin – oder der Moderator – die Teilnehmenden ein, gemeinsam mit ihr auf eine Zukunftsreise zu gehen: *„Ich lade Sie jetzt zu einem Experiment ein, in dem wir das Wirkliche für eine Weile hinter uns zurücklassen und uns intensiv mit dem Möglichen auseinandersetzen. Das Mögliche ist das, was auch real sein könnte. Nicht im Sinne einer Utopie, sondern im Sinne dessen, was sein könnte"*, beginnt eine mögliche Einführung.

Ein realistisches Zukunftsbild zeichnen

Und weiter: *„Ich lade Sie ein, einen gedanklichen Zeitsprung zu vollziehen. Einen Sprung zu jenem Zeitpunkt, an dem unsere Vorhaben erfolgreich abgeschlossen und erfolgreich umgesetzt sein werden. Wir tauchen ein in die Vorstellung und in die Zeit, da Ihre Vorhaben und Projekte konkret realisiert sind."*

Dann wird die Moderation konkreter: *„Wir stellen uns vor, es ist das Jahr 20xy und wir haben die gewünschten Ziele erreicht."* Sie fragt:

- *„Wir haben unsere Strategien trotz verschiedenster Hindernisse erfolgreich umgesetzt: Woran würden Sie das erkennen?"*
- *„Wir haben Dinge besser gemacht als andere: Woran würden wir das festmachen?"*
- *„Was wären die Ergebnisse daraus? Wer würde das woran feststellen? (Kollegen und Kolleginnen, Mitarbeiter, Kundinnen ...)?"*

„Stellen Sie sich vor, in der Mittagspause treffen Sie eine Kollegin beim Essen, die Ihnen erzählt, dass sogar neulich auf einer Kundenveranstaltung von den positiven Auswirkungen Ihrer Veränderungen gesprochen wurde. Und sie erzählt Ihnen, was genau die Kunden begeistert berichtet haben ...", so der Moderator weiter, der dann fragt:

- *„Was haben die Kunden berichtet? Was konkret begeistert die Kunden so sehr?"*
- *„Woran würden Sie selbst noch merken, dass Kunden höchst begeistert und zufrieden sind?"*
- *„Und wo könnten sogar Wettbewerber spüren, dass Sie als Bereich noch besser und wirksamer geworden sind?"*
- *„Was würden die Wettbewerber hier wirklich spüren? Was würde Wettbewerber schmerzen?"*

Dann leiten Moderatorin oder Moderator die Rückkehr in die Gegenwart ein: *„Und während Sie jetzt die letzten wichtigen Erfolgsfaktoren festhalten, beginnt sich die Zeit zurückzudrehen und Sie sind wieder hier ..."*

Anschließend bittet der Moderator alle, sich in – neu gemischten – Kleingruppen über ihre Zukunftsbilder auszutauschen und folgende Fragestellungen zu bearbeiten:

- Was wollen wir in einem Jahr (in zwei Jahren) erreicht haben?
- Woran konkret machen wir fest, dass wir die gewünschten Ergebnisse erreicht haben?

- Wie müssen wir uns aufstellen?
- Wofür gibt es uns?

Danach werden die Ergebnisse im Plenum präsentiert, und ein gemeinsames Fazit wird gezogen.

Das Zukunftsbild in konkrete Maßnahmen überführen

Im letzten Schritt geht es darum, das Zukunftsbild in konkrete Maßnahmen zu überführen („**Adjust**") nach dem Motto „Mit Blick auf die gewünschte Zukunft: Was müssen wir mehr, weniger und neu bzw. anders tun?". Hier empfiehlt es sich, diese Sequenz im Plenum durchzuführen, um bei der Festlegung der Maßnahmen gleich das Commitment aller erfragen und sichern zu können. So erfolgt nach dem strategischen Review wieder das Eintauchen in den operativen Fluss.

Literatur

- Nagel, R. & Wimmer, R. (2014): Systemische Strategieentwicklung. Modelle und Instrumente für Berater und Entscheider. Stuttgart: Schäffer-Poeschel, 6. Aufl.

Ein Motto gegen Stress

von Judith Reinwald und Anna Dollinger

Infos

- **Gruppengröße:** Gruppen mit 3 bis 30 Teilnehmenden
- **Material:** ein Computer mit Internetzugang (am besten pro Teilnehmer/Teilnehmerin) und Farbdrucker, schriftliche Instruktion, v.a. für die Vorbereitungsaufgabe,ggf. Flipcharts mit Aufgabeninstruktion
- **Zeitaufwand:** insgesamt ca. 3,5 Stunden, davon sind ca. 60 Minuten als Vorbereitung in Einzelarbeit möglich

Stress ist zwar nicht unbedingt selbst gemacht – die Art, wie wir belastende Situationen wahrnehmen, allerdings schon. Deshalb lohnt es sich, an der eigenen Resilienz zu arbeiten, zum Beispiel mit Werkzeugen aus dem Zürcher Ressourcen Modell (ZRM).

Stress verringert die Leistungsfähigkeit

In Zeiten zunehmender Komplexität, widersprüchlicher Anforderungen und hoher Ungewissheit leiden immer mehr Menschen unter starkem Stress. Die Folge: Ihre Kompetenz halbiert sich gewissermaßen. Denn wer unter Druck steht, kann nicht mehr locker assoziieren und improvisieren, kreative und innovative Ideen entwickeln, die Intuition anzapfen oder sich selbstbewusst kritisch reflektieren, um zu lernen – obwohl das gerade in solchen Situationen besonders hilfreich wäre.

Damit dies wieder gelingt, kann ein Impuls von außen hilfreich sein, der einen dazu bringt, die eigene Wahrnehmung der belastenden Situation zu verändern, und weitere Perspektiven aufzeigt. Die hier vorgestellte Intervention tut dies und führt so zu einer Reduktion von Stress und überführt diesen bestenfalls in hilfreiche Flow-Zustände.

Ziel ist es, dass die Teilnehmenden in Stresssituationen weiter auf ihre gesamten Ressourcen und Fähigkeiten zugreifen können und dabei gelassen und kraftvoll bleiben. Der Begriff, der diesen Zustand beschreibt, lautet Resilienz.

Intro: Resilienz erklären

Warum Resilienz aufbauen?

Zur Einstimmung auf die Methode bietet es sich an, zu erklären, was Resilienz ist und welche Vorteile es hat, sie aufzubauen: *„Der Begriff der Resilienz kommt aus der Materialforschung und bezieht sich auf Stoffe, die nach starkem Druck oder anderer Belastung sofort wieder ihre ursprüngliche Form einnehmen. Im Zusammenhang mit Stress bezeichnet man Resilienz als die Fähigkeit, mit belastenden Situationen gelassen, kraftvoll und zieldienlich umzugehen.*

Ob es sich nun um eine viel zu kurze Deadline handelt, um eine nicht überschaubare Menge von Aufgaben und Anforderungen, den Umgang mit Ungewissheit oder hochemotionalen Menschen – solche ‚stressenden' Rahmenbedingungen lassen sich nur begrenzt beeinflussen. Erst recht, da sie einem nicht immer bewusst und daher nicht einmal klar benennbar sind, sondern nur ein ungutes Gefühl, eine Angespanntheit oder Gereiztheit darauf hindeuten, dass es sie gibt.

Stressoren sind also wie das Wetter – und um uns dagegen zu wappnen, brauchen wir eben entsprechende Kleidung: Wir können also nur mit und an uns selbst arbeiten, um zieldienlicher mit solchen Situationen umzugehen. Deshalb machen wir uns nun mit einer Methode daran, die eigene Resilienz zu stärken."

Vorbereitung der Intervention

Nun stellt der Trainer – oder die Trainerin – die einzelnen Schritte vor. Dabei hilft eine vorbereitete Übersicht auf einem Flipchart oder per PowerPoint. Zudem teilt er eine ausführliche Beschreibung als Instruktion für die Teilnehmenden aus. Das macht insofern Sinn, als diese einen Großteil der Aufgabe in Einzelarbeit durchführen.

1. Schritt: Gefühle sprechen lassen

Gemischte Gefühle sichtbar machen

Der erste Schritt ist die **Affekt-Bilanz** (siehe Seite 256). Sie ist ein Tool aus dem Zürcher Ressourcen Modell und hilft, die Gefühle zu einer Situation oder einem Thema zu erfassen. Da die Forschung belegt, dass Menschen in belastenden Situationen gleichzeitig negative und positive Gefühle empfinden können, also gemischte Gefühle, werden zwei

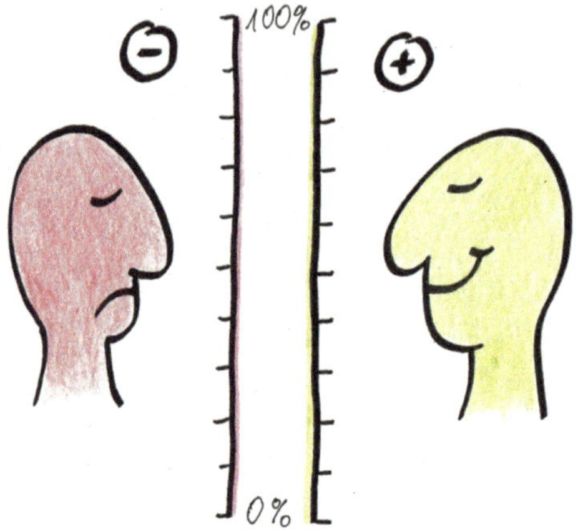

Abb.: Die Affekt-Bilanz hilft, die Gefühle zu einem Thema zu erfassen. In die Skala tragen die Teilnehmenden intuitiv ein, wie stark sie eine Situation als negativ empfinden – und wie stark sie diese gleichzeitig auch als positiv empfinden.

getrennte Skalen zur Erfassung benutzt. Diese Skalen erstellen die Teilnehmenden selbst, indem sie zwei vertikale Striche auf ein Papier zeichnen – einen für die unangenehmen Gefühle und einen für die angenehmen. Am oberen Ende der Skala steht jeweils „100 Prozent" und am unteren „0 Prozent" (siehe links).

Dann werden die Teilnehmenden eingeladen, sich eine herausfordernde, komplexe Situation, die sie bewusst als belastend und stressig empfinden, intensiv vorzustellen: *„Führt euch vor Augen, was läuft da, was hört ihr, was empfindet ihr …?"* Während sie dies tun, markieren sie entsprechend – schnell und ohne nachzudenken –, wie stark sie die Situation als negativ empfinden und wie stark sie sie gleichzeitig auch als positiv empfinden.

Intuitiv machen sie ein Kreuzchen auf den Skalen – ganz individuell, jeder für sich. Ob die Teilnehmenden dies parallel zur Instruktion im Seminar machen oder anschließend in Einzelarbeit, ist situativ vom Trainer oder von der Moderatorin zu entscheiden.

Die Affekt-Bilanz

Die von Psychologen der Züricher Uni unter der Ägide von Maja Storch entwickelte Methode ist eine besondere Form der Skalierungsfrage. Sie setzt auf die Auseinandersetzung mit den eigenen Gefühlen, Bedürfnissen und Fähigkeiten. Sie zu kennen, ist essenziell, um die innere Haltung so zu verändern, dass belastenden Situationen zieldienlich und gelassen begegnet werden kann. Die Affekt-Bilanz fragt deshalb das Unbewusste ab und macht die intuitive Bewertung sichtbar: Wer sie nutzt, kreuzt auf zwei getrennten Skalen schnell und intuitiv an, wie stark er oder sie negative und wie stark er oder sie positive Gefühle in Bezug auf eine bestimmte Situation empfindet.

2. Schritt: Untersuchung mit Verstand

Die markierten Empfindungen nachvollziehen

Spätestens ab jetzt aber ist es sinnvoller, dass die Teilnehmenden für sich allein weiterarbeiten. Nun wird nach möglichen Gründen für die intuitiven Markierungen gesucht. Diese Untersuchung mit dem Verstand ist sehr hilfreich, um weitere Erkenntnisse zu gewinnen, kann jedoch bei engem Zeitplan auch weggelassen werden.

Folgende Fragen können die analytische Untersuchung anleiten:

- Was empfinde ich als besonders belastend/stressig?
- Was noch? Und was noch?
- Was ist trotz allem positiv an der Situation?
- Was noch?
- Und was noch?
- ...

3. Schritt: Die künftige Bilanz

Gewünschte Zielwerte festlegen

Anschließend legen die Teilnehmenden ihre zukünftig gewünschte Affekt-Bilanz fest: Wie muss diese sich verändern, damit sie künftig gelassen, kraftvoll und zielbezogen mit solchen Situationen umgehen können?

Dazu zeichnen die Teilnehmenden jeweils eine zweite Positiv- und Negativ-Skala, oder sie markieren in einer anderen Farbe ihre Wunschwerte auf den bereits vorhandenen Skalen.

4. Schritt: Bildauswahl

Affekt-Bilanz verbildlichen

Hier sucht sich nun jeder rein intuitiv, nicht mit dem Verstand, ein Bild – gegebenenfalls auch ein Objekt – aus, das als Sinnbild für die zukünftige gewünschte Affekt-Bilanz steht. Es soll starke positive Gefühle beim jeweiligen Teilnehmer bzw. bei der jeweiligen Teilnehmerin erzeugen und ausdrücken: „So möchte ich solchen Situationen künftig begegnen."

Hier kann idealerweise jeder an einem eigenen Computer eine Bildsuche durchführen. Inspirierend sind zum Beispiel Suchbegriffe wie „Bilder Impressionisten", „Segeln", „Streetart", „Natur". Dann wird das individuelle Bild von jedem vor Ort ausgedruckt.

Denkbar ist aber auch, dass die Teilnehmenden die individuelle Arbeit vorbereitend alleine erledigen. Dann bringen sie die ausgedruckten Bilder – wie auch den Ideenkorb, der im nächste Schritt gefüllt wird – mit in den Workshop.

5. Schritt: Der persönliche Ideenkorb

Positive Assoziationen sammeln

Wenn das Bild gefunden ist, wird ein „persönlicher Ideenkorb" mit positiven Assoziationen dazu gefüllt. Hierzu schreiben alle auf, was ihnen gut an dem selbst ausgewählten Bild gefällt: Was genau verbinden sie mit bestimmten Darstellungen, Facetten, Formen oder Farben des Bildes?

Der Trainer oder die Trainerin ermutigt hier: *„Verlasst euch auf euer Gefühl. Ihr solltet die Wörter oder Sätze spontan begeisternd, großartig, einfach klasse finden."*

Bevor die Gruppe im nächsten Schritt gemeinsam in die Auswertung und Vertiefung einsteigt, sollten die Moderierenden nun unbedingt Zeit und Raum für Fragen geben. Am besten tun sie dies mit eigenen Fragen, zum Beispiel: *„Mit welchen Gedanken und Gefühlen kommt ihr jetzt wieder zurück ins Plenum?"* Oder: *„Welche Fragen sind bei euch aufgetaucht?"*

„In-Resonanz-Regeln" für das Miteinander

Dies ist zudem ein günstiger Moment, um die „In-Resonanz-Regeln" vorzustellen, die das Miteinander in den folgenden Schritten bestimmen sollen:

- Wer anfangen will, fängt an.
- Wer weitermachen will, macht weiter.
- Wer nichts sagen will, sagt nichts.
- Jeder bestimmt den Grad seiner Selbstoffenbarung selbst.
- Kein Beitrag wird unterbrochen.
- Kein Beitrag wird kommentiert.

Zuletzt werden an dieser Stelle auch zufällige Zweiergruppen – etwa durch einfaches Auslosen – gebildet, da die Teilnehmenden nun mit einem „Seminar-Buddy" weiterarbeiten.

Der Ideenkorb

Dies ist eine eigens fürs ZRM entwickelte Variante des Brainstormings, bei dem man gemeinsam mit einem oder zwei Partnern positive Assoziationen zu einem ausgewählten Bild sammelt. Anschließend wählt man für sich alleine die Assoziationen aus, die sich besonders gut anfühlen, und macht eine Liste der eigenen Lieblingsideen.

6. Schritt: Vom Lieblingswort zum Motto-Ziel

Mit einem Seminar-Buddy positive Sätze formulieren

Nun instruiert beispielsweise eine Trainerin ihre Teilnehmenden so: *„Setzt euch nun mit eurem Seminar-Buddy zusammen und spielt mit euren Lieblingsideen. Das heißt, formuliert Sätze, in denen eure Lieblingswörter enthalten sind. Verbindet die Worte in diesen Sätzen mit einem aktiven starken Verb: Etwa so: ‚In stressigen Situationen will ich handeln wie …' Oder: ‚Unter Ungewissheit will ich mich fühlen wie …' Ihr könnt miteinander, durcheinander oder nacheinander solche Sätze sammeln. Baut die Sätze um, bis sie in euren Ohren passend klingen – und gerne auch ein bisschen verrückt."* Alle haben jeweils 30 Minuten pro Buddy, gesamt also 60 Minuten Zeit, sich auszutauschen und auch zu hören, welche anderen positiven Assoziationen der Partner oder die Partnerin zum ausgewählten Bild hat.

Anschließend entscheiden sich jeder Teilnehmer und jede Teilnehmerin für einem Satz oder formuliert einen als Mischung aus den anderen und formuliert diesen im Präsens und ohne das Wörtchen „will". So entsteht das ganz individuelle, sogenannte Motto-Ziel, das für diesen Teilnehmer oder diese Teilnehmerin seine/ihre künftige Haltung in belastenden Situationen beschreibt.

Wenn sich jemand zum Beispiel ein Bild aus dem Dschungel ausgesucht hat, könnte das Motto-Ziel lauten: „Mit weißer Magie und frischen Blüten und Kräutern nutze ich die positive Kraft von Unterschiedlichkeit."

Der Motto-Satz wird beim Bild notiert

Anschließend schreibt jederund jede Teilnehme seinen/ihren individuellen Satz zu seinem oder ihrem Bild. Besonders wertig kann das gestaltet werden, wenn es ein Buch hierfür gibt oder einen Extraplatz im Handout.

Motto-Ziele

Zur Ressourcen-Aktivierung werden im Rahmen des ZRM sogenannte Motto-Ziele eingesetzt. Sie sind allgemein und bildhaft formuliert und beziehen sich nicht auf konkrete Ergebnisse oder auf spezifisches Verhalten. Sie beschreiben vielmehr die generelle Einstellung, die ein Mensch gegenüber einem Thema einnimmt. Mit diesen Motto-Zielen gelingt es, das unbewusste Selbst anzusprechen und so die Gefühle einer Person bezüglich der belastenden Situation im Sinne der zukünftig gewünschten Affekt-Bilanz zu beeinflussen.

Motto-Ziele können auf jeden Fall im späteren Prozess durch spezifische Verhaltens-Ziele ergänzt werden (siehe Verankerungsrunde), ziehen aber im besten Fall ganz von selbst zielrealisierendes Handeln nach sich.

Veröffentlichung und Verankerung

In der Veröffentlichungsrunde stellt, wer mag, sein Bild und sein Motto-Ziel vor – keiner muss sein Verhalten begründen. Zum Einstieg kann die Trainerin nochmals betonen, dass dieser Satz jetzt eine erste Skulptur darstellt; dass er gerne weiter bearbeitet werden darf – und dass man sich durchaus was „abkupfern" kann von anderen: *„Stars covern. Man muss nicht alles selbst erfinden. Abkupfern ist eine Form von Wertschätzung!"* Bei jedem Vorstellen bedankt sich die Gruppe mit Applaus.

„Coachingrunde" zur Verankerung

Nun folgt die Verankerungsrunde, in der sich alle noch einmal mit ihrem jeweiligen Seminar-Buddy zusammentun, um sich 40 Minuten lang – für jeden Partner etwa 20 Minuten – auszutauschen. Folgende Fragen geben Orientierung:

- Welche Vorteile bringt eure veränderte Haltung für euch mit sich? Findet mindestens drei.
- Was werdet ihr tun, wenn ihr „Ehrenrunden" in alten Mustern dreht, wenn der Stress wieder wächst?
  - Was kann das Gute daran sein?
  - Bitte sucht euch mindestens drei stärkende Möglichkeiten, um mit diesen „Ehrenrunden" in nützlicher Weise umzugehen.

- Wie könnt ihr euch in regelmäßigen Abständen an euer Motto-Ziel erinnern und es wieder aufladen?

Wenn der Buddy wie ein Coach nachfragt und bei der Findung von Antworten unterstützt, entsteht so eine Art Coachingrunde, in der die Motto-Ziele vertieft und damit in ihrer Wirksamkeit verstärkt werden.

Zum Ausklang kann jeder und jede noch mal äußern, wie er/sie sich fühlt und ob er oder sie sich noch etwas wünscht. Der Trainer sollte alle nochmals ermutigen, ab und zu für belastende Situationen oder danach erneut die Affekt-Bilanz – also das intuitive Ankreuzen auf den zwei Skalen – durchzuführen und auch die eigenen Motto-Ziele und Bilder und Sätze immer wieder weiter zu ergänzen.

Vorbereitung spart Zeit

Schritt 1 bis 5 können auch in Einzelarbeit erfolgen

Wenn die gesamte Methode im Workshop durchgeführt wird, dauert das relativ lange. Damit die kostbare Präsenzzeit vor allem für den gegenseitigen Austausch genutzt werden kann, lohnt es sich daher, die Teilnehmenden um ein bisschen Vorarbeit zu bitten. Die Schritte 1 bis 5 können sie – mit einem entsprechenden Leitfaden, der vorab zugesendet wird – problemlos in Eigenarbeit erledigen. Zudem können sich die Teilnehmenden so bei den Einzelaufgaben – dem Finden ihres Bildes oder Objekts und dem Formulieren ihrer Sätze – so viel Zeit nehmen, wie sie möchten und brauchen.

Literatur

- Storch, M. & Kuhl, J. (2017): Die Kraft aus dem Selbst: Sieben PsychoGyms für das Unbewusste. Göttingen: Hogrefe.

Grenzen setzen und besser gestalten

von Anja Wiggenhauser

Infos

- **Gruppengröße:** 3 bis 18 Personen
- **Material:** Klebezettel, Moderationswand, Stifte
- **Zeitaufwand:** 60 bis 90 Minuten

Wer sich über Dinge ärgert, die er oder sie nicht ändern kann, verschwendet wertvolle Energie. Besser ist es deshalb, sie bisweilen einfach auszublenden. Denn wer den Fokus auf das verschiebt, was geht, gewinnt – zumindest gefühlt – neuen Gestaltungsspielraum. Das lässt sich mit der passenden Intervention auch einem Team gut vermitteln.

Die *„Gelassenheit, Dinge hinzunehmen, die ich nicht ändern kann, den Mut, Dinge zu ändern, die ich ändern kann, und die Weisheit, das eine vom anderen zu unterscheiden"* – diese Formulierung, die dem US-Theologen Reinhold Niebuhr zugeschrieben wird, kennt wohl jeder. Trotzdem erleben wir immer wieder Menschen – Kolleginnen, Mitarbeiter oder Kundinnen und Kunden – die über Situationen nur schimpfen, ohne in Richtung Veränderung oder Verbesserung auch nur einen Schritt weiterzukommen. Und wie oft ertappen wir uns selbst dabei, wie wir uns über Dinge ärgern oder den Kopf zerbrechen, die wir gar nicht beeinflussen können?

Das Modell: Bedenken oder beeinflussen?

Solche Gefühle sind typisch, wenn wir uns im äußersten Kreis des Modells „Circle of Influence" von Stephen R. Covey bewegen. In diesem äußeren **„Circle of Concern"** verorten wir Dinge, die uns interessieren und beeinflussen, z.B. politische Ereignisse, Unternehmensentscheidungen oder das Wetter – die wir selbst aber nicht beeinflussen können. Je mehr wir uns auf solche Aspekte fokussieren, desto kleiner erleben wir unseren Einflussbereich und umso hilfloser fühlen wir uns.

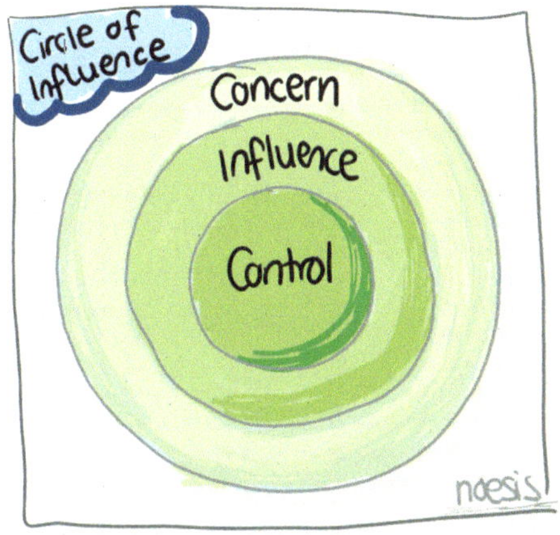

Abb.: Die drei Kreise sollten so groß auf eine Moderationswand gezeichnet werden, dass alle aus dem Team später ihre Ideen auf Klebezetteln direkt in das Modell kleben können. (Illustration: noesis)

Je mehr wir uns dagegen auf Aspekte konzentrieren, bei denen wir gewisse Steuerungsmöglichkeiten haben, desto größer erleben wir unseren Einfluss- und Gestaltungsbereich. Dann nämlich bewegen wir uns im

- **Circle of Influence:** Alles was dort ist, ist von mir direkt beeinflussbar – z.B. mein näheres Umfeld, in dem ich als Teil eines Systems agiere und Einfluss in Abstimmung mit anderen habe.
- Oder noch weiter im **Circle of Control:** Das ist der Bereich der Selbstführung, der von mir allein steuerbar ist: Hier habe ich die Kontrolle und bin nicht von anderen abhängig.

In den inneren Kreisen haben wir Gestaltungsspielraum

Deshalb lohnt es sich bisweilen, unser Blickfeld positiv zu begrenzen und bewusst auszublenden, was wir selbst nicht verändern können. Und stattdessen den Fokus, ganz systemisch, auf die vorhandenen Ressourcen und Einflussmöglichkeiten zu richten – also auf die Bereiche, in denen wir Impulse setzen können, in denen wir alle Ursache und Wirkung zugleich sind.

Teamfokus entwickeln

Gerade wenn sich Teams in Veränderungsprozessen befinden, Mitarbeitende sich hilflos oder Führungskräfte sich ohne Einfluss oder nicht selbstwirksam erleben, ist das Modell des „Circle of Influence" hilfreich. Es bietet eine Art mentale Landkarte, die uns hilft, einschätzen zu können, wie wir die eigenen Ressourcen möglichst sinnvoll einsetzen.

Ein vielseitiges Modell

Trainer, Trainerinnen und Coachs können dieses Modell sehr kreativ einsetzen, im individuellen Coaching ebenso wie im Seminar oder als eine Art kollegiale Beratung. Mögliche Fragestellungen reichen vom konkreten Entscheidungsproblem bis hin zu allgemeinen Themen, wie der Projektarbeit im Team. Immer hat es den Nutzen, Energien zu fokussieren, Handlungsspielräume und Verantwortungsbereiche zu erkennen sowie Quellen der Frustration aufzuzeigen.

Vorbereitung der Intervention

Hier wird der Einsatz in einer Teamentwicklung beschrieben. Zur Vorbereitung zeichnen die Verantwortlichen – beispielsweise eine Teamentwicklerin – die drei Zirkel des Modells (siehe Seite 263) möglichst groß auf eine Moderationswand. Die Kreise sollten so groß sein, dass alle aus dem Team später ihre Ideen auf Klebezetteln direkt in das Modell kleben können. Dann steigt die Teamentwicklerin mit einer etwa zehnminütigen Beschreibung des Modells von Stephen R. Covey in die Seminarintervention ein und beantwortet anschließend die Fragen der Teilnehmenden. Danach folgt die Klärung des Themas im Team.

Schritt 1: Themenfindung

Dabei kann die Diskussion in zwei Richtungen gehen:

- Gibt es ein konkretes Anliegen aus den letzten Tagen, das für Frust in der Gruppe gesorgt hat?
- Oder sollen grundsätzliche Prozess- und Strukturthemen in der Teamarbeit besprochen werden?

Ist die Gruppe kein Team, sondern beispielsweise eine für den Tag zusammengewürfelte Seminargruppe, kann hier auch ein Teilnehmer oder eine Teilnehmerin ein persönliches Thema vorstellen.

In jedem Fall wird das Thema nach zehn bis 15 Minuten gewählt und erläutert. Beispielsweise erklärt einer aus der Runde, entweder als sogenannter Anliegengeber oder auch stellvertretend fürs ganze Team, wie sehr es im Alltag nervt, dass für jede Anschaffung ein administratives Verfahren nötig ist, das in der Regel mehrere Tage dauert.

Schritt 2: Gruppenarbeit

Bei gemeinsamen Herausforderungen

Nun bearbeiten drei Gruppen jeweils ein Feld des Modells. Jede bekommt Klebezettel und eine passende Aufgabe. Mögliche Fragestellungen für die Lösung einer gemeinsamen Herausforderung mit dem gesamten Team – beispielsweise des Umgangs mit den langen Entscheidungswegen – sind folgende:

Gruppe 1:

- Welche Aspekte des Themas/Anliegens können wir direkt beeinflussen?
- Was können wir konkret kontrollieren?
- Was könnte jeder und jede Einzelne von uns konkret tun, um das Thema erfolgreich zu gestalten?
- Welches sind unsere (kleinsten und größten) direkten Handlungsmöglichkeiten?

Gruppe 2:

- Wie können wir das Anliegen indirekt beeinflussen?
- Wer ist mit im „System" vom Anliegen betroffen?
- Wie/durch wen können wir das Anliegen in unsere gewünschte Richtung lenken?
- Welches sind unsere (kleinsten und größten) indirekten Handlungsmöglichkeiten?

Gruppe 3:

- Welche Aspekte des Themas sollten wir akzeptieren lernen?
- Was können wir nicht beeinflussen (auch nicht indirekt)?
- Wie können wir diese Situation für uns angenehmer gestalten – und welche Haltungen, Einstellungen brauchen wir dazu?

Bei individuellen Anliegen

Geht es nicht um eine Teamentwicklung, sondern wird das individuelle Anliegen eines Gruppenmitgliedes bearbeitet, formulieren die drei Gruppen Hypothesen sowie Ideen und Vorschläge zu

- Aspekten, die der Anliegengeber direkt kontrollieren oder beeinflussen kann,
- Aspekten, die er indirekt kontrollieren oder beeinflussen kann und
- Aspekten, die er nicht beeinflussen kann.

Wichtig ist hierbei der Fokus auf die beeinflussbaren Aspekte. Der Anliegengeber spielt „Mäuschen" in den unterschiedlichen Gruppen und hört den Diskussionen zu.

Schritt 3: Präsentation und Ergänzung

Ideen werden direkt in das Modell eingeordnet

Nach 20 bis 30 Minuten präsentiert jede Gruppe ihre Ergebnisse, indem sie ihre Klebezettel auf die Moderationswand mit dem Modell in das entsprechende Feld klebt. Die jeweils anderen ergänzen weitere Ideen. Für das Problem der langen Entscheidungswege steht dann zum Beispiel bei:

Gruppe 1: „Im nächsten Teammeeting anregen, ob man kleinere Anschaffungen nicht selbst verantworten kann", „Den eigenen Kompetenzbereich überschreiten und schauen, was passiert"

Gruppe 2: „Den Chef ansprechen und um schnellere Entscheidungen bitten", „Früher anfragen", „Die Chefsekretärin um Unterstützung bitten"

Gruppe 3: „Die hierarchische Struktur des Unternehmens", „Standesdünkel in den Führungsetagen", „Cool bleiben"

Wenn es nicht um ein Teamanliegen, sondern eine individuelle Herausfoderung geht, hört sich der Anliegengeber die Präsentationen an und pickt die Tipps heraus, die er für hilfreich hält. Dies dauert etwa 15 Minuten.

Schritt 4: Zusammenfassung und weitere Schritte

Sind sinnvolle Maßnahmen im Team identifiziert worden, wird nun ein gemeinsames Commitment gefunden, und weitere Prozessschritte werden definiert nach dem Motto: „Was konkret tun wir also? Wer übernimmt was? Ab/bis wann?"

Im Falle der Entscheidungswege beschließt das Team beispielsweise

- beim nächsten Teamleiter-Treffen den Vorschlag zu machen, kleinere Anschaffungen selbst verantworten zu können,

- bei Gelegenheit eine kleine eigenmächtige Entscheidung einfach mal zu riskieren,
- sich grundsätzlich mehr Zeit zu nehmen, um Anschaffungen mit genügend Vorlauf zu planen, um gelassener bleiben zu können.

Der Anliegengeber im Seminar kommentiert, was er während der Übung erlebt hat, und formuliert ebenfalls eine Zusammenfassung und die weiteren Schritte, die er sich vorgenommen hat, falls es denn möglich ist, welche abzuleiten.

Klein, aber vielseitig

Energien effizienter einsetzen lernen

Der Circle of Influence ist auf vielfältige Art gewinnbringend einsetzbar: Er eröffnet neue Sichtweisen, bietet Raum, um zu experimentieren und fördert die Zusammenarbeit. Vor allem aber kann das Modell Teams und Einzelpersonen unterstützen, Energien effizienter einzusetzen. So kann ein Team die Kreise zur Energiefokussierung nutzen, um regelmäßig gemeinsam Erfolgserlebnisse und Entwicklungsfelder zu reflektieren und Fortschritte nachzuhalten. Hilfreich ist es, einen Moderator oder eine Moderatorin einzusetzen, der oder die das Modell gut kennt und Fragen beantwortet und Zeiten beachtet.

Literatur

- Covey, S. R. (2018): Die 7 Wege zur Effektivität: Prinzipien für persönlichen und beruflichen Erfolg. Offenbach a. M.: Gabal, 52. Aufl.

Perspektivwechsel mit Storystorming

von Anna Dollinger und Judith Reinwald

Infos

- **Gruppengröße:** Gruppen mit bis zu 25 Personen
- **Material:** Klebezettel und Stifte für alle, gegebenenfalls Material zum Visualisieren, Flipcharts, Moderationswände
- **Zeitaufwand:** ca. 60 Minuten insgesamt für Storystorming (ca. 20 Minuten) und Reflexion (ca. 40 Minuten)

Um heute wirklich innovativ zu sein, braucht man nicht nur Kreativität, sondern auch einen klaren Fokus auf den Nutzen: Nur wenn die User Experience stimmt, kann ein neues oder weiterentwickeltes Produkt erfolgreich sein. Deshalb lohnt es sich, mit Storystorming gezielt die eigene Perspektive zu verschieben – und dabei neue Ideen aus Kundensicht zu entwickeln.

Die Kreativität aktivieren

Wenn es um die Neu- und Weiterentwicklung von Produkten und Dienstleistungsangeboten geht, ist Kreativität gefragt. Man muss über bewährte Ideen und Muster hinausdenken, also Gewissheiten loslassen, wie es die amerikanische Autorin Gail Sheehy sehr treffend beschreibt. Weil das aber gar nicht so einfach ist, brauchen die Beteiligten bisweilen Unterstützung dabei, eingefahrene Denkwege zu verlassen. Storystorming kann diese Unterstützung liefern.

Die Intervention soll es Gruppen ermöglichen, ihre Ideenvielfalt zu aktivieren und gleichzeitig stark auf den Nutzen von Kundinnen und Kunden – auch internen Kunden, Nahtstellenpartnerinnen oder dem gesamten Team – zu fokussieren. Ziel ist es, sich gut in die jeweilige Zielgruppe hineinzuversetzen, deren möglichen Nutzen zu reflektieren und so gemeinsam mit unterschiedlichen Stakeholdern eine „Best of Story" der User Experience zu entwickeln.

Die Methode kann in Workshops an unterschiedlichen Stellen eingesetzt werden und ist dann hilfreich, wenn es darum geht, ein neues oder überarbeitetes Produkt oder eine neue Dienstleistung hervorzubringen, ein „Minimalum Viable Product". Sie ist gut kombinierbar mit weiteren Innovations- und Kreativmethoden, beispielsweise dem Entwickeln von Personas oder klassischem Brainstorming.

Minimum Viable Product (MVP)

Der Begriff geht zurück auf die amerikanischen Unternehmer Frank Robinson und Eric Ries und stellt ein Element der sogenannten Lean-Startup-Methode dar. MVP beschreibt eine Version eines neuen Produkts, einer Dienstleistung oder einer Geschäftsidee, die mit geringem Aufwand erstellt und zur Gewinnung von Kunden- oder Anwenderfeedback genutzt wird. Während der Begriff ursprünglich aus dem Softwarebereich kommt, wird er inzwischen auch in anderen Kontexten als Ausdruck für eine bestimmte Sichtweise verwendet: eine, bei der der kontinuierliche Lernprozess und der Fokus auf die Anwender-Erfahrung (User Experience) im Mittelpunkt steht.

1. Schritt: Die Story entwickeln

Von Worst-Case- zu Best-Case-Szenarien

Im ersten Schritt, für den etwa 20 Minuten eingeplant werden sollten, beginnt der Trainer oder die Trainerin damit, die Übung zu erklären. Zum Beispiel so: *„Ich möchte euch einladen, gemeinsam eine Geschichte zu erzählen. Eine Geschichte über die Erfahrungen eurer Zielgruppe, also der Kunden beziehungsweise Anwenderinnen eurer Dienstleistung. Wie kann das funktionieren? Indem in der folgenden Übung jeder seine Ideen, Bilder und Perspektiven einbringt, und zwar möglichst intuitiv. Lasst einfach zu, was in dem Moment gerade kommt."* Hierfür kann er – oder sie – ein vorbereitetes Flipchart benutzen, auf dem die einzelnen Etappen notiert sind.

Dann steigt die Gruppe ins Geschichtenerzählen ein. Begonnen wird zunächst mit dem Worst-Case-Szenario. Zuerst wird also entwickelt, wie die schlechtmöglichste User Experience aussehen würde und womit das Produkt/Projekt scheitern würde. Aus den Antworten ergeben sich in der Regel schon zahlreiche Anhaltspunkte, welchen wichtigen

Abb.: Neue Ideen gesucht? Dann hilft es manchmal, eine neue Perspektive einzunehmen und sich wilde Geschichten zu erzählen.

Anforderungen das zu entwickelnde Produkt genügen sollte. Anschließend wird die Geschichte noch einmal neu von vorne begonnen. Und dieses Mal dreht sich die Geschichte um das Best-Case-Szenario, das durch eine möglichst positive Kunden- oder Anwender-Erfahrung gekennzeichnet ist.

Nach der Einleitung beginnt der Trainer oder die Trainerin die erste der beiden Storys. Sie sagt zwei bis drei Sätze, wobei sie eine möglichst bildreiche Sprache verwendet, sodass sich die Teilnehmenden das Szenario lebhaft vorstellen und sich darauf einlassen können. Den Inhalt passt sie sehr individuell an den Workshop und den Kontext der Anwesenden an. Anschließend dürfen alle aus der Gruppe nacheinander die Geschichte mit mindestens einem Satz – der Subjekt, Prädikat und Objekt enthält – und maximal drei Sätzen weiter ergänzen. Das wird für die Best-Case-Story wiederholt. Beide Varianten der Geschichte enden jeweils mit dem Ende der User Experience.

Die „Storys" werden gemeinsam aufgebaut

Die Trainer sollten dabei darauf achten, dass jeder Teilnehmer und jede Teilnehmerin mindestens einmal ergänzt. Bei einer großen Gruppe oder einem beschränkten Zeitrahmen kann es auch sinnvoll sein, die Anzahl der Ergänzungen pro Person zu beschränken. Dies wird dann vorher entsprechend erklärt.

Beispiel: Eine neue Trainingsmaßnahme entwickeln

Konkret geht es beispielsweise um ein neues internes Führungskräfte-Curriculum, das die unterschiedlichen Stakeholder aus HR, Marketing und den Fachbereichen gemeinsam entwickeln sollen. Das zu entwickelnde Programm ist in diesem Fall das Produkt beziehungsweise die Dienstleistung, die für Führungskräfte im Unternehmen entwickelt wird, die folglich die internen Kunden und Zielgruppe sind.

Um die unterschiedlichen fachlichen Hintergründe möglichst kreativ und innovativ zu einem gemeinsamen ersten Entwurf für die neue Maßnahme zusammenzuführen, beginnt die Trainerin mit der

Storystorming-Methode. Als Einleitung wählt sie beispielsweise die folgende Formulierung, die für die Worst-Case- und die Best-of-Story gleichermaßen funktioniert: *„Ich als Führungskraft erhalte am Tag XY (in der Zukunft liegend) eine Einladung zum Führungskräfte-Entwicklungsprogramm. Ich öffne die Nachricht und lese die Einladung und ...“*

Dann steigt die erste Person aus der Gruppe ein und führt den Satz fort. Zum Beispiel so: *„... bin überrascht, dass in der Anrede nicht mein Name steht, sondern der meines Vorgängers.“* Seine Kollegin übernimmt und sagt vielleicht: *„Das ist mal wieder typisch, dass die Verwaltung hinterherhinkt und noch nicht mal die wichtigen Informationen verlässlich aktualisiert hat. Ich fühle mich übersehen und habe direkt schon keine Lust auf eine Teilnahme.“* Dann ist die Nächste dran.

Stichworte festhalten

Der Trainer schreibt sowohl während der Worst-Case-Runde als auch während der Best-Case-Runde Stichworte auf Moderationskarten. Diese hängt er nach der Übung auf eine Moderationswand, die mit der Überschrift „Unsere User Experience Storys“ versehen und in zwei Felder aufgeteilt ist: „Worst Case“ und „Best Case“. Alternativ können auch die Teilnehmenden selbst die Schlüsselsätze auf Klebezetteln festhalten.

2. Schritt: User Story Mapping

Kernaspekte herausarbeiten

Im Anschluss an das Storystorming werden aus der Übung nun Erkenntnisse gesammelt und Kernaspekte für die Entwicklung des Produktes, der Dienstleistung oder Geschäftsidee abgeleitet. Dafür sollten etwa 40 Minuten eingeplant werden. Arbeitsfragen hierfür könnten – mit Blick auf die Storys – z.B. sein:

- Welche Anforderungen lassen sich ableiten, damit Best-Case-Varianten entstehen?
- Welches sind aus unserer Sicht die wichtigsten Erfolgshebel?
- Worauf sollten wir bei der Entwicklung des Minimum Viable Products unbedingt achten, welche Elemente sollten unbedingt beinhaltet sein?
- Welche Fragen sind eventuell aufgetaucht?

Abhängig vom jeweiligen Produkt sowie der entstandenen Story können die Leitfragen individuell angepasst werden. Bei dem eingeführten Beispiel wären etwa diese weiteren Fragen passend:

- Welche Bausteine sollten Teil des Programms sein?
- Welche digitalen und spielerischen Elemente fallen uns ein?

Ideen ähnlich wie beim Mindmapping clustern

In Kleingruppen mit drei bis vier Personen, je nach Gesamtanzahl und Zeitrahmen, werden zu jeder Frage nun aus den Storys vielfältige Ideen abgeleitet und auf farbigen Klebezetteln festgehalten. Anschließend werden die Ergebnisse von jeder Gruppe kurz präsentiert. Dabei können sie auf einer vorgefertigten Moderationswand anhand der Fragen geclustert werden. Hierfür kann man z.B. „User Story Mapping" mittig als Titel schreiben und die Fragen – Best-Case-Anforderungen? Erfolgshebel? Grundelemente? Programmbausteine? und so weiter – ähnlich wie beim Mindmapping als „Äste" davon abgehen lassen. Die Klebezettel werden beim Präsentieren von der jeweiligen Gruppe zugeordnet. Die weiteren Gruppen ergänzen entsprechend.

Beim User Story Mapping kann Trainern und Teilnehmenden ein Blick auf die in Schritt 1 notierten Stichworte helfen. Meistens sind die Geschichten jedoch so einprägsam, dass es keine Gedankenstütze an dieser Stelle braucht. Ein erster Überblick über minimal notwendige Rahmenbedingungen und Inhalte für das neue oder überarbeitete Produkt entsteht so meist fast von ganz allein – und ist dabei auch noch am Nutzen der Zielgruppe orientiert. Mit den Erkenntnissen und Inhalten wird anschließend weitergearbeitet und ein erster Entwurf, z.B. für das Führungskräfte-Programm, skizziert.

Debriefing: Vorteile des Fantasierens

Die Vision auf mehreren Ebenen verankern

Beim Storystorming fließen vielfältige Ideen in eine gemeinsam entwickelte Geschichte ein. Weil diese Geschichte bei allen Beteiligten in der Regel Bilder und Emotionen generiert, wird sie auf mehreren Ebenen verankert und kann eine attraktive Vision des zufriedenen internen Kunden oder der eigenen Teamprozesse sein.

Zudem wirkt die Methode sehr motivierend auf alle Beteiligten, da in Geschichten prinzipiell erst einmal alles möglich ist und man gemeinsam einen begeisternden Endzustand imaginiert. Trotzdem kann es vorkommen, dass einzelne Personen in der Gruppe Elemente der Story als „realitätsfremd" empfinden, da z.B. Mittel und Ressourcen für die Erfolgsgeschichte, so wie sie erzählt wurde, nicht zur Verfügung stehen. Es ist wichtig, dies als Trainerin behutsam zu würdigen und anzuerkennen, gleichzeitig aber hervorzuheben, dass genau hierin der Mehrwert besteht, sich von alten Denkmustern und Ideen lösen zu können und möglichst kreativ zu sein.

Die Vision realisieren

Im nächsten Schritt gilt es dann, zu überlegen, wie die gewünschte User Experience bestmöglich mit den zur Verfügung stehenden Mitteln erzeugt werden kann. Zudem gibt es Untersuchungen, die zeigen, dass auch unter eingeschränkten Rahmenbedingungen die Kreativität wächst, solange man nur hartnäckig dranbleibt.

Bonus: Visual Recording

Ein besonderes Highlight ist es übrigens, wenn die Best Case Storys nicht nur mit Stichworten, sondern in Bildern oder Symbolen mitvisualisiert werden, also als Visual Recording. Hierzu braucht der Moderator allerdings Übung – oder eine Co-Trainerin mit entsprechenden Skills. Ist dies möglich, empfiehlt es sich dann, vor allem auch die beschriebenen Emotionen des Users sichtbar zu machen.

Anleitung zur Selbst-Disruption

von Katharina Fehse

Infos

- **Gruppengröße:** 6 bis 12 Personen
- **Zeitaufwand:** eine bis 1,5 Stunden
- **Material:** Moderationswand zum Sammeln und Clustern der Ideen und zum Mitvisualisieren, Klebezettel

Die aktuelle Situation mag vielen disruptiv genug sein. Trotzdem kann es sinnvoll sein, das eigene Selbstbild oder Geschäftsmodell noch ein bisschen systematischer in Frage zu stellen. Dann kann es nämlich potenziellen Konkurrenten – oder anderen Einflussfaktoren – nicht so leicht gelingen, es von außen zu zerstören.

Was sind disruptive Technologien?

Eine disruptive Technologie ist laut Wikipedia „eine Innovation, die eine bestehende Technologie, ein bestehendes Produkt oder eine bestehende Dienstleistung ablöst oder sogar vollständig verdrängt". Dabei geht es nicht nur um Technologie, vielmehr bezieht sich dies auch auf Verfahren, Denkweisen, Prozesse oder Systeme.

Amazon und Google haben es vorgemacht: Sie haben mit ihrem neuen Ansatz etablierte Märkte brutal revolutioniert und quasi im Handstreich übernommen. Statt langsam zu wachsen, haben sie bestehende Erfolgsmodelle zerstört. Für sie steht Nokia quasi auf der anderen Seite einer disruptiven Marktentwicklung. Denn der Fall der finnischen Firma, die einst Weltmarktführer mit ihren Produkten war, zeigt deutlich, wie schnell eine Technologie verdrängt wird durch eine andere, wenn Letztere den ursprünglichen Zweck bequemer, günstiger oder effektiver erfüllt.

Nokia scheiterte, weil mit Erscheinen des iPhones 2007 das eigentliche Telefonieren in den Hintergrund trat. Vielmehr rückte die Nutzung des Smartphones als Kamera, Radio und Fernseher zugleich in den Vordergrund: Das iPhone hat völlig neue Anwendungsmöglichkeiten eröffnet und den Markt entsprechend komplett umgekrempelt – und für Nokia dort keinen Platz mehr gelassen. Ähnliches machte Uber in den USA mit der Taxibranche oder Airbnb mit der Hotelbranche: Sie zerstören – oder „disruptieren" – die bislang erfolgreichen Unternehmen und bewährten Geschäftsmodelle.

Lieber selbst zerstören als zerstört werden

Sich vor solchen Disruptionen zu schützen, scheint erst einmal schwierig bis unmöglich – erklärt sich ihr Erfolg doch gerade aus dem Überraschungsmoment. Deshalb kann es sich lohnen, die überraschende Zerstörung gezielt selbst zu provozieren: mit Self-Disruption. Dahinter verbirgt sich eine Methode, um selbstbestimmt das eigene Geschäft zu revolutionieren bevor potenzielle – und bisher unbekannte – Wettbewerber genau das tun. Eine Variante der Self-Disruption stellt der Ansatz „Kill Your Company" dar.

Die eigenen Ideen und Vorhaben infrage stellen

Die Idee hinter dieser Methode ist, seine eigene Idee oder Vorhaben anzugreifen und sozusagen „vom Markt" zu verdrängen – zumindest als theoretische Übung. Die spielerische Herangehensweise, gegen die eigenen Vorhaben zu arbeiten, macht den Teilnehmenden Spaß und fördert die Kreativität und Zusammenarbeit im Team. Das Ziel dieses Vorgehens ist, Risiken aufzudecken und die eigene Idee weiterzuentwickeln und somit robuster und zukunftssicherer zu machen.

Die Methode funktioniert für bestehende Prozesse/bestehende Geschäftsmodelle gleichermaßen wie für neue Prozesse oder Geschäftsmodelle. Sie kann sowohl als Übung innerhalb eines Trainingsseminars genutzt werden und dauert dann ca. 60 bis 90 Minuten. Die Methode kann aber auch als Basis für einen eintägigen Workshop dienen. Hilfreich ist es, wenn das Team eher heterogen zusammengesetzt ist, weil die Unterschiedlichkeit der Gruppe erfahrungsgemäß auch zu sehr unterschiedlichen Perspektiven führt, und das kann in dieser Übung nur von Vorteil sein.

Vorgehen: Torpedos los!

Thema skizzieren und Unklarheiten vorab klären

1. Schritt: Idee vorstellen. Zunächst stellt ein Teilnehmer oder eine Teilnehmerin aus der Gruppe eine neue Geschäftsidee – alternativ auch einen bestehenden Prozess, das Konzept für eine geplante Umstrukturierung oder etwas Ähnliches – vor. Zum Beispiel möchte ein Projektleiter, dass sein Team zukünftig die komplette Projektarbeit in einem digitalen Arbeitsraum durchführt. Dort sollen alle Dokumente online bearbeitet und Besprechungen vorbereitet sowie dokumentiert werden, auch der Austausch zwischen den Kolleginnen und Kollegen soll verstärkt dort stattfinden.

Dabei ist es hilfreich, wenn der Vortragende das Thema am Flipchart oder an der Moderationswand kurz skizziert. Manchmal kann es zudem sinnvoll sein, wenn Moderator oder Moderatorin als Übergang zum zweiten Schritt noch eine kurze Runde Klärungsfragen zulassen. Dies ist vor allem dann wichtig, wenn die Gruppe wenig Wissen über den bestehenden Markt oder das anvisierte Umfeld hat.

Schwachstellen und Hindernisse aufdecken

2. Schritt: Idee torpedieren. Die übrigen Teilnehmenden nehmen nun die Position des größten Bedenkenträgers und der aggressivsten Angreiferin ein und überlegen, wie sie diese Idee torpedieren können beziehungsweise warum diese Idee nicht am Markt erfolgreich sein wird. Hierfür schreiben sie sämtliche „Zerstörungsideen" auf Klebezettel, die von Moderatorin oder Moderator an einer Moderationswand gesammelt werden. Eine Teilnehmerin beispielsweise schreibt, dass die Effizienz leidet, weil trotzdem noch Präsentationen vorbereitet werden müssen: „Wir müssen immer noch separate Präsentationen machen, damit die Geschäftsleitung den Projektstatus nachvollziehen kann. Das ist doppelte Arbeit." Ein anderer Kollege sagt, dass es viel zu lange dauert, bis alle eingearbeitet sind: „Diesen Einarbeitungsaufwand holen wir nie wieder raus!" Auf zwei weiteren Zetteln steht „Die Technik/unsere Leitungen sind für derartiges Arbeiten nicht stabil und sicher genug" und „Das Teamgefühl geht verloren".

Es darf alles an Ideen kommen, und es sollte auch nichts bewertet werden. Es geht nicht darum, wie realistisch ein Szenario ist und ob es wirklich so eintreffen könnte oder auch nicht. Vielmehr ist Ziel der

Übung, Schwachstellen und Hindernisse aufzudecken, um im dritten Schritt entsprechende Schlussfolgerungen ableiten zu können.

Als Moderatorin ist es in dieser Phase enorm wichtig, einen Raum zu schaffen, in dem sich Teilnehmende öffnen können und sich auch trauen, kritische Punkte offen anzusprechen. Schließlich geht es darum, über den Tellerrand zu schauen. Unbedingt vermeiden sollte ein Moderator, dass sich die Gruppe schon beim Sammeln der Zerstörungsideen an einer bestimmten Idee festbeißt. Das kommt bisweilen vor, lässt sich aber vermeiden, wenn immer wieder betont wird, wie wichtig es ist, möglichst viele und auch vielschichtige Ideen zu sammeln.

Erkenntnisse clustern und konkrete Gegenmaßnahmen entwickeln

3. Schritt: Maßnahmen ableiten. Nun geht es darum, die gesammelten Erkenntnisse aufzuarbeiten und nutzbar zu machen. Sind sehr viele Zerstörungsideen zusammengekommen, ist es für eine bessere Übersichtlichkeit hilfreich, diese Ideen zunächst zu clustern. Zum Beispiel lassen sich die Ideen von der kleinsten zur größten Bedrohung gruppieren oder von dem am leichtesten bis zu dem am schwierigsten zu bewältigenden Angriff. Im Fall des Digitalisierungsprojekts könnte man eine 4-Felder-Matrix aufmachen. Die vertikale Achse reicht von „einfach" bis „am schwierigsten zu realisieren" und die horziontale Achse von „liegt in unserer eigenen Verantwortung" bis „Beteiligung von außen ist notwendig".

Nach dem Clustern überlegen alle gemeinsam, was sie konkret tun müssen, um dagegenzuhalten – also wie sie dazu beitragen können, die Idee robuster und zukunftsfähiger zu machen. So werden Schwächen geschwächt und Stärken ausgebaut oder durch neue ergänzt. Die Moderatorin oder der Moderator visualisiert an der Moderationswand mit und unterstützt die konstruktive Auseinandersetzung mit der Thematik, wobei sie bzw. er darauf achtet, dass nicht zwanghaft nach vielen Verbesserungen gesucht wird – hier gilt die Devise: Weniger ist oft mehr.

Bei dem eingangs erwähnten Digitalisierungsthema etwa entsteht so die Idee kleiner Erklärvideos à la YouTube, die von Projektmitgliedern erstellt werden, die bereits Erfahrung mit dem Tool haben. Das ist einfach zu realisieren und liegt in der eigenen Verantwortung des Teams. Schwieriger sind die beiden Maßnahmen mit externer Beteiligung: Die IT-Abteilung muss für die entsprechende Bandbreite und Datensicherheit sorgen, und die Geschäftsleitung muss benennen, welche Projektinformationen für sie für das Status-Update relevant sind, damit die IT hier automatisisieren kann.

Durch die drei Maßnahmen aber wird die eingangs formulierte Idee nach der Übung robuster, weil wesentliche Hürden wie Zusatzaufwand und mangelnde Kompetenz direkt adressiert werden. Gleichzeitig ergeben sich sekundäre Benefits für die Digital-Kompetenz und den unternehmensweiten Wissensaustausch.

Angewandte Agilität nach Start-up-Vorbild

Gestaltende Energien freisetzen

Es ist immer wieder erstaunlich, wie viel Energie mit dieser Übung bei den Beteiligten freigesetzt wird. Sie kommen von einer defensiven in eine offensive Haltung: Während sie durch die offiziell erlaubte Zerstörung Ansatzpunkte für Verbesserungen entdecken, merken sie, dass sie in der Rolle des Gestaltenden bleiben. Und das ist großartig.

Dieses Vorgehen entspricht damit im Grunde dem typischen Start-up Mindset von ständigen Pivots (siehe unten). Gleichwohl kann hier jedoch, basierend auf dem langjährigen Know-how der Organisation, der Geschäftserfolg frühzeitig noch wahrscheinlicher und robuster gestaltet werden. Wenn die Methode als Ganztages-Workshop eingesetzt wird, kann die Gruppe im weiteren Verlauf die vielversprechendsten Ideen – also die mit dem größten Wirkungshebel – direkt auswählen und konkreter ausarbeiten.

Was ist Pivoting?

Der Begriff Pivot – oft wird auch von Pivoting gesprochen – kommt aus dem Englischen und ist im Rahmen des Lean-Start-up-Modells von Eric Ries geprägt worden. Er steht in der Start-up-Szene für eine substanzielle Änderung des Geschäftsmodells. Das bedeutet in der Regel eine radikale strategische Neuausrichtung, wobei die Unternehmensvision jedoch nicht in Frage gestellt wird.

Ziel ist es, erfolgreicher zu werden, indem beispielsweise aktuelle Kundenfeedbacks, neue Tests oder veränderte Konkurrenzsituationen analysiert und zu neuen Erkenntnissen verdichtet werden.

Dahinter steckt die Überzeugung, dass nur ein flexibles Geschäftsmodell den wirklichen Bedarf der Zielgruppe bedienen kann, der deshalb immer wieder aufs Neue unter die Lupe genommen wird.

- Bodell, L. (2013): Kill the Company. 12 Killer-Tools für die Wiedergeburt Ihres Unternehmens. Frankfurt a. M.: Campus, eBook.

Let's change our change

von Anja Wiggenhauser

Infos

- **Gruppengröße:** 4 bis 10 Personen; bei Großgruppen können die einzelnen Schritte in Untergruppen erarbeitet und dann in der Großgruppe präsentiert werden
- **Material:** Flipchart mit Instruktion (4 Schritte); Schreibmaterial (Stifte und Kärtchen/Klebezettel); Pinnwand oder langes Seil und Symbole/Gegenstände
- **Zeitaufwand:** etwa 3 bis 4 Stunden

Wer sich verändern will, muss mit den eigenen Verhaltensmustern anfangen: sie erkennen, bewerten und dann weiterentwickeln. Genauso sollte auch vorgehen, wer die Veränderungsprozesse selbst verbessern möchte. Denn auch sie folgen meist bestimmten Mustern. Diese Intervention hilft dabei, sie zu erkennen.

Veränderungsmuster erkennen und analysieren

Sich entwickeln heißt Verhalten ändern – also bestimmte Handlungsmuster mehr, weniger, anders oder neu praktizieren. Doch auch Veränderungen selbst können einem Muster folgen: Dann ist es sehr wahrscheinlich, dass sie in einem System immer wieder demselben Ablauf folgen. Daher ist es hilfreich, neben dem Verhaltensmuster auch das Veränderungsmuster eines Systems aus unterschiedlichen Blickwinkeln zu beleuchten. Dann fällt es leichter, das beizubehalten oder zu stärken, was man gut kann, und das weiterzuentwickeln, was sich lohnt, zu ändern.

Die folgende Intervention zielt darauf ab, Veränderungsmuster beziehungsweise Wendepunkte von Menschen, Systemen oder Organisationen zu analysieren, daraus zu lernen und diese gegebenenfalls weiterzuentwickeln. Sie kann in Bereichen, Teams oder mit einzelnen Personen sowie im Gesamtunternehmen durchgeführt werden. In jedem Fall schafft sie Klarheit: nicht nur über Wendepunkte im Leben, sondern auch über gelingende und möglicherweise hemmende Veränderungsmuster. Beispielhaft ist hier der Einsatz in einem Bereich oder Team beschrieben.

Schritt 1: Erfassen der Wendepunkte

Die bisherige Change-Historie erfassen

Zunächst stellen die Teammitglieder die bisherigen Wendepunkte und Veränderungen im Team oder Bereich auf einer Zeitachse dar. Die Länge des betrachteten Zeitabschnitts kann nach Belieben ausgewählt werden. Hilfreich ist es, insgesamt mindestens drei Wendepunkte aus der Bereichs-, Team- oder auch Unternehmenshistorie zu betrachten. Zu den jeweiligen Wendepunkten sollten auch die entsprechenden Auslöser gesammelt werden: Welche „Schub-Motivation" von innen wie von außen hat zur Veränderung geführt?

Zum Einstieg visualisiert die Trainerin die einzelnen Aspekte auf Zuruf durch die Teammitglieder direkt am Flipchart oder der Moderationswand. Um dann die Unterschiede im Team möglichst sichtbar zu machen, kann sie aber auch eine Kartenabfrage nutzen, bei der sich die einzelnen Personen gegenseitig weniger beeinflussen.

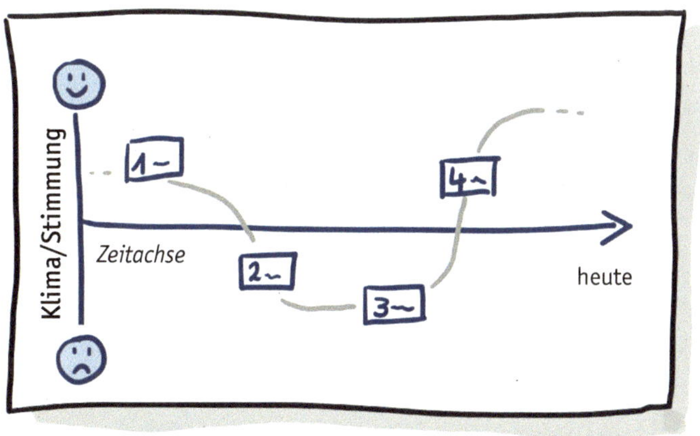

Abb.: Wie hat sich eine Unternehmenskultur an verschiedenen Wende- oder Veränderungspunkten verändert? Wie war die Stimmung? Wie ist sie heute? So wird die Change-Historie in Form einer Klimakurve dargestellt.

Schritt 2: Bewertung der Wendepunkte

Wie haben die Veränderungen unser Unternehmensklima beeinflusst?

Im nächsten Schritt wird diskutiert und visualisiert, in welche „klimatische Richtung" sich eine Unternehmenskultur am jeweiligen Wende- oder Veränderungspunkt entwickelt hat: Wie hat sich die Stimmung verändert? Dargestellt wird die Historie also in Form einer Klimakurve (siehe Seite 281): Auf der y-Achse der Grafik wird entsprechend das „Klima"/die „Stimmung" im Unternehmen von „negativ" bis „positiv" eingetragen. Die horizontale x-Achse steht für die Zeit. Statt an der Wand kann die Visualisierung auch am Boden erfolgen: Dann symbolisiert ein Seil erst nur die Zeitachse, die dann von der Gruppe in die Klimakurve umgestaltet wird.

Im gleichen Schritt werden die unternehmensinternen Bewertungen der einzelnen Veränderungen visualisiert und entsprechend auf dem Boden oder an der Moderationswand angebracht. Hier ist wiederum eine Kartenabfrage hilfreich, um sichtbar zu machen, wie unterschiedlich Teammitglieder möglicherweise die Bewertung wahrnehmen. Die zutage tretenden Unterschiede ermöglichen es dann, miteinander beziehungsweise voneinander zu lernen. Bei der Bewertung helfen Fragen wie:

- Als wie erfolgreich wurden die Veränderungen intern bewertet?
- Wer hat den Erfolg wie bewertet?

Schritt 3: Auswertung der Wendepunkte

Einflussfaktoren ermitteln

In Schritt drei kommen alle Teilnehmenden noch tiefer ins Gespräch zu den jeweiligen Wendepunkten. Dazu werden die einzelnen Punkte – wieder mithilfe einer Kartenabfrage – beschrieben im Sinne von ...

- Was oder wer hat aus Sicht der Beteiligten wie zum (Nicht-)Erfolg beigetragen?
- Wie erklären sich die Beteiligten den jeweiligen (Nicht-)Erfolg? Welche Hypothesen gibt es hierzu?

Schritt 4: Erkenntnisgewinn

Abschließend werden die Lernerfahrungen bei den jeweiligen Wendepunkten besprochen und über eine Kartenabfrage visualisiert. Besonders entscheidend ist hier, dass die Trainerin oder der Trainer auf sogenannte Veränderungsmuster des Gelingens und des Scheiterns, die in der Diskussion sichtbar werden, eingeht. Folgende Fragen können hier diskutiert werden:

Veränderungsmuster des Gelingens und des Scheiterns

- Was hat das Unternehmen (der Bereich, die Menschen, die Kultur ...) beim jeweiligen Wendepunkt gelernt?
- **Veränderungsmuster des Gelingens:** Was zeigt sich, was das Unternehmen (der Bereich, die Menschen, die Kultur, ...) in Zeiten von Wandel besonders gut kann? Ist bei den als erfolgreich bewerteten Veränderungen ein Muster oder roter Faden erkennbar (z.B. in den Auslösern, den Bewertungen, dem Umgang ...)?
- **Veränderungsmuster des Scheiterns:** Was zeigt sich, was das Unternehmen in Zeiten von Wandel noch nicht so gut kann? Ist bei den als nicht erfolgreich bewerteten Veränderungen ein Muster oder roter Faden erkennbar (z.B. in den Auslösern, den Bewertungen, dem Umgang ...)?
- Welche Muster und Überzeugungen könnten für zukünftige oder aktuelle Veränderungsvorhaben förderlich/hinderlich sein?

Gestärkt aus der Analyse hervorgehen

Führt man diese Analyse im Gesamtunternehmen durch, können die einzelnen Schritte in Untergruppen erarbeitet und dann in der Großgruppe präsentiert werden. So können Unterschiede sichtbar gemacht werden und alle von den verschiedenen Sichtweisen lernen. Die so gesammelten Lernerfahrungen und erkannten Muster können eine vielfältige Grundlage für aktuelle und zukünftige Entwicklungsprozesse sein. Diese werden allen Beteiligten leichterfallen, wenn sie wissen: Das können wir schon gut beim Thema Veränderung, und dort möchten wir uns noch entwickeln.

Vom Bergsteigen

von Anja Wiggenhauser

Infos

- **Gruppengröße:** 2 bis 4 Personen pro Gruppe; die Anzahl der Gruppen ist beliebig
- **Material:** Flipchart, Stifte, Klebezettel
- **Zeitaufwand:** ca. 20 Minuten

Wenn Herausforderungen zu übermächtig oder die eigenen Möglichkeiten zu klein erscheinen, verfallen Menschen oder auch Teams oft in Resignation. Mit dieser Intervention können Trainingsprofis sie daran erinnern, dass sie gar nicht so machtlos sind und sehr wohl auch das ganze System in Bewegung bringen können.

Gerade in Krisenzeiten, wenn wir uns vor einem Berg von Problemen sehen, erleben wir, wie unterschiedlich die Menschen mit diesen Problemen und Herausforderungen umgehen. Die einen fokussieren sich auf das Problem und fühlen sich selbst als Opfer der Umstände. Die anderen konzentrieren sich auf das Ziel und die Lösungen und nehmen sich so eher als Gestalter der Umstände wahr. Natürlich gibt es auch viele weitere Wege dazwischen.

Der erste Schritt zur aktiven Gestaltung

Wie aber gelingt es, sich für den zweiten Weg – den der aktiven Gestaltung der Umstände – zu entscheiden? Ihn bewusst zu beschreiten, ist gar nicht so schwer. Denn auch er beginnt einfach mit dem ersten Schritt: dem berühmten ersten Schritt, der nötig ist, um den Berg zu erklimmen, der aber noch niemanden direkt auf die Spitze katapultiert. Nötig ist also eine Aktion, die das Problem noch nicht komplett löst – uns aber in Bewegung bringt. Denn Bewegung braucht es nun mal, um auf die Spitze zu kommen.

Ändern können, was man ändern kann

Mit „15% Solutions" raus aus der Problemstarre

Die Methode „15% Solutions" hilft dabei, diese erste Aktion zu finden und durchzuführen: Sie zeigt den Teilnehmenden, was ganz im Sinne des von Stephen Covey geprägten Circle of Influence (siehe Seite 263) im eigenen Einflussbereich bzw. Machbarkeitsbereich liegt. Sie hilft, sich auf den Weg zur Zielerreichung zu fokussieren, anstatt in der Trance der Probleme zu verharren. Sie eröffnet den Blick für viele kleine Lösungsmöglichkeiten, die im Gesamten zur Problemlösung werden.

Die „15% Solutions" wurden entwickelt von Henri Lipmanowicz und Keith McCandless, inspiriert vom britisch-kanadischen Organisationstheoretiker Gareth Morgan. Sie sind eine von 33 Mikrostrukturen, die die beiden ehemaligen Manager „Liberating Structures" nennen und die das Engagement und die Zusammenarbeit in Teams verbessern sollen.

Liberating Structures

Liberating Structures sind 33 leicht zu erlernende Interaktionsmethoden für Teams und Gruppen, die die Strukturierung der Zusammenarbeit erleichtern und das gegenseitige Vertrauen im Umgang miteinander stärken sollen.

Sie sind nach fünf Schwerpunkten sortiert: Präsentationen, moderierte Diskussionen, offene Diskussionen, Status Reports und Brainstorming.

Das Methoden-Set wurde von Henri Lipmanowicz und Keith McCandless zusammengestellt und unter Creative Commons Lizenz (CC BY NC) zur freien Nutzung veröffentlicht.

- Eine Beschreibung der Interaktionen ist im Internet zu finden unter: www.liberatingstructures.de
- Zudem bietet eine kostenlose App mit Kurzbeschreibungen und Schritt-für-Schritt-Anleitungen einen einfachen Einstieg: liberatingstructures.app

Ganz klein anfangen

Kleine Initiativen ergreifen

Die 15 Prozent stehen für den kleinen Schritt, die erste kleine Lösung bei Problemen oder Herausforderungen, die wir ohne zusätzliche Ressourcen oder ausdrückliche Erlaubnis anderer in Angriff nehmen können. Organisationsentwickler Morgan spricht davon, dass ein Schlüssel für weitgehende Transformation darin liegt, dass alle Beteiligten in ihren Bereichen 15-prozentige Initiativen identifizieren.

Die Methode wird oft in Scrum Teams, z.B. bei Sprint Reviews oder Sprint Retrospektiven, genutzt. Gleichzeitig ist sie auch eine hilfreiche Methode, die in jeder Art von Teamkonstellationen eingesetzt werden kann: beispielsweise, um Lösungswege in Konfliktsituationen zu entwickeln, um am Ende von Meetings einen guten Abschluss zu finden oder um persönliche Herausforderungen anzugehen. In Trainingsseminaren kann diese Methode sehr gut zur Transfersicherung eingesetzt werden.

15% Solutions: Der Ablauf

1. Einführung: Zunächst erklärt die Moderatorin das Konzept der „15% Solutions", wie hier schon einleitend beschrieben.

Mini-Lösungsansätze sammeln

2. Individuelle Reflexion: Nun gibt sie der Gruppe fünf Minuten Zeit, um ihre persönlichen Mini-Lösungen zu finden, die helfen können, Herausforderungen, die dem gesamten Team bevorstehen, anzugehen. Es können aber auch „15% Solutions" für die Bewältigung persönlicher Herausforderungen sein oder Lösungen, die die Umsetzung der Lerninhalte eines Trainings in Gang bringen. Eine mögliche Leitfrage dafür: *„Welche erste 15%-Lösung kannst du ohne zusätzliche Ressourcen und Erlaubnis anderer umsetzen?"* Die persönlichen Ideen werden auf Klebezetteln visualisiert. Hilfreich für die freie Sammlung ist der Hinweis, dass es nicht darum geht, die besten und kreativsten Lösungen zu finden.

3. Reflexion in Kleingruppen – „Teilen“: Anschließend haben die einzelnen Teammitglieder etwa drei Minuten Zeit, ihre „15% Solutions“ in Kleingruppen mit den anderen Teammitgliedern zu teilen. Wichtig ist hier der Hinweis von Moderator oder Moderatorin, dass es nicht darum geht, die unterschiedlichen Vorschläge zu bewerten. Ziel ist es in diesem Schritt, die kleinen Lösungen zu teilen und zu wertschätzen. Ein besonderer Mehrwert dieses Schrittes ist, dass sich alle – auch im Hinblick auf die eigenen Lösungsideen – von den anderen Ideen inspirieren lassen und prüfen können, inwieweit diese auch für sie selbst passen könnten.

Keine Bewertung, sondern Austausch und Inspiration

4. Reflexion in Kleingruppen – „Weiterentwickeln“: Zum Schluss entwickeln die Kleingruppen die „15% Solutions“ jedes Teammitglieds weiter. Die zwei wichtigen Ziele sind hier: Die Lösungen so machbar wie möglich zu gestalten und zu prüfen, inwieweit die einzelnen Teammitglieder in der Umsetzung Unterstützung benötigen.

Online geht auch

Diese Methode kann auch in Live-Online-Seminaren mithilfe von Breakout Sessions und Whiteboards, auf denen die Lösungen visualisiert und gemeinsam bearbeitet werden, einfach und nutzbringend umgesetzt werden.

Auch die kreative Weiterentwicklung der Methode ist denkbar. Beispielsweise können im Rahmen einer kollegialen Beratung die Teammitglieder zu einer bestimmten Problemstellung eines Teammitglieds viele „15% Solutions“ frei assoziieren. Noch kreativer wäre ein weiteres Vorgehen: Dazu werden unterschiedliche Solutions auf Notizzetteln gesammelt, von allen Anwesenden wird jeweils einer blind gezogen und anschließend entsprechend der persönlichen Problemstellung weiterentwickelt. Optional können die „15% Solutions“ auch in einer Galerie, z.B. in einem Meetingraum, ausgestellt und so immer wieder betrachtet werden.

Kreative Varianten

Doch wie auch immer die Umsetzung genau aussieht: Der erste Schritt auf dem Weg zur Spitze des Berges ist allein durch das Nachdenken über die kleinen Lösungen in jedem Fall gemacht. Der Gipfel wirkt so schon ein gutes Stück erreichbarer – auch wenn sich möglicherweise herausstellt, dass es um eine ganz andere Bergspitze geht, als zu Beginn ausgemalt.

Zum Weiterlesen

- Intervention „Grenzen setzen und besser gestalten", ab Seite 262
- Covey, S. R. (2018): Die 7 Wege zur Effektivität: Prinzipien für persönlichen und beruflichen Erfolg. Offenbach a. M.: Gabal, 52. Aufl.

Glaubenssatz-Check für Teams

von Janine Burmeister und Anna Dollinger

Infos

- In Präsenz oder virtuell möglich
- **Gruppengröße:** 12 Personen
- **Material Präsenz:** eine Moderationswand, Klebezettel, Klebepunkte in den Farben Rot, Gelb und Grün
- **Material online:** ein digitales Whiteboard-Tool, ein Umfragetool (z.B. Microsoft Forms oder Mentimeter) für anonyme Abstimmungen
- **Zeitaufwand:** 1,5 bis 2 Stunden

In jedem Team gibt es Überzeugungen, die alle teilen oder unbewusst als Vorgabe für sich übernommen haben. Solche Glaubenssätze können die Zusammenarbeit stärken und motivieren. Sie können aber auch Neuerungen ausbremsen und innovative Lösungen verhindern. Gerade in Veränderungssituationen lohnt es sich deshalb, sie unter die Lupe zu nehmen.

„Das haben wir schon vor zehn Jahren ausprobiert – das hat damals schon nicht funktioniert.“, „Das kommt von der Zentrale, das ist praxisfremd.“, „Egal, wie schwierig das wird, das bekommen wir hin.“ Solche Sätze kennen wir alle: Sie werden direkt von Kollegen oder Kolleginnen geäußert oder schweben unausgesprochen in Teamsitzungen in der Luft. Und sie definieren einen Teil der Team-, Abteilungs- oder auch der Unternehmenskultur und beeinflussen so das Funktionieren eines Systems maßgeblich.

Die Teamintervention „Change (unspoken) Rules" ermöglicht es, an solchen Überzeugungen, die die Zusammenarbeit innerhalb von Teams und mit anderen Bereichen prägen, zu arbeiten. Ziel dieser Intervention ist es, teaminterne Glaubenssätze aufzudecken, Veränderungsimpulse für hinderliche Glaubenssätze zu setzen beziehungsweise nützliche Glaubenssätze zu verstärken und in der gemeinsamen Weiterentwicklung voranzukommen. Typische Anlässe dafür sind beispielsweise der Beginn eines wichtigen Transformationsprozesses, die Umstrukturierung eines Teams oder einfach das Gefühl, im Projekt „irgendwie festzustecken".

Einstieg mit Definition

Einstimmung auf die Arbeit mit Glaubenssätzen

Eine große Herausforderung bei der Arbeit mit Glaubenssätzen ist mitunter, dass diese in der Regel nicht bewusst sind. Daher wird für einzelne Teammitglieder der Zusammenhang zwischen der Überzeugung und konkreten Verhaltensweisen oder Arbeitspraktiken nicht unbedingt transparent. Deshalb ist es wichtig, die Teammitglieder gedanklich auf die Arbeit mit Glaubenssätzen einzustimmen.

Glaubenssätze

Als – teils bewusste, teils unbewusste – innere Überzeugungen sind Glaubenssätze Teil der Identität von Einzelpersonen oder auch sozialen Gruppen.

Sie helfen dabei, sich in einer komplexen Welt zurechtzufinden, da sie als eine Art Daumenregel vereinfacht erklären, wie diese funktioniert – und wie man sich folglich im System zu verhalten hat. Als eine Art Wahrnehmungsfilter und Wegweiser steuern sie so das Verhalten einer Person oder die Kommunikation innerhalb des Teams – auch über Abteilungsgrenzen hinweg.

Da sie auf Basis von Erfahrungen entstehen („Das hat bisher immer funktioniert"), sind Glaubenssätze einerseits durchaus nützlich und fördern oft die Motivation. Andererseits können sich Glaubenssätze aber auch dysfunktional auswirken: Dann verhindern sie, dass neue Ideen und Innovationen im Team entstehen, oder stehen sinnvollen Reflektionen im Weg.

Für ein einheitliches Verständnis formuliert der begleitende Teamcoach vorab eine Definition von Glaubenssätzen, und verdeutlicht, wie diese Verhalten beeinflussen. Als Einstieg könnten zudem kleine Kärtchen an die Teammitglieder ausgeteilt werden, bei denen auf der einen Seite ein fröhliches „Guten Morgen!“, auf der anderen ein inspirierender Glaubenssatz steht, z.B.:

- „Die einfachste Art, einen Menschen zu ehren, ist, ihm zuzuhören.“ (Michael Zöllner)
- „Ein sicheres Zeichen, zu den Besten zu gehören, ist der Wunsch, noch besser zu werden.“ (Reinhard Sprenger)

Die Glaubenssätze des Teams ermitteln

Der Teamcoach fragt nach, inwieweit dieser Satz nach Meinung der Anwesenden der Wahrheit entspricht oder ein Konstrukt ist. Nach dieser einführenden Diskussion bekommen alle den Auftrag, in Einzelarbeit Glaubenssätze ihres Teams auf Klebezetteln auszuformulieren. Als Gedankenanstoß bekommen sie vom Teamcoach folgende Fragestellungen an die Hand:

- Welche Sätze fallen häufig oder immer einmal wieder in unserer Zusammenarbeit oder in Teammeetings?
- Welche Aussagen fallen derzeit – immer mal wieder, häufig –, wenn wir an die Einführung von XYZ denken?
- Welche pauschalisierenden Sätze – „Es ist wichtig, dass ...“, „Jeder sollte ...“ – fallen zum Beispiel im Rahmen der Einarbeitung neuer Mitarbeitender?
- Welche Argumente nutzen wir bei der Einführung einer Neuheit – eines neuen Prozesses, neuen Systems ... –, um für diese zu werben oder sie zurückzuweisen?
- Welche Überlegungen haben wir, wenn wir an das Projekt XY – z.B. die Zusammenführung unserer Teams – denken?

Wichtig ist, dass die formulierten Glaubenssätze nicht auf einzelne Personen wie die Führungskraft oder bestimmte Kollegen oder Kolleginnen abzielen und dadurch Einzelpersonen beschuldigen. Betont werden sollte, dass sowohl positive, also hilfreiche, aber auch dysfunktionale Glaubenssätze gesammelt und aufgeschrieben werden können.

1. Schritt: Glaubenssätze im Team transparent machen

Im nächsten Schritt stellen alle ihre Klebezettel mit den gefundenen Glaubenssätzen vor und kleben diese auf eine Moderationswand. Mögliche Glaubenssätze, die hier in Teams auftauchen, sind:

Beispiele für Glaubenssätze in Teams

- „Das Konzept von dem Bereich XY ist sowieso nicht umsetzbar."
- „Ich darf kritische Meinungen in Teamsitzungen nicht äußern."
- „Das haben wir immer schon so gemacht."
- „Wer vor 17 Uhr nach Hause geht, ist faul."
- „Wenn wir das Neue ausprobieren, wird das viel Zeit kosten."
- „Wenn wir das Neue ausprobieren, werden wir viele Fehler machen."
- „Wenn wir das Neue einführen, werden wir eine Menge lernen können."
- „Wenn wir XY einführen, werden wir Zeit gewinnen für ..."
- „Wenn wir als Team zusammengeführt werden, kann ich neue Aufgaben übernehmen."
- „Wenn ich mein Wissen an die neuen Kollegen weitergebe, werde ich nicht mehr so wichtig sein."

Alle Sätze genau beleuchten

Anschließend werden diese gemeinsam mit der Gruppe geclustert. Die so gebildeten Cluster werden nun diskutiert: Ziel ist es, zu klären, ob diese nach Einschätzung der Teammitglieder ein wichtiger Teil der Teamkultur sind und weiterführend bearbeitet werden sollten.

Mit folgenden Fragestellungen regt die Teamentwicklerin die Diskussion und somit die tiefere Auseinandersetzung mit jedem Glaubenssatz an. Die Erkenntnisse dazu visualisiert sie an der Moderationswand:

- An welchen wahrgenommenen Verhaltensweisen, Prozessen oder Strukturen mache ich jeweils den Glaubenssatz fest?
- Welche Glaubenssätze überraschen mich, welche hätte ich nicht erwartet, weil ich diesen Aspekt anders erlebe?
- Was könnte der Nutzen hinter dem jeweiligen Glaubenssatz für uns sein? Oder: Inwiefern könnte der Glaubenssatz hinderlich für uns sein?

2. Schritt: Keep, skip or change!

In einem letzten Schritt wird gemeinsam von den Teammitgliedern bewertet,

- welche Glaubenssätze positiv beziehungsweise nützlich sind und deshalb beibehalten werden sollten („**keep**“),
- welche Glaubenssätze destruktiv für das Team oder die Zusammenarbeit sind und die das Team deshalb – inklusive der dazugehörenden Verhaltensweisen – besser hinter sich lässt („**skip**“),
- welche nur in einzelnen Aspekten nützlich sind und deshalb angepasst werden sollten („**change**“).

Abstimmung mit Ampelfarben

Dabei haben die Teammitglieder auch die Möglichkeit, jeweils ein abschließendes Plädoyer zu ihrer individuellen Einschätzung vorzutragen. Im Anschluss erhält jeder vom Teamcoach Klebepunkte in drei unterschiedlichen Farben (grün = „keep“, rot = „skip“, und gelb = „change“) und vergibt jeweils einen Klebepunkt pro Glaubenssatz. Sollte das Gesamtergebnis je Glaubenssatz nicht klar sein, wird dieser nochmals aufgegriffen und diskutiert.

Dafür regt die Teamentwicklerin an, dass der jeweilige Glaubenssatz zu einem positiven umformuliert wird. Zum Beispiel zu „Wir beziehen für gute Ergebnisse auch kritische Meinungen ein“ anstatt „Ich darf kritische Meinungen in Teamsitzungen nicht äußern“. Die Teammitglieder sammeln anschließend Situationen, in denen der neu formulierte Glaubenssatz zum Tragen kommt und folglich besonders gefördert werden kann.

Ausblick und Varianten

Reflexionen zum Abschluss und als Follow-up

Während der Abschlussreflexion sollte verdeutlicht werden, dass die Arbeit mit den Teamglaubenssätzen nur ein erster Schritt sein kann für die weitere Arbeit im und am Team. Dabei helfen die folgenden Fragestellungen:

- Auf einer Skala von 1 bis 10 – wie viel Klarheit habe ich nun über die von uns definierten Teamglaubenssätze?
- Wie zufrieden bin ich mit den Veränderungsimpulsen im Rahmen des Teamworkshops?
- Wie würden andere Abteilungen wahrnehmen, dass wir unseren internen Glaubenssatz XY verändert haben oder mehr darauf hinarbeiten?

Nach etwa drei bis sechs Monaten findet eine weitere Reflexion statt, um festzustellen, ob eine nachhaltige Veränderung erreicht wurde. Hier wird – in Präsenz oder virtuell – diskutiert, inwieweit die neu formulierten Glaubenssätze tatsächlich gelebt werden und inwieweit die alten Glaubenssätze immer wieder zu spüren sind.

Online-Variante

Die Teamintervention kann auch komplett online über ein Videokonferenztool durchgeführt werden. Dafür werden vorab Teamglaubenssätze auf einem digitalen Whiteboard-Tool zusammengetragen. Über ein Umfragetool wie Microsoft Forms oder Mentimeter könnte dann die Relevanz der einzelnen Glaubenssätze anonym von den Teammitgliedern abgestimmt werden.

Ein Plan für neue Gewohnheiten

von Anna Dollinger

Infos

- **Ziel:** die Verankerung von gemeinsam vereinbarten Handlungsstrategien; etwas modifiziert kann die Übung auch zur Absicherung von vereinbarten neuen Spielregeln im Umgang miteinander eingesetzt werden (z.B. um aus konflikthaften Mustern auszusteigen)
- **Gruppengröße:** bis 30 Personen
- **Material:** Moderationswände, Klebezettel (in Präsenz) bzw. Whiteboard-Tool (online)
- **Zeitaufwand:** 4 Stunden

Die meisten von uns kennen es: Ein neues Jahr hat angefangen und damit auch die Konfrontation mit der Realität: Sind die guten Vorsätze schon wieder vergessen – oder werden sie noch mühsam in die Tat umgesetzt? Diese Intervention soll das Durchhalten ein bisschen leichter machen.

Gute Vorsätze werden oft schnell wieder aufgegeben

Und was machen die guten Vorsätze, die hoch motiviert fürs neue Jahr gefasst wurden? Mehr Sport, weniger Zucker, nie mehr rauchen – manchmal ist davon im Februar nicht mehr viel übrig. Und das gilt nicht nur für die persönlichen Ziele von Individuen: Empirische Forschungen zeigen, dass es auch Gruppen oft schwerfällt, entsprechende Handlungsansätze zu realisieren. Nach Strategie-Tagen, Teamcoachings oder Bereichsentwicklungen, die mit dem gemeinsamen Ausarbeiten von neuen Zielen und Handlungsansätzen verknüpft sind, ist die Umsetzung also keineswegs garantiert. Auch Gruppen fallen leicht in alte Verhaltensmuster zurück.

Daher ist es sinnvoll, eine Art „Sicherheitsnetz" in solche gemeinsam herausgearbeiteten Handlungsansätze einzubauen und einen „Plan für neue Gewohnheiten" zu erstellen. Er erhöht die Wahrscheinlichkeit, dass die Vereinbarungen realisiert werden, enorm. Schmieden lässt sich dieser Plan in vier Schritten.

Der Einstieg: Die magische Gewohnheitskraft

Wobei hilft die Übung?

Zunächst beginnt beispielsweise eine Moderatorin damit, den Mehrwert der Übung zu erläutern: *„Auch wenn wir ganz sicher jetzt alle überzeugt sind, dass wir die richtigen, notwendigen und zieldienlichen Vereinbarungen ausgearbeitet haben und dass wir diese auch umsetzen wollen, könnte es sein, dass wir ungewollt in alte Muster zurückfallen."* Sie erklärt, dass solche Verhaltensmuster fast schon eine Art magische Anziehungskraft haben und fährt fort: *„Das kennt ihr wahrscheinlich alle: Man nimmt sich etwas vor, und fängt zum Beispiel an, wirklich mehr Sport zu machen. Bis man plötzlich - schwupps - zurückfällt in alte Muster: Man findet konkret etwa den Aus-Knopf an der Fernbedienung nicht mehr."*

Die gleiche Schwierigkeit gibt es auch, wenn in Teams Gewohnheiten verändert werden sollen. Dann erklärt ein Moderator: *„Daher ist es sinnvoll - obwohl jeder natürlich sein Bestes geben wird, da bin ich sicher -, schon heute darüber zu sprechen, was wir im Team tun werden, wenn wir in alte Muster zurückfallen: Was kann dann vielleicht hinderlich sein und was eher hilfreich? Und wie gehen wir mit Hindernissen und Rückschlägen um?"* Je konkreter solche Fragen beantwortet werden, umso höher sind die Erfolgschancen der angestrebten Veränderung.

Schritt 1: Was nehmen wir uns vor?

Zunächst wird nun überprüft, inwieweit die von der Gruppe definierten Maßnahmen tatsächlich die richtigen sind. Für jede vereinbarte Maßnahme visualisiert das Team zunächst, z.B. auf einem Flipchart, welchen Nutzen genau ihre Umsetzung der Gemeinschaft bringen soll. Dazu sollte jedes Teammitglied etwas sagen. In größeren Gruppen, also ab etwa 16 Personen, könnte dafür auch pro Handlungsstrategie eine Kleingruppe gebildet werden.

Die neuen Vorsätze visualisieren und kategorisieren

Die visualisierten Antworten sollten anschließend sichtbar im Arbeitsraum ausgestellt werden. Sie unterstützen zum einen die Umsetzung, weil die Gruppe den möglichen Mehrwert so plakativ vor Augen hat. Zum anderen erleichtert dies den folgenden Schritt, nämlich die Fokussierung. Denn nun können schon Maßnahmen gestrichen werden. Zum Beispiel solche, die von allen als unrealistisch oder wenig wirksam empfunden werden. Hierfür werden alle in Kategorien sortiert, für die vorab Kriterien definiert werden. Zum Beispiel:

- (Enorm) großer Hebel und gut umzusetzen => **Tun!**
- (Enorm) großer Hebel und verdammt schwer umzusetzen => **Vorerst lassen & weiter beobachten.**
- Kleiner Hebel, aber gut umzusetzen => **Tun!**
- Luftnummer: Bringt wenig bis nichts => **Lassen!**
- Weiß nicht => **Vorerst lassen & weiter beobachten.**

Wichtig ist auch, dass im Vorfeld schon festgelegt wird, wie Entscheidungen getroffen werden – per Mehrheitsentscheid? Im Konsens? Das hilft, zu gewährleisten, dass sie von allen mitgetragen werden und sich das notwendige Commitment herstellen lässt.

Schritt 2: Wenn das – dann was?

Konkrete Wenn-dann-Beispiele zu den Maßnahmen notieren

Nun werden die ausgewählten Maßnahmen in eine möglichst konkrete Wenn-dann-Relation umgesetzt. Die Vorgehensweise orientiert sich dabei an den sogenannten Wenn-dann-Plänen von Peter Gollwitzer (siehe Seite 298). Nimmt sich das Team zum Beispiel vor, anders als bisher Projekte konsequent abzulehnen, die nicht zu den originären Kernaufgaben gehören, dann könnte der konkrete Kontext so aussehen:

- **Wenn** Aufgaben zur Auswertung von Statistiken aus dem Bereich XY kommen, **dann** bitten wir die Kolleginnen und Kollegen, die Zahlen zuerst selbst zusammenzuführen. **Dann** übernehmen wir gerne.

Für die Ausarbeitung konzentrieren sich mehrere Kleingruppen jeweils auf einige Maßnahmen und setzen diese in beispielhafte **Wenn-dann-Kontexte**. Nach etwa 40 Minuten werden die Beispiele im Plenum präsentiert und diejenigen, die von der Gesamtgruppe akzeptiert werden,

werden priorisiert. Hier sollte man sich auf ein bis zwei Beispiele pro Handlungsvorsatz einigen, mit denen dann weitergearbeitet wird.

Wenn-dann-Pläne

Der Motivationspsychologe Peter Gollwitzer hat schon vor über 20 Jahren darauf aufmerksam gemacht, dass zwischen dem Vorgang des „Goal Setting" und dem des „Goal Striving" große Unterschiede bestehen: Das Setzen eines Ziels und die Realisierung des Vorhabens haben oft wenig miteinander zu tun.

Steigern lässt sich die Wahrscheinlichkeit einer Realisierung laut Gollwitzer durch sogenannte Wenn-dann-Formulierungen. **Durch die Verknüpfung mit einer konkreten Situation kommt es zu einer nahezu automatischen Auslösung des zielgerichteten Verhaltens.**

Die Wirkung guter Wenn-dann Pläne gilt als empirisch abgesichert. Um solche zu konstruieren, ist es wichtig, sich vorab damit zu befassen, wann die Gelegenheit für das Vorhaben (das „Dann") günstig ist, sich aber auch mögliche Hindernisse bewusst zu machen. Das hilft, ein gutes „Wenn" zu finden.

Schritt 3: Und was, wenn nicht?

Wenn ein Hindernis auftaucht, dann ...

Nun befasst sich das Team – gegebenenfalls in neu zusammengesetzten Kleingruppen – damit, welche Hindernisse die Umsetzung der Pläne erschweren könnten. Dabei fokussiert sich jede Gruppe auf einige der ausgewählten Kernbeispiele und illustriert die drei wahrscheinlichsten Hindernisse mit ergänzenden **Wenn-dann**-Aussagen.

Bei dem Beispielplan könnte ein mögliches Hindernis z.B. sein, dass der Kollege aus dem anderen Team auf die Bitte, die Zahlen zuerst selbst zusammenzuführen, sagt: *„Bisher habt ihr das doch auch immer gemacht!"* Die Ergänzung des Plans lautet dann:

- **Wenn** diese Aussage kommt, **dann** könnten wir sagen *„Ja, die Auswertung übernehmen wir auch weiterhin gerne für euch. Gleichwohl* *ist es für uns viel zeitaufwendiger als für euch, die passenden Zahlen zu extrahieren. Und wir haben die Zeit einfach nicht mehr."*

Das neue Verhalten wird belohnt

Die Ergebnisse werden im Plenum diskutiert. Insbesondere geht es darum, abzufragen, ob es schwerwiegende Einwände gegen ein solches Vorgehen gibt. Häufig gibt es sehr individuelle Bedenken, die oft auch mit dem individuellen Belohnungserleben des Einzelnen einhergehen. Das ist beispielweise der Fall, wenn Teammitglieder in der IT das Ticketsystem umgehen, um Sonderwünsche zu erfüllen, weil sie dadurch besondere Anerkennung bekommen. Dieses Belohnungserleben muss dann gewissermaßen durch das eigene Team übernommen werden: Es belohnt dann das „andere" Verhalten, also die neue Gewohnheit, etwa durch ausdrückliche Anerkennung.

Schritt 4: Okay, aber ...

Hinter Einwänden stehen oft Ängste

Einwände ernst zu nehmen, ist auch deshalb wichtig, weil sich dahinter oft Ängste verbergen, die mit bisher eher versteckten Mechanismen zusammenhängen. Wenn ich als Teammitglied mit meinem Verhalten beispielsweise bisher bestimmte Bedürfnisse ausgedrückt habe, dann taucht bei mir mit Sicherheit die Sorge auf, diese Bedürfnisse unterdrücken zu müssen. Folgende Fragen sind hilfreich, um sich bewusst mit Einwänden auseinanderzusetzen:

- Was könnte passieren, wenn wir so (re-)agieren?
- Wie könnten wir alternativ reagieren, um unerwünschte Effekte (mögliche besorgniserregende Reaktionen) zu minimieren?
- Wie könnten wir uns hier gegenseitig stärken? Uns gegenseitig Anerkennung bzgl. des neuen Verhaltens geben?

Beispielsweise könnte beim genannten Statistikbeispiel die Sorge auftauchen, dass Beschwerden entstehen oder dass Kollegen verärgert reagieren. Dann werden entsprechend gesammelt:

A: Alternative Handlungsstrategien

- Solche Anfragen werden alle an eine bestimmte Person (die Führungskraft) weitergeleitet, die das für alle „regelt".
- Die Führungskraft spricht proaktiv mit dem eigenen Vorgesetzten und holt sich Rückendeckung ein.
- Verschiedene Teammitglieder sprechen proaktiv mit den Nahtstellenpartnern und informieren diese.

- Wenn es solchen Stress gibt, dann wendet sich das Teammitglied an die Führungskraft.

Sich gegenseitig stützen

B: Gegenseitige Stärkungsstrategien

- **Wenn** es solchen Ärger gibt, **dann** spricht das Teammitglied es hier an.
- **Wenn** es solchen Ärger gibt, **dann** bekommt das Teammitglied eine „Stärkungsdusche", also eine Runde positives Feedback.
- **Dann** besprechen wir miteinander noch mal den Nutzen dieser neuen Gewohnheit und was passieren würde, wenn wir sie nicht einführen.

Erfahrungsgemäß wiederholen sich diese Aussagen und lassen sich entsprechend bündeln. Auch kann man noch die Frage ergänzen „Was tun wir, wenn ‚es' mal nicht klappt". Und hier achtsam vereinbaren, wie man sich dann gegenseitig stützen kann.

Verankern mit Metaphern

Wenn es zur Gruppe und zur Situation passt, kann im Team abschließend noch eine metaphorische Verankerung des „Plans für neue Gewohnheiten" vorgenommen werden. Zum Beispiel mit einer Collage, die die visuellen Assoziationen der Teammitglieder zum Nutzen der neuen Gewohnheiten darstellt, entsprechende Headlines enthält und mit einem „metaphernreichen" Namen versehen wird. Oder in Form einer gemeinsamen Playlist mit Songs, die die Botschaft von den neuen Gewohnheiten symbolisieren (z.B. „Don't stop me now"). Die Collage sollte für alle sichtbar in den Räumen des Teams aufgehängt und der Song regelmäßig zur Eröffnung der diversen Teammeetings gespielt werden.

Was ist hier systemisch?

Bei der Auswahl dieser Methode für die Serie „Systemische Interventionen" hat die Autorin folgende Annahmen geleitet:

- **Annahme 1:** Systeme können nicht von außen verändert werden. Sie können sich nur selbstinitiiert weiterentwickeln und tun dies auch ständig (Autopoiese)

- **Annahme 2:** Die Weiterentwicklung im System hängt von Impulsen ab, die auf das System einströmen: von innen oder von umgebenden Systemen. Ob und wie solche Impulse aufgenommen werden, ist nicht vorhersagbar. Wenn allerdings diese Impulse für die Einstellungs- und Wertperspektiven im geltenden System sinnvoll erscheinen, ist die Wahrscheinlichkeit gegeben, dass sie anschlussfähig sind: den Nutzen von Vorgehensweisen darzustellen, ist daher systemisch sinnvoll.

- **Annahme 3:** In Systemen sind wir immer Ursache und Wirkung zugleich füreinander. Wenn wir solche Muster erweitern und verändern wollen, sollten wir im System gemeinsam an solchen Mustern arbeiten.
- **Annahme 4:** Metaphern sind so vielschichtig, dass sie bezüglich ihrer Wirkungsweise und Verankerung viele unterschiedliche Haltungs- und Werteperspektiven ansprechen können. Daher unterstützen sie die Integration neuer Verhaltensmuster.

Teamcoaching goes Design Thinking

von Jennifer Stein

Infos

- **Gruppengröße:** Teams jeglicher Größe
- **Material:** eine breite Palette an Kreativmaterial, z.B. Stifte, Wasserfarben, buntes Papier, Schnüre, Kleber, Büroklammern, Perlen, Knete und Lego®-Figuren
- **Zeitaufwand:** 2 Workshops à 6 Stunden, Testphase und anschließende Retrospektive

Teams müssen sich immer wieder neu erfinden. Doch was, wenn dabei mal nicht von innen heraus gedacht wird, sondern von außen? Genauer: vom Nutzen her, den das Team für benachbarte Teams stiftet? Das gelingt, wenn Teamcoaching mit der Idee des Design Thinking verknüpft wird. Der iterative Ansatz schafft praxisnahe und auch von den Nachbarteams akzeptierte Ergebnisse.

Abb.: Bei „Teamcoaching goes Design Thinking" baut das Team einen Prototypen, der z.B. für einen neuen Arbeitsablauf oder eine neue Kommunikationsstruktur steht.

Teams müssen sich aus vielen verschiedenen Gründen immer wieder neu erfinden. Etwa weil neue Teammitglieder dazukommen, weil sich Strukturen in der Organisation wandeln oder weil sich der Kontext, in dem das Team arbeitet, ändert. Meistens ist der erste Impuls dann, aufs Team selbst zu schauen. Doch wie kann eine Neuerfindung des Teams gelingen, wenn sie nicht von innen heraus gedacht wird, sondern aus der entgegengesetzten Richtung? Indem man den Teamcoaching-Prozess mit der Idee des Design Thinking verknüpft und so eine andere Perspektive in den Vordergrund rückt: die von außerhalb des Teams.

Nutzerbedürfnisse stehen im Vordergrund

Wie immer beim Design Thinking, stehen auch hier die Wünsche und Bedürfnisse der Nutzerinnen und Nutzer konsequent im Zentrum des Prozesses – in diesem Fall die der Nachbarteams, mit denen es besonders viele Schnittstellen bei der Arbeit gibt. Während wir uns neu erfinden, schlüpfen wir also in die Rolle unserer Nutzerinnen und Nutzer und stellen uns dabei die Frage: Wenn wir durch die Brille unserer Nachbarteams schauen, wie müssten die Prozesse in unserem Team dann idealerweise sein?

Praxisnahe und akzeptierte Ergebnisse

Der Design-Thinking-Prozess (siehe unten) schafft durch seinen iterativen Ansatz sehr praxisnahe und auch von den Nutzerinnen und Nutzern akzeptierte Ergebnisse. Diesen Aspekt machen wir uns beim Teamcoaching zu eigen, indem wir viele Fragen stellen, Verhaltensweisen beobachten, immer wieder Rückkopplungsschleifen und Feedbacks einplanen. Unsere Ergebnisse werden durch Prototypen früh sicht- und kommunizierbar gemacht und durch die Rückkopplungsschleifen stetig verbessert.

Der Design-Thinking-Prozess

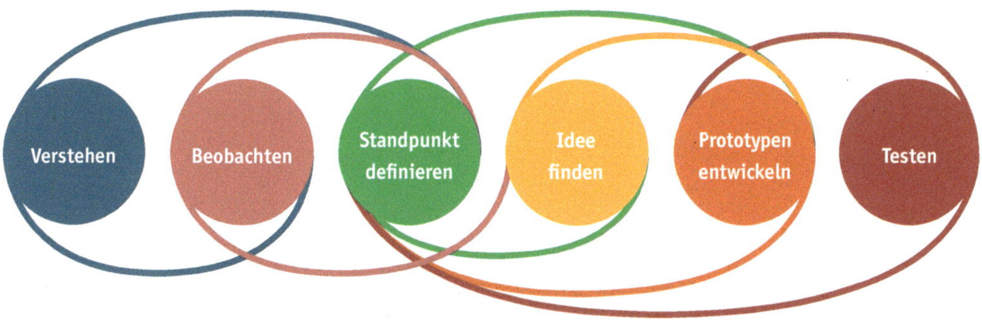

(Quelle: noesis, nach Hasso-Plattner-Institut)

Setting

Zwei Workshops plus Retrospektive

„Teamcoaching goes Design Thinking" ist für Teams jeglicher Größe geeignet und kann in Präsenz oder virtuell durchgeführt werden. Es empfiehlt sich, den Teamcoaching-Prozess in zwei Workshops à sechs Stunden aufzuteilen, mit einer anschließenden Retrospektive (siehe unten). Im ersten Workshop werden die ersten beiden Phasen des Design-Thinking-Prozesses bearbeitet (der Problemraum), im zweiten Workshop die Phasen drei bis fünf (der Übergang zum Lösungsraum). Zwischen den beiden Workshops führt das Team Interviews mit den Nutzer-Teams und bringt die Erkenntnisse daraus zum zweiten Workshop mit. Danach beginnt die Testphase, über die dann in der anschließenden Retrospektive gesprochen wird. Vorbereitend ist es hilfreich, die Arbeitsfragen und Dokumente je Prozessschritt aufzubereiten. Je nach Größe des Teams werden die Gruppen dann entsprechend für die einzelnen Aufgaben innerhalb der Prozessschritte aufgeteilt.

Das Setting des Teamcoaching-Prozesses

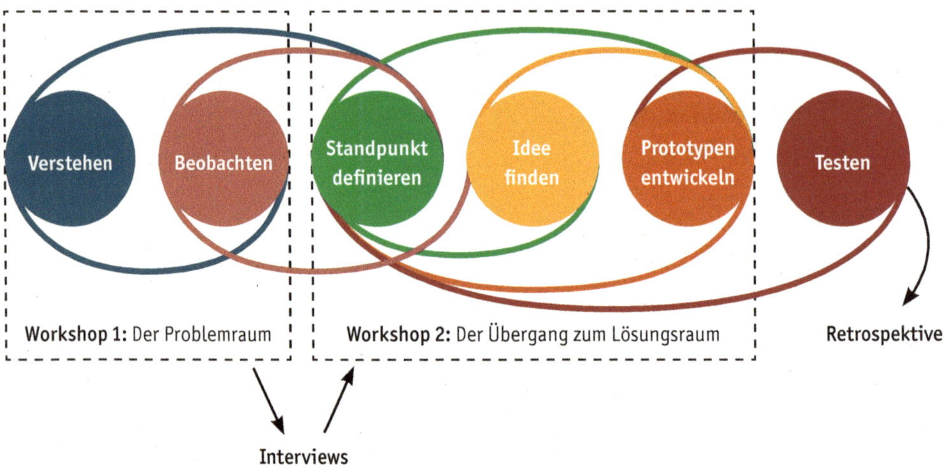

Workshop 1: Wir verstehen unsere Nutzer-Teams – Arbeiten im Problemraum

Einen Standpunkt definieren

Im ersten Workshop geht es darum, die Nutzerinnen und Nutzer in der Organisation zu identifizieren, sie zu verstehen, zu beobachten und ihren Standpunkt zu definieren. Ziel des ersten Workshops ist es, einen formulierten Standpunkt zu haben, mit dem dann im Workshop 2 weitergearbeitet werden kann.

Schritt 1: Nutzer-Teams verstehen

Eintauchen in den Problemraum

Wir befinden uns in der ersten Phase des Design-Thinking-Prozesses, der mit dem Eintauchen in den Problemraum beginnt. Da unser Gehirn nur ca. sieben bis neun Informationseinheiten im Kurzzeitgedächtnis verarbeiten kann, braucht es eine gute Weile, bis wir uns in die komplexe Fragestellung eingearbeitet haben. Entsprechend planen wir für diese Phase ein Drittel der Workshop-Zeit ein, um tief einzutauchen.

Im ersten Schritt betrachten die Teammitglieder unter anderem die Schnittstellen in der Organisation, mit deren Teams sie am häufigsten zusammenarbeiten und die für den gemeinsamen Erfolg der Gesamtorganisation am wichtigsten sind. Damit der ganze Prozess nicht zu komplex wird, wird die Anzahl auf maximal vier Nutzer-Teams und somit -Perspektiven beschränkt. Die Arbeitsfragen in diesem Schritt lauten:

- Mit welchen Teams arbeiten wir am häufigsten zusammen?
- Welche Teams sind von unseren Arbeitsergebnissen abhängig?
- Von welchen Teams sind wir für unsere Arbeitsergebnisse abhängig?

Verstehen, was die Nutzer-Teams umtreibt

Dabei ist entscheidend, wirklich zu verstehen, was die Nutzer-Teams umtreibt. Was sie von uns als Team erwarten. Welche Zusammenhänge zwischen unseren Aufgaben und Projekten bestehen. Wie es um die Beziehungen steht. In welchen Organisationsstrukturen wir als Teams aufeinandertreffen. Welche Vorgeschichte es gibt.

An dieser Stelle kann es hilfreich sein, das Team in Kleingruppen aufzuteilen, von denen jede diese Fragen für ein Nutzer-Team beantwortet. Die Erkenntnisse aller Kleingruppen werden dann wieder zusammengetragen, um ein Gesamtbild zu erhalten. Methodisch kann hier beispielsweise eine Mind Map oder eine Stakeholder Map genutzt werden. Ziel ist es, einen ersten Eindruck zu erarbeiten, was die Nutzer-Teams von unserem Team brauchen. Wir verwenden hier die unterschiedlichen Perspektiven und Erfahrungen aller Mitglieder in unserem Team mit Blick auf die Nutzer-Teams. Mit den maximal vier festgelegten Nutzer-Perspektiven geht es weiter. Nach dieser eher rationalen Verstehensphase folgt nun die zweite Phase im Prozess.

Schritt 2: Durch Beobachtung Empathie für die Nutzer-Teams aufbauen

Die Welt aus Nutzerperspektive erfahren

Während dieses Schrittes liegt der Fokus auf dem genauen Beobachten und Verstehen der Bedürfnisse unserer Nutzer-Teams. Wir bauen Empathie für unsere Nutzerinnen und Nutzer auf und versuchen, die Welt aus ihrer Perspektive zu erleben. Was treibt die Nutzer-Teams um? Welche Sichtweisen, Bedürfnisse, Ängste, Emotionen haben sie? Wie erleben die Nutzer-Teams die Zusammenarbeit mit unserem Team?

Oft merken Teams an dieser Stelle, dass sie bereits eine passende Lösung im Kopf haben, obwohl sie noch gar nicht wirklich gehört und verstanden haben, was der oder die andere braucht. Gerade diese Phase im Prozess ist wichtig, um nicht zu früh an Lösungen heranzugehen, die zwar für das eigene Team optimal wären, aber nichts mit den Bedürfnissen der Nutzer-Teams zu tun haben. Wichtig ist, sich Zeit zu nehmen und zu versuchen, „in den Schuhen der Nutzer-Teams zu gehen".

Die Bedürfnisse in Interviews erfragen

Eine sehr hilfreiche Methode für diese Phase ist es, Interviews zu führen. Hierfür bereiten wir für alle Nutzer-Teams die gleichen Interviewfragen vor und laden Gesprächspartnerinnen und -partner aus diesen Teams ein. Für die spätere Auswertung der Interviews empfiehlt es sich, sie zu dokumentieren bzw. aufzuzeichnen. Ein Interview sollte ca. 20 Minuten dauern. Die Interviewfragen können beispielsweise lauten:

- Wofür ist aus Ihrer Sicht unser Team da?
- Bitte beschreiben Sie einen Wow-Moment in unserer Zusammenarbeit. Was hat diesen Moment so besonders gemacht?
- In welchen Situationen freuen Sie sich auf die Zusammenarbeit mit unserem Team?
- Was würde aus Ihrer Sicht die Zusammenarbeit mit unserem Team noch angenehmer für Sie machen?

Bei der Durchführung der Interviews gilt es dann, nicht nur die Ohren, sondern auch die Augen und das Herz weit zu öffnen – schließlich geht es in dieser Phase darum, Empathie für die Nutzer-Teams aufzubauen. Mit der Vorbereitung der Interviews und der Identifikation der Interview-Partnerinnen und Partner endet der Workshop 1. Bis zum Workshop 2 gilt es nun, die Interviews zu führen und die Ergebnisse dann mitzubringen.

Workshop 2: Wir erfinden uns für unsere Nutzer-Teams neu

Zu Beginn der Workshops befinden wir uns noch im Problemraum, den wir im Schritt 1 dieses Workshops abschließen.

Schritt 1: Den Standpunkt der Nutzer-Teams definieren

Alle Teammitglieder bringen in den zweiten Workshop die Erkenntnisse aus ihren Interviews mit und packen diese gemeinsam aus, d.h., sie machen die Erkenntnisse für alle sichtbar. Damit das systematisch abläuft und gut funktioniert, ist es wichtig, im ersten Workshop eine klare Form der Dokumentation zu besprechen. Denkbar ist etwa, Erkenntnisse in einer gemeinsamen Excel-Tabelle zu sammeln.

Die Erkenntnisse verschmelzen

Während das Team die Ergebnisse aus den Interviews präsentiert, verschmelzen die Erkenntnisse aus den Phasen „Verstehen" und „Beobachten/Empathie aufbauen". Dreh- und Angelpunkt in dieser Synthese sind die Bedürfnisse der Nutzer-Teams. Ziel dieser Phase ist, den Standpunkt der Nutzer-Teams zu erarbeiten, der dann der Start für die Lösungsfindung ist. Die Position der Nutzer-Teams kann mithilfe dieser Schritte erarbeitet werden:

1. Beschreibung der Persona (= Nutzer-Team)
2. Beschreibung der Bedürfnisse dieser Persona
3. Beschreibung des Umfeldes der Persona

Für diese Arbeit ist es hilfreich, nach Aussagen Ausschau zu halten, die auf dieselben Insights hinweisen, oder aber auch auf eine Kombination davon. Die folgende Struktur hilft, den Standpunkt der Nutzer-Teams klar herauszuarbeiten:

- Wir haben unsere Persona getroffen. (Nutzer)
- Wir haben durch einen neuen Blickwinkel realisiert, dass ... (Bedürfnis)
- Bahnbrechend würde sein, wenn ... (Einsicht)

Beispiel: Position eines Nutzer-Teams

Ein konkretes Beispiel:

- Wir haben das Nutzer-Team A kennengelernt (Nutzer) ...
- Und dabei verstanden, dass es sich von uns verlässliche Prozesse und absolute Termintreue wünscht. (Bedürfnis)
- Denn das Nutzer-Team A verbringt viel Zeit damit, unsere Ergebnisse nochmals zu kontrollieren und nachzurechnen. Seine wahre

Leidenschaft ist aber die verlässliche Zuarbeit ohne Reibungs- und Zeitverluste, um damit gut beim Vorstand dazustehen. Wenn es immer unsere Ergebnisse kontrollieren muss, kann es seine eigenen Zeitfenster nicht einhalten und gerät so in Verzug bei der Abgabe der Arbeitsergebnisse. (Einsicht)

Schritt 2: Lösungsraum betreten und Ideen für die Nutzer-Teams entwickeln

Kreative Lösungen finden

Mit dem erarbeiteten Standpunkt geht es in den nächsten Schritt im Teamcoaching-Prozess. Nun ist Kreativität gefragt! Dabei gehören die folgenden Fragen in den Mittelpunkt. Ausgehend vom erarbeiteten Standpunkt:

- Wie können wir die Bedürfnisse unserer Nutzer-Teams erfüllen?
- Wie können wir unsere Nutzer-Teams mit der Lösung glücklich machen?
- Wie können wir das Problem lösen?
- Wie können wir die ideale Problemlösung gestalten?

Kreativitätstechniken

Und dann braucht es einen freien Raum für die Kreativität, um die in jedem Menschen vorhandene Geistes- und Lebensenergie zum Fließen zu bringen. Hilfreich sind beispielsweise diese Kreativitätstechniken:

- **Stilles Brainstorming**, bei dem alle Teilnehmenden am Anfang zwei Minuten still Ideen sammeln, ohne sich untereinander auszutauschen. Das ist besonders wirkungsvoll, damit auch alle wirklich mitdenken und anschließend etwas beitragen können.

- **Hot Potato:** Wer die „heiße Kartoffel" hat, muss schnell eine Idee nennen, egal ob gut oder schlecht. Statt einer heißen Kartoffel nimmt man normalerweise einen Ball. Noch besser: Alle bilden einen Halbkreis um das Whiteboard/Flipchart. Wer am nächsten steht, schreibt eine Idee auf, dann wird rotiert.

- **6-3-5:** Sechs Teilnehmende schreiben drei Ideen auf einen eigenen Zettel und geben diesen weiter. Die nächste Person schreibt wiederum drei Ideen darunter. Insgesamt gibt es fünf Runden.

Ziel dieses Schrittes ist es, zuerst möglichst viele Ideen zu sammeln, um dann mit einer Idee im nächsten Schritt weiterzuarbeiten.

Schritt 3: Prototypen entwickeln

Ideen greifbar machen

Nachdem wir im vorherigen Schritt Ideen gesammelt haben, picken wir uns in diesem Schritt eine Idee heraus und erarbeiten aus ihr einen Prototypen – die Verbildlichung, das Greifbarmachen einer Idee. Durch das Prototyping wird der Einfall in etwa 30 Minuten (hier unbedingt auf das Time-Boxing achten) mit wenig Aufwand so dargestellt, dass er direkt verstanden wird. Das kann etwa ein neuer Arbeitsablauf in unserem Team sein oder eine neue Kommunikationsstruktur.

Wichtig ist, dass dafür genügend Kreativmaterial zur Verfügung steht, z.B. Stifte, Wasserfarben, buntes Papier, Schnüre, Kleber, Büroklammern, Perlen, Knete und Lego®-Figuren. Ziel in diesem Schritt ist es, einen Prototypen zu schaffen, der dann in der Testphase den Nutzer-Teams präsentiert wird, damit diese ihn ausprobieren können. Mit dem Entwickeln eines Prototypen endet der Workshop 2 im Teamcoaching-Prozess.

Testphase

Testen, ob die entwickelte Idee funktioniert

Wenn der Prototyp fertig ist, bereitet das Team die Testphase vor. Die Tests werden zwischen dem zweiten Workshop und der Retrospektive durchgeführt. In der Retrospektive werden dann die Erkenntnisse aus dem Test ausgewertet. Mit dem Test soll herausgefunden werden, ob die entwickelte Idee tatsächlich funktioniert und ob sie den Nutzer-Teams brauchbar erscheint. Deshalb ist es wichtig, das wertvolle Feedback aus der Testphase gut zu dokumentieren, damit es später ausgewertet werden kann. Diese Fragen sollten während der Vorbereitung der Testphase geklärt werden:

- Wer soll den Prototypen testen?
- Welche Informationen wollen wir von den Nutzer-Teams bekommen?
- Wie wollen wir die Informationen dokumentieren?
- Wer führt den Test durch?

- Wie lange soll die Testphase dauern?
- Wie soll der Test genau ablaufen?

Für die Durchführung der Tests ist es hilfreich, ein Drehbuch zu erstellen.

Retrospektive

Ergebnisse aus der Testphase auswerten

Nach dem Testen geht es im letzten Schritt des Teamcoaching-Prozesses darum, die Testergebnisse auszuwerten und die Frage zu beantworten: Sind wir mit der Neuerfindung unseres Teams aus Sicht der Nutzer-Teams erfolgreich? Um diese Frage beantworten zu können, werden die Erkenntnisse und Feedbacks aus den Tests gemeinsam ausgepackt und bewertet.

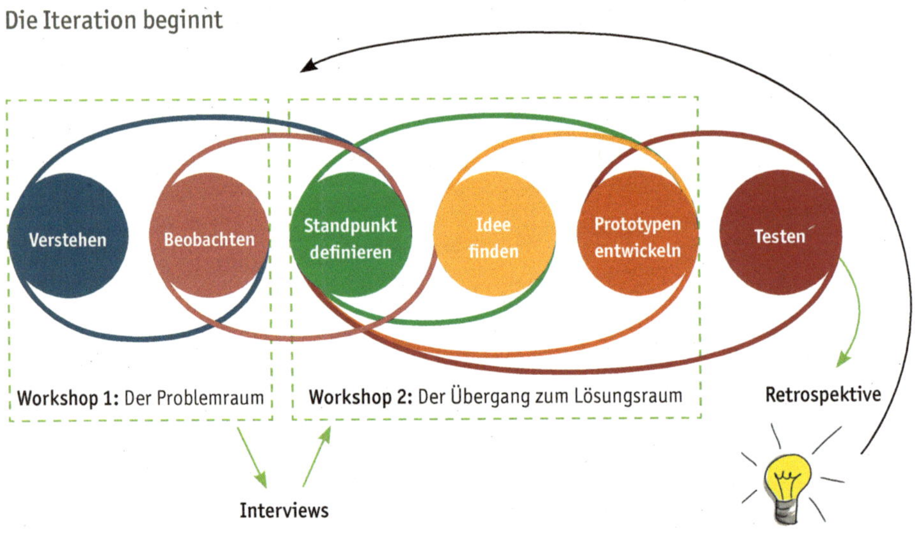

Verbesserung durch Iterationen

Eventuell stellt das Team fest, dass noch nicht aus Sicht aller Nutzer-Teams die Neuerfindung gelungen ist. Dann beginnt der iterative Prozess (siehe oben), und das Team entscheidet gemeinsam, an welcher Stelle im Prozess es nochmals startet. Beim Verstehen? Beim Formulieren des Standpunktes? Durch die Iteration verbessert sich die Neuerfindung immer weiter. Diese Iteration kann das Team dann eigenständig im Rahmen seiner Meetingstruktur bearbeiten. Denn durch das gemeinsame Teamcoaching sind der Prozess und die angewendeten Methoden bekannt.

Literatur

- Gerstbach, I. (2021): Online-Moderation von Design-Thinking-Workshops. Design Thinking goes remote. In: Training aktuell 7/2021.
- Kötter, R. & Kursawe, M. (2014): Neuer Coachingansatz. Design Thinking im Coaching. In: Training aktuell 4/2014.

Ausweg durch Affirmation

von Jennifer Stein

Infos

- **Gruppengröße:** 6 bis 8 Personen; Bei größeren Gruppen: Unterteilung in entsprechende Kleingruppen
- **Material:** Klebezettel bzw. Kärtchen, Stifte, Fotos, Zeitschriften, Ausdrucke, Farben, weitere Materialien zur Gestaltung des Affirmations-Boards, ggf. eine Musik-App
- **Zeitaufwand:** insgesamt 2 bis 3 Stunden

Haben sich negative Gedanken oder unrealistische Überzeugungen in einem Team festgesetzt, hilft nur eins: direkt gegenzusteuern und Denkgewohnheiten zu ändern. Das kann durch positiv formulierte Glaubenssätze – sogenannte Affirmationen – geschehen. Die Intervention zeigt, wie diese entwickelt und eingesetzt werden können.

„Die Aufgabe schaffen wir nie im Leben.", „Das Meeting führt doch eh wieder zu keinem Ergebnis.", „Wir haben weder Energie noch Kapazitäten, um uns auch noch mit Thema XY auseinanderzusetzen." Dass derartige Gedanken hin und wieder in den Köpfen von Mitgliedern eines Teams herumgeistern, ist vollkommen normal – und in der Regel auch kein Grund zur Sorge. Wenn sie sich jedoch festsetzen, dauerhaft entmutigend wirken und zu unrealistischen Überzeugungen führen, die wiederum die Arbeitsleistung beeinflussen und sich negativ auf die mentale Gesundheit einzelner Mitglieder auswirken, sollten Teamleiter bzw. -leiterinnen und Mitglieder aufhorchen.

Negativen Gedanken entgegenwirken

Dann heißt es: schnell handeln und den negativen, festgefahrenen Gedanken entgegenwirken. Im Individualcoaching, in dem es um die Modifizierung von Gewohnheiten eines einzelnen Coachees geht, werden in solchen Fällen häufig positiv formulierte Glaubenssätze eingesetzt, sogenannte Affirmationen. Sie stammen aus dem Repertoire des Mentaltrainings und können dabei unterstützen, Denkgewohnheiten und damit auch Handlungsmuster weiterzuentwickeln. Dies geschieht durch Suggestion – sprich: Beeinflussung, die das Ziel hat, ein gewünschtes Verhalten zu evozieren. Dafür werden Aussagen in verständlicher Sprache entwickelt, die ausdrücken, was der Trainee oder Coachee erreichen will. Indem er sie anschließend über einen längeren Zeitraum wiederholt, werden diese Aussagen vom Unterbewusstsein aufgenommen und verarbeitet, was zu einer Veränderung der eigenen Glaubens- und Handlungsmuster führt.

... mit positiven Glaubenssätzen

Nicht nur was fürs Einzelcoaching

Affirmationen stellen somit ein probates Mittel dar, um sich selbst in eine bestimmte Richtung „zu lenken" bzw. zu fokussieren – was zahlreiche Untersuchungen unterstreichen, die die Wirksamkeit und die positive Wirkung von Affirmationen auf die Psyche belegen (beispielsweise von Clayton R. Critcher und David Dunning oder von Christine Logel und Geoffrey L. Cohen). Doch Affirmationen können nicht nur im Einzelcoaching eingesetzt, sondern wunderbar auch für einen Teamcoaching-Prozess im Rahmen eines Workshops angewendet werden – und zwar nicht nur bei festgefahrenen Überzeugungen. Auch ein geplantes Ziel, eine vorgesehene Veränderung oder eine strategische Neuausrichtung im Team können Ausgangspunkte für die gemeinsame Entwicklung einer Team-Affirmation sein. Dadurch verfügt das Team über ein starkes, effektives und energiespendendes Werkzeug auf dem Weg zur Umsetzung von Vorhaben. Dabei haben Affirmationen einige Vorteile:

Abb.: Am Ende eines Affirmations-Workshops blickt das Team auf das gemeinsam gestaltete Board – so auch in einem Workshop zur Weiterentwicklung des Geschäftes im Büchermarkt. Die Affirmation dazu: „Wir pflanzen mit leichter Hand Bücher in den Garten des Erfolges." (Foto: noesis)

Vorteile von Affirmationen

- Sie können gemeinsam entwickelt werden.
- Sie können somit auch gegenseitige Unterstützung und gegenseitiges Verständnis fördern.
- Sie sind jederzeit einsetz- und abrufbar.
- Sie sind höchst einfach anzuwenden.
- Sie kosten nichts.

Hinzu kommt, dass Team-Affirmationen sich positiv auf das Stressempfinden bzw. die Gelassenheit des Teams auswirken können, beim Umgang mit Ängsten und Ungewissheit unterstützen und positive Auswirkungen auf die Selbstwirksamkeit des Teams haben.

Genau beschreiben mit allen Sinnen

Zu Beginn der Teamsession (z.B. im Rahmen eines Workshops) ist es sinnvoll, dem Team ein paar einführende und erklärende Worte zum Begriff der Affirmation und zur Wirksamkeit von Affirmationen mit auf den Weg zu geben. Diese Einführung übernimmt der Teamcoach – ebenso wie die Ermunterung zur genauen Beschreibung von Aspekten in den folgenden Schritten. Ziel ist es, möglichst viele kraftvolle Aussagen, starke Verben und VAKOG-relevante Beschreibungen (siehe unten) zu bekommen. Denn nur mit solchen Formulierungen kann letztlich eine positive Affirmation kreiert werden.

VAKOG ...

steht als Abkürzung für die Sinnesmodalitäten: **V**isuell, **A**uditiv, **K**inästhetisch, **O**lfaktorisch und **G**ustatorisch. Der Mensch nimmt die Welt mit seinen fünf Sinnen wahr. Über diese Sinne verarbeitet er innerlich die Wahrnehmung, wodurch sich die Wirklichkeit abbildet. Erlebnisse werden später aus dieser Erinnerung als neuronale Codierung repräsentiert. Menschen haben meist ein individuell bevorzugtes Repräsentationssystem und die einzelnen Sinne sind individuell unterschiedlich ausgeprägt. Mit diesen codieren Menschen innerlich die äußere Flut an Informationen und Eindrücken.

Im ersten Schritt geht es darum, auf die Ressourcen des Teams zu fokussieren. Für diesen Schritt bittet der Trainer bzw. die Trainerin das Team, sich eine positive und erfolgreiche Zukunft oder Vision in Bezug auf ein bestimmtes Thema vorzustellen und diese zu beschreiben, zum Beispiel:

Eine positive Zukunftsvision beschreiben

- Wie sieht die positive Zukunft unseres Teams aus?
- Wie stellen wir uns vor, wie wir zusammenarbeiten?
- Welche Erfolge haben wir erzielt?
- Wie fühlen wir uns dabei, wenn wir diese Erfolge feiern und genießen?

Für diesen Schritt kann es hilfreich sein, sich auf ein greifbares Zeitfenster zu einigen, z.B. „Unsere Zukunft in den nächsten drei Jahren“. Das Zeitfenster sollte so gewählt werden, dass es für das Team vorstellbar ist. Als Arbeitsmittel sollten Stifte und Klebezettel zur Verfügung stehen. Um diese Aufgabe für alle Teammitglieder leichter zugänglich zu machen, ist es hilfreich, erst mit einer Stillarbeit zu beginnen, bei der alle ihre Gedanken sortieren und notieren (ca. zehn Minuten). Erst dann werden die ersten Gedanken in der Gruppe ausgetauscht und besprochen. Für diesen Austausch im ersten Schritt sind weitere zehn Minuten geplant. Damit ein konstruktiver Austausch stattfinden kann, sollte die Gruppe nicht größer als sechs bis acht Personen sein. Ist das Team, das eine Team-Affirmation entwickeln möchte, größer, ist es sinnvoll, mit Kleingruppen zu arbeiten und die Arbeitsergebnisse im letzten Schritt zusammenzuführen.

Vorhandene Ressourcen sichten

Aus vergangenen Erfolgen schöpfen

Im nächsten Schritt bekommt das Team die Aufgabe, zu überlegen, wo und wann die genannten Aspekte der positiven Zukunft schon jetzt (oder in der Vergangenheit) sichtbar werden (bzw. wurden/waren).

- Wo haben wir uns schon so verhalten?
- Wann haben wir bereits Erfolge gefeiert?
- Welche Kompetenzen traten hier besonders zum Vorschein?

Diese Betrachtung hilft dem Team, zu erkennen, dass es bereits über Ressourcen und Kompetenzen verfügt, die für die positive Zukunft genutzt werden können. Es reift die Erkenntnis: Es ist viel von dem da, was wir für unsere positive Zukunft brauchen werden. Auch diese Gedanken werden auf Kärtchen bzw. Klebezetteln visualisiert und im Team geteilt. Für diesen Schritt der positiven Erinnerung werden 15 Minuten eingeplant.

Eine stimmige Team-Affirmation finden

Der nächste Schritt zur Entwicklung der Team-Affirmation ist die Formulierung eines Satzes aus den visualisierten Erkenntnissen der vorherigen Schritte. Der Coach kann hier unterstützen, indem er bestimmte Wörter und Aussagen unterstreicht und damit die Diskussion im Team anregt. Der Satz, der durch das Team kreiert wird, darf gerne unlogisch, unperfekt, widersprüchlich und humorvoll sein bzw. er sollte es sogar idealerweise sein, da solche Sätze besser verankert/erinnert werden, weil das Gehirn sich daran „abarbeitet". Es können mehrere Schleifen gedreht werden, um dem für das Team stimmigsten Satz, mit dem sich alle identifizieren können, näher zu kommen. Beispiele für solche Sätze können sein:

- „Gelassen verstreuen wir Ungewissheit in der Kaffee-Ecke."
- „Mit leichtem Schritt und erdiger Verbundenheit nehmen wir Hürden – oder auch nicht – und kommen voran, nach und nach."
- „Wir tun, was wir können: mutig, selbstbewusst und permanent lernend. So erzeugen wir Ergebnisse: Tag für Tag."

Als Hilfestellung bei der Entwicklung einer Affirmation kann der Teamcoach noch folgende fünf Hinweise geben:

Tipps zum Entwickeln von Affirmationen

1. Es gilt, leichte, ressourcenorientierte Worte aufzugreifen und einzuflechten: einfach so, wie von selbst – ganz leicht.
2. Es sollten keine Vermeidungsziele formuliert werden.
3. Stattdessen sollten selbst gestaltbare, machbare Affirmationen formuliert werden: „Wir können", „Wir sorgen", „Wir gestalten".
4. Der entstehende Satz sollte relativ kurz sein und ist bestenfalls durchaus unlogisch. Dann befasst sich unser Gehirn noch intensiver mit diesem Satz, sucht Sinn darin und erinnert ihn so besser.
5. Zusammengefasst bedeutet dies: Eine gute Team-Affirmation ist einfach, (relativ) kurz, positiv, in der „Wir-Form" verfasst.

Dieser Teil des Prozesses der Gestaltung einer Team-Affirmation ist das Kernstück der Arbeit und wird in mehreren Schleifen begangen, bei denen der Teamcoach immer wieder nachfragt und Resonanz bei den Teammitgliedern einholt: *„Hört sich der Satz so stimmig an?"*, *„Fühlt sich der Satz so für alle Teammitglieder stimmig an?"*, *„Welche Wörter fühlen sich stimmiger an, welche weniger stimmig?"* Hierfür darf etwas mehr Zeit eingeplant werden (ca. 30 bis 45 Minuten). Denn erst, wenn der Satz für alle Teammitglieder passt, geht es weiter in die Verankerung.

Affirmationen im Team verankern

Gemeinsam ein „Affirmations-Board" gestalten

Steht der Satz, wirft der Teamcoach die Frage auf „Welches Bild passt zu unserem Satz?", um den Satz auch visuell zu verankern. Gemeinsam wird mit dem Team ein Affirmations-Board entwickelt. Das Affirmations-Board nutzt die Kraft der Manifestation. Als Manifestation bezeichnet man den Prozess des Sichtbarwerdens. Gedanken werden zu sichtbaren Dingen und Handlungen, im Fall des Affirmations-Boards zu Bildern.

Arbeitsmaterialien für diesen Schritt können Fotos, Zeitschriften, Ausdrucke, Farben etc. sein. Kreativität darf ausgelebt werden und im Teamprozess stattfinden (Zeitfenster 30 bis 45 Minuten). Ziel ist es, ein gemeinsames Affirmations-Board zu kreieren, das die Team-Affirmation darstellt und positive Emotionen bei den Teammitgliedern auslöst. Diese positiven Emotionen helfen bei der Erinnerung und verknüpfen die Affirmation mit den visualisierten Emotionen.

Während des Teamcoaching-Prozesses kann nun in einem nächsten Schritt jedes Teammitglied gebeten werden, die Team-Affirmation auszusprechen und dabei das Affirmations-Board zu betrachten:

- Welche Emotionen werden ausgelöst?
- Ist es genau das, was ich möchte? Möchten wir uns genau so im Team fühlen?

Positive Emotionen, Gesten oder Musik als zusätzliche Anker

Dieser Schritt sollte gemeinsam mit der gesamten Gruppe durchgeführt werden und ist umso kraftvoller, wenn sich alle Teammitglieder zuhören und gegenseitig stärken. Vielleicht ist es möglich, noch eine passende Geste zu entwickeln? Denkbar wären z.B. solche, wie sie die Mitglieder der neuseeländischen Rugby-Mannschaft „Maori All Blacks" während ihres energiegeladenen Hakas zu Beginn eines Spiels vorführen.

Wenn das Team möchte, kann die Team-Affirmation auch noch mit einem Song aufgeladen werden. Das heißt, eine bestimmte Musik wird gemeinsam ausgewählt, die die formulierte Affirmation weiter unterstreicht und die zukünftig bei bestimmten Anlässen abgespielt wird.

Zum Abschluss wird mit den Teammitgliedern erarbeitet, wie sie das Affirmations-Board und somit die Team-Affirmation im Alltag einbinden werden:

Die Affirmation in den Alltag integrieren

- Wo soll das Affirmations-Board hängen?
- Wie werden wir dafür sorgen, dass die Team-Affirmation in unserem Alltag präsent ist? (Etwa durch bewusstes Wiederholen beim wöchentlichen Teammeeting.)
- Was könnte uns an der Umsetzung hindern und wie können wir damit umgehen?

Damit die Affirmation ihre volle Wirksamkeit entfalten kann, muss sie präsent im Alltag sein. Sie sollte regelmäßig wiederholt werden und in den Tagesablauf integriert sein. Das Team überlegt für sich, wie dies gut gelingen kann, und schließt mit einem Commitment dazu ab.

Was ist hier systemisch?

Systeme können nicht von außen verändert werden: Sie können sich – und tun dies auch ständig – nur selbstinitiiert weiterentwickeln (Morphogenese-Prinzip). Die Mitglieder eines Systems sind immer Ursache und Wirkung zugleich füreinander. Das heißt, wenn sie die Muster des Miteinanders weiterentwickeln wollen, können sie gemeinsam an solchen Mustern arbeiten. Bei der Entwicklung einer Affirmation regen der autosuggestive Satz, die Visualisierung und der auditive Anker vielschichtige Wirkungsweisen an, ohne dass die realen Elemente genau benannt werden. Durch veränderte Bilder wird ein verändertes Erleben und eine veränderte Haltung in der Realität erzeugt. Daher unterstützen Affirmationen die Entwicklung und Integration neuer Verhaltensmuster in Systemen.

Wachsen mit System

von Katharina Fehse

Infos

- **Gruppengröße:** maximal 10 Personen
- **Material:** Moderationswand und Klebezettel oder ein digitales Whiteboard, das für alle während des Workshops zugänglich ist
- **Zeitaufwand:** 3 bis 4 Stunden

In schnell wachsenden Organisationen werden Aufgaben gern mal intuitiv verteilt und Zuständigkeiten improvisiert. Aber auch in etablierten Unternehmen ist nicht immer klar, wer eigentlich was macht. Dieses Tool hilft dabei, neue Übersicht im System zu schaffen.

Wenn eine Projekt- oder Startup-Organisation wächst, müssen die Strukturen stetig angepasst werden. Dabei müssen zum einen oftmals Zuständigkeiten und Verantwortlichkeiten immer wieder (neu) erarbeitet und auch – was noch viel wichtiger ist – kommuniziert werden. Zum anderen ist es wichtig, dass das Team in diesem Prozess eine eigene Identität entwickelt, sich gleichzeitig jedoch nicht isoliert. So kann das Wachstum schnell zu einer Herausforderung werden.

Die „RACI"-Matrix

Hier kann die RACI-Methode unterstützen. RACI ist ein Akronym aus den vier englischen Begriffen „Responsible – Accountable – Consulted – Informed". Die RACI-Matrix ist eine einfache Projektmanagement-Methode, mit deren Hilfe Rollen und Verantwortlichkeiten definiert und visuell dargestellt werden können. Die klaren Zuordnungen von Aufgabenbereichen und Verantwortlichkeiten machen es leichter, sowohl Erwartungen aneinander zu klären als auch Missverständnisse, unnötige Diskussionen und unklare Zuständigkeiten (auch gegenüber anderen Bereichen, die sich in der Organisation formieren) zu vermeiden.

Matrix für ein besseres Miteinander

Die vier Spalten der RACI-Matrix

In einem halbtägigen Workshop kann gemeinsam mit dem Team bzw. allen am Projekt oder Prozess Beteiligten eine RACI-Matrix erstellt werden. Dabei ist es enorm wichtig, zu Beginn ein einheitliches Verständnis unter den Beteiligten zu schaffen, vor allem in sehr komplexen Umfeldern. Die Moderatorin erläutert deshalb zunächst die Methode, indem sie die Bedeutung der vier Begrifflichkeiten des Akronyms, die auf einem Flipchart visualisiert sind, vorstellt:

1. **Responsible – zuständig:** Die zuständige Person erfüllt eine Aufgabe oder einen Teil einer Aufgabe, d.h., sie ist der „Umsetzer". Diese Person kann sich natürlich Hilfe aus dem Team holen. Wichtig ist, dass sie die Ansprechpartnerin ist und den Überblick behält.

2. **Accountable – verantwortlich:** Die verantwortliche Person entscheidet, ob die Aufgabe korrekt ausgeführt wurde und trägt die Auswirkungen der Entscheidung. Diese Person trägt die Projektverantwortung, delegiert Aufgaben an die durchführenden Mitarbeitenden – also die zuständigen Personen – und kümmert sich um kaufmännische Angelegenheiten.

3. **Consulted – beratend:** Beratende Personen werden zur Durchführung der Aufgabe befragt, d.h., sie sind externe oder interne Fachleute. Die Fachexperten und -expertinnen liefern alle relevanten Informationen, sind aber nicht direkt am Projekt beteiligt.

4. **Informed – informiert:** Informierte Personen oder Teams müssen über Entscheidungen und die Ergebnisse der Aufgaben Kenntnis haben.

Relevante Prozesse und Aufgabenfelder identifizieren

Im ersten Schritt werden nun im Workshop die relevanten Prozesse und Aufgabenfelder identifiziert und erfasst – beispielsweise Entwicklung, Sales, Controlling, Kundenservice. Dann sammeln alle zu jedem dieser Prozesse die relevanten Aufgaben und die damit zusammenhängenden Aktivitäten, grenzen diese voneinander ab und notieren sie auf verschiedenfarbigen Klebezetteln oder entsprechend auf einem digitalen Whiteboard (z.B. Mural, Miro oder Klaxoon). Das digitale Whiteboard hätte den Vorteil, dass es für die Weiterarbeit im Verlauf des Projektes genutzt und auch angepasst werden kann.

Schon hier sind bei der Erstellung der Matrix die folgenden Leitfragen hilfreich, die die Moderatorin dem Team vorstellt und die sie möglichst am Flipchart visualisiert:

Leitfragen bei der Erstellung der Matrix

1. Aus welcher Sicht betrachten wir den Prozess/das Aufgabenfeld? Wie würde unser Kunde (sowohl intern als auch extern) den Prozess betrachten?
2. Welche konkreten Aufgaben sind hinter einem Aufgabenfeld zu verstehen?
3. Wie laufen die Prozesse bei der Abarbeitung der Aufgabe ab?
4. Welche Rollen/Personen/Organisationseinheiten sind bei der Erfüllung der Aufgabe beteiligt? Wie sieht die klare Aufgabentrennung hier aus?

Wer macht eigentlich was?

Im zweiten Schritt entsteht die Matrix selbst: Die Gruppe trägt nun die identifizierten Aufgaben und Aktivitäten (die „Tasks") in die Zeilen der Matrix (siehe rechts) ein – beziehungsweise verschiebt die entsprechenden Klebezettel dorthin. Danach werden die im Prozess aktiven Personen oder Organisationseinheiten ermittelt. Dazu besprechen sich die Anwesenden und stellen ihre Ergebnisse in den Spalten der Matrix dar. Schließlich kann die RACI-Matrix ausgearbeitet werden. Dazu werden in die inneren Felder die verschiedenen Rollen der beteiligten Personen notiert: Wer ist zuständig? Wer ist verantwortlich, wer nur beratend beteiligt? Wer muss informiert werden?

Abb.: In die RACI-Matrix werden horizontal in der obersten Zeile die Teammitglieder eingetragen, vertikal in der ersten Spalte die identifizierten Aufgaben (Tasks). Dann wird markiert, wer für welche Aufgabe **zuständig** (R = responsible), **verantwortlich** (A = accountable) ist bzw. sie **beratend** (C = consulted) begleitet oder **informiert** (I = informed) werden muss.

Ist die Matrix so weit erstellt, bittet die Moderatorin das Team, das erste Ergebnis nun auf Unklarheiten oder mögliche Zweideutigkeiten zu überprüfen. Nicht immer müssen bei einer Aufgabe alle Rollen auf-

Unklarheiten und Zweideutigkeiten vermeiden

tauchen. Die Rollen „Responsible" und „Accountable" – also zuständig und verantwortlich – sollten aber vergeben sein, sonst übernimmt niemand den Job. Zudem sollten pro Aufgabe „Responsible" und „Accountable" auch nicht doppelt auftauchen, weil sonst die Verantwortlichkeiten unklar sind. Fehlt es an „zu informierenden Personen", ist möglicherweise der Informationsfluss nicht klar, und zu wenig beratende Personen deuten darauf hin, dass die Expertise fehlen könnte.

Abschließend regt die Moderatorin die Teilnehmenden zu einer weiteren übergeordneten Reflexion an und lädt ein, die Wechselwirkungen mit anderen Prozessen oder Nahtstellenpartnern – beispielsweise der Logistik oder dem Marketing – zu durchdenken. Dazu fragt sie:

Mit Blick auf unsere RACI-Matrix ...

- was würden unsere Nahtstellenpartner dazu jetzt sagen, wenn sie dabei wären?
- was würden sie mittragen, was würden sie vielleicht anders sehen?
- was fehlt denen gegebenenfalls noch?
- was sollten wir entsprechend anpassen, ergänzen etc.?

Nicht nur für Heranwachsende

Transparenz erhöhen und Arbeitsprozesse effizienter machen

Eine RACI-Matrix lässt sich recht zügig in einem Team oder einer Abteilung erstellen. Den größten Mehrwert bietet sie allerdings dann, wenn Teilnehmer und Teilnehmerinnen aus sehr unterschiedlichen Unternehmensbereichen ihre Sichtweisen austauschen und ein gemeinsames Bild entwickeln. Das erhöht das Verständnis bei allen Beteiligten und ihre Bereitschaft, den identifizierten – oder gar veränderten – Prozess mit seiner Rollenverteilung auch wie vereinbart zu leben. So lassen sich mögliche Wachstumsschmerzen in Startups klein halten und leichter verkraften.

Die RACI-Methode hilft aber auch etablierten Unternehmen und Teams, in Projekten und in Organisationen ein effizientes Kommunikationsschema aufzubauen. Durch sie wird für alle transparent, wer woran arbeitet und für was verantwortlich ist. Das sorgt dafür, dass Themen oder Aufgabenstellungen nicht mehrfach bearbeitet werden, und trägt dazu bei, dass die Informationen systematisch leichter dorthin gelangen, wo sie nützlich sind. Nicht zielgerichtete Kommunikation nach dem Gießkannenprinzip wird somit überflüssig.

Anhang

Die Autorinnen

Anna Dollinger

Die Mission, Erkenntnisse der Psychologie für die Praxis nutzbar zu machen, treibt die Diplompsychologin Anna Dollinger und ihr Unternehmen noesis seit über 25 Jahren. Als Start-up Unternehmerin verfügt sie über umfassende Feldkompetenz im Bereich der Führungskräfte-, Team- und Organisationsentwicklung und im Coaching. Sie ist in unterschiedlichen Welten zuhause – vom internationalen Lifestyle-Konzern bis zum Anlagenbauer. Ihre Leidenschaft gilt dem Thema „Unterschiede kapitalisieren".

a.dollinger@noesis-online.de
www.noesis-online.de

Katharina Fehse

Katharina Fehse ist Psychologin, systemischer Coach, zertifizierte Mediatorin und geschäftsführende Gesellschafterin bei der noesis GmbH & Co. KG. Sie bringt Arbeits- und Organisationspsychologie, Systemtheorie und Erkenntnisse der Neurowissenschaften lösungsorientiert zur Wirkung. In einer Welt, die zunehmend mehrdeutige Anforderungen stellt, gestaltet sie mit Führungskräften und Teams Wege zu nachhaltiger Wirksamkeit – mit Fokus auf agile Transformation, neue Führungsformen und gelingende Kollaboration. Ihre Interventionen machen auch kritische Themen besprechbar, stärken Selbstwirksamkeit und aktivieren Potenziale – partizipativ, professionell und zukunftsgerichtet.

k.fehse@noesis-online.de
www.noesis-online.de

Die weiteren Autorinnen

Simone Bardens

Simone Bardens ist M.Sc.-Psychologin mit dem Schwerpunkt Arbeits- und Organisationspsychologie. Als Mitarbeiterin von noesis ist sie mit den Themenschwerpunkten Führungskräftetraining, Teamcoaching und Change Management befasst. In der internen wie externen Projektsteuerung leitet und koordiniert sie Projekte zu den Themen Veränderungen vorantreiben sowie Programme zur unternehmensspezifischen Führungskräfteentwicklung.

s.bardens@noesis-online.de

Janine Burmeister

Ihr fachlicher Hintergrund als M.Sc.-Wirtschaftspsychologin sowie ihre Erfahrung im Bereich Personalentwicklung bilden die Grundlage für Janine Burmeisters Tätigkeit als Beraterin und Trainerin bei noesis.

Ihre thematischen Schwerpunkte liegen im Bereich des Teamcoachings, der Führungskräfteentwicklung und im Coaching. Hier begleitet sie Menschen und Teams dabei, besonders in Zeiten der Unsicherheit und Veränderung Ressourcen und Kompetenzen sichtbar und nutzbar zu machen.

j.burmeister@noesis-online.de

Lorena Käppeler

Als M.Sc.-Wirtschaftspsychologin mit mehrjähriger Erfahrung in der Personalauswahl ist Lorena Käppeler heute im Beratungsinstitut noesis als Trainerin, Beraterin und systemischer Coach tätig. Sie begleitet Führungskräfte verschiedenster Branchen in den Themen Persönlichkeits-, Team- und Organisationsentwicklung und setzt dabei ihren Schwerpunkt in den Bereichen Kommunikation, Selbstwirksamkeit, Entscheidungsfindung und innere Balance.

l.kaeppeler@noesis-online.de

Dr. Janina Merk

Die Ökonomin Janina Merk befasst sich seit über 10 Jahren wissenschaftlich fundiert und praxisnah umsetzbar mit Fragestellungen der Unternehmensführung und Organisationsentwicklung. Sie hat zum Thema Arbeitgeberattraktivität promoviert, in der internationalen Fachpresse veröffentlicht. Besondere Schwerpunkte setzt sie in ihrer Arbeit als Trainerin und systemischer Coach in den Bereichen Führungskräfteentwicklung und Teamentwicklung. Ein weiteres Herzensthema ist die Befähigung von HR-Businesspartnern und die Begleitung von HR-Transformationsprozessen in unterschiedlichen Branchenkontexten.

j.merk@noesis-online.de

Judith Reinwald

Als Organisationspsychologin und systemischer Coach berät Judith Reinwald seit vielen Jahren Personen, Teams und Unternehmen bei Fragestellungen rund um das Thema Learning and Development. In ihrer aktuellen Position als Senior Beraterin Organizational Transformation liegt ihr Schwerpunkt auf Enablement im Rahmen großer Transformationsprojekte sowie New Work Themen.

judith.lucas00@gmail.com
www.linkedin.com/in/judithlcs

Jennifer Stein

Im neunten Jahr als Trainerin, Beraterin, Mediatorin und Coach im Beratungsinstitut noesis. Davor mehr als 15 Jahre in verschiedenen Führungsfunktionen in internationalem Konzernen tätig, verbindet sie heute Erfahrung, Leidenschaft und Fachwissen beim systemischen Arbeiten mit Führungskräften, in der Begleitung von Teams in Veränderungsprozessen und bei der lösungsorientierten Mediation in Konflikten.

j.stein@noesis-online.de

Anja Wiggenhauser

Als Psychologin im Business und Psychosomatik-Kontext treibt Anja Wiggenhauser seit vielen Jahren ihre Neugier für die Vielfalt von Menschen und die Energie, die diese im Zusammenwirken in Systemen freisetzen kann, voran. Als Teammitglied des Beratungs- und Trainingsinstituts noesis ist es ihr wichtig, mit wissenschaftlich fundierten, systemischen Lösungsansätzen zu arbeiten. Ihre Schwerpunkte sind Transformationsprozesse in Organisationen, die auch leicht sein können und Spaß machen dürfen, Führungskräfteentwicklung – auch international – sowie Teamcoaching, Konfliktcoaching und individuelles Business-Coaching.

a.wiggenhauser@noesis-online.de

Agnes Pahler

Lebensraum Gehölz
Bäume und Sträucher im naturnahen Garten

Gedruckt auf
100% Recyclingpapier

Agnes Pahler

Lebensraum Gehölz

Bäume und Sträucher im naturnahen Garten

pala verlag

Eine Hecke ist der beste Spielplatz.

(Alex Oberholzer, Naturgarten-Pionier und Pädagoge)

Inhalt

▲ Im Apfelbaum findet der Stieglitz Astgabeln für sein napfförmiges Nest.

Zart erscheinen die hellen, weichen Blätter des Haselstrauches im April. ▼

Hoch hinaus

In allen Kulturen genießen Gehölze eine besondere Verehrung, in ihnen leben mythische Wesen oder Götter. Bäume wurzeln in der Erde, aber strecken sich weit hinauf in den Himmel. Dadurch verbinden sie die Welt des Irdischen mit dem Überirdischen. Bäume weisen substanziell wie ideell über den menschlichen Horizont hinaus: Ihre Dimensionen reichen weit über unsere Augenhöhe hinweg und ihr Alter geht deutlich über unsere Lebensspanne hinaus. Wer einen großen Obstbaum pflanzt, tut dies auch für seine Nachkommen. Noch die Kinder und Enkel werden die Früchte ernten. Alte Bäume verbinden Gemeinschaften über Generationen hinweg, wie schade, dass sie im Siedlungsraum so oft gefällt werden, oft nur aus Angst davor, dass sie umstürzen und Schäden verursachen könnten.

Erst Gehölze machen einen Garten zum Naturraum. Bäume und Sträucher erschließen den Garten in der dritten Dimension, sie erweitern das Volumen des begrünten und damit belebten Raumes. Rein nüchtern, aus biologischer Sicht betrachtet, besitzen Gehölze im Gegensatz zu den krautigen Pflanzen ein festes Gerüst aus Leitbahnen, die mit Lignin stabilisiert sind. Diese langkettige Verbindung baut sich aus Zellulose-Molekülen auf, es entsteht eine stabile und dauerhafte Struktur, die noch im Winter vorhanden ist. Gehölze können durch ihr festes Grundgerüst viele Jahre alt und sehr groß werden. Durch ihre Ausmaße und ihr langjähriges Wachstum bieten sie unterschiedliche Lebensräume: Das bunte Leben in Baum und Strauch reicht vom Moos am Stammgrund über Flechten auf den Ästen, Blattläusen an den Triebspitzen, Raupen an den Blättern bis zu pickenden und zwitschernden Vögeln, Fledermäusen im morschen Astloch und räuberischen Eichhörnchen im Geäst.

Dadurch stellt ein Gesträuch das ganze Jahr über ein spannendes Beobachtungsobjekt dar. Im Winter beobachten wir Meisen bei der Futtersuche an der Borke, im Frühjahr streiten Amselmännchen um ihr Revier, später beschützt der Kleiber seine Nisthöhle vor Eindringlingen. Im Geäst hocken Vögel bei der Gefiederpflege, Schmetterlingsraupen fressen sich satt und verpuppen sich, erwachsene Schmetterlinge flattern vorbei und im Herbst kommen gefiederte und bepelzte Gäste an die Fruchtbar. Wie schön ist es, morgens von Vogelgezwitscher geweckt zu werden oder beim abendlichen Nachhausekommen das laute Rascheln des Igels im Falllaub zu vernehmen. Vorgärten sollten nicht grau und zugeschottert sein, sondern können viel Farbe und Duft bieten. Um solche Beispiele und Naturerlebnisse geht es in diesem Buch.

Neben der Freude am Beobachten von tierischem Leben bieten Gehölze auch noch ganz praktischen Nutzen: Die Leitbahnen in den zahlreichen Ästen der Sträucher oder im Stamm eines Baumes transportieren Wasser aus den Wurzeln in die Krone. Das Laub gibt Wasserdampf an die Umgebung ab, was den Wasserstrom in den Leitbahnen aufrechterhält. Durch die Transpiration steigt die Luftfeuchtigkeit im Garten und die Temperatur sinkt an heißen Tagen. Bäume und Sträucher verbessern das Stadtklima und erhöhen die Lebensqualität im Siedlungsraum. Die Stadtplanung wird sich darauf in Zukunft immer stärker besinnen. In einem Garten mit Baum- oder Strauchbewuchs hält man sich gern auf und es gibt täglich Neues zu entdecken.

Gärten, in denen sich Tiere gerne aufhalten, gefallen auch den Menschen. Erst mit Bäumen und Sträuchern wird ein Garten zur erhofften Wohlfühloase.

Wir pflanzen Gehölze, wenn wir folgende Ziele anstreben:

- Leben im Garten fördern,
- für Schatten und Sichtschutz sorgen,
- Umweltschutz betreiben,
- dem Klimawandelt entgegenwirken,
- einen schönen Garten gestalten.

Unseren eigenen Garten genießen wir, weil er uns den Gang der Jahreszeiten erleben lässt und jeden Tag andere Eindrücke bringt. Vor allem aber freuen wir uns an Tieren, die darin leben: vom Specht, der am Morgen an bemoosten Ästen nach Futter sucht, über Blindschleichen, die sich tagsüber auf den Steinen sonnen, bis zu den Fledermäusen, die in der abendlichen Dämmerung herumschwirren.

Gehölze schließen einen Garten ein, sie beschirmen und beschatten die Fläche. ▶

▲ Schwebfliegen wie diese Mondfliege brauchen strukturreiche Lebensräume.

Duft-Schneeball blüht mitten im Winter und bietet Nahrung für überwinterte Bienen. ▼

Lebensraum Garten

Gärten als Erlebnisräume

Gärten sind Erholungs- und Rückzugsräume. Dort wollen wir uns nach getaner Arbeit ausruhen, wollen die Anspannung des Tages hinter uns lassen, wollen genießen, die Seele baumeln lassen. Naturerlebnis, aber vor allem Ruhe und Entspannung wünschen sich viele von ihrem Garten. Da fragt man sich, warum so viele sich den Zwang auferlegen, ein mehr oder weniger kleines Rasenstück regelmäßig mähen zu müssen: während der Wachstumszeit alle ein bis zwei Wochen, im Mai und Juni alle fünf Tage. Dazu kommen weitere Aufgaben wie Düngen, Vertikutieren und Wässern bei Trockenheit.

Wie viel einfacher gestaltet sich dagegen das Leben im Garten, wenn Gehölze stimmungsvoll den Platz ausfüllen, wenn Stauden in den Beeten ihren Platz finden und sich eine mehrjährige Blumenwiese Jahr für Jahr aussamt! In wahrhaft pflegeleichten Gärten nehmen Gehölze eine größere Fläche ein. Ein gelegentlicher Schnitt genügt, er muss in vielen Fällen gar nicht jedes Jahr erfolgen. Unter Gehölzen kommt bei passender Unterbepflanzung kaum unerwünschter Aufwuchs hoch, das Jäten ist schnell erledigt. Bei Stauden genügen wenige Pflegegänge im Jahr, die zu passenden Zeitpunkten durchgeführt werden.

Vielfältige Sinneseindrücke

Menschen, die einen Garten mit einer vielfältigen Bepflanzung schätzen, wünschen sich möglichst Blüten das ganze Jahr über. Ausgesprochene Spätblüher, Winterblüher und zeitig blühende Wildstauden, Sträucher und Zierpflanzen machen es möglich, dieses Ziel zu erreichen. Blüten im späten Herbst und im ausgehenden Winter sind auch im Hinblick auf die Wildbienen wichtig. Bevor sie sich zur Winterruhe begeben, sollten sie ausreichend Nahrung aufnehmen. Wenn zeitig im Jahr die Temperaturen beginnen zu

Flechtenbewuchs deutet auf eine gute Luftqualität hin.

steigen, müssen staatenbildende Bienen wie die Honigbiene ausfliegen, um ihren Darm zu entleeren. Schaffen sie dies nicht, verschmutzt der Bau und das Risiko von Krankheiten steigt. Der Ausflug ins Freie kostet jedoch viel Kraft – nicht jede Biene überlebt ihn. Auch für die Aufzucht des Nachwuchses benötigen die Bienen Eiweiß und Energie. Bereits bei Temperaturen unter zehn Grad Celsius sind im zeitigen Frühjahr auch die Hummeln und einige andere Wildbienenarten wie die Mauerbienen oder die Blauschwarze Holzbiene auf Nahrungssuche. Daher ist es so wichtig, dass Bienen Pollen und Nektar in Blüten vorfinden. In freier Natur blüht im Februar fast noch nichts. Huflattich, Salweide und Haselnuss liefern Nektar und Pollen meist erst ab Mitte März. Doch in den Gärten und öffentlichen Grünanlagen erscheinen so zeitig schon Winterlinge, Schneeglöckchen und Krokusse, gefolgt von Wildtulpen, Traubenhyazinthen und Gänseblümchen. Winterblühende Gehölze wie Duft-Schneeball, Winter-Jasmin und Winterblüte tragen mitten im Winter Röhrenblüten mit Nektar. Wenn im März Winter-Heckenkirsche und Kornelkirsche blühen, finden sich rund um die Kronen so viele Insekten ein, dass allein das Summen das Ende des Winters verkündet.

Die sanfte Geräuschkulisse im Vorfrühling erinnert uns daran, dass uns ein Garten nicht nur Farbeindrücke in Form von Blüten, Herbstlaub, Blatt- oder Rindenfärbung schenkt. Er bietet die unterschiedlichsten Sinneseindrücke und spricht tatsächlich alle Sinne an. Beglückend empfinden wir den Gesang der Vögel und lernen leicht, nicht nur die verschiedenen Vogelarten nach ihrem Gesang zu unterscheiden, sondern auch Warnrufe von einfachen Verständigungsrufen und Balzgesängen. Zu den Geräuschen in der Natur gehört auch das beruhigende Rauschen der Blätter, das Rieseln von Regen, das harte Aufplatschen von Tropfwasser, das Rascheln von trockenem Laub, wenn kleine Tiere darin stöbern.

Schließlich bietet ein Garten eine unendliche Fülle an Gerüchen, angefangen beim Duft der unterschiedlichen Blüten über den würzigen Geruch der Erde bis zu den Ausdünstungen tierischer Hinterlassenschaften. Alle diese Sinneswahrnehmungen regen unsere Hirntätigkeit an und fördern das Wohlbefinden.

Eine wichtige Rolle spielt natürlich auch der Tastsinn. Ertasten wir glatte, raue, runzlige, borstige, wachsartige Oberflächen, dann schießen die Synapsen in unserem Gehirn regelrechte Feuerwerke ab. Leben und Lebenstüchtigkeit werden dadurch auf vielen Ebenen befeuert. Die Signale des Tastsinns werden im Gehirn mit den anderen Sinnesdrücken verarbeitet. Verblüfft stellen Pflanzenfreunde fest, dass sich die Merkmale und auch der Name einer Pflanze tief ins Gedächtnis eingraben, wenn sie ein Gewächs in der Hand gehalten haben. Gärtnerinnen und Gärtner spüren die Unterschiede zwischen Arten und sogar von Sorten, wenn sie Pflanzenteile wie Blätter oder Wurzeln befühlen. Studierende der Botanik lernen Namen und typische Merkmale, indem sie die entsprechenden Pflanzen auch anfassen.

Aufwachsen im Garten

Das körperliche Erleben ist essenziell für die kindliche Entwicklung. Ein Garten bietet Kindern Platz für Bewegung, er bedeutet aber auch eine große Chance zum Ausprobieren, Forschen, Erfahrungensammeln. Im Garten lernen sie fürs Leben.

Familien, die das ersehnte Haus mit Garten beziehen, fragen sich, was der Garten für die Kinder bieten soll. Eine Freifläche zum Spielen ist gewünscht und sicher sinnvoll, begrünt mit Strapazierrasen, der die starke Belastung beim Ballspielen und Herumtollen aushält. Hüpfburg und Baumhaus werden gekauft, finden aber oft nur kurze Zeit Beachtung. Viel interessanter ist die Pflanzenwelt, das Natürliche, Nichtperfekte, Form- und Wandelbare. Deshalb sind Gebüsche so wichtig. Man kann sich darin verstecken, kann sie variabel als Spielkulisse nutzen und kann in ihnen herumklettern.

Badende Vögel bieten ein Gartenspektakel. Sie zu beobachten, sorgt für Glücksmomente.

Für die geistige Entwicklung von Kindern ist das freie Spiel im Garten von unschätzbarem Wert – sofern es ihnen erlaubt ist, ihr Material und ihre Themen selbst zu wählen. Dazu braucht es nicht viel: Kieselsteine kann man sortieren nach Größe, Gewicht, Farbe, Muster, Form … Stöckchen kann man aneinanderreihen, in die Erde stecken, mit leeren Schneckenhäusern garnieren… Das Arbeiten mit diesen natürlichen und billig zur Verfügung stehenden Materialien regt die Sinne auf das Vielfältigste an, wie die moderne Hirnforschung immer wieder mahnt. Die Verbindungswege im Gehirn werden bei Kindern erst noch gebahnt. Das Sortieren und Aneinanderlegen von Gegenständen spurt Verbindungen im Gehirn. Erst wenn diese Grundlinien stehen, können im Gehirn komplizierte Aufbauten stattfinden, wie sie etwa für das Erlernen von Grammatik notwendig sind.

Genauso muss ein Gehirn einen Raum erst einmal körperlich erfahren, bevor Bewegungen im abstrakten Raum möglich sind. Im Klartext heißt das: Ein Kind muss erleben, wie viele Schritte die Rasenfläche lang ist, erst dann kann es das Einmaleins verstehen. Wer in Baumkronen klettert, muss mit jeder Arm- und Beinbewegung die erforderliche Länge ermessen – und legt so die Grundspuren für das spätere Erlernen höherer Mathematik.

Kinder, die sich in einem belebten Garten aufhalten, leben mitten in einem Untersuchungsgebiet. Jede Knospe, jede Blüte, jedes Insekt wird zum

Forschungsgegenstand. Interessierte Eltern können die Wissbegierde unterstützen und werden bald merken, dass sich das eigene Grundwissen mithilfe von Bestimmungsbüchern und Bestimmungs-Apps unendlich erweitern lässt. Man darf sich dabei aber nicht verbissen um Wissenszuwachs bemühen, es kommt vielmehr auf den Spaß bei der Beobachtung der Natur an. Vögel, die in der Wasserschale beim Baden alles Wasser verspritzen, reizen ebenso zum Lachen wie torkelnde Schmetterlinge im Balzflug oder Amselmännchen, die ums Revier kämpfen. Erinnerungen, die viele Jahre nachwirken, sind wichtiger als Fakten.

Sinne wachhalten

Die nachhaltigen Sinneseindrücke einer vielfältigen Pflanzenumgebung werden auch im Zusammenhang mit Gärten für betagte Seniorinnen und Senioren intensiv diskutiert. Selbst gebrechliche Personen, die sich nur noch mühsam fortbewegen und keine anstrengende Gartenarbeit mehr bewältigen können, freuen sich an Farben, Düften und Bewegungen im Freien. Für Menschen, die an den Rollstuhl gebunden sind, bedeuten Bienen im Anflug auf Blüten ein großes Erlebnis. »Schafft sie es oder schafft sie es nicht?«, diskutieren die Bewohnerinnen und Bewohner eines Seniorenheims am Sitzplatz neben den Löwenmäulchen. Sie fühlen ihre Lebenserfahrung bestätigt, wenn es nur der dicken Hummel gelingt, die große Blüte aufzustemmen. Und dann wird gezählt, wie viele Sekunden sie in der Blüte bleibt, bis sie sich wieder nach draußen drückt. Das unmittelbare Erleben dringt tief ins Bewusstsein ein.

In der Therapie und Pflege von Demenzkranken arbeitet man bewusst mit vielfältigen Sinneseindrücken: Düfte, Geräusche und Ertasten bringen Erinnerungen zurück, besänftigen die innere Unruhe und hinterlassen glückliche Momente. Um vielfältige Wahrnehmungen zu ermöglichen, braucht es die unterschiedlichen lebenden Pflanzen, die ihrerseits Vögel und Insekten anlocken. Mit zum Gartenbild gehören jedoch auch tote oder abgestorbene Elemente wie Steine, Rinde und Samenstände. Vogelgezwitscher, Summen von Insekten und plätscherndes Wasser bereichern die Szenerie. Dazu braucht es etliche Sitzgelegenheiten an mehreren Stellen im Garten.

Gärten als Rückzugsgebiete für die Natur

Naturbelassene Flächen finden sich in Mitteleuropa nur noch ganz vereinzelt, menschliche Ansiedlungen und die landwirtschaftliche Kultur dominieren unsere Landschaft. Ausufernde Siedlungen fressen sich ins Umland, große Industriegebiete und ausgedehnte Einkaufsareale mit riesigen Parkplätzen führen zu immer mehr versiegelten Bereichen. Die Bestellung der Felder mit großen Anbaugeräten an leistungsfähigen Traktoren hat dazu geführt, dass Gehölzgruppen und Hecken in freier Natur weichen mussten, während Bodenwellen oder -senken eingeebnet wurden. Durch den Verlust an Landschaftselementen gingen Lebensräume ebenso verloren wie durch die fortschreitende Bebauung. Die moderne Landwirtschaft mit monotonen Kulturen auf großen Feldschlägen und dem fatalen Einsatz von Pestiziden hat die Zahl von Organismen auf dramatische Weise verringert: Sowohl in der Masse als auch in der Zahl der Arten gehen die Lebewesen zurück.

Neue Heimat für Tiere

Mit dem Schwund der Lebensräume in Wald und Feld ziehen sich inzwischen immer mehr Tiere in die Gärten zurück, die unterschiedliche Strukturen auf kleiner Fläche bieten. Gärten dienen längst nicht mehr vorwiegend als Anbaufläche für Gemüse und Obst, sie beherbergen blühende Staudenbeete, Blumenwiesen oder einen Rasen, Ziergehölze oder Obstgehölze. Vögel nehmen die vielfältigen Lebensbereiche eines Gartens an: Spechte siedeln zunehmend in den Bäumen eingewachsener Gärten, weil sie dort Höhlen im Holz vorfinden, die aufgrund der kurzen Umtriebszeiten in der aktuellen Forstwirtschaft im Wald immer mehr zurückgehen. Stieglitze wandern in die Gärten ab, wenn es hohe Baumwipfel gibt, Buchfinken nisten im Gesträuch und Bachstelzen siedeln sich an, sofern sie offene Flächen vorfinden, gern auch ein Rasenstück.

Die Zusammensetzung der tierischen Bewohner in Gärten ändert sich momentan aufgrund der stark eingeschränkten Lebensmöglichkeiten in unserer Landschaft, aber auch aufgrund des Klimawandels. Füchse wandern in die Städte ein, weil sie dort leichter Nahrung finden. Auch Elstern und Ringeltauben kommen in Siedlungsgebiete, weil es Futter gibt. Die

Rotkehlchen werden recht zutraulich. Ihr perlender Gesang ertönt sogar im Winter.

steigenden Temperaturen ermöglichen es Tieren aus dem Mittelmeerraum, hierzulande zu überleben. Der Girlitz taucht zum Beispiel immer häufiger in unseren Gärten auf, er gehört zu den Gewinnern des Klimawandels. Das Taubenschwänzchen war früher erst ab Juli bei uns zu sehen, weil die erwachsenen Falter im Winter erfroren sind und jedes Jahr eine neue Generation aus dem Mittelmeerraum einwandern musste. Inzwischen überleben Taubenschwänzchen unsere milden Winter. Auch viele Teil- oder Kurzstreckenzieher unter den Vögeln wie Mönchgrasmücken und Rotkehlchen bleiben während der kalten Jahreszeit in Mitteleuropa, weil die Überlebensbedingungen besser geworden sind.

Gärten sind somit bedeutende Rückzugsgebiete geworden. Alle rund 17 Millionen Gärten in Deutschland zusammen nehmen in etwa die gleiche Fläche ein wie in der Summe aller deutschen Naturschutzgebiete: Der Wert liegt in etwa bei 2,6 Millionen Hektar. Deshalb darf man die Bedeutung vielfältiger Gärten keineswegs unterschätzen. Gärten sind bedeutende Lebensräume geworden und angesichts von großen, asphaltierten Flächen, breiten Straßen, eintönigen Feldern und lebensfeindlichen Schotterflächen kommt einem Bewuchs eine unter Umständen überlebenswichtige Rolle als Trittsteinbiotop zu. Gärten ermöglichen es, Ökosysteme miteinander zu vernetzen.

Dramatischer Insektenschwund

Im Jahr 2017 schreckte die Veröffentlichung der Ergebnisse aus der sogenannten »Krefelder Studie« auf. Die Untersuchungen belegten den Verlust von drei Viertel der Fluginsekten-Biomasse seit 1989, davon entfiel ein Verlust in Höhe von 41 Prozent auf die zurückliegenden neun Jahre. Über die Interpretation der Ergebnisse wurde kontrovers diskutiert, doch ein paar Erkenntnisse lassen sich nicht leugnen: Wir verzeichnen einen gravierenden Rückgang von Insekten in allen Landesbereichen. Erschreckenderweise wurden die Daten für die Krefelder Studie nämlich in Naturschutzgebieten erfasst. Dies bedeutet, dass sich alle Emissionen von Industrie, Autoverkehr, Siedlungen und Landwirtschaft auch auf die Umweltbedingungen in den geschützten Gebieten auswirken. Noch gravierender erscheinen die Ergebnisse, wenn man bedenkt, dass sie lange nach dem Einschnitt durch die enormen Insektenverluste wegen des Einsatzes von DDT auf Äckern und im Forst bis zum Jahr 1972 erfasst wurden. Nur betagte Mitbürger können uns von den Massen an Insekten erzählen, die früher bei der Wiesenmahd aufflogen. Als Kind habe ich selbst noch die bunte Vielfalt der Schmetterlinge an den Heckensäumen und auf den Magerwiesen des Fränkischen Jura bewundert. Damals kannte ich ihre Namen nicht, aber für mich waren sie beglückende Begleiter. Heute dagegen bedeutet es eine kleine Sensation, wenn man beim Spaziergang entlang der flurbereinigten Ackerflächen doch noch einen Schachbrettfalter oder gar den einen oder anderen Schwalbenschwanz entdeckt. Massen an Maikäfern gab es in den 1950er-Jahren. Wegen ihrer Fraßschäden an Waldbäumen wurde DDT großflächig eingesetzt. Die Krefelder Studie, die 2017 publik wurde, erfasste einen überdeutlichen Rückgang lange nach der gravierenden Dezimierung durch dieses Umweltgift.

Den dramatischen Insektenschwund belegen auch Untersuchungen der Vogelwarte am Randecker Maar, östlich von Stuttgart, die im Jahr 2020 veröffentlicht wurden. Mit einer der Krefelder Studie ähnlichen Versuchsanordnung hatte man Insekten, die über die Schwäbische Alb fliegen, eingefangen, ihre Masse gewogen und auch die gefundenen Arten bestimmt. Bei den Schwebfliegen etwa wurde über einen Zeitraum von 50 Jahren ein Rückgang von bis zu 97 Prozent pro Art ermittelt. Schwebfliegen sind für ihre Entwicklung auf andere Insekten angewiesen. Sie finden keine Lebensgrundlage mehr, weil die Nahrung für die Larven fehlt.

Bei der Schafgarbe haben Fliegen leichten Zugang zum Pollen.

Alle Insekten und eben auch die häufig vorkommenden Arten sind vom Schwund betroffen. Die aktuellen Studien belegen, dass vor allem die Arten, die es früher überall gab, deutlich auf dem Rückzug sind und nicht nur die seltenen. Als Folge des Insektenschwundes geht auch der Bestand heimischer Vögel zurück. Denn fast alle Vögel, auch die allermeisten eigentlichen Körnerfresser, benötigen zur Brut- und Aufzuchtzeit tierische Nahrung. Die Küken fast aller Vögel werden mit kleinen Gliedertieren gefüttert. Fehlt es an Nahrung, geht der Bruterfolg zurück. Der Rückgang der Vögel lässt sich aber auch auf verschiedene andere Ursachen zurückführen. Am schwersten wiegt der Verlust von Lebensräumen. Wo alte Bäume gefällt, Hecken gerodet, Wiesen überbaut und Bäche in geschlossene Kanäle gelegt werden, gehen Nistplätze, Schutzorte und Nahrung verloren. Durch die Verdrängung der natürlichen Vegetation gibt es immer weniger Gewächse, an denen unsere heimischen Insekten leben. Dazu kommt dann noch der Einsatz synthetischer Pflanzenschutzmittel, die insgesamt zu einer umfassenden Schwächung der tierischen Organismen führen. Man umschreibt dies mit Fitnessverlust: Die Tiere sind krankheitsanfälliger, reagieren empfindlicher auf Störungen, sie vermehren sich weniger gut und ihre Lebensspanne ist verkürzt.

In den Gärten muss es ein Ziel werden, viele unterschiedliche Lebensbereiche anzulegen. Eine offene, besonnte und trockene Freifläche kann mit Königskerzen und Natternkopf zum Insektenmagnet werden. Im kleinen Teich laichen Amphibien, die sich im erwachsenen Stadium in die angrenzende Hecke zurückziehen.

Natternkopf blüht den ganzen Sommer hindurch und wird von vielen Insekten besucht.

Am sonnigen Rand der Hecke blühen Stauden der Übergangszone wie Fingerhüte oder Wiesenraute. In schattigen Bereichen sorgen Immergrün, Farne und Aronstab für schöne Gartenbilder. Eine Vielfalt unterschiedlicher Gehölze bietet Nistplätze für Vögel, die sich im dornigen Geäst das ganze Jahr über geschützt aufhalten können. Bleibt dann noch das Laub am Boden, finden Igel und Kleinsäuger Plätze zum Ruhen und außerdem reichlich Nahrung.

In vielfältigen Gärten, wo eine große Zahl verschiedener Pflanzenarten standortgerecht wächst, finden sich über kurz oder lang Tiere ein. Gärten können aber niemals den Lebensraumverlust in der Natur ausgleichen. Wenn Feuchtwiesen trockengelegt werden oder Magerrasen durch Düngung zwar ertragreicher werden, aber ihre Artenvielfalt verlieren, bieten Gärten für viele Pflanzen- und Tierarten keinen Ersatz.

Auf einer Gartenfläche finden vor allem jene Tiere Nahrung und Lebensraum, die ohnehin sehr anpassungsfähig sind. Generalisten unter den Insekten und Vögeln nehmen innerhalb der Gärten sogar zu. Vom Aussterben bedrohte Lebewesen, die auf ganz bestimmte Lebensräume angewiesen sind, werden wir alleine mithilfe von gärtnerischen Flächen nicht retten können. Während gerade die nährstoffarmen Standorte in unserer Landschaft schwinden, weil der Nährstoffeintrag aus der Luft so stark zugenommen hat, können die Gärten mit ihren oft nährstoffüberversorgten Böden kein ausreichendes Gegengewicht bieten. Trotzdem können wir mit der Gestaltung unserer »Wohnräume im Freien« dazu beitragen, dass noch relativ häufige Tiere bewahrt werden. Schätzen wir den gelben Zitronenfalter im März oder den Zaunkönig zwischen dem Falllaub bloß nicht zu gering ein. Immerhin können wir ihnen mit passender Pflanzenwahl und gezielter Pflege Lebensräume schaffen. Damit bereichern wir unser Lebensumfeld ungemein.

Drei Grundbedingungen für Tiere im Garten

Tiere kommen nur unter bestimmten Voraussetzungen in den Garten: Sie brauchen sichere Plätze als Unterschlupf und für die Aufzucht des Nachwuchses. Sie müssen Nahrung vorfinden und vor allem brauchen sie Wasser (siehe dazu Seite 143). Alle diese drei Grundbedingungen müssen erfüllt

▲ Im Schwarzen Holunder finden Kohlmeisen reichlich Nahrung.

Die Steinfrüchte der Kornelkirsche leuchten ab August. Ihren sauren Geschmack verlieren sie erst bei Vollreife. ▼

sein. Vögel zum Beispiel halten sich nur an Orten auf, wo sie sich geschützt fühlen. Daher spielen für sie Sträucher eine so wichtige Rolle. Im Geäst kann sich ein Vogel der notwendigen Gefiederpflege widmen, weil Greifvögel, die hoch am Himmel kreisen, keinen Einblick haben. Katzen, die am Boden entlangschleichen, haben ebenfalls keinen Zugriff in die Strauchkronen. Zugleich bieten viele Straucharten ein reiches Nahrungsangebot. Dabei handelt es sich nicht nur um Beeren, Steinfrüchte oder Nüsse im Herbst, sondern auch um eine Vielzahl von Gliedertieren, die an den Knospen, Blüten und Blättern fressen. Dazu kommen die vielen winzigen Insekteneier, die zwischen Rindenritzen, Flechtenkrusten und Knospenschuppen versteckt sind. Vögel auf Nahrungssuche finden hier eine unerschöpfliche Nahrungsquelle und sie betreiben dabei unermüdlich biologischen Pflanzenschutz.

Je nach Art bevorzugen Vögel die unterschiedlichsten Nistplätze. Ob hoch in der Baumkrone wie der Stieglitz, im mittleren Bereich der Krone wie die Mönchsgrasmücke oder nah am Boden wie das Rotkehlchen – der Platz sollte möglichst keinen Einblick bieten (denn wenn Elster, Marder oder Eichhörnchen das Nest entdecken, ist die Brut verloren).

Nur im Verborgenen leben auch die vielen anderen Kleintiere, folgerichtig benötigen sie Unterbewuchs, Laubstreu und die Deckung abgestorbener Stängel und Zweige. Der Igel braucht geschützte Plätze, um tagsüber zu ruhen, und erst recht, um ungestört seinen Winterschlaf zu verbringen. Ritzen und Nischen müssen auch Eidechsen und Blindschleichen rasch aufsuchen können, sobald Gefahr droht. Diese wechselwarmen Tiere sitzen zwar gern auf angewärmten Steinen, doch wollen sie bei Veränderung schnell in Deckung gehen. Trocken aufgesetzte Natursteinmauern mit Fugen oder locker aufgeschichtete Wackersteine geben ihnen ausreichend Sonnenplätze und Fluchtmöglichkeiten.

Igel ebenso wie Amphibien und Reptilien wie Blindschleichen und Eidechsen müssen Nahrung finden. Nur wenn es genug Gliedertiere gibt, bleibt ihr Organismus vital und sie können sich vermehren. Pflanzen, an denen Insekten leben, stellen daher eine Grundvoraussetzung dar, dass sich Tiere im Garten dauerhaft ansiedeln. Einheimische Pflanzenarten bieten die Gewähr, dass sich viele verschiedene Organismen einfinden, die wiederum als Nahrung für andere, größere Tiere dienen.

Naturnahe Gärten

Ein naturnaher Garten bringt menschliche Bedürfnisse mit Erfordernissen der Natur zusammen. Wir schaffen Vegetationsbilder, die oft jenen in der freien Landschaft ähneln, sie aber nicht 1:1 imitieren. Es finden vorrangig jene Pflanzen, die in der umliegenden Landschaft vorkommen, Verwendung, weil sie den vorhandenen Tieren als gewohnte Nahrungsquelle dienen. (Vor allem die Insekten sind an bestimmte Pflanzenarten gebunden.) Arten aus anderen Teilen der Welt ergänzen unsere heimischen Pflanzen, nehmen aber nicht überhand. So werden beispielsweise mithilfe von mediterranen Pflanzen Landschaftsbilder der gemäßigten Trockenzonen gestaltet. Ein heideartiges Beet ahmt die Vegetation über niedersächsischem Sand nach oder winterharte Kakteen formen ein Bild, das an die Halbwüsten in den südwestlichen Vereinigten Staaten erinnert. Immer geht es darum, möglichst viele verschiedene Gartenbereiche auf engem Raum anzulegen. Dabei muss es Übergänge zwischen den Zonen geben, damit sich Pflanzen wie Tiere in ihrer jeweiligen Anpassungsspanne ausbreiten können.

Im naturnahen Garten stehen die große Sortimentspalette heimischer Wildsträucher und Wildstauden sowie die Züchtungen der Baumschulen und Staudengärtnereien zur Verfügung, um reizvolle Kombinationen zusammenzustellen. Doch auch ein Naturgarten mit ausschließlich einheimischen Pflanzen bietet eine große Vielfalt allein durch die Schaffung von unterschiedlichen Standorten, auf denen sich die jeweils geeignete Vegetation ansiedeln darf. Selbst auf verdichteten und mit Feinkies oder Splitt abgedeckten Gehwegen werden sich über Samenanflug trockenheitsverträgliche Pflanzen einfinden. Auf sonnigen, mageren Beeten setzt man bei der Gartenanlage einige Exemplare heimischer Königskerzen und andere markante Leitstauden und gruppiert passende Begleitstauden und Bodendecker um sie herum. In den Vordergrund heimischer Sträucher wie Roter Hartriegel und Pfaffenhütchen setzt man ein Jahr alte Rosetten des Roten Fingerhutes, die sich nach der ersten Blüte Jahr für Jahr versamen und damit den Bestand vergrößern und erhalten. Vielfalt entsteht im Naturgarten durch die unterschiedlichen Standorte, an denen Pflanzen ihren Ansprüchen gemäß gepflanzt oder gesät werden.

Eines bedeutet naturnahes Gärtnern aber keineswegs: Brennnesseldickicht, wie so oft kolportiert wird. Ein Garten nach der Natur muss und soll nicht verwildern, aber er darf sich dynamisch verändern und entwickeln. Wer sie nicht mag, muss weder Brennnesseln noch Giersch oder Winden dulden. Gärtnern setzt immer Ordnen voraus und dazu gehört selektives Jäten. Wildwuchs ist an vielen Stellen fehl am Platz, allerdings sind naturnahe Gärten nie sonderlich gut aufgeräumt, denn zu viel menschliche Ordnung stört tierisches Leben.

Beobachten und lenken

Beim Gärtnern im Einklang mit der Natur stehen die Freude an der Natur, das Beobachten und Miterleben im Vordergrund. Gärtnerin und Gärtner versuchen Entwicklungen in die gewünschte Richtung zu steuern, aber ohne Zwang: Pflanzen gedeihen am falschen Standort einfach nicht. Schattenpflanzen kümmern an einem besonnten Platz, und gießt man noch so sehr. Sonnengewächse dagegen blühen nicht im Schatten, auch wenn sie dort überleben.

Im naturnahen Garten werden Boden und Pflanzen nur mit organischen Mitteln versorgt. Eigener Kompost oder gekaufte Bodenaktivatoren sorgen für einen belebten und damit gesunden Boden. Selbstverständlich verzichten wir auf den Einsatz von Torf, denn Torf speichert Kohlendioxid aus der Zeit vor Millionen von Jahren. Zersetzt sich der Torf, wird vor Urzeiten gebundenes Kohlendioxid frei, was den Treibhauseffekt anheizt. Somit heizt der Verbrauch von Torf die Erderwärmung an. Unser Bestreben sollte sein, mit dem Wachstum der gepflanzten Gehölze Kohlendioxid zu binden und mit der Zufuhr von organischer Substanz in den Boden die Erde als Kohlendioxidspeicher zu nutzen und zugleich die Bodenfruchtbarkeit zu bewahren.

Die Kompostbereitung veranschaulicht uns den natürlichen Kreislauf vom Werden und Vergehen: Alle Pflanzenabfälle werden bei der Kompostierung in ihre Bestandteile zerlegt und wieder völlig neu zusammengebaut. Die entstandenen Humusstoffe dienen der Ernährung der Bodenmikroorganismen und sie speichern Nährstoffe und Wasser.

Falllaub kommt folgerichtig dorthin, wo es von Natur aus liegen würde – nämlich unter die Sträucher und Bäume. Es deckt den Boden ab, wird nach

Im naturnahen Garten wechseln sich durch den vielfältigen Bewuchs die schattigen und besonnten Standorte auf kleinem Raum ab.

und nach zersetzt, und aus Streuschicht und Mull entsteht im Verlauf von Jahren eine fruchtbare Humusschicht mit ihrer Vielfalt an faszinierenden Kleinstlebewesen.

Böden, die reich an organischer Substanz sind, liefern den Pflanzen Nährstoffe nach und halten Wasser gut fest. Inmitten einer vielfältigen und zahlenmäßig dominanten gesunden Bodenflora und -fauna können sich Schadorganismen nicht so leicht ausbreiten. Es kommt seltener zu schweren Krankheitsverläufen an Pflanzen. Und wenn doch einmal ein Befall auftritt? Dann vertrauen wir auf die Selbstregulierungskräfte in einem ökologisch intakten Wechselspiel und stören das Ganze auf jeden Fall nicht mit synthetischen Pflanzenschutzmitteln.

Gehölze und Stadtklima

Viel wird darüber diskutiert, wie sich das Stadtklima mithilfe der Bepflanzung im öffentlichen Grün wie auch in den Gärten günstig beeinflussen lässt. Die Klimaerwärmung belastet vor allem die Bewohnerinnen und Bewohner von größeren Städten. Dort liegen im Allgemeinen die Temperaturen höher als im Umland, bis zu zehn Grad Celsius kann der Temperaturunterschied ausmachen. Verschiedene Forschungseinrichtungen mahnen immer wieder, dass eine offen gehaltene Bebauung, viele kleine Grünflächen und hohe Bäume das Stadtklima günstig beeinflussen.

Überhitzte Städte

Woher kommt das warme, trockene, ungesunde Stadtklima? Die dichte Bebauung ermöglicht weniger Frischluftschneisen in den Zwischenräumen. Wegen der Bodenversiegelung kann Regenwasser weniger gut versickern und durch die fehlende Verdunstung im Sommer wird die Luft kaum gekühlt. Gebäudefassaden strahlen Wärme ab und wenn sie »modern« mit viel Glas und Stahl gebaut sind, reflektieren sie einfallendes Licht und verstärken den Wärmeeffekt. Stein und Beton speichern die Wärme, sodass es nachts nicht zu der erwünschten Abkühlung kommt. Zur Erhitzung trägt die Abwärme aus Industrie und Wohnhäusern bei. Mit steigender Temperatur und fehlender Zirkulation erwärmen sich die Städte zunehmend. Es entstehen sogenannte Hitzeinseln. Hohe und eng stehende Gebäude senken die Windgeschwindigkeiten und behindern den Luftaustausch mit dem Umland und sogar zwischen Straßenzügen. Dagegen kann es aufgrund von Turbulenzen und Düsenwirkungen in engen Straßenschluchten mit hohen Gebäuden unangenehm starke Böen geben.

Das Stadtklima bedeutet eine Belastung für die Gesundheit. Das gilt besonders an heißen Sommertagen, wenn die Hitze am Tag und die fehlende Abkühlung in der Nacht älteren Menschen, Kindern und Kranken zu schaffen macht. Durch den Klimawandel werden solche Tage in Zukunft häufiger auftreten. Die Luftverschmutzung kommt noch hinzu. Sie wirkt sich besonders an windstillen Tagen aus, wenn der Luftaustausch mit dem Umland gering ist. Unter dem Einfluss von Sonnenlicht entsteht Ozon durch

Reaktionen von Luftschadstoffen wie Stickoxiden. Ozon ist in der Stratosphäre sehr wichtig (Stichwort Ozonloch), reizt jedoch Augen und Atemwege. Weil es Pflanzen und Tiere schädigen kann, bereitet es in bodennahen Schichten Probleme. Warme Temperaturen begünstigen die Entstehung von Ozon. In manchen Städten ist die Ozonbelastung an heißen Sommertagen so groß, dass man vom »Sommersmog« spricht. Dieser enthält zwar noch andere Schadstoffe, aber Ozon dominiert das Gemisch.

Kleinräumig wirkt sich das Stadtklima auch auf die Witterung aus. In sehr warmen Städten steigen warme Luftmassen auf. Dadurch kann es vereinzelt zu Starkregen kommen, was für die Stadt eine erhöhte Überschwemmungsgefahr mit sich bringt. Das Wasser kann auf versiegeltem Boden nicht versickern. In Städten regnet es mehr als im Umland, und der Himmel ist um etwa fünf bis zehn Prozent mehr mit Wolken bedeckt.

Vegetation für besseres Stadtklima

Grün- und Wasserflächen können das Klima im Siedlungsbereich positiv beeinflussen. Dazu forscht zum Beispiel das Helmholtz-Zentrum für Umweltforschung (UFZ) in Leipzig. Der Übergang von flüssigem Wasser zu Wasserdampf verbraucht Wärmeenergie. Wenn Wasser verdunstet, sorgt es für Verdunstungskühlung. Wasser verdunstet aber nicht nur von Wasserflächen, sondern auch von Pflanzen und vom Boden.
Deshalb gehen viele Städte dazu über, Bäume entlang der Straßen zu pflanzen und die Begrünung von Dachflächen zu fördern. Ein Laubbaum verdunstet an einem heißen Sommertag bis zu 400 Liter Wasser. Bei einem Kronendurchmesser von 15 m spendet er zudem auf einer Fläche von 160 m^2 Schatten. Pflanzen kühlen die Luft aber nicht nur. Blätter und Nadeln filtern Feinstaub aus der Luft und zum Teil

Die Hänge-Buche bildet eine natürlich gewachsene schattige Laube.

Spalierobst kommt mit geringer Grundfläche aus.

auch für Menschen und Tiere gefährliche Schadstoffe. Bäume und Sträucher können mittel- und langfristig Kohlendioxid binden, sie produzieren Sauerstoff und leisten so einen wichtigen Beitrag im Kampf gegen den Klimawandel.

Damit die stehende, warme Luft in der Stadt durchgewirbelt wird und eine angenehme Brise frische, kühle Luft aus dem Umland einträgt, müssen die Luftmassen streichen. Daher warnen Forschungseinrichtungen momentan entschieden vor den Gefahren einer massiven Nachverdichtung, wie sie derzeit in vielen Kommunen durchgeführt wird, um Wohnraum zu schaffen. Die Empfehlung lautet, besser in der Höhe aufzustocken, zumal höhere Gebäude mehr Schatten spenden, und möglichst viele Fassaden, Dächer und Innenhöfe zu begrünen.

Der Bund Naturschutz in Bayern hat die Temperatur an Grünzonen in München, Nürnberg und Coburg gemessen: Dort war es meist um rund drei Grad Celsius kühler als auf baum- und strauchlosen Plätzen. Dabei wirken sich viele kleine bepflanzte Flächen deutlicher aus als wenige große Parkanlagen. Dies alles deutet darauf hin, dass wir bei der Bepflanzung von Innenhöfen und Hausgärten viel mehr Volumen an Laubfläche einbringen müssen. Auf beschränkten Arealen gelingt dies nur mit Gewächsen, die in die Höhe wachsen und die dritte Dimension erschließen. Wir brauchen Bäume und Sträucher daher, um den Wohnwert unserer Städte und Siedlungen zu bewahren.

In den letzten Jahren gibt es verstärkt Überlegungen darüber, welche Gehölzarten sich dauerhaft innerhalb der Städte behaupten werden. Für

Viele kleinere Grünflächen mit hohen Bäume bieten den größten Nutzen für das Stadtklima.

etliche heimische Arten aus unseren Wäldern stehen die Chancen schlecht. Bäume und Sträucher für die Stadt müssen nicht nur Abgasen standhalten und sicher vor Windbruch sein, sie müssen vor allem mit den trockenen Böden zurechtkommen. Denn obwohl innerhalb von Städten mehr Niederschläge fallen, verdunstet wegen der höheren Temperaturen das Wasser schneller aus den Böden. Dazu kommt, dass die Erde oft aufgeschüttet oder durch Bauarbeiten bewegt wurde. Es fehlt ein natürliches Bodengefüge. Eventuell ist die Erde zusätzlich durch Ablagerungen von kontaminierten Stäuben belastet. Die Eignung von Standorten für bestimmte Pflanzenarten kann sich daher kleinräumig rasch ändern. Auf alle Fälle aber bieten öffentliche Grünanlagen in der Stadt und private Gärten die Möglichkeit, eine große Vielfalt an Vegetationsformen zu gestalten. Hoch wachsende Bäume und Sträucher bilden dann jeweils die Kulisse dafür.

Auch im ländlichen Raum ändern sich die Klima- und Standortbedingungen. Zwar spielt hier die Überhitzung keine so große Rolle wie in der Stadt, doch die Durchschnittstemperaturen ändern sich ebenfalls, Extremwetterereignisse häufen sich und schadstoffbelastete Luft breitet sich über weite Flächen aus.

▲ Anmutig wirken die weißen Blüten der Felsenbirne vor dem bräunlichen Blattaustrieb.

Nach wenigen warmen, sonnigen Tagen im März öffnen sich die goldgelben Blütenbüschel der Kornelkirsche. ▼

Gehölze für den naturnahen Garten

Im naturnahen Garten legt man besonderen Wert darauf, dass möglichst das ganze Jahr über etwas blüht. Sehr zeitig im Jahr öffnen Pollenspender wie Christrosen, Krokusse oder Seidelbast ihre Blüten und ausgehungerte Winterbienen werden sich brummend darauf stürzen. Mit einsetzendem Wachstum im April nimmt das Nahrungsangebot für Insekten immer mehr zu, sodass sie sich rasch vermehren. Die kleinen Larven wiederum dienen als Nahrung für die aufwachsende Vogelbrut. Blüten und somit Nektar als auch Pollen für Insekten stehen im Mai und Juni reichlich zur Verfügung, doch schon im Hochsommer lässt das Angebot nach. Im Garten kann man aber lang anhaltend blühende Hoch- oder Spätsommerstauden setzen und eine vorhandene Blumenwiese wird bis weit in den Herbst hinein Blüten tragen.

Gehölze blühen vorwiegend im Frühjahr: Nach einer berauschenden Blütenpracht im Mai folgt der Blattaustrieb und nur noch vereinzelte Gehölze blühen mitten im Sommer oder gar im Herbst. Die Tabellen ab Seite 54 listen Bäume und Sträucher mit besonderen Eigenschaften und ungewöhnlichen Blütenzeiten auf.

Bei der Auswahl von Gehölze muss man angesichts kleiner Grundstücksgrößen darauf achten, dass ein Baum oder Strauch, der immerhin viel Platz einnimmt, mehrmals im Jahr auf sich aufmerksam macht. Gehölze, die diese Aufgabe perfekt übernehmen, sind beispielsweise die Kornelkirsche und die Felsenbirne.

Die **Kornelkirsche** blüht nach den ersten warmen Tagen bereits im März, noch bevor der Blattaustrieb einsetzt. Die kahle Krone wirkt wie eingeschäumt mit vielen kleinen goldgelben Blüten in Büscheln, dazwischen summen Bienen auf Nahrungssuche laut vernehmlich und aufgeregt. Im Frühsommer wirkt die Kornelkirsche mit ihrem starren Astgerüst und den stumpfgrünen Blättern wenig attraktiv, doch ab August reifen die länglichen roten Steinfrüchte und zieren den Baum oder Strauch wochenlang. Denn die leuchtenden Früchte reifen sehr ungleichmäßig über einen langen Zeitraum und daher schmücken sie so lange. Die Bedeutung der Kornelkirsche als überaus wertvolles Wildobst mit hohen Anteilen an Vitaminen, Mineralstoffen und Antioxidantien wird immer wieder hervorgehoben, allerdings schmecken die Früchte erst, wenn sie wirklich reif sind. Tiefdunkelrote, fast schon schwarze Früchte, die bei geringer Berührung vom Stiel fallen, schmecken aromatisch, während wir die erst noch roten Früchte als unangenehm sauer empfinden. Reife Kornelkirschen ergeben eine köstliche Marmelade, aber der Arbeitsaufwand ist enorm (denn die länglichen Steine muss man mühsam von Hand entfernen). Nach dem Fruchtschmuck folgt im Oktober eine wunderbar hellrostbraune Herbstfärbung des Laubs. Den Winter über wirkt eine Kornelkirsche interessant durch ihre bizarre Verzweigung, an der die dicken Knospen sitzen – bereit, um sich früh im Jahr zu öffnen.

Gleichfalls liefert die **Felsenbirne** mehrere große Auftritte im Jahreslauf: Im April schieben sich aus den länglichen Knospen die zarten weißen Blüten hervor, denen unmittelbar ein graubrauner Blattaustrieb folgt. Die Felsenbirne ergibt ein herrliches Frühjahrsbild – entweder strahlend im Frühlingssonnenschein oder von Wassertropfen eingehüllt bei kaltem Wind. Im August hängen die kleinen apfelartigen, glänzend schwarzen Früchte im Geäst. Sie würden gut schmecken – wenn sie ausreifen könnten. In den meisten Fällen schnappen sich Amseln und andere Vögel die noch unreifen Früchte weg, Ende August hängen keine mehr im Strauch. Dafür setzt sehr zeitig im September bei der Felsenbirne die Herbstfärbung ein. Die eiförmigen Blätter färben sich dann auffallend ziegelrot und sind abgefallen, wenn sich an anderen Gehölzen das Laub allmählich verfärbt (mehr dazu auf Seite 80).

Heimische Pflanzen

Wer Insekten oder Vögel im Garten ansiedeln will, sollte vorwiegend heimische Pflanzenarten verwenden. Pflanzen und Tiere haben sich im Verlauf der Evolution aneinander angepasst und besonders viele Insektenarten haben sich auf bestimmte Futterquellen spezialisiert. Zierpflanzen aus anderen Regionen der Welt können gleichfalls ihre Berechtigung haben, wenn sie Lücken im Nahrungsangebot für Tiere schließen. Heimische Gehölze beherbergen generell ein größeres Spektrum an Insekten, die wiederum anderen Tieren wie Vögeln oder Kleinsäugern als Nahrung dienen. Vögel bevorzugen überdies zum Nisten und als Nährgehölze eher die schon lange bekannten Arten. Sie nehmen fremdländische Pflanzenarten aber als Nahrungsquelle oder als Schutzgehölz an, weil sie ihren Wert innerhalb von wenigen Jahren erkennen. Die Robinie beispielsweise fand erst vor wenigen hundert Jahren ihren Weg über die Alpen nach Mitteleuropa und hat sich großflächig ausgebreitet. Es ist ein nicht einheimisches Gehölz, ein sogenannter invasiver Neophyt, der sich hier seinen Platz sucht und dafür andere Pflanzen verdrängt. Die Robinie ernährt nur wenige Insektenarten, aber sie gilt als wertvolles Vogelschutzgehölz, weil der Baum im Alter viele Höhlungen aufweist, die sich als geschützte Brutplätze anbieten.

Insekten wie die Schmetterlinge sind strikter an bestimmte heimische Pflanzenarten gebunden. Nur dort finden Raupen Futter, folglich legen die Weibchen nur dort ihre Eier ab. Auch viele Wildbienenarten sind auf das Vorhandensein einer speziellen Pflanzenart angewiesen. Streng spezialisiert ist zum Beispiel die Natternkopf-Mauerbiene, die für ihre Brutröhren ausschließlich Pollen des Gewöhnlichen Natternkopfes sammelt.

Will man den Nutzen von Pflanzen für die Tierwelt bewerten, muss man berücksichtigen, dass sich die Fauna an ihre Umgebung anpassen kann, dies aber einen sehr langen Zeitraum beansprucht. Unter den Insekten lernen jene Arten, die ein breites Nahrungsspektrum besitzen, sich von eingeführten Pflanzenarten zu ernähren. Das sind allerdings Insektenarten, die ohnehin häufig in der Natur vorkommen und weniger gefährdet sind. Schwieriger wird es für Insekten mit großer Spezialisierung. Schmetterlinge und Wildbienen, die nur an seltenen Pflanzen in der Natur fressen, weichen nicht auf andere Nahrungsangebote im Garten aus. Wenn Standorte außerhalb des Siedlungsraumes verloren gehen, fangen Gärten den Verlust nicht einfach auf. Wer im Garten darauf achtet, früh und spät im Jahr noch Pollen und Nektar für die Honigbienen und Hummeln anzubieten, sollte sich bewusst sein, dass vielen anderen Insektenarten damit nicht geholfen wird. Diese Einschränkung schmälert das ökologische Ansinnen nicht, aber für die Nahrungsspezialisten bedarf es noch mehr.

Grundsätzlich braucht niemand fremdländische Ziergehölze völlig aus dem Garten zu verbannen, nur weil sie weniger von der heimischen Tierwelt angenommen werden. Ein Garten soll eine große Vielfalt an Lebensräumen wie an Pflanzenarten aufweisen. Doch wenn eine Auswahlmöglichkeit besteht, sollte man eine einheimische Art vorziehen. Im heimischen Roten Hartriegel *(Cornus sanguinea)* brüten zwei Dutzend Vogelarten, im Tatarischen Hartriegel *(Cornus alba)* dagegen nur noch einzelne. Während im heimischen Gewöhnlichen Wacholder *(Juniperus communis)* mehr als

Zwischen den bewehrten Zweigen des Wacholders bauen Vögel geschützte Nester.

Die Früchte des Weißdorns schmücken im Geäst. Sie dienen vielen Tieren als Nahrung.

40 verschiedene Vogelarten brüten, siedeln im Chinesischen Wacholder *(Juniperus chinensis)* hierzulande so gut wie keine Vögel. Ähnlich verhält es sich mit dem Unterschied zwischen Gewöhnlicher Berberitze *(Berberis vulgaris)* und Thunbergs Berberitze *(Berberis thunbergii)* aus Fernost oder zwischen europäischem Eingriffligen Weißdorn *(Crataegus monogyna)* im Vergleich zum amerikanischen Washington-Weißdorn *(Crataegus phaenopyrum)*. An der heimischen Vogelbeere (Eberesche, *Sorbus aucuparia)* hat man 63 Vogelarten gezählt, die von den roten Beeren fressen.

Mit Abstand am meisten Tiere leben in den beiden heimischen Eichenarten, in der Stiel-Eiche *(Quercus robur)* und in der Trauben-Eiche *(Quercus petraea)*. Zwischen 300 und 500 Arten werden genannt, die auf Eichen spezialisiert sind, das heißt, sie sind ausschließlich oder sehr stark von dieser Baumart abhängig. In etwa genauso viele Tierarten nutzen die Eiche als eine Baumart von vielen. Eichen werden jedoch für einen Hausgarten viel zu mächtig, und obendrein wachsen sie langsam. Sie sind und bleiben Bäume des Waldes und großer Parkanlagen, wo wegen ihres späten Austriebs in der Laubstreu zahllose Wirbellose leben können. Wälder mit einem hohen Eichenanteil bergen neben den Auenwäldern die meisten Vogelarten in Mitteleuropa. Dazu wurden im Holz von alten Eichen Larven von bis zu 70 Bockkäferarten nachgewiesen.

Vorrang für einheimische Gehölze

Das Haupthindernis für die Verwendung heimischer Gehölzarten für die Gartengestaltung besteht meist darin, dass viele Bäume und Sträucher unserer Flora zu groß und zu breit wachsen und schmalwüchsige Formen heimischer Sträucher noch zu wenig bekannt sind. Eine freiwachsende Hecke aus verschiedenen Gehölzarten erreicht mindestens 4 m Höhe und einzelne Kronen, etwa von Haseln, werden 6 m hoch und höher. So ein gewachsenes Bollwerk nimmt außerdem eine Breite von 3 bis 4 m ein. Nur auf ausreichend großen Grundstücken scheint so eine natürliche Hecke realistisch. Doch wenn Raum vorhanden ist, gebührt ihr in jedem Fall der Vorzug. Vor allem am Übergang von Besiedlung zur freien Natur sollte die Verwendung heimischer Arten selbstverständlich sein – so wie es auch die Bebauungspläne in vielen Gemeinden vorgeben.

Aus einheimischen Sträuchern lassen sich tatsächlich sehr ansprechende Grundstückseinfassungen oder Sichtschutzhecken gestalten. Die gelben Blüten der Kornelkirsche läuten den Vorfrühling ein. Ende März schäumen die Schlehen vor weißen Blüten über, im April folgt die Blüte dezenter Wildpflaumen und fragiler Felsenbirnen, gefolgt von den weißen Blütenbüscheln des Weißdorns und den schweren Blütendolden des Roten Hartriegels. Im Juni öffnen sich die weißen oder rosa Schalenblüten der verschiedenen Wildrosen, denen bald die hochroten Hagebutten folgen. Im Herbst schmückt eine Hecke aus Wildarten mit ihrem Fruchtbehang: Pfaffenhütchen schimmern rosa und rot, die Zweige der Kornelkirsche hängen schwer beladen mit dunkelroten Früchten, am Schneeball und in der Eberesche hängen Dolden roter Früchte und inmitten der Fülle an schwarzen Steinfrüchten im Roten Hartriegel schwelgen wochenlang Scharen von Vögeln. Im Winter picken die Vögel nach und nach die Hagebutten an den Rosen ab, danach machen sie sich über die Beeren am Liguster her.

Eine Hecke oder auch eine Gruppe aus heimischen Gehölzarten bietet den Vögeln nicht nur Nahrung, sondern auch sichere Nistplätze. Wenn sie dann auch noch Wasser vorfinden, kommen sie, singen und ziehen ihre Jungen groß. Vögel kommen zwar dicht an Futterstellen in Hausnähe, wenn sie Hunger haben. Sie bevorzugen jedoch stets natürlich gewachsenes, am besten dorniges Geäst, weil sie sich dort sicherer fühlen.

Obstgehölze

Obstgehölze gehören zu den vielfältigsten Lebensräumen, die ein Garten zu bieten hat. An den Blüten finden Insekten Nahrung, verschiedene Larven fressen am Blattwerk, der Gimpel pickt die Knospen aus, weitere Vögel und Kleinsäuger machen sich über die Früchte her, Schmetterlinge saugen am Fallobst. Das bunte Leben im Obstbaum erklärt sich von allein, denn die Bäume locken Insekten zur Bestäubung an und die schmackhaften Früchte sind nicht nur bei den Menschen beliebt, die durch jahrhundertelange Auslesezüchtung für aromatische, süße, große, saftig fleischige Früchte gesorgt haben.

Im Verlauf der Evolution haben sich Blütenpflanzen und ihre Bestäuber, im Wesentlichen die Insekten, parallel zueinander entwickelt. Man spricht dabei von Koevolution. Ohne bestäubende Insekten hätten sich Blütenpflanzen nicht entwickeln und überall auf der Welt ausbreiten können. Andererseits spielt die Blütezeit von Obstbäumen für Insekten zu Beginn der Vegetationszeit eine enorm große Rolle. Honigbienen sind dann mit dem Wabenbau und der Aufzucht ihres Volkes beschäftigt, wofür sie viel Energie benötigen. Solitärbienen haben zu tun, ihre Nachkommen zu versorgen. Die erforderliche Nahrung erhalten sie in den Obstbaumblüten. Gerade die Blüten von Kernobst wie Apfel und Quitte sondern reichlich Nektar ab, ihr Pollen hat hohe Stickstoffwerte.

Die Geschäftigkeit der unzähligen Bienen ist für jeden zu hören, der unter einem voll aufgeblühten Obstbaum steht. Dabei übernehmen nicht immer die Honigbienen einen besonders großen Anteil an der Bestäubungsleistung: Für den Apfel wird ihr Anteil an der Bestäubung mit 45 Prozent angegeben, bei Kirschen beträgt die Bestäubungsleistung nur noch acht Prozent. Eine gewichtige Rolle für die Bestäubung spielen die Wildbienen, die beim Apfel sogar etwa die Hälfte, bei der Birne fast 70 Prozent der Bestäubungsleistung erbringen. Bei der Kirsche führt man rund die Hälfte der Bestäubungsleistung auf Fliegen zurück, auch Ameisen und Käfer tragen ihren Anteil bei.

Es kursieren fantastische Zahlen über den materiellen Wert, mit dem man versucht, die Bestäubungsleistung in Euro oder Dollar zu ermessen.

Solche Schätzungen auf unsicherer Basis sollen vor Augen führen, welche Kosten auf uns zukommen, wenn durch das Verschwinden der Insekten unsere Obstbäume nicht mehr ausreichend bestäubt werden.

Zwar sind inzwischen die meisten kultivierten Obstsorten selbstfruchtbar. Man kann im Garten einen einzelnen Apfel-, Quitten- oder Kirschbaum pflanzen und muss nicht mehr zwingend für eine geeignete Bestäubersorte in der Nähe sorgen. Doch alle Obstbäume – auch die selbstfruchtbaren – setzen bereitwilliger und in größerer Zahl Früchte an, wenn sie von Blüten anderer verwandter Sorten bestäubt wurden. Das gilt für den Hausgarten ebenso wie für große Obstplantagen. Wer Obst ernten will, muss zur Blütezeit Bestäuber herbeilocken. Diese Aufgabe übernehmen die Obstbäume schon für sich allein, doch zur Unterstützung pflanzt man früh blühende Stauden wie Lungenkraut, Großblütigen Beinwell, Primeln oder Vergissmeinnicht, lässt Gänseblümchen ebenso wie Löwenzahn erstrahlen und setzt verschiedene Arten von Zierlauch ins Beet.

Je nach Unterlage, auf der das Edelreis aufgepfropft wurde, erreichen Obstbäume sehr unterschiedliche Höhen. Kleinkronige Obstbäumchen auf schwachwachsenden Unterlagen werden kaum 2 m hoch, sie können im Beet zwischen Gemüse oder Sommerblumen stehen. Noch kleinere Zwergbäume eignen sich sogar für die Kultur im größeren Pflanzgefäß. Im Gegensatz dazu stehen die sogenannten Hochstämme, die einen Pflanzabstand von 8 m auf einer Obstbaumwiese benötigen. Birnen als Hochstamm können 10 m hoch aufschießen, Apfelbäume werden um die 6 m hoch. Solche Bäume finden im üblichen Hausgarten kaum mehr Platz. Infrage kommen niedrige Stammhöhen, die als Busch (Stammhöhe 60 cm), Viertelstamm (90 cm) oder Halbstamm (1,20 m) angeboten werden.

Alle Obstbäume bieten Nahrung und Lebensräume für eine vielfältige Tierwelt. Nicht zuletzt finden sich viele unterschiedliche Insekten daran ein, die wir als Schädlinge ansehen, wenn sie sichtbaren Schaden hervorrufen. Zugleich stellen sich aber auch viele Vögel ein, die Wintereier von Blattläusen ablesen und Larven von Sägewespen oder Frostspannern vertilgen. Die Insekten wissen sich jedoch zu schützen: Wicklerlarven vollführen ihren Reifefraß im Innern der Früchte, die Larve der Apfelblütenstechers

Der Hochstamm-Apfelbaum trägt nicht nur wohlschmeckende Äpfel, er beherbergt auch die unterschiedlichsten Organismen. Ein Nistkasten sorgt für gefiederte Mitbewohner. ▶

lebt in einer Blütenknospe, die Obstbaumminiermotte verbirgt sich in geschlängelten Fraßgängen. Vögel wiederum kennen die Versteckmöglichkeiten der begehrten Insekten. Sie hacken deshalb unter anderem auf reife Kirschen ein, um an die leckeren Kirschfruchtfliegenlarven heranzukommen. Dadurch werden viele Vögel im Baum leicht zu unerwünschten Konkurrenten. Die Lage entspannt sich, wenn der Obstbaum groß genug gewachsen ist, damit Tiere und Menschen davon ernten können.

Obstbäume erreichen im Alter von 30 oder 40 Jahren bereits ein Stadium mit vielen Astlöchern. Bei anderen Baumarten dauert es viel länger, bis sich solche bewohnbaren Höhlungen bilden. Ein älterer Obstbaum weist viele Astlöcher auf, in denen Vögel unterschiedlicher Größe geeignete Nistplätze finden. Vor allem kleine Vögel wie Blaumeisen nisten bevorzugt in Höhlungen, wo sie gerade selbst hineinpassen, während Räuber nicht mehr hindurchschlüpfen.

Nistkästen in den Bäumen locken Vögel an, die wiederum die Zahl schädlicher Insekten in Schach halten. Den gleichen Zweck verfolgen in der Krone umgekehrt aufgehängte Tontöpfe, die mit Stroh gefüllt sind. Hier sollen Ohrwürmer Unterschlupf finden, die nachts auf die Suche nach Blattläusen gehen. Weil Blattläuse häufig an den jungen, noch weichen Trieben der Obstbäume saugen, ist es empfehlenswert, natürliche Blattlausfeinde in den Garten zu locken. Blühende Pflanzen bieten zum Beispiel Nektar für erwachsene Florfliegen, deren Larven Blattläuse vertilgen. Auch Schwebfliegenlarven fressen Blattläuse, während die erwachsenen Fliegen das Nektar- und Pollenangebot von frei zugänglichen Blüten nutzen. Die kurzrüsseligen Schwebfliegen finden reichlich Nahrung in den Blütenständen der Doldenblütler oder auf den Blütenscheiben der Korbblütler. Eine geeignete Unterpflanzung unter Obstbäumen kann daher Pflanzenschutzprobleme verhindern.

Um Pflanzenschutzmaßnahmen und Verdruss in Grenzen zu halten, kommt es noch vor der Pflanzung auf die Wahl geeigneter Sorten an. In jeder Region wurden im Verlauf von Jahrhunderten Obstsorten ausgelesen, die sich für die speziellen örtlichen Verhältnisse am besten eigneten. Apfelsorten, die sich im Alten Land bewährt haben, eignen sich nicht für raue Lagen auf der Schwäbischen Alb, im kühlen Oberfranken zog man immer schon andere Sorten als im warmen, trockenen Mainfranken. Daher sollte man Obstbäume bei einer Baumschule vor Ort kaufen, wo man weiß, welche Sorten sich eignen.

Alte Sorten sind oft besonders widerstandsfähig gegenüber Krankheiten und Insektenbefall, doch eine Sorte ist nicht zwingend deswegen gut, weil sie alt ist: Züchtungseinrichtungen in aller Welt (unter anderem in Dresden-Pillnitz) haben krankheitsfeste, ertragreiche und schmackhafte Sorten entwickelt, die in ihren beschränkten Ausmaßen besser in heutige Hausgärten passen als manche alte Sorte mit weit ausladendem Wuchs. Die neuere Apfelsorte 'Reglindis' etwa schmeckt süßlich aromatisch, lässt sich gut bis in den Herbst lagern, die Frucht wird nicht von Schorf befallen. Dagegen ist die altbewährte, geschmacklich viel gelobte Sorte 'Cox Orange' berüchtigt wegen ihrer Anfälligkeit für Schorf, Obstbaumkrebs und Mehltau.

Auf beschränktem Raum haben kleinkronige Obstbäume Platz, so wie dieser kleine Baum im Küchengarten.

Es muss nicht immer ein groß gewachsener Obstbaum sein, der mit Blüten schmückt und Früchte trägt. Sogar für die Kultur im größeren Pflanzgefäß stehen unterschiedliche kompakt wachsende Sorten zur Verfügung: Es gibt Säulenkirschen, Säulenpflaumen, Zwerg-Äpfel oder Zwerg-Aprikosen, die noch nicht einmal 2 m Höhe erreichen.

Auf beschränktem Raum lohnt es sich, Beerensträucher zu ziehen. Sie brauchen nicht viel Platz, kommen (bis auf einen Auslichtungsschnitt) ohne Pflege aus und liefern aromatisches, weil voll ausgereiftes Beerenobst. Stachelbeeren sind wegen ihrer frühen Blüte wichtig für zeitig fliegende

Die zeitig im Jahr blühenden Stachelbeeren liefern wertvolle Insektennahrung.

Wildbienen wie die Gehörnte Mauerbiene, die schon Mitte April ihre Brutnester baut.

Im Zuge der Erderwärmung gerät die Kultur wärmebedürftiger Obstarten stärker in den Blickpunkt. Aprikosen, Pfirsiche und Nektarinen reifen hierzulande immer zuverlässiger aus. Weinreben wachsen an Spalieren am Haus nicht mehr nur im sogenannten »Weinbauklima«, sondern in allen milderen Lagen. Von Feigen und ebenso von den Aktinidien (zu denen die Kiwi gehört) kennt man frostharte Sorten, die unsere Winter überstehen und während unserer Wachstumszeit ausreifen. Zunehmende Attraktivität wird die Kultur von Esskastanien bekommen. Der Baum mit dem dekorativen glänzend dunkelgrünen Laub bleibt hierzulande recht klein. Die langen cremeweißen Blütenstände bieten Nektar und Pollen für Insekten. Die später reifenden Maronen bleiben aus menschlicher Sicht klein, doch Tiere werden sie annehmen.

An allen diesen neu eingeführten Pflanzen leben zwar weniger Insekten, doch Vögel und Kleinsäuger haben gelernt, die Früchte, nicht nur die herabgefallenen, zu fressen. Die Tiere bedienen sich an diesen Früchten ebenso wie an den traditionellen Beerensträuchern – Rote und Schwarze Johannisbeeren, Kultur-Heidelbeeren.

Vielfältige Gestaltungsmöglichkeiten

Gehölze prägen einen Gartenraum und sie schaffen eine Verbindung von der Siedlung zur Landschaft. Sie verknüpfen visuell die Grundstücke im Wohngebiet miteinander, denn hoch gewachsene Pflanzen sind von Weitem zu sehen. Bäume verankern auch ein Haus mit dem Grundstück und die Art der Bepflanzung drückt Vorlieben und Grundeinstellungen der Bewohner aus. Passanten freuen sich am Vegetationsbild und nicht zuletzt begrüßt ein ansprechend gestalteter Vorgarten die Besucher. Die folgenden Beispiele zeigen, welch große Vielfalt sich bei der Ausgestaltung unterschiedlicher Gartenbereiche ergeben kann.

Der Baum zum Haus

Ein markantes Gehölz prägt den Charakter eines Gartens, in der Gartengestaltung wird daher oft großes Augenmerk auf einen Hausbaum gelegt, der das Wohnhaus in seiner Umgebung verankert. Früher standen vor den Bauernhäusern große Bäume wie Linden oder Kastanien. Darunter befand sich eine Bank zum Ausruhen nach getaner Arbeit. Die hohen, altehrwürdigen Bäume prägten das Dorfbild und waren ein Kennzeichen der Höfe. Heute schätzen wir in den überhitzten städtischen Innenräumen den Wert von Bäumen als ausgleichende Elemente (siehe Seite 29). Ideal als Hausbegleiter sind Laubgehölze mit schöner Krone, denn sie werfen im Sommer willkommenen Schatten auf das Haus. Im Winter jedoch, wenn das Laub abgefallen ist, lassen sie den direkten Lichteinfall auf die Hausfassade zu. Dadurch tragen sie dazu bei, das Klima im Haus auszugleichen.

Für ein zeitgemäßes Einfamilienhaus, gleich ob frei stehend oder in der Reihe, wird eine traditionelle Linde allerdings viel zu groß. Die Proportionen müssen schon stimmen, damit der Baum zum Haus passt und als dazugehörig empfunden wird. Daher scheiden auch die meisten anderen heimischen Baumarten als Begleiter des Wohnumfeldes aus: Viel zu hoch werden Spitz-Ahorn, Zitterpappel, Trauben-Kirsche, Rot- und Weißbuche und die Eichen. Auch die heimische Sand-Birke scheidet wegen ihrer Höhe aus, ihre Krone gibt keinen guten Schatten und darunter kann kaum mehr irgendein Bewuchs gedeihen.

Zierapfelbäume passen auch auf kleine Grundstücke.

Doch die Züchtung hat in den vergangenen Jahrzehnten die veränderten Grundstücksgrößen berücksichtigt. Von vielen hohen Baumarten kennt man inzwischen gedrungene Auslesen: So wird die Kastanie *Aesculus pavia* 'Atrosanguinea' gerade einmal 3 bis 6 m hoch. Im Gegensatz zu den riesigen Trompetenbäumen bleibt *Catalpa bignonioides* 'Nana' unter 7 m hoch und der Rotdorn *Crataegus laevigata* 'Paul's Scarlet' beendet bei rund 5 m sein Höhenwachstum.

Für Wohnhäuser modernen Zuschnitts eignen sich kleinkronige Zierkirschen und Zieräpfel recht gut. Zierlich bleibt *Prunus subhirtella*. Die Sorte 'Autumnalis' trägt schon im November oder Dezember zartrosa Blüten. Hohen dekorativen Wert besitzen alle Zieräpfel, allen voran *Malus sargentii* mit kleinen purpurroten Blüten. Zieräpfel lassen sich übrigens genauso zu Mus verarbeiten wie die großen Früchte der Obstsorten. Wer allerdings auf eine Verwertung von Früchten Wert legt, kann auch gleich einen Apfelbaum pflanzen. Am besten vor Ort in einer Baumschule beraten lassen und, wenn sie in die Region passt, eine wenig krankheitsempfindliche Sorte wie 'Fiesta', 'Piros' oder 'Rebella' wählen. Auch die altbekannte Sorte 'James Grieve' lässt sich leicht erziehen und sieht, mit Früchten behangen, im Spätsommer zauberhaft aus. Das Gleiche gilt erst recht für Quittenbäume, die nicht nur schöne große rosa-weiße Blüten tragen, sondern im Herbst ihre gelben Früchte zur Schau stellen.

Eine gute Wahl stellen außerdem kleinkronige Ebereschen dar. Klein bleiben die Vielfiedrige Eberesche *(Sorbus vilmorinii)* oder die Arnolds Eberesche *(Sorbus × arnoldiana)*. Sie schmücken sich im Herbst mit roten Früchten und leuchtend rotem Laub. Auch viele der verwandten Mehlbeeren bleiben klein, etwa *Sorbus hybrida, Sorbus mougeotii* oder die Griechische Mehlbeere *(Sorbus graeca)*.

Eine schöne Fernwirkung erzielen alle Bäume mit rötlichem Laub. Der robuste Perückenstrauch *(Cotinus coggygria)* kommt mit Hitze und Trockenheit im Sommer gut zurecht. Die Blutpflaume *(Prunus cerasifera* 'Nigra') blüht im April und trägt im Juni aromatische Steinfrüchte. Die beliebten rotlaubigen Japanischen Fächer-Ahorne werden über kurz oder lang aus unseren Gärten verschwinden, weil sie mit der zunehmenden Sommertrockenheit in Mitteleuropa nicht gut zurechtkommen.

Von den meisten der heimischen Baum- und Straucharten kennt man Auslesen, die im Vergleich zur Wildart größere oder kräftiger gefärbte Blüten besitzen. Tiere finden ihre Wirtspflanzen vor allem dank des Geruches und erkennen ihre Nahrung am Geschmack. Blüten nehmen Insekten und Vögel anders wahr als Menschen, deshalb darf das gute Aussehen ein wichtiges Kriterium bei der Auswahl sein, solange die Tiere trotzdem an die Nahrung kommen. Vom Schwarzen Holunder, der mit seinem sparrigen Wuchs so derb daherkommt, gibt es zum Beispiel überaus zierende Sorten wie 'Blace Lace' mit nahezu schwarzem, geschlitztem Laub und attraktiven Blütendolden in Rosa (siehe Foto). Diese Sorten mit andersfarbigem Blattwerk wachsen kompakter und fügen sich dadurch leichter in Hausgärten ein. Immer wieder wird vermutet, dass diese durch Züchtung veränderten Sorten von unseren Insekten weniger gut angenommen werden, andere Stimmen behaupten das Gegenteil. Bislang gibt es jedoch kaum wissenschaftliche Untersuchungen, die das eine oder das andere untermauern.

Entfaltungsspielraum

Ein Baum braucht ausreichend Platz und der Durchmesser der Krone sollte bei der Planung berücksichtigt werden. Sogar für einen kleinen Baum sollte der Abstand zum nächsten Gehölz in etwa 3 m betragen, zum Haus hält man etwa 5 m Abstand ein. Der jeweilige Bebauungsplan schreibt Mindestabstände zur Grundstücksgrenze vor. Sie betragen in der Regel die halbe zu erwartende Höhe. Zu dicht stehende Gehölze schieben sich unweigerlich in die Höhe, ans Licht. Wo der Raum für einen richtigen Baum zu eng wird, kann man ersatzweise auch einen Strauch in ein Beet setzen. Eine gute Wahl stellt dafür die Gewöhnliche Felsenbirne *(Amelanchier ovalis)* dar. Sie bildet ein lockeres Astgerüst, das sich problemlos zurückschneiden und auslichten lässt.

Auch die Duftschneebälle *(Viburnum farreri* und *V. carlesii)* machen sich gut am Hauseingang. Sie blühen sehr früh im Jahr, oft schon im Februar, und jeder Passant kann den feinen, süßen Duft aufnehmen. Gerade die Blüten außerhalb der »normalen« Hauptblüte werden als besondere Attraktion wahrgenommen. Somit passen auch Zaubernuss *(Hamamelis)* und Winterblüte *(Chimonanthus praecox)* gut in die Vorgärten. Diese exquisiten Sträucher verlangen warme Plätze, um schön zu blühen.

Unkomplizierter ist im Vergleich dazu der Gartenhibiskus oder Strauch-Eibisch *(Hibiscus syriacus)*, der sich im August mit großen, farbkräftigen Blüten schmückt, also zu einer Zeit, wenn im Garten keine Gehölze und weniger Stauden oder Sommerblumen blühen. Die auffällige Säule inmitten der großen Trichterblüten bietet reichlich Pollen für Insekten. Es gibt den Gartenhibiskus als kleinkronige Bäumchen auf niedrigen Stämmen veredelt zu kaufen. Dann fügt er sich auch in kleine Reihenhausgärten ein. Auch Eberesche oder Flaum-Eiche lassen sich durch gezielten Schnitt als kleinkronige Bäume erziehen.

Gewachsene Laube

Bäume laden ein, darunter Platz zu nehmen. Man kann das Lichtspiel von Sonne und Schatten im Laub endlos lange beobachten, Insekten und Vögel fliegen vorbei (und wieder weg), allerhand Getier huscht oder krabbelt in dieser vielschichtigen Welt. Menschen fühlen sich nach einer ruhigen Stunde unterm Baum entspannt, der Kontakt zur Natur sorgt für innere Ruhe. Wer vom grün beschirmten Sitz im Garten träumt, kann gleich ein Gehölz mit hängender Krone pflanzen. Zur Auswahl stehen beispielsweise die Laubenulme (*Ulmus glabra* 'Horizontalis') mit breiter, schirmförmiger Krone oder die Hänge-Esche (*Fraxinus excelsior* 'Pendula'). Bis zum Boden senkt die Hängende Nelkenkirsche *(Prunus serrulata* 'Kiku-Shidare-Zakura') ihre Zweige herab.

Grün im Winter

Nadelbäume dagegen scheinen als Hausbaum wenig geeignet. Vor allem hüte man sich vor dem Weihnachtsbaum im Topf, der im Folgejahr in den Garten gepflanzt wird. Das kleine Bäumchen erhält dann meistens einen Platz, der viel zu nahe am Haus liegt. Einmal eingewurzelt, schießt es in die Höhe, beschattet bald sommers wie winters und ruft eine beengende, beklemmende Atmosphäre hervor. Das Fällen muss dann ein Spezialbetrieb übernehmen. Wer unbedingt auch im Winter Grün vor der Haustüre haben will, fährt besser mit einer Stechpalme *(Ilex)* oder pflanzt unter die Laubgehölze wintergrüne Bodendecker.

Nadelgehölze

Ganz allgemein betrachtet, leben in Nadelgehölzen weniger Gliedertiere als in Laubgehölzen. Weniger Blattläuse, Käfer und Spinnen bedeutet zugleich ein geringeres Nahrungsangebot für Vögel. Dennoch spielen Nadelgehölze in unseren Gärten eine wichtige Rolle als Nistplätze und geschützte Schlafplätze. Honigtau, den Läuse ausscheiden, die an Zweigen und Nadeln saugen, wird von Bienen und Ameisen gesammelt und dient somit weiteren Tieren als Nahrung. Damit haben Nadelbäume durchaus ihre Berechtigung in unseren Gärten.

Nadelgehölze finden allerdings erst seit der Zeit nach dem Zweiten Weltkrieg Verwendung in Hausgärten. Zuvor musste die Fläche frei bleiben für den Anbau von Gemüse und die hohen Obstbäume brauchten viel Platz. Erst mit der immer stärkeren Umwidmung der Gartenfläche zum Ziergarten kamen Nadelgehölze hierzulande in die Gärten. Die Vorbilder fanden sich in Italien, wo zur Zeit der Renaissance prunkvolle Gartenanlagen mit hoch wachsenden Zypressen, Eiben (siehe Foto) und Zedern entstanden.

Blaunadelige Tannen aus dem westlichen Nordamerika gehörten in den 1970er-Jahren zum Klischee des Hausgartens. Sie wurden geschmäht, weil sie weder optisch noch aus ökologischer Sicht in unsere Umgebung passen. Dennoch sollte man Nadelgehölze nicht grundsätzlich ablehnen, denn sie bieten Nistplätze im Verborgenen. Dies fällt vor allem für die frühen Bruten der Gartenvögel ins Gewicht. Wenn sie im März beginnen, ihre Nester zu bauen, setzt der Neuaustrieb der sommergrünen Laubgehölze erst allmählich ein. Sichtschutz bieten früh im Jahr nur immergrüne Gehölze.

Die Verwendung von Nadelgehölzen in den Gärten hat die Ansiedlung von Amseln erst begünstigt. Bis in die 1970er-Jahre hinein galt die Amsel noch als typischer Waldvogel. Seither wandert sie immer stärker in die Siedlungen ein und nimmt derzeit den Rang als zweithäufigster Gartenvogel ein (nach dem Haussperling). Amseln wie auch die Singdrosseln bevorzugen immergrüne Niststandorte. Sie finden sie in Fichten, Eiben, im Efeu und im Wacholder.

Sogar charakteristische Vögel der Laubwälder bevorzugen für ihre frühen Bruten Nadelgehölze. Dort sind Eier und Küken vor Räubern verborgen, das Nadelkleid schützt vor rauer Frühjahrswitterung und innerhalb der Krone herrscht ein günstiges Kleinklima. Insgesamt ist der Bruterfolg höher und die Brut kann früher beginnen. Diesen Nutzen von Nadelgehölzen muss man anerkennen, zumal bei den Vögeln die Suche nach Paarungspartnern und der Nestbau immer früher einsetzen.

Durch die Zunahme von Fichten in unseren Wäldern und durch die Verwendung von Nadelgehölzen in der Gartengestaltung konnten sich einzelne Vogelarten deutlich vermehren, wie etwa Sommer- und Wintergoldhähnchen sowie der Baumläufer. Ringeltauben bauen im ersten Drittel ihrer Brutzeit ihre Nester in Nadelbäumen und auch der Grünfink bevorzugt immergrüne Nistplätze. Auch Schwanzmeisen bauen ihre von Flechten bedeckten Nester in Koniferen – sofern sie im Garten und in der Umgebung genügend Insekten finden.

Lebensfeindliche Gehölze

Leider gibt es auch Gehölze, von deren Verwendung im Garten gänzlich abzuraten ist. Die Ablehnung vor allem betrifft zwei Sträucher, die in unseren Gärten besonders häufig verwendet werden: die Thuja und der Kirschlorbeer. An beiden Gehölzen entwickeln sich so gut wie keine Insekten. Hier lebt nichts.

Dem **Lebensbaum** *(Thuja)* kann man insofern Positives abgewinnen, weil das dichte Geäst Sichtschutz bietet und Vögel für ihre frühen Bruten gern darin ihre Nester bauen. Aber ohne passendes Futterangebot nützt der Nistplatz wenig. Die steil aufragenden, schmalen Sträucher entsprechen dem derzeitigen Geschmacksempfinden und den aktuellen Vorstellungen, wie eine Grundstücksgrenze aussehen »muss«. Sie werden kostengünstig bei Baumärkten und Discountern angeboten, weil sie sich leicht in großer Stückzahl vermehren lassen. Thujen werden oft sorglos an trockene Straßenränder und auf nicht gut aufbereiteten Boden gepflanzt. In den ersten Jahren benötigen sie viel Wasser zum Anwachsen, sonst gehen sie ein. Enttäuschungen folgen aber oft erst nach einigen Jahren, wenn das Wurzelwerk aufgrund von nicht beseitigten Bodenverdichtungen nicht mehr weiter in die Tiefe dringen kann. Bauschutt im Untergrund und verdichtete Bodenschichten sind oft die Ursache dafür, dass Thujen gelb oder braun werden und absterben. In diesen Fällen gibt es keine Rettung.

Dagegen zeigt sich der **Kirschlorbeer** *(Prunus laurocerasus)* als nahezu unverwüstlich. Die Pflanzen werden kaum jemals von Schädlingen befallen. Das hat seinen Grund: Der oberirdische Aufwuchs enthält Blausäure-Verbindungen, die giftig auf lebende Organismen wirken. Gelegentlich knabbert ein Dickmaulrüssler an der Blatträndern, mehr Schadsymptome von Tieren treten nicht auf. Flaniert man durch Neubausiedlungen, scheint es, als glaubten die Hausbesitzer, es gäbe eine Verpflichtung, Kirschlorbeer zu pflanzen. Damit hängt zusammen, dass er massenhaft vermehrt wird, was zum niedrigen Kaufpreis führt. Ein Kirschlorbeer hat im April und Mai cremeweiße Blütenkerzen, an denen sich zahlreiche Bienen bedienen. Die restliche Zeit des Jahres birgt ein Kirschlorbeer jedoch weniger Organismen als eine Betonwand. Dazu kommt die schwierige Pflege: Eine Kirschlorbeerhecke wächst kräftig und braucht zweimal im Jahr einen Schnitt, wenn sie nach geschnittener Hecke aussehen soll. Mit einer Heckenschere lässt sich der Schnitt nicht vornehmen, weil sie die großen Blätter anschneidet, die dann hässliche braune Ränder entwickeln. Kirschlorbeer kann man nur achtsam mit der Rosenschere schneiden. Den günstigen Erwerb der Pflanzen tauscht man gegen hohen Arbeitseinsatz in all den folgenden Jahren ein.

Geeignete Bäume und Sträucher

Fruchttragende Gehölze

Fruchtragende Gehölze bieten Vögeln eine reiche Nahrungsquelle im Sommer und zum Teil den ganzen Winter hindurch. Vögel erkennen die Farbe Rot sehr gut, daher haben viele Gehölze im Laufe der Evolution rote Früchte entwickelt, weil sie dadurch Vögel zum Verzehr und damit zur Verbreitung der Samen ermuntern. Das Wildobst würde auch den Menschen gut schmecken – aus Kornelkirsche, Weißdorn oder Sanddorn lassen sich köstliche Marmeladen herstellen. Allerdings haben oft die Vögel bereits die noch unreifen Früchte verzehrt, lange bevor sie für menschliche Geschmäcker viel Aroma und ausreichend Zucker eingelagert haben. Die schwarzen Steinfrüchte der Felsenbirne schmecken ebenfalls gut und werden als Superfood gepriesen. Nur »leider« holen Amseln, Mönchsgrasmücken und andere Gartenbewohner die Beeren im August im unreifen Zustand vom Strauch.

Die Früchte der Felsenbirne laden Vögel in den Garten ein.

Auch ein Kirschbaum bedeutet eine großartige Einladung für Amseln. Im Juli feiern sie in der Krone frühmorgens regelrechte Kirschenorgien. Es ist von Vorteil, wenn der Baum so groß ist, dass für Menschen und Tiere genug zum Verzehr bleibt. Wer im Garten Kirschen ernten und sich nicht über geraubte oder in Vielzahl angepickte Früchte ärgern will, sollte vor der Fruchtreife die Krone sachgerecht mit einem Vogelschutznetz überziehen. Dies gelingt nur bei kleinen Bäumen.

Der Star brütet in Baumhöhlen. Er ernährt sich von Würmern und Insekten sowie von Beeren, Früchten und Samen in abwechslungsreicher Umgebung.

Vögel erkennen die Früchte heimischer Gehölzarten und fressen sie. Sie lernen aber auch, Früchte fremdländischer Arten als Nahrung zu nutzen. *Aronia*-Sträucher finden sich unversehens abgeerntet, Amseln sitzen im September oder Oktober in Scharen im Feuerdorn und sogar der Liebesperlenstrauch *(Callicarpa bodinieri* var. *giraldii)* hat schon überzeugte Naturgärtnerinnen und -gärtner überrascht: Die glänzenden lilafarbenen Beeren sehen aus, wie aus Kunststoff gemacht. Sie hängen den ganzen Winter am Strauch und wirken im kahlen Geäst beispielhaft künstlich. Doch auch die Liebesperlen werden von Vögeln abgeräumt.

Früchte im Geäst bedeuten für Vögel eine wichtige Überlebenshilfe während der Wintermonate. Leicht verderbliches Obst wie die Steinfrüchte der Felsenbirne wird zügig abgeerntet, ab Spätherbst macht sich die Vogelschar über die Hagebutten her, die meist nur bis zur Wintermitte an den Zweigen hängen. Ab Januar und spätestens im Februar fallen Hagebutten ab. Ihren wertvollsten Wintervorrat bewahren die Vögel bis zum Neuaustrieb im Frühjahr. Das sind die glänzend schwarzen Steinfrüchte des Ligusters, die von allen Früchten den höchsten Nährwert aufweisen. Obendrein halten sie sich sehr lange an Strauch. Früchte vom Vorjahr hängen im April noch an den Zweigen.

Wertvoller Wintervorrat: Hagebutten

Bäume und Sträucher mit Früchten für Vögel und Säugetiere

Deutscher Name *Botanischer Name*	**Wuchs-höhe**	**Blüten-farbe**	**Blüte-zeit** *(Monat)*	**Früchte**	**Besonderheiten**
Kupfer-Felsenbirne *Amelanchier lamarckii*	3 – 7 m	weiß	IV	kleine schwarze Steinfrüchte, frühreif im August	an der Basis schmal, trichterförmige Krone, orangefarbene Herbstfärbung
Gewöhnliche Felsenbirne *Amelanchier ovalis*	2 – 3 m	weiß	IV	kleine schwarze Steinfrüchte, frühreif im August	an der Basis schmal, trichterförmige Krone, orangefarbene Herbstfärbung
Apfelbeere *Aronia melanocarpa*	1 – 1,5 m	weiß	V	schwarze Beeren	robust, geeignet für alle Böden
Kornelkirsche *Cornus mas*	3 – 4 m	gelb	III	dunkelrote Steinfrüchte, reifen über einen langen Zeitraum	Zuchtformen bringen im Vergleich zur Wildform viel größere Früchte
Weißdorn, Eingriffliger *Crataegus monogyna* Weißdorn, Zweigriffliger *Crataegus laevigata*	3 – 4 m 3 – 5 m	weiß weiß	V V	kleine rote Apfelfrüchte kleine hellrote Apfelfrüchte	harte, bis 3 cm lange Stacheln, lassen sich durch Schnitt kompakt halten
Pfaffenhütchen *Euonymus europaeus*	3 – 4	grün	V – VI	rosa und orangefarbene Kapseln	auffälliger Fruchtschmuck im Herbst
Faulbaum *Frangula alnus*	1 – 3 m	grünlich weiß	V – VI	kugelige, schwarzviolette Steinfrüchte	Futterpflanze für rund 30 Schmetterlingsarten
Sanddorn *Hippophae rhamnoides*	2 – 3 m	grünlich braun	III – IV	gelborangefarbene Beeren	bevorzugt leichte, sandige, durchlässige Böden
Liguster *Ligustrum vulgare*	3 – 5 m	weiß	V	kleine schwarze Steinfrüchte, verfügbar von X – III	wintergrün, anspruchslos, schnittverträglich
Rote Heckenkirsche *Lonicera xylosteum*	2 – 3 m	gelbweiß	V – VI	rote Beeren	salzverträglich, Beeren für Menschen giftig
Zierapfel *Malus*-Arten und -Sorten	3 – 6 m	weiß, rosa, pink	IV – V	kleine Apfelfrüchte, gelb bis rot	üppige Blüte, verwertbare Früchte, braucht keinen Schnitt
Holzapfel, Wildapfel *Malus sylvestris* (= *M. communis*)	3 – 6 m	weiß aus dunkelrosa Knospen	IV – V	kugelige Äpfel (hart und herbsauer)	duftende Blüte, fahlgelbe Herbstfärbung, Zweige gelegentlich dornig
Rote Sandkirsche *Prunus × cistena*	1,2 – 1,5 m	hellrosa bis weiß	IV	schwarzrote Steinfrüchte	Zwerg-Blutpflaume mit dunkelrotem Laub, volle Sonne
Felsenkirsche *Prunus mahaleb*	5 – 10 m	weiß	IV	schwarze, etwas bittere Steinfrüchte	anspruchslos, breit ausladend

Deutscher Name *Botanischer Name*	**Wuchs-höhe**	**Blüten-farbe**	**Blüte-zeit** *(Monat)*	**Früchte**	**Besonderheiten**
Wildbirne *Pyrus pyraster*	3 – 8 m	weiß	IV	kugelige Früchte, nur im überreifen Zustand genießbar	straff aufrechter Wuchs, orange-gelbe Herbst-färbung
Echter Kreuzdorn *Rhamnus catharticus*	2 – 3 m	gelblich grün	V	schwarzviolette Steinfrüchte	ausgesprochen robust
Wildrosen *Rosa*-Arten und -Sorten	1,5 – 2,5 m	weiß, rosa	V – VI	Hagebutten, rot oder schwarz, IX – XII/I	viele Arten und Sorten
Himbeere *Rubus idaeus*	0,8 – 2 m	weiß	V/VIII	rote Himbeere	bildet viele Ausläufer
Schwarzer Holunder *Sambucus nigra*	2,5 – 4 m	weiß	V	schwarze, beeren-ähnliche Steinfrüchte	wüchsig, stellt nur geringe Ansprüche
Trauben-Holunder *Sambucus racemosa*	3 – 4 m	gelblich	IV – V	rote, beerenähnliche Steinfrüchte	anspruchslos, nicht für kalkhaltige Böden
Gewöhnliche Mehlbeere *Sorbus aria* ('Lutescens', 'Magnifica' und 'Majestica')	4 – 6 m	weiß	V – VI	orange bis scharlachrote Früchte (fader Geschmack)	je nach Sorte kegel- bis eiförmige Krone
Arnolds Eberesche *Sorbus × arnoldiana* ('Kirsten Pink', 'Golden Wonder')	5 – 7 m	weiß	V	rosa (goldgelb bei 'Golden Wonder')	Großstrauch
Eberesche, Vogelbeere *Sorbus aucuparia* ('Sheerwater Seedling')	10 – 15 m	weiß	V – VI	Früchte orange oder rot, verwertbar	widerstandsfähig gegenüber Krankheiten, kurzlebig auf kalkhaltigen Böden
Speierling *Sorbus domestica*	10 – 15 m	weiß	V – VI	rötlich gelbe Apfelfrüchte	braucht Wärme und Licht, hitzeverträglich, raue Borke
Schwedische Mehlbeere, Oxelbeere *Sorbus intermedia*	10 – 12 m	weiß		Früchte orange oder scharlachrot, verwertbar	Blatt mit graufilziger Unterseite, 'Brouwers' ist eine schmalkronige Form
Weißfrüchtige Eberesche, Thüringische Mehlbeere *Sorbus thuringiaca* 'Fastigiata'	2 – 4 m	weiß	V – VI	weiße Apfelfrüchte mit roten Stielen	sehr tolerant in Bezug auf den Boden
Elsbeere *Sorbus torminalis*	5 – 7 m	weiß	V – VI	gelbe bis braune Apfelfrüchte	leuchtend gelb-orangerote Herbstfärbung
Gewöhnlicher Schneeball *Viburnum opulus*	3 – 4 m	weiß	IV – V	rote Steinfrüchte	Früchte für Menschen giftig
Wolliger Schneeball *Viburnum lantana*	2 – 3,5 m	weiß	IV – V	erst rote, dann schwarze Stein-früchte	Früchte für Menschen leicht giftig

Schutz- und Nährgehölze für Vögel

Für den Nestbau suchen viele Vögel bewehrtes und möglichst dichtes Geäst, wo Eier und Brut vor Nesträubern geschützt sind. Bedornte oder bestachelte Äste verhindern den Zugriff durch Marder, Eichhörnchen, Garten- und Siebenschläfer. Eine zunehmende Gefahr für die Vogelbrut bedeuten die vielen umherstreunenden Katzen, die im Garten Vögel beobachten und für reichlich Stress sorgen. Wenn Katzen an die Nester herankommen, töten sie die Küken. Bewehrtes Geäst bietet Sicherheit auch für Vögel bei der Gefiederpflege untertags oder als Schlafplatz in der Nacht. Im Schutz von dornigen Ästen wagen sich Vögel zudem näher an die Menschen heran. Das bedeutet, dass man sie näher betrachten und beobachten kann.

Schutz- und Nährgehölze für Vögel

Deutscher Name *Botanischer Name*	**Wuchshöhe**	**Blütenfarbe**	**Blütezeit** *(Monat)*	**Früchte**	**Besonderheiten**
Gewöhnliche Berberitze *Berberis vulgaris*	1 – 3 m	gelb	V	rote, elliptische Beeren	stacheliges Gewirr aus dünnen Trieben
Eingriffliger Weißdorn *Crataegus monogyna*	3 – 4 m	weiß	V	kleine rote Apfelfrüchte	harte, bis 3 cm lange Stacheln, lässt sich durch Schnitt kompakt halten
Zweigriffliger Weißdorn *Crataegus laevigata*	3 – 5 m	weiß	V	kleine hellrote Apfelfrüchte	
Gewöhnlicher Wacholder *Juniperus communis*	3 – 5 m	–		fleischige Zapfen an weiblichen Pflanzen	kleine, spitze Stacheln, schwarzblaue Zapfen werden nicht gut als Nahrung angenommen
Feuerdorn *Pyracantha coccinea* und Sorten	1 – 3,5 m	weiß	V	rote oder orangefarbene Apfelfrüchte	behält einen Teil der Blätter im Winter, schnittverträglich
Schlehe, Schwarzdorn *Prunus spinosa*	2 – 3 m	weiß	III – IV	schwarz, blau bereift	harte Stacheln, dicht verzweigt, schnittverträglich
Wildrosen *Rosa*-Arten und -Sorten	1,5 – 2,5 m	weiß, rosa	V –VI	Hagebutten, rot oder schwarz, IX – XII/I	viele Arten und Sorten
Brombeere *Rubus fruticosus*	2 m	weiß	V	schwarze Brombeere	stark bestachelte, überhängende Triebe
Gewöhnliche Eibe *Taxus baccata*	5 – 7+ m	–		rosafarbener Samenmantel	immergrün, dicht verzweigt, ganzjährige Deckung, Früchte nur an weiblichen Bäumen

Kleinkronige Formen von Großbäumen

In unseren beschränkten Gartengrundstücken ist oft kein Platz für einen großen Baum. Beengte Gärten in den Städten ermöglichen es häufig nicht mehr, die gesetzlich vorgeschriebenen Mindestabstände von hohen Bäumen zur Grundstücksgrenze einzuhalten. Großbäume wie Sand-Birken, Berg-Kiefern oder Stiel-Eichen kann man kaum mehr in Gärten pflanzen, obwohl sich die gesetzlichen Bestimmungen je nach Bundesland unterscheiden und es wiederum abweichende Vorgaben in örtlichen Bauordnungen gibt. Grundsätzlich sollte man nur Bäume pflanzen, die mit ihren Ausmaßen zum Garten passen – schon um Konflikte mit Ordnungsamt und Nachbarschaft zu vermeiden. Es gibt eine ganze Reihe von Auslesen großer Bäume, die deutlich kleiner und kompakter wachsen. Örtliche Baumschulen beraten gern darüber, welche Arten oder Sorten unter den vorherrschenden Bedingungen gut gedeihen. Ein Beispiel sind die kleinkronigen Winter-Linden. Als Sommerblüher stellen Linden eine wichtige Bienenweide dar, doch die Bäume werden mindestens 15 m hoch. Viel niedriger bleiben einzelne Sorten, die obendrein langsam wachsen. Für die Pflanzung neben einem Autostellplatz empfiehlt sich die Sorte 'Rancho', an der weniger Blattläuse leben. Dadurch tropft kaum Honigtau aus der Krone, der den Autolack stumpf werden lässt.

In alten, eingewachsenen Gärten und in Parkanlagen finden sich häufig noch große, mächtige Bäume. Sie wurden zu einer Zeit gepflanzt, als Grenzabstände noch nicht gesetzlich festgelegt waren und die Grundstücke größer waren. Heute bewundern wir breit ausladende Buchen, hoch gewachsene Zedern und sogar Mammutbäume. Elstern bauen hoch oben in der Krone ihr Nest, Eichelhäher nisten darin und Eichhörnchen finden Behausungen. In den Höhlungen ausgebrochener Astlöcher nisten Kleiber, Baumläufer und Spechte. Die stattlichen Bäume prägen ganze Straßenzüge und Siedlungen. Derzeit ist es meist nicht möglich, solche Gehölze in Gärten zu pflanzen. Außerdem dauert es Jahrzehnte, bis eine markante Baumgestalt herangewachsen ist.

Die in der Tabelle auf den Seiten 58 und 59 angegebenen Maximalhöhen werden erst nach vielen Jahren (wenn überhaupt) erreicht. In aller Regel bleiben die Gehölze deutlich niedriger.

Kleinkronige Formen von Großbäumen

Deutscher Name *Botanischer Name*	**Wuchs-höhe**	**Blütezeit** *(Monat)*	**Kronenform**	**Besonderheiten**
Feld-Ahorn *Acer campestre*				
'Elegant'	6 – 10 m	IV	eiförmig	leuchtend gelbe Herbstfärbung, gilt als mehltaufrei
'Nanum' ('Compactum')	5 – 7 m	IV	kugelförmig, dicht geschlossen	goldgelbe Herbstfärbung, sehr vital
Felsen-Ahorn *Acer monspessulanum*	5 – 8 m	IV	sparrig wachsender Baum oder Strauch	braucht einen sonnigen Platz, dreilappige Blätter, goldgelbe Herbstfärbung
Gold-Birke *Betula ermanii* 'Mount Apo'	3 – 4 m	IV (Kätzchen)	schmal pyramidal, oft mehrstämmig	weißlich rosa Borke am Stamm, Äste orange bräunlich
Himalaya-Birke *Betula jacquemontii*	7 – 10+ m	IV (große Kätzchen)	breit, kegelförmig, später halbrund	rötlich weiße Borke, die sich abrollt, quergestreift
Hainbuche *Carpinus betulus*				
'Fastigiata Monument'	4 – 6 m	V (Kätzchen)	kompakt, säulenförmig	schwachwüchsig
'Frans Fontaine'	5 – 8 m	V (Kätzchen)	schlank, säulenförmig	wächst langsam
Apfeldorn, Baum-Weißdorn *Crataegus × lavallei* 'Carrierei'	5 – 8 m	V – VI	anfangs straff aufrecht, später unregelmäßig breit oder schirmförmig	lichtbedürftig, verträgt extreme Hitze und Trockenheit, weiße Blüten mit strengem Duft, orangegelbe Herbstfärbung, ziegelrote Früchte, Triebe mit starken Dornen
Pflaumenblättriger Weißdorn *Crataegus prunifolia* 'Splendens'	6 – 7 m	V – VI	kegelförmig	anpassungsfähig und anspruchslos, hitze- und windverträglich, weiße Blütendolden; gelborangefarbene bis rote Herbstfärbung, scharlachrote Früchte
Rot-Buche *Fagus sylvatica*				
'Dawyck Gold'	4 – 8 m	–	säulenförmig	Austrieb goldgelb, später hellgrün,
'Purple Fountain'	7 – 11 m	–	hängend	dunkel rotbraunes Laub
Gewöhnliche Esche *Fraxinus excelsior*				
'Nana'	4 – 6 m	V	kugelförmig, kompakt	auf Hochstamm veredelt, wächst langsam
'Pendula'	8 – 19 m	V	Hängeform	Zweige reichen schleppenartig bis zum Boden, bei ausreichender Bodenfeuchte stadtklimaverträglich

Deutscher Name *Botanischer Name*	**Wuchs-höhe**	**Blütezeit** *(Monat)*	**Kronenform**	**Besonderheiten**
Borstenakazie *Robinia hispida* 'Macrophylla'	1,5 – 3 m	V – VI	breit aufrecht, sparrig, hängende Triebspitzen	lilarosa Schmetterlingsblüten in hängenden Trauben, gute Bienenweide, gelbe Herbstfärbung
Winter-Linde *Tilia cordata*				
'Green Globe'	4 – 6 m	VII	breit kugelförmig	wächst kompakt, gelbe Herbstfärbung
'Rancho'	9 – 12 m	VII	gleichmäßig dicht kegelförmig	bildet kaum Honigtau, Herbstfärbung, empfindlich gegen Bodenverdichtung
Armenische Eiche *Quercus pontica*	4 – 6 m	V (Kätzchen)	breitrunder Großstrauch oder mehrstämmiger Baum	ovale Blätter ohne Lappen, scharf gesägt, goldgelbe Herbstfärbung, stadtklimafest, hitzeresistent, windfest, mäßig frosthart, nur für durchlässige Böden
Wintergrüne Eiche *Quercus × hispanica (× turneri)* 'Pseudoturneri'	5 – 8 m	V (Kätzchen)	Großstrauch oder Baum mit eiförmiger bis runder Krone	wintergrün, eiförmige, gelappte Blätter, hitzeverträglich, hellbraune Eicheln
Stein-Eiche *Quercus ilex*	15 – 25 m	V (Kätzchen)	rundliche, breite Krone	immergrün, ledrige, eiförmige Blätter, für vollsonnigen Standort, mäßig frosthart, wächst langsam

Winter-Linde 'Rancho'

Winterblüher

Blüten an Gehölzen im Winter erregen die Aufmerksamkeit, allein wegen ihrer ungewöhnlichen Blütezeit. Erstaunen rufen duftende Sträucher hervor, wenn sie im Vorgarten stehen und die Passanten bei früh einbrechender Dunkelheit nicht gleich erkennen, woher der Duft kommt. Gehölze, die nach einer wärmeren, sonnigen Periode ihre Blüten öffnen, haben große Bedeutung für überwinterte Honigbienen, die ihren Reinigungsflug durchführen und die erste Generation des Bienenvolks aufziehen. Sie sind dabei auf Pollen angewiesen sind, um nicht an Entkräftung zu sterben und die Brut zu versorgen. Auch Hummeln besuchen die Blüten, sie fliegen bereits bei wenigen Grad über Null. Holzbienen, die ihr Quartier bereits im Februar verlassen, finden Nahrung im Winter-Jasmin und am Winter-Schneeball.

Winterblühende Gehölze

Deutscher Name *Botanischer Name*	**Wuchshöhe**	**Blütenfarbe**	**Blütezeit** *(Monat)*	**Besonderheiten**
Schneeforsythie *Abeliophyllum distichum*	1,5 – 2 m	weiß aus rosa Knospen	III	Blüten duften nach Mandeln
Winterblüte *Chimonanthus praecox*	2 – 3 m	gelb	I – III	starker Blütenduft nach Vanille, für warme, geschützte Standorte
Scheinhasel *Corylopsis pauciflora*	1 – 1,5 m	hellgelb	II – III	feintriebig, wächst in die Breite
Gewöhnlicher Seidelbast *Daphne mezereum*	1 – 1,5 m	pink	II	die Früchte sind sehr giftig
Zaubernuss *Hamamelis intermedia, H. japonica, H. mollis*	2 – 2,5 m	gelb, rotorange, ziegelrot	II	sollte frei stehen, entwickelt sich schöner ohne Schnitt
Gelber Winter-Jasmin *Jasminum nudiflorum*	0,5 – 3 m	gelb	I – III	grüne Triebe im Winter, kann an Mauern überhängen oder als Spreizklimmer in die Höhe wachsen
Winter-Heckenkirsche *Lonicera × purpusii*	1,5 – 2 m	cremeweiß	II – III	sehr zeitige Blüten für überwinterte Bienen
Schnee-Kirsche *Prunus subhirtella* 'Autumnalis'	4 – 5 m	weiß	X – XI / II – III	wächst locker überhängend, Blütezeit je nach Witterung
Bodnant-Schneeball *Viburnum × bodnantense*	2 – 2,5 m	rosa, später weißlich	XI – III	feiner Duft, wächst dicht
Duft-Schneeball *Viburnum farreri*	2,5 – 3 m	weiß aus rosa Knospen	XI – III	starker Duft mitten im Winter, dicht verzweigt

Immergrüne Laubgehölze

Mit Ausnahme der Gewöhnlichen Stechpalme und des Ligusters handelt es sich bei den in der Tabelle auf dieser Seite aufgeführten Gehölzen um Arten aus China bzw. um Hybriden, die in Kultur entstanden sind. Sie stellen somit mit Sicherheit keine bedeutsamen Futterpflanzen für heimische Insekten dar. Immergrüne Gehölze bieten jedoch vielen Vögeln Schutz bei widriger Winterwitterung. Sie halten kalte Winde ab und geben Deckung vor Räubern. Im freien Stand kann die Gewöhnliche Stechpalme dicht und hoch wachsen. In der Krone finden sich daher geschützte Nistplätze für frühe Bruten.

Immergrüne Laubgehölze

Deutscher Name *Botanischer Name*	**Wuchshöhe**	**Blütenfarbe**	**Blütezeit** *(Monat)*	**Früchte**	**Besonderheiten**
Immergrüne Ölweide *Elaeagnus × ebbingei*	1,5 – 3 m	cremeweiß, in Gruppen	X – XI	–	wintergrün, in milden Regionen immergrün, dunkelgrüne Blätter an drahtigen Ästen
Gewöhnliche Stechpalme *Ilex aquifolium*	3 – 4 m	cremeweiß, klein	V – VI	rote Steinfrüchte	Blätter oft mit stacheligem Rand, Früchte nur an weiblichen Pflanzen mit Bestäuber in der Nähe, wächst langsam, für absonnige bis schattige Standorte
Wintergrüner Liguster *Ligustrum vulgare* 'Atrovirens'	3 – 5 m	weiß, in Rispen	VI – VII	kleine schwarze Steinfrüchte	wintergrün, dicht verzweigt, sehr gut schnittverträglich
Frühlings-Duftblüte *Osmanthus × burkwoodii*	1 – 2 m	weiß, in Büscheln	IV – V	–	duftende Blüten, grazile Sträucher, geschützt vor kalten Winden pflanzen
Runzelblättriger Schneeball *Viburnum rhytidophyllum*	3 – 5 (7) m	weiß bis gelblich weiß, in Trugdolden	V – VI	eiförmige Steinfrüchte, schwarz	große, eiförmig längliche, stark runzlige Blätter, stark wachsend
Prager Schneeball *Viburnum* 'Pragense'	2,5 – 3 m	weiß, in Trugdolden	V	–	elliptisch eiförmige, leicht runzlige Blätter, dünntriebig, Zweige übergeneigt

Klettergehölze und einjährige Schlingpflanzen

Klettergehölze bieten geschützte Nistplätze für Vögel. Guten Schutz finden Amseln, Blau- und Kohlmeisen im Dickicht von Fassadenbegrünungen. Eine Immergrüne Heckenkirsche entwickelt – am Spanndraht oder Rankgerüst erzogen – ein kräftiges Astwerk mit einem schützenden Vorhang aus beblätterten Zweigen. Auch ein Efeu, der an der Außenwand mithilfe von Haftwurzeln hochklettert, birgt geschützte Plätze für Vogelnester. Hervorragenden Schutz finden Vögel inmitten der stacheligen Äste von Rosen. Vögel, die nah am Boden brüten, wie Rotkehlchen und Zaunkönig, bauen ihre Nester in der Hoffnung auf besseren Bruterfolg häufig zwischen stacheligen Brombeertrieben.

Geeignete Klettergehölze, die Nistplätze für Vögel bieten:

- Waldreben *(Clematis*-Arten und -Sorten)
- Efeu *(Hedera helix)*
- Kletter-Hortensie *(Hydrangea anomala* subsp. *petiolaris)*
- Geißblätter, Jelängerjelieber *(Lonicera*-Arten und -Sorten)
- Wilder Wein *(Parthenocissus tricuspidata)*
- Rosen *(Rosa*-Arten und -Sorten)
- Brombeere *(Rubus fruticosus)*

Gehölzpflanzungen gewinnen an Attraktivität, wenn Schlingpflanzen sich ins Geäst ranken. Einige einjährige Kletterpflanzen wachsen sehr zügig und tragen Blüten mit einem sehr guten Pollenangebot für Insekten. Auf nährstoffreichem Gartenboden mit ausreichend Feuchtigkeit entwickelt sich die Trichterwinde *(Ipomoea purpurea, I. tricolor)*. Die großen, blauen Blüten öffnen sich am Vormittag bei Sonnenschein und schließen sich bereits am frühen Nachmittag. Junge Pflanzen lassen sich im Haus problemlos ab März heranziehen und strecken sich bald schon in die Länge. Bis zum August erreichen sie (im Mai an Ort und Stelle gepflanzt) eine Trieblänge von mehreren Metern und sie blühen in überwältigender Fülle, eine großzügige Nährstoff- und Wasserversorgung vorausgesetzt. Direkt in den Boden sät man ebenso Duftwicken *(Lathyrus odoratus)* und rankende Sorten der Echten Kapuzinerkresse *(Tropaeolum majus)*. Jeweils drei Samen legt man in ein Pflanzloch ab und belässt einige Zeit nach der Keimung nur die kräftigste Pflanze.

Am Fuß von Gehölzen können sich staudige Waldreben schön entwickeln. Sie ranken nicht am Astwerk in die Höhe, die kriechenden Triebe bedecken den Boden. Die Teppich-Waldrebe *(Clematis × jouiniana)* wächst gut an schattigen Stellen, etwa in Nachbarschaft zu Efeu und Immergrün. Bei *Clematis integrifolia* handelt es sich um eine Steppenpflanze, die am trockenen Gehölzsaum entlangwächst. Die schmalen Triebe tragen weit geöffnete, blaulila Blüten.

Kleinsträucher zur Unterpflanzung und für Pflanzgefäße

Sträucher und Bäume brauchen Platz, man muss sie naturgemäß in weiten Abständen pflanzen. Gerade in den ersten Jahren verbleiben erst einmal große Lücken, die man mit kleineren Sträuchern füllen kann. Die Tabelle auf den Seiten 64 und 65 listet geeignete Kleinsträucher auf. Sie stammen nicht ausschließlich aus unserem Florenbereich, doch die genannten Arten und Sortengruppen erweisen sich als robust und ihre Blüten bieten Insektennahrung. Die allermeisten kommen mit trockenen Verhältnissen gut zurecht. Das ist wichtig, weil in der Nachbarschaft zu Bäumen und Sträuchern eine starke Konkurrenz um Wasser und Nährstoffe herrscht.

Angesichts des Klimawandels eignen sich immer mehr Arten aus dem Mittelmeerraum für die Verwendung in mitteleuropäischen Gärten. Unsere Winter verlaufen in der Regel so mild, dass Gehölze überleben, die keine übermäßig gute Frosthärte aufweisen. Zunehmend können wir Zistrosen mit ihren großen Blüten und ihrem würzig herben Geruch anpflanzen. Die Einzelblüte öffnet sich nur für einen Tag und schließt sich zeitig am Nachmittag. Dafür entwickeln sich im Juni die Blüten in großer Zahl. Der Staubblattkranz hält große Mengen an Pollen bereit, Nektar produzieren die Blüten nicht.

Die genannten Kleinsträucher können innerhalb der Gehölzgruppe oder Hecke so lange bleiben, wie sie sich gut behaupten. Wird der Platz zu eng, weil die benachbarten Bäume und Sträucher zu groß und zu breit werden, dann pflanzt man die kleineren Gehölze um und sorgt für eine lichtere Vorpflanzung aus Stauden. Infrage kommen für halbschattige Standorte beispielsweise schlanke Gelbe oder Rote Fingerhüte, in der Sonne darf sich beispielsweise Natternkopf nach Belieben ausbreiten.

Kleinsträucher zur Unterpflanzung und für Pflanzgefäße

Deutscher Name *Botanischer Name*	**Wuchs-höhe** *(in cm)*	**Blüten-farbe**	**Blüte-zeit** *(Monate)*	**Früchte**	**Besonderheiten**
Gewöhnliche Berberitze *Berberis vulgaris*	100 – 300	gelb	V – VI	leuchtend rote Beeren	orangerote Herbstfärbung, gut schnittverträglich
Zwerg-Birke *Betula nana*	20 – 60	grüne, unscheinbare Kätzchen	IV	–	für saure Böden, orangegelbe bis flammend rote Herbstfärbung
Bartblume *Caryopteris × clandonensis*	80 – 120	blau, lilablau	VIII – IX	holzige Klausenfrüchte	buschiger Kleinstrauch mit graufilzigem Laub, Triebspitzen erfrieren mitunter im Winter
Japanische Zierquitte *Chaenomeles japonica*	80 – 150	rot, apricot, gelb	IV	fleischige, essbare, kleine gelbe Quitten	essbare gelbe Früchte, für mäßig trockene Böden
Lack-Zistrose *Cistus ladanifer*	80 – 120	weiß mit dunklem Basalfleck	VI – VII	braune aufspringende Kapseln	große Blüten, für milde Regionen
Lorbeerblättrige Zistrose *Cistus laurifolius*	60 – 120	weiß mit gelbem Basalfleck	VI – VII	braune aufspringende Kapseln	ziemlich winterhart
Purpur-Zistrose *Cistus × purpureus*	80 – 120	rosa mit dunklem Basalfleck	VI – IX	braune aufspringende Kapseln	kreppartige Blüten, immergrün, für milde Regionen
Purpur-Hartriegel *Cornus alba* 'Sibirica'	150 – 300	rahmweiß	V – VI	weiße bis bläuliche Steinfrüchte	im Winter leuchtend korallenrote Zweige
Teppich-Zwergmispel *Cotoneaster dammeri* in Sorten	30 – 50	weiß	V	hellrote Apfelfrüchte	immergrün, oft als Bodendecker verwendet
Weidenblättrige Zwergmispel *Cotoneaster salicifolius* 'Herbstfeuer'	30	weiß	VI	hellrote Apfelfrüchte	wächst kompakt oder bogig aufrecht, sehr robust, fruchtet reich
Niederliegender Geißklee *Cytisus decumbens*	20 – 50	goldgelb	V	–	zur flächigen Verwendung geeignet
Schwarzwerdender Geißklee *Cytisus nigricans*	80 – 200	leuchtend gelb	VI – VIII	–	reichblütig, Stickstoffsammler
Gewöhnlicher Besenginster *Cytisus scoparius*	100 – 200	goldgelb	V – VI	–	Sorten des Edel-Ginsters bleiben kleiner, mit Blüten in Elfenweiß, Rot-Rosa, Apricot

Deutscher Name *Botanischer Name*	**Wuchs- höhe** *(in cm)*	**Blüten- farbe**	**Blüte- zeit** *(Monate)*	**Früchte**	**Besonderheiten**
Rosmarin-Seidelbast *Daphne cneorum*	10 – 40	karminrosa	III – IV	ockerbraune Beeren	für steinige, kalkhaltige Böden, giftige Beeren
Gewöhnlicher Seidelbast *Daphne mezereum*	10 – 40	karminrot	II – III	ockerbraune Beeren	stark duftende Blüten im Vorfrühling, extrem giftige Beeren
Lydischer Ginster *Genista lydia*	30 – 50	gelb	V – VI	unauffällige Hülsen	breitwüchsiger Zwergstrauch, Stickstoffsammler
Thunbergs Buschklee *Lespedeza thunbergii*	100	kräftig purpurrosa	IX – X	–	lange, übergeneigte Triebe, sterben im Winter ab, schöner Herbstblüher
Glänzende Heckenkirsche *Lonicera nitida*	70 – 100	cremeweiß, unscheinbar	V	dunkelviolette Beeren, verborgen	kleinblättrig, immergrün, schnittverträglich, Ersatz für Buchs
Gewöhnliche Mahonie *Mahonia aquifolium*	80 – 120	goldgelb	IV	blau bereifte, saftige Beeren	hartes, stacheliges Laub, bleibt im Winter dunkelrot am Strauch, bildet mit vielen Trieben Dickichte, empfindlich gegen Austrocknung
Strauch-Fingerkraut *Potentilla fruticosa*	60 – 120	gelb, weiß, rot	V – IX	–	dicht verzweigt, Borke blättert braun ab, sehr schnittverträglich
Russische Zwergmandel *Prunus tenella*	100	weiß aus rosaroten Knospen	III	–	dünntriebiger Zwergstrauch, breitet sich über Wurzelausläufer aus
Engadin-Weide *Salix hastata* 'Wehrhanii'	100 – 150	silbrig hellgelbe Kätzchen	III	–	dicht stehende Kätzchen kurz vor dem Blattaustrieb
Schweizer Weide *Salix helvetica*	50	silbrig weiße bis goldgelbe Kätzchen	V	–	helle, unterseits weißfilzige Blätter
Rosmarin-Weide *Salix rosmarinifolia*	150	kleine grüne Kätzchen	IV	–	fächerförmiger, graziler Aufbau, schmale Blätter
Kärntner Spierstrauch *Spiraea decumbens*	25	weiß	VI	–	zur Flächenbegrünung geeignet
Rote Sommer-Spiere *Spiraea japonica* (*S. bumalda*) 'Anthony Waterer'	60 – 80	karminrot	VII – IX	–	auch als kleine Blütenhecke und zur Flächenbegrünung geeignet
Mönchspfeffer *Vitex agnus-castus*	150 – 300	hellviolett	IX – X	schwarzbraune kleine Steinfrüchte	alte Heilpflanze, auffällige Blüte im Herbst

Zahlreiche Aromapflanzen sind ausgesprochen trockenheitsverträgliche Halbsträucher: Lavendel, Rosmarin und Salbei kennen wir als Küchenkräuter, die ihre Heimat in den trockenen Regionen am Mittelmeer haben. Dementsprechend wachsen sie besser auf kalkhaltigen Böden. Auch die Thymian-Arten kommen mit trockenem Boden gut zurecht. Ihre leicht holzigen Triebe kriechen flach am Boden und bedecken damit die Erde. Sie alle sind Lippenblütler, die in ihren Blütenröhren Nektar absondern und mit ihrem Duft Bestäuber herbeilocken. Folglich ergeben sie eine ausgezeichnete Bienenweide und sind Schmetterlingsmagnete. Sowohl der Echte Thymian oder Quendel *(Thymus vulgaris)* als auch der Feld-Thymian *(T. pulegoides)* wachsen in sonnigen Bereichen am Beetrand oder im Topf. Der Zitronen-Thymian *(T. × citriodorus)* dient ebenfalls als Küchenkraut, fügt dem Thymianaroma aber noch eine Zitrusnote hinzu. An allen saugen während der Blütezeit Schmetterlinge wie Bläulinge und Weißlinge.

Halbsträucher zur Unterpflanzung und für Pflanzgefäße

Deutscher Name *Botanischer Name*	**Wuchshöhe** *(in cm)*	**Blütenfarbe**	**Blütezeit** *(Monat)*	**Besonderheiten**
Sonnenröschen *Helianthemum* in Sorten	10 – 20	gelb, orange, rot	V – IV	niederliegende oder überhängende Triebe mit schmalen, grauen Blättern
Echter Lavendel *Lavandula officinalis*	20 – 100	blaulila	VI – VIII	aromatischer Kleinstrauch mit schmalen grauen Blättern, alte Heilpflanze
Rosmarin *Rosmarinus officinalis*	50 – 150	hellblau	IV – V	aromatischer Kleinstrauch mit nadelförmigen dunkelgrünen Blättern, Küchenkraut, Heilpflanze
Echter Salbei *Salvia officinalis*	40 – 70	lila	VI	große Lippenblüten mit hohem Nektarangebot, graugrünes Laub, Küchenkraut, Heilpflanze
Winter-Bohnenkraut *Satureja montana*	30	lilaweiß	VII – VIII	ledrige, scharf zugespitzte Blätter, Küchenkraut
Echter Thymian *Thymus vulgaris*	10 – 30	rosa bis violett	V – VII	kriechender Wuchs, kleine aromatische Blätter, Küchenkraut, Heilpflanze

Viele Kleinsträucher bleiben kompakt genug, sodass sie in größeren Pflanzgefäßen wachsen können. Gehölze können über mehrere Jahre in ihrem Pflanzgefäß bleiben und ermöglichen dadurch eine mehrjährige Bepflanzung. Mit oder ohne Laub sorgen sie sogar in den Wintermonaten für Struktur, und mit passenden Deko-Artikeln lässt sich ansprechender jahreszeitlicher Schmuck gestalten.

Ein Gehölz, das über Jahre hinweg im selben Gefäß steht, lässt sich mit insektenfreundlichen Begleitpflanzen kombinieren. Ideal erscheint zum Beispiel die Oktober-Fetthenne *(Sedum sieboldii)*, deren kriechende Triebe mit dem hellgelb gemusterten, graugrünen Blättern die Erdoberfläche gut bedecken und dadurch die Verdunstung herabsetzen. Im Oktober blühen die pinkfarbenen Scheindolden auf, die vielen Insekten gegen Ende der Wachstumsperiode Nahrung liefern.

Frisch umgetopfte Gehölze füllen mit ihrem Wurzelwerk einen Topf noch nicht ganz aus, sodass man im Sommer geeignete Beetpflanzen einsetzen kann. Als Insektenmagnet unter den Sommerblumen gilt der Gold-Zweizahn *(Bidens ferulifolia)*, auch Goldmarie genannt.

Kleinwüchsige Gehölze für Pflanzgefäße

Deutscher Name *Botanischer Name*	**Wuchshöhe**	**Blütenfarbe**	**Blütezeit** *(Monate)*	**Früchte**	**Besonderheiten**
Zwerg-Kastanie *Aesculus pavia* 'Koehnei'	2 m	orange bis rosa	V	Kastanien	gelbe Herbstfärbung
Roter Hartriegel *Cornus sanguinea* 'Winter Beauty'	1,8 m	weiß	V – VI	schwarzblaue Steinfrüchte	bronzefarbener Austrieb, orangegelbe Herbstfärbung, Zweige im Winter orangegelb
Zwerg-Esche *Fraxinus excelsior* 'Abiona'	1 m	unscheinbar	IV – V	geflügelte Nüsse in Büscheln	gelbe Herbstfärbung
Zwerg-Zierapfel *Malus* 'Pomzai'	1,5 m	weiß	V	orangefarbene Äpfelchen	außergewöhnlich gesund
Zierapfel *Malus* 'Tina'	1,5 m	weiß	V	rote Äpfelchen	überreiche Blütenfülle
Zierkirsche *Prunus* 'Kojou-no-mai'	1,5 m	weiß-zartrosa	III – IV		zierliche, zickzackförmige, verdrehte Zweige
Russische Zwerg-Mandel *Prunus tenella*	0,6 – 1,5 m	rosa aus roten Knospen	IV	–	blüht am vorjährigen Holz, nach der Blüte zurückschneiden

Porträts wertvoller Gehölze für den naturnahen Garten

Gewöhnliche Berberitze, Sauerdorn

Berberis vulgaris

HERKUNFT:	West-, Mittel-, Süd-, Südosteuropa, bis zur Krim und zum Kaukasus
WUCHS:	Strauch, Höhe 1 – 3 m, Zweige stark bedornt, überneigend
BLATT:	oval, wechselständig stachelig gesägt, orangerote Herbstfärbung
BLÜTE:	gelb, 7 – 9 mm breit, in langen Trauben, V
FRUCHT:	elliptische, scharlachrote Beeren, 10 – 12 mm lang, im Geschmack sehr sauer
STANDORT:	sonnig bis halbschattig, gedeiht in allen Gartenböden

Mit ihrer dichten Verästelung und den stark bedornten Zweigen bieten Berberitzen hervorragende Verstecke für Kleinsäuger und Vögel. Arten, die ihr Nest nahe am Boden bauen wie der Zaunkönig, finden hier vor Räubern geschützte Nistplätze. Die hellgelben, schalenförmigen und weit geöffneten Blüten gelten mit ihrem guten Nektarangebot als hervorragende Insektenweide. Die zeitig im Jahr fliegende Gehörnte Mauerbiene bedient sich daran. Pollen wird dagegen nur vereinzelt gesammelt.

Die unangenehm riechende Blüte hat einen besonderen Bestäubungsmechanismus entwickelt: Berührt ein Insekt bei der Nektarsuche die Innenseite der Staubblätter, so schließen sich diese und streifen den Blütenstaub am Kopf des Insekts ab. Nach einer Weile öffnen sie sich wieder. Das Insekt trägt den Pollen dann auf die Blüten anderer Pflanzen. Vor allem Bienen- und Schwebfliegenarten bestäuben die Berberitzenblüten.

Die roten Beeren der Berberitze haben mit ihrem hohen Vitamin-C-Gehalt auch uns Menschen viel zu bieten. Die Früchte lassen sich zu Saft und Fruchtaufstrichen verarbeiten und werden getrocknet verwendet. Vögel und Kleinsäuger fressen die Früchte, doch weil sie sehr sauer schmecken, werden sie nur zögerlich angenommen – die Beeren bleiben oft bis ins Frühjahr hängen.

Alle Berberitzen gelten als anspruchslose, robuste Sträucher. Sie vertragen das Stadtklima ausgezeichnet und werden für die Anpflanzung in Industriegebieten empfohlen. Der Strauch besitzt ein weit streichendes,

ausläufertreibendes Wurzelsystem. Weil die Berberitze tief wurzelt, wird sie als Pioniergehölz auf Extremstandorten, für ingenieurbiologische Bauweisen und zur Bodenbefestigung eingesetzt.

Berberitzen ergeben dicke Hecken, die durch ihre Bedornung abschreckend wirken. Sie wehren menschliche Eindringlinge ab, erschweren jedoch auch Tieren die Passage zwischen den Grundstücken. Eine Berberitzenhecke schirmt ein Grundstück sichtbar und wirkungsvoll ab. Durch regelmäßigen Schnitt lässt sie sich dicht und kompakt halten. Der Schnitt bändigt auch den überhängenden Wuchs, die Zweige entwickeln sich danach stärker. Soll eine vorhandene Berberitzenhecke von Grund auf verjüngt werden, ist ein tiefer Rückschnitt möglich. Die Sträucher treiben aus einem Schnitt ins alte Holz wieder frisch aus. Lange Zeit war in Deutschland die Pflanzung von Berberitzen verpönt, weil sie als Zwischenwirt für den Getreideschwarzrost dienen.

Neben der heimischen Art *Berberis vulgaris* finden sich im Sortiment der Baumschulen etliche weitere Arten aus anderen Ländern, die naturgemäß eine geringere Zahl heimischer Tiere anlocken. Für die Pflanzung von Hecken wird häufig *Berberis thunbergii* aus Japan verwendet. Die Ausgangsart besitzt grüne Blätter, während die Sorte 'Atropurpurea' purpurrote Blätter trägt. Das Laub dieser Rotlaubigen Berberitze färbt sich im Herbst auffällig scharlachrot. Es wird kaum vom Getreideschwarzrost befallen. Im öffentlichen Grün findet sich öfter die Großblättrige Berberitze *(Berberis julianae)*. Nicht nur ihre Blätter sind größer als bei der Gewöhnlichen Berberitze, sie wächst größer, kräftiger und hat eine noch mehr abschreckende Bewehrung. Im Privatgarten wird der Schnitt zur Qual, man sollte sich die Verwendung gut überlegen.

Gewöhnliche Eberesche, Vogelbeere

Sorbus aucuparia

HERKUNFT: Europa, Kleinasien, Kaukasus, West-Sibirien
WUCHS: Baum, Höhe 5 – 6 m, im Alter viel höher, schmale Krone, Äste im Alter leicht überhängend
BLATT: unpaarig gefiedert, gelbe bis orangerote Herbstfärbung
BLÜTE: weiß, in breiten Doldentrauben, V – VI
FRUCHT: rote Apfelfrüchte im August, Wildobst
STANDORT: vollsonnig bis halbschattig, gedeiht in allen normalen Böden

Die Eberesche bietet zur Blütezeit reichlich Insektennahrung. Der Baum blüht im Mai oder Juni überwältigend, doch aufgrund ihres Methylamin-Gehaltes riechen die Blüten zeitweise etwas fischig. Dieser Geruch lockt vor allem Käfer und Fliegen zur Bestäubung an. Doch auch Bienen bedienen sich an Pollen und Nektar. Ab Spätsommer ernähren sich viele Vögel und Kleinsäuger wie Garten- und Siebenschläfer von den Früchten. Dutzende Vogelarten fressen die Früchte: Amseln, Drosseln, Finken, Gimpel, Stare, Eichelhäher und viele mehr, das hat dem Baum die Bezeichnung »Vogelbeere« eingebracht. Vögel leisten schließlich einen wesentlichen Beitrag zur Verbreitung der Eberesche in unserer Landschaft, denn sie scheiden mit ihrem Kot Samen aus, die dann, versorgt mit einer Portion Düngung für die Anfangszeit, an günstigen Stellen keimen und wachsen. Der zweite Teil der Bezeichnung stimmt allerdings nicht, denn bei den Früchten handelt es sich keineswegs um Beeren. Botanisch gesehen hängen bei der Eberesche kleine Apfelfrüchte von höchstens 1 cm Durchmesser am Baum.

Die Früchte schmecken herb, die Bitterstoffe werden unter Frosteinwirkung allmählich abgebaut. Daher fressen die Vögel die Früchte erst im Winter, sie dienen dann auch den Eichhörnchen als Nahrungsvorrat.

Mit den roten Früchten, die in schweren Büscheln am Baum hängen, ergibt die Eberesche einen dekorativen Hausbaum (siehe Seite 119). Auch als heimisches Wildobst mit hohem Vitamin-C-Gehalt erhält die Eberesche derzeit Beachtung. Entgegen der landläufigen Meinung sind Vogelbeeren nicht giftig, Menschen können sie daher ohne Bedenken verzehren. Die Früchte der Mährischen Eberesche (*Sorbus aucuparia* 'Edulis') besitzen im Vergleich zur gewöhnlichen europäischen Art viel weniger Gerbstoffe, sie

schmecken daher süßer. Die Äpfelchen erntet man erst nach Frosteinwirkung, weil danach das herbe Aroma abgemildert ist. Man sollte aber reichlich Fruchtschmuck am Baum lassen, der für Vögel und Kleinsäuger eine Wegzehrung durch den Winter bedeutet.

Ebereschen sind ausgesprochen robuste und überdies frostharte Gehölze. In der freien Landschaft treten sie als Pioniergehölze auf, das heißt, sie wachsen dort, wo sich zuvor noch keine anderen Sträucher oder Bäume entwickeln konnten. Sie gedeihen selbst auf kargen Standorten schnell, brauchen aber viel Licht. Daher findet man sie häufig an Waldrändern, weil sie auf Dauer Schatten anderer Bäume nicht vertragen. Trockene Stellen nahe der Straße oder ein besonnter Vorgarten wären ideale Wuchsorte.

Der charaktervolle Hausbaum trägt ab Spätsommer reichen Fruchtschmuck und ab Oktober leuchtet die gelbe bis hell-rotbraune Herbstfärbung. Die in der Jugend schmal-kegelförmige Krone der Eberesche wirkt stets licht und verdüstert somit die Räume im Haus nicht. Eine Eberesche kann unter günstigen Bedingungen im Alter 10 m hoch und höher werden. Doch meist bleibt sie deutlich kleiner. Man kann den Baum gut durch Schnitt in der Höhe begrenzen, vorausgesetzt die Äste werden gemäß der natürlichen Wuchsform gekappt. Es besteht obendrein die Möglichkeit, eine Eberesche strauchförmig zu erziehen.

Wo der Platz recht beengt ist, kommt eine Eberesche mit säulenförmigem Wuchs infrage: Die Sorte 'Fastigiata' wird etwa 5 – 7 m hoch, dabei erreicht die Krone höchstens eine Breite von 1 oder 1,5 m.

Gewöhnlicher Efeu

Hedera helix

HERKUNFT: Europa bis Kaukasus
WUCHS: Kletterpflanze, Höhe kriechend 20 – 30 cm, kann 20 m hoch und höher klimmen
BLATT: drei- bis fünflappig, immergrün, glänzend dunkelgrün
BLÜTE: grünlich gelb, in Dolden, X – XII
FRUCHT: runde blauschwarze Steinfrüchte, 8 – 10 mm im Durchmesser
STANDORT: absonnig bis halbschattig, gedeiht in allen normalen Böden

Efeu wächst immergrün am Boden entlang und bietet daher als niedriger Bewuchs das ganze Jahr über Deckung, etwa für Mäuse oder den Zaunkönig, der darin geschäftig herumhüpft. Wächst Efeu in die Höhe, bildet sich ein dichter Bewuchs, in dessen Schutz Amseln gern ihre Nester anlegen.

Die Bedeutung für das Leben im Garten beruht auf der späten Blütezeit. Die kugeligen Dolden mit den grünlich gelben Blüten erscheinen erst im Oktober oder November, zu einer Zeit also, in der kaum noch etwas blüht. Winterbienen finden hier dringend benötigte Nahrung zum Einlagern in den Stock. Die Blüten sind weit geöffnet, sodass nicht nur Bienen und Schmetterlinge, sondern auch Fliegen, einschließlich Schwebfliegen, sowie Ameisen und Faltenwespen an die Nektarquelle herankommen. Sogar Marienkäfer nehmen den Nektar als Nahrung an, weil es so spät im Jahr an Blattläusen mangelt. Den Pollen der Efeublüten sammeln Seidenbienen.

Efeu blüht allerdings nur im Altersstadium ab einem Alter von acht bis zehn Jahren und nur an aufrecht wachsenden Trieben. Diese besitzen dann gleichförmig rautenförmige Blätter und nicht mehr die typisch gelappte Form. Im Handel wird der Strauch-Efeu 'Arborescens' angeboten. Diese Altersform des Gewöhnlichen Efeus klettert nicht mehr.

Die blauschwarzen Beeren reifen erst im folgenden Frühjahr aus, doch noch während des Winters dienen sie als Futter für Wintervögel wie Amsel, Rotkehlchen, Kernbeißer und Rotdrossel, sie ernähren im zeitigen Frühjahr Rückkehrer wie Star, Gartenrotschwanz, Gartengrasmücke und Mönchsgrasmücke. Für Menschen sind die Früchte giftig.

In Bezug auf den Wuchsort zeigt sich Efeu ausgesprochen genügsam. Er wächst auf allen normalen Böden und verträgt Schatten. Der Bodendecker breitet sich auf vernachlässigten Flächen unter Gehölzen aus, weil er

schattenverträglich ist, doch kann er weit in offene, besonnte Zonen vorstoßen und überwächst auch trockene Flächen.

Efeu besitzt Haftwurzeln, mit deren Hilfe er an Hausfassaden und Baumstämmen hochklettern kann. Er zählt zu den Selbstklimmern, die keine Rankhilfe und kein Klettergerüst benötigen. Die Haftwurzeln dringen nicht in die Borke ein, der Efeu nutzt den Baum nur als Stütze und ruft keinen Schaden hervor. Schwierig wird es allerdings, wenn der Efeubewuchs so füllig und schwer wird, dass ganze Äste abbrechen oder gar der Baum zum Einsturz kommt. Als Fassadenbegrünung ist Efeu mit Vorsicht zu verwenden. Denn die Haftwurzeln verschmelzen mit der Unterlage. Wird der Bewuchs entfernt, bleiben Spuren am Putz. Mit den Haftwurzeln dringt Efeu in kleinste Risse ein und kann dann die Fassade schädigen. Wächst Efeu entlang von Holzwänden, wird er kleinste Spalten dazu nutzen, um ins Innere von Gebäuden zu gelangen. Weil die Triebe vom Licht wegwachsen, dringen sie in Rollladenkästen, Schuppen und in Mauerwerk ein. Efeu gedeiht nicht gut an gleißend hellen Wänden, sondern wächst besser an der Nordseite oder an absonnigen Fronten.

Die Ausgangsart besitzt einheitlich dunkelgrüne Blätter mit gelbgrünen Blattadern. Es gibt eine ganze Reihe von Zuchtformen, die gelb oder weiß gerandete oder gesprenkelte Blätter besitzen. Bei etlichen Sorten wirkt die Blattform durch die schmalen Lappen graziler. Hell gemaserte Blätter lichten dunkle, stark verschattete Gartenbereiche auf, aber diese Sorten blühen nicht.

Efeu kann sehr stark wachsen, doch er verträgt jeglichen Rückschnitt. Er lässt sich leicht über Teilstücke vermehren, die bereits entwickelte Wurzeln haben.

Europäische Eibe

Taxus baccata

HERKUNFT:	Europa, Kleinasien, Kaukasus, Nordwestafrika
WUCHS:	Baum, häufig mehrstämmig, Höhe 6 – 10 m, wächst langsam
NADELN:	oberseits glänzend dunkelgrün, unterseits graugrün
BLÜTE:	unscheinbar, männliche und weibliche Blüten auf verschiedenen Pflanzen, III – IV
FRUCHT:	fleischiger rosaroter Samenmantel (Arillus), 6 – 9 mm im Durchmesser
STANDORT:	für feuchte bis mäßig trockene Wuchsorte, liebt eine hohe Luftfeuchtigkeit

Sucht man nach dem Wert der Eibe als Nahrungspflanze für Tiere, wird man nicht leicht fündig. Nur wenige Insekten leben an Nadeln und Zweigen der Eibe, kaum ein Insekt nagt an Nadeln oder Borke. Nicht einmal Blattläuse saugen an den Nadeln, sodass es keinen Honigtau für Bienen und Ameisen zu ernten gibt. Das heißt, dass hier Vögel und räuberische Insekten wenig Nahrung finden. Und doch spielt die Eibe eine ganz wichtige Rolle als Vogelschutzgehölz. Durch ihr immergrünes Nadelkleid und die dichte Verzweigung finden sich in der Krone gut verborgene Nistplätze. Gerade für ihre ersten Bruten im Jahr suchen Vögel das Geäst von Nadelbäumen. Inmitten eines Gartens bieten die Kronen von Obstbäumen und anderen Laubbäumen noch gar keinen Schutz, doch für den frühen Nestbau sorgen die Eibenzweige für Deckung. Wegen der geringen Zweigabstände kommen Elstern nicht ans Nest und auch für Katzen ist der Zugang erschwert. Sogar ausgesprochene Laubwaldvögel nisten zeitig im Jahr in Nadelbäumen.

Im September entpuppt sich die Eibe als Nährgehölz für Vögel. Doch nur weibliche Bäume entwickeln die Samen. Sie müssen dafür von Pollen eines männlichen Baumes bestäubt werden, der getrost in einem Kilometer Abstand stehen kann. Der Wind verfrachtet den Pollen zur Blütezeit im April. Klebrige Tröpfchen auf den weiblichen Blüten fangen geeignete Pollenkörner auf.

Alle Pflanzenteile der Eibe sind giftig, nur nicht der rosarote dickfleischige Samenmantel (Arillus). Vor allem Singdrosseln und Amseln nehmen den Samenmantel auf und scheiden den Samen unverletzt wieder aus. Dadurch keimen in der Umgebung einer fruchtenden Eibe viele kleine Eibensämlinge.

Eiben haben schon seit Langem Eingang in die Gartengestaltung gefunden, weil sie so ungeheuer schnittverträglich sind und sich zu Kegeln, Zylindern und anderen Formen zurechtstutzen lassen. Dabei wachsen sie langsam und können sehr alt werden. Eiben trifft man in freier Natur selten an. Da die Zweige und Nadeln gerade für Pferde giftig sind, hatte man früher die Eiben entlang von Fahrwegen entfernt. Innerhalb der Wälder wuchsen Eiben immer nur im Schatten hoher Bäume. Zur heutigen Methode der Forstbewirtschaftung passen die langsam wachsenden Eiben nicht mehr so recht. Man findet das Gehölz kaum mehr im Wald, sondern bevorzugt in Parkanlagen und Gärten.

An den Standort im Garten stellen Eiben keine besonderen Ansprüche. Sie wachsen bevorzugt im Halbschatten oder Schatten. Der Boden ist im Idealfall etwas lehmig und kalkhaltig, er kann austrocknen, obwohl das Gehölz in frischer Erde besser wächst. Die ganze Pflanze zeigt eine starke Abhängigkeit zur Ausrichtung nach der Himmelsrichtung. Will man eine junge Pflanze umsetzen, die als Sämling an beliebiger Stelle aufgegangen ist, sollte man die Ausrichtung nach Norden oder Süden markieren. Genauso wie zuvor muss die umgepflanzte Eibe wieder an ihrem neuen Standort zur Sonne stehen, sonst wächst sie vielleicht nicht an.

Beim Schnitt darf man selbst dicke Äste anschneiden, sie werden – wenn auch verzögert – wieder austreiben. Deshalb eignen sich Eiben so gut für einen Formschnitt und man kann sie als streng geschnittene Hecke erziehen.

Im Sortiment der Baumschulen finden sich verschiedene Sorten, wie etwa 'Fastigiata' mit säulenförmigem Wuchs. Sorten mit gelbbunten oder gelblichen Nadeln wirken insgesamt heller, doch entsteht leicht der Eindruck, sie seien krank. Die Kisseneibe 'Repandens' verzweigt sich horizontal und wird nur 60 cm hoch.

Gewöhnlicher Faulbaum
Frangula alnus

Purgier-Kreuzdorn
Rhamnus cathartica

	Faulbaum *Frangula alnus*	**Purgier-Kreuzdorn** *Rhamnus cathartica*
Herkunft:	*Europa, Sibirien, Vorder- und Mittelasien, Mittelmeerraum*	*Europa, West-Sibirien, Vorder- und Mittelasien, Nordwestafrika*
Wuchs:	*Strauch (1 – 3 m) oder Baum (bis 7 m), Triebe mit vielen länglichen hellbraunen Korkwarzen*	*sparriger, dornig bewehrter Strauch, 2 – 3 m, zweihäusig*
Blatt:	*länglich eiförmig, zugespitzt, gelbe Herbstfärbung*	*elliptisch eiförmig, seitliche Blattadern verlaufen parallel zum Blattrand, gelbe Herbstfärbung*
Blüte:	*grünlich weiß, fünfzählig, zu mehreren in achselständigen Büscheln, V – VI*	*gelblich grün, vierzählig, zu mehreren in achselständigen Büscheln, V– VI*
Frucht:	*kugelige, schwarzviolette Steinfrüchte, 7 – 8 mm dick, unreif zusammen mit Blüten*	*kugelige, schwarzviolette Steinfrüchte, 6 – 8 mm dick*
Standort:	*sonnig bis schattig, gedeiht in allen normalen Gartenböden*	*sonnig bis halbschattig, gedeiht in allen normalen Gartenböden*

Kreuzdorn und Faulbaum kommen immer dann zur Sprache, wenn von Schmetterlingsfutterpflanzen die Rede ist. Der Zitronenfalter legt seine Eier nämlich ausschließlich an diesen beiden nahe verwandten Gehölzen ab. Der Zitronenfalter zeigt uns das Ende des Winters an. Denn die erwachsenen Schmetterlinge überwintern erstarrt im Schutz von Zweigen oder Blättern. Nach den ersten warmen und sonnigen Tagen im Jahr sieht man den Zitronenfalter herumflattern. Meist taucht er erstmals im März oder April auf, in manchen Jahren sieht man ihn bereits Ende Februar. Er tritt so früh in Erscheinung, weil er als fertig entwickelter, erwachsener Schmetterling überwintert. Den Winter verbringt er erstarrt und oft ungeschützt (klammernd an einem Stängel) an der Unterseite eines Blattes oder in einem Grasbüschel.

Der Zitronenfalter übersteht Temperaturen bis zu –20 Grad Celsius. Dies gelingt ihm, weil er Körperflüssigkeit abgeben kann, um die Körpersäfte zu verdicken. Zusätzlich kann er geringe Mengen an Glyzerin produzieren – diese Verbindung wirkt als Frostschutzmittel. Die herumwirbelnden gelben Zitronenfalter sind die Männchen, die entlang von Waldrändern und Waldwegen nach den weißgrünen Weibchen Ausschau halten. Die Eiablage erfolgt an Faulbaum und Kreuzdorn. Die Raupen weisen genau die mattgrüne Färbung der Faulbaum- und Kreuzdornblätter auf, sodass sie kaum

zu erkennen sind. Wo die Flurbereinigung alle Hecken beseitigt hat, kann kein Zitronenfalter leben, doch in einem größeren Garten finden diese Sträucher wieder eine Heimat und damit auch die Schmetterlinge.

Die zweite Generation von Zitronenfaltern schlüpft zwischen Juni und August. Sie fallen nach zwei Wochen der Aktivität in einen Sommerschlaf und erwachen erst wieder im Herbst. Derselbe Schmetterling übersteht die Winterstarre und torkelt im zeitigen Frühling durch die Lande. Der Schmetterling ist dann acht Monate alt und älter – das ist ein Rekord, weil andere Schmetterlinge nur wenige Wochen alt werden.

Am Faulbaum leben noch 28 weitere Schmetterlingsarten, darunter der Faulbaum-Bläuling. Faulbaum wie Kreuzdorn bieten außerdem mit ihren Steinfrüchten Nahrung für Vögel (für den Menschen sind die Früchte giftig), beide gelten als Vogelschutzgehölz. Die Blüten von Faulbaum und Kreuzdorn liefern Pollen und viel Nektar für Honigbienen. Der Faulbaum blüht so anhaltend, dass Blüten und noch unreife Früchte zeitgleich an den Ästen hängen. Die Blüten wirken eher unscheinbar. Beim Faulbaum sind die Blüten so weit geöffnet, dass auch kurzrüsselige Insekten das Angebot wahrnehmen können.

Die beiden außergewöhnlich anspruchslosen Gehölze wachsen auf feuchten wie auf trockenen Standorten. Sie werden häufig für die Hangbefestigung eingesetzt. Beide vertragen Hitze, Frost und Stadtklima. Die Steinfrüchte des Purgier-Kreuzdorns wurden früher in der Färberei verwendet, das rötliche, schwere Holz war in der Möbeltischlerei und für Drechslerarbeiten beliebt. Da die Art als Zwischenwirt für den Hafer-Kronenrost dient, wurde der Strauch in Haferanbaugebieten beseitigt. Den Faulbaum findet man häufig auf staunassen bis wechselfeuchten Böden. Vögel sorgen für die Verbreitung der Samen.

Feld-Ahorn

Acer campestre

HERKUNFT: Europa, Kleinasien, Kaukasus, Nordiran, Nordafrika
WUCHS: Baum oder mehrstämmiger Strauch, Höhe 4 – 12 m
BLÄTTER: drei- bis fünflappig, an den Spitzen abgestumpft, intensiv gelbe Herbstfärbung
BLÜTE: grünlich gelb, in 10- bis 20-blütigen Rispen, erscheinen mit den Blättern, IV – V
FRUCHT: Spaltfrüchte mit zwei abgeflachten Nüsschen, mit jeweils einem waagerecht ausgebreiteten Flügel
STANDORT: volle Sonne bis schattig, gedeiht auf allen Böden

Alle Ahorne liefern mit ihren grünlich gelben Blütendolden große Mengen an Nektar, der im Frühjahr für den Aufbau der Bienenvölker so wichtig ist. Nicht nur Honigbienen, auch Wildbienen, einschließlich Hummeln, und Fliegen nutzen das gute Nektarangebot, sodass an warmen sonnigen Frühlingstagen lautes Summen unter den Baumkronen zu hören ist.

Üblicherweise wachsen Ahorne zu hohen Bäumen mit ausladender Krone heran, nur der Feld-Ahorn bleibt kleiner. In freier Natur wächst er häufig am Waldrand und bildet als Strauch oder kleiner Baum eine Übergangszone zwischen Baumbestand und offener Landschaft. Je nach Bewuchs in der Nachbarschaft entwickelt sich der Feld-Ahorn als Strauch inmitten des Gehölzsaums oder freier wachsend als kleiner Baum. Entsprechend variieren die Wuchshöhen. Das dichte Geäst mit stabilen Astgabeln bietet sichere und geschützte Nistplätze für Vögel. Rotkehlchen, die unweit über dem Boden ihr Nest bauen, brüten gern darin. Im Sommer reifen die Nussfrüchte, die von Kleinsäugern und Vögeln angenommen werden.

Am Laub fressen Larven von unterschiedlichen Insekten. Markant sind die kugeligen rötlichen Gallen der Gallwespe auf den Blättern, in denen sich die Larven entwickeln. Gallmücken dagegen rufen verdickte rötliche Falten zwischen zwei Blattadern hervor. Im Verlauf des Sommers treten auf den Blättern geschlängelte Gangminen der Ahornminiermotte auf. Vom Ort der Eiablage bis zum Verlassen des Fraßganges wird die helle Spur immer breiter – in dem Maß, wie die kleine Raupe an Dicke zugenommen hat. In den Gallen wie in den Gangminen sind die Larven vor Vogelfraß geschützt.

Das nahrhafte Ahornlaub hatte man früher zur Viehfütterung genutzt (und Menschen verzehrten es in Notzeiten). Die dicht stehenden Äste

wurden dafür komplett heruntergeschnitten, die jungen Zweige mit dem Laub wurden verfüttert.

Der Feld-Ahorn kommt mit Stadtklima, Industrieabgasen und leichter Streusalzbelastung zurecht. Daher wird die wärmeliebende Art gern im Stadtbereich zur Begrünung verwendet. Das Gehölz verträgt Sommerhitze und Trockenheit, daher wird es in Zukunft in Gärten oder Parks eine noch größere Rolle spielen.

Der Feld-Ahorn eignet sich als kleiner Baum, der inmitten einer freiwachsenden Hecke höher herausragen kann. Weil er jeden Schnitt gut verträgt, kommt er auch für streng geschnittene Hecken infrage. Feld-Ahorn-Hecken können relativ hoch wachsen. Weil das Laub sehr spät im Jahr abfällt und wegen der dichten Verzweigung bietet so eine Hecke die meiste Zeit des Jahres einen guten Sichtschutz. Ein Feld-Ahorn kann auch als Strauch zwischen anderen Sträuchern in einer gemischten Gehölzgruppe stehen. Er wird sich dann in Richtung des Lichteinfalls kräftiger und dichter entwickeln. Durch seine Neigung, Stockausschläge zu bilden, entsteht mit der Zeit ein dichter Aufwuchs, der mit der angesammelten Laubstreu Deckung für Igel und Amphibien bietet.

Der Wuchsort sollte nährstoffreich und gut durchlässig sein. Der Boden kann durchaus zeitweise austrocknen. Das Laub verrottet sehr schnell und ergibt beste Lauberde, wie man sie früher für die Aussaat bereitet hat. Bleibt das Falllaub unter den Sträuchern, entsteht eine nährstoffreiche Streuschicht, in der sich eine Vielzahl von Insekten und Kleinstlebewesen entwickelt. Die Insektenfresser unter den Vögeln stöbern darin den ganzen Winter über und finden Futter.

Felsenbirne

Amelanchier ovalis

HERKUNFT: Europa, Kleinasien
WUCHS: Strauch, aufrechter Wuchs, Höhe 2 – 3 m
BLÄTTER: verkehrt eiförmig, orangerote Herbstfärbung
BLÜTE: weiß, in Trauben, IV – V
FRUCHT: schwarzblaue Steinfrüchte, Wildobst
STANDORT: sonnig bis halbschattig, gedeiht auf allen normalen Gartenböden

Durch die überschwängliche Blüte zu Beginn der Wachstumszeit wird die Felsenbirne zur wertvollen Bienenweide. Langrüsselige Wildbienenarten, einschließlich der Hummeln, und frühe Schmetterlinge finden hier Nektar. Ab August dienen die Steinfrüchte als Nahrung für Vögel und Kleinsäuger, oft sind die Früchte weggepickt, bevor sie vollends ausreifen konnten.

Die Felsenbirne baut sich trichterförmig auf: Aus eng stehenden Ästen am Boden öffnet sich eine breite, lockere Krone. Der Strauch schiebt sich dadurch malerisch zwischen benachbarten Sträuchern hoch, sein lichtes Astwerk bietet aber keine guten Nistplätze.

Die Felsenbirne wächst in der Natur auf basenreichen, nährstoff- und humusarmen Steinböden, etwa an vollbesonnten, sommerwarmen Felsenhängen. Dies bedeutet, dass sie am Rand von Grundstücken, vor allem auch an Böschungen stehen kann. Auf kargen Standorten entwickelt sich eine kompaktere Krone mit einer malerischen Verzweigung, während auf nährstoffreichen, frischen und womöglich beschatteten Plätzen die Äste steil in die Höhe schießen.

Für den Garten erweist sich die Felsenbirne so wertvoll, weil sie sich mehrmals im Jahr auffällig präsentiert: Die weißen, anmutigen Blüten schmücken im April und wirken selbst eingehüllt von Regentropfen im kühlen Wind ausgesprochen attraktiv. Im Sommer fällt der Strauch nicht sonderlich auf, doch bereits im August entwickeln sich die Steinfrüchte, die bei Reife schwarzblau leuchten. Früh im Jahr, schon im September, setzt die kräftig orangerote bis ziegelrote Herbstfärbung ein. Jedes Blatt erscheint als kleines Kunstwerk, wenn grüne Zonen unmittelbar in die Rotfärbung übergehen.

Die europäische Echte Felsenbirne *(Amelanchier ovalis)* findet man eher selten im Sortiment der Baumschulen. Häufig aber werden die nordamerikanischen Arten angeboten. Sie unterscheiden sich nur geringfügig von der einheimischen Art. Beliebt ist die Kupfer-Felsenbirne *(Amelanchier lamarckii*, Syn. *A. canadensis)*, weil sie im Anschluss an die Blüte einen hübschen Neuaustrieb zeigt: Die jungen Blätter erscheinen in silbrigem Kupferbraun und unterstreichen den fragilen Eindruck der Blüten. Sobald sie sich strecken und fester werden, nehmen die Blätter eine grüne Färbung an. Die Echte wie die Kupfer-Felsenbirne vertragen zeitweilige Trockenheit und Stadtklima, beide sind ausgesprochen frostfest, nur kann die Kupfer-Felsenbirne wesentlich höher und breiter werden. Der Großstrauch wird an günstigen Standorten 6 bis 8 m hoch und 4 bis 6 m breit. Diese ursprünglich nordamerikanische Art ist inzwischen in vielen Teilen Mitteleuropas eingebürgert und wächst in der freien Landschaft. In den Angebotslisten findet sich weiterhin die Kahle Felsenbirne *(A. laevis)*, die ebenfalls aus Nordamerika stammt. Bei ihr hängen die Zweige leicht über. Sie erreicht eine mittlere Höhe von 3 bis 5 m.

Die Felsenbirne sollte sich als mehrstämmiger Strauch frei entwickeln können. Durch ihren Wuchs fügt sie sich gut in Hecken oder gemischte Gehölzgruppen ein. Wird sie zu hoch, kann man Äste im Bereich von Verzweigungen kappen. Ungestört bleibt die Wuchsform, wenn man einen ganzen, zu lang gewordenen Ast bodennah kappt, um jungen Trieben das Nachwachsen zu ermöglichen.

Geißblatt (Heckenkirsche), rankende Arten

Lonicera-Arten und -Sorten

HERKUNFT: östliches Mittel- und Südeuropa *(Lonicera caprifolium)*, Westchina *(L. henryi)*
WUCHS: Kletterpflanze, Schlinger, bis in eine Höhe von 3 – 4 m
BLÄTTER: elliptisch, obere Blattpaare verwachsen *(L. caprifolium)*, länglich lanzettlich, immergrün *(L. henryi)*
BLÜTE: röhrenförmig, stark duftend, V – VI *(L. caprifolium)*, VI – VI *(L. henryi)*
FRUCHT: schwarze, runde Beeren
STANDORT: je nach Art sonnig, halbschattig, tiefer Schatten, gedeiht auf allen normalen Gartenböden

Die Geißblattlaube mit den duftenden Blüten am Abend wird in der romantischen Literatur gern thematisiert. Geißblätter dienen traditionell dazu, Lauben oder Rankgitter zu umspielen, damit man in ihrem Schutz an Sommerabenden den intensiven Duft und das Gesumm der Insekten genießen kann. Geißblätter besitzen lange Blüten mit einer ausgeprägten schmalen Röhre, deren Ober- und Unterlippe sich weit öffnen und beim Aufblühen zurückschlagen. Die langen Staubfäden ragen weit aus dem meist heller gefärbten Schlund heraus. Der Blütenbau lockt langrüsselige Insekten tief hinab zur Nektarquelle und auf dem Weg dorthin berühren sie die Staubblätter, bürsten dabei Pollen ab, den sie beim nächsten Blütenbesuch auf der Narbe abstreifen. Die langen Blütenröhren bieten reichlich Nektar, der täglich nachproduziert wird. Doch nur Hummeln und Schmetterlinge gelangen an die süße Nahrung. Wespen dagegen finden einen anderen Weg: Sie bohren die Blütenröhre seitlich an und rauben den Nektar, ohne zuvor die geforderte Bestäubungsleistung zu erbringen. Vernarbte Löcher sieht man häufig an den Blütenröhren.

Geißblätter erfüllen gegen Abend die Luft mit ihrem süßen Duft. Neben verschiedenen Wildbienen fliegen deshalb vor allem Nachtfalter und Schwärmer herbei. Unter anderem kann man das tagaktive Taubenschwänzchen häufig daran beobachten. Besonders *Lonicera henryi* duftet in der Dämmerung sehr stark. Dafür zeigen die bräunlich rosa Blüten keine sonderlich bemerkenswerte Färbung.

Das dichte Gewirr schlingender Triebe ist auch bei Vögeln beliebt. Amseln bauen häufig ihr Nest inmitten der Belaubung der immergrünen Art *Lonicera henryi*. An den dünnen Schlingtrieben kommen keine Räuber

hoch. Später im Jahr fressen Vögel die roten oder schwarzen Beeren. Diese sind wegen ihres Gehaltes an Saponinen für Menschen giftig.

Die Geißblätter benötigen als Schlingpflanzen ein stabiles Gerüst aus Spanndrähten. Es muss tief genug im Mauerwerk verankert sein (durch die Wanddämmung hindurch) und es benötigt einen ausreichenden Abstand zur Fassade. Das Wald-Geißblatt *(L. periclymenum)* und das Echte Geißblatt (siehe Foto oben) oder Jelängerjelieber *(L. caprifolium)* bevorzugen einen sonnigen bis halbschattigen Standort. Dagegen pflanzt man das Henrys Geißblatt *(L. henryi)* besser an eine schattige Stelle, es verträgt sogar tiefen Schatten.

Geißblätter können sehr stark wachsen, ihre langen Schlingtriebe laufen dann Gefahr, überzuhängen. Die Triebe schieben sich auch gern unter Dachplatten und Abdeckfolien. Man sollte den Dachgiebel möglichst frei vom Bewuchs halten.

Auffällig gefärbte Blüten trägt die Hybride *L. × heckrottii*: Sie sind außen purpurrot und innen gelb gefärbt. Durch die Farbübergänge der unterschiedlich weit entwickelten Blüten von Rot nach Weiß entsteht in den Blütendolden ein attraktives Farbspiel, wie es auch andere Geißblätter zeigen.

Auffällig blüht *L. × tellmanniana* im Mai oder Juni (siehe Foto unten). In großer Fülle erscheinen die goldgelben bis orangefarbenen Röhrenblüten. Die Hybride kann dekorativ in Baumkronen ranken, wo sie für einen zusätzlichen Flor sorgt.

Alle kletternden Geißblätter eignen sich hervorragend dazu, Zäune zu begrünen oder in die Kronen von Bäumen zu klettern. Sie fügen dadurch eine vertikale Begrünung hinzu und bringen eine weitere Insektenweide in den Garten ein.

Haselstrauch

Corylus avellana

HERKUNFT:	Europa bis Westasien, Kaukasus
WUCHS:	Großstrauch, Höhe 5 – 7 m
BLÄTTER:	groß, verkehrt eiförmig, gelbe Herbstfärbung
BLÜTE:	männliche Blüten gelb, in langen Kätzchen, I – III
FRUCHT:	Haselnuss
STANDORT:	volle Sonne bis schattig, gedeiht auf allen normalen Böden

Haselsträucher bilden in ihren Blüten keinen Nektar, denn sie müssen keine Bestäuber anlocken. Der Pollen aus den hängenden Kätzchen wird zu Jahresbeginn, lange vor dem Laubaustrieb, vom Wind verfrachtet. Doch der Pollen wird von zeitig fliegenden Honigbienen als Nahrung bereitwillig angenommen. Die Haselnüsse wiederum stellen ab September eine wichtige Nahrungsquelle für etliche Tiere dar. Eichhörnchen knacken die Nüsse mit ihren scharfen Zähnen auf oder sie sammeln Nüsse und legen Vorräte für den Winter an. Wird der Vorrat dann doch nicht benötigt (oder das Versteck wird vergessen), dann keimen Haselsämlinge an unerwarteten Stellen im Garten – ob unterm Buchs oder im Trog. Häher, Kleiber und Siebenschläfer verbreiten die Haselnüsse ebenso. Die Wiesenmahd und das Jäten in den Beeten haben dann immer auch zum Ziel, die Gehölzsämlinge zu entfernen. Auch die Haselmaus sammelt Haselnüsse in ihrem Winterquartier. Sie knackt eine große, runde Öffnung in die Schale und frisst die Nuss aus.

Nur wenige Vögel sind in der Lage, die harte Schale der Haselnuss aufzubrechen. Der Buntspecht klemmt dazu eine Nuss zwischen eine Astgabel und hackt dann mit dem Schnabel darauf ein, um das nahrhafte Innere verspeisen zu können. Aufgeknackte Schalen unter Baumkronen verraten das Vorhandensein solcher Spechtschmieden.

Kleineren Vögeln gelingt es nicht, die Haselnüsse aufzuknacken. Doch Sperlinge wissen sich zu helfen: Sie picken unterhalb der Spechtschmiede herabgefallene Nussteile auf. Sperlinge sitzen auch gern im Trupp in einem Haselstrauch am Straßenrand. Sobald ein vorbeifahrendes Auto auf der Straße liegende Nüsse zerquetscht hat, stürzen sie sich im Pulk auf die Krümel.

Haselsträucher gelten als robust, genügsam, industrie- und windfest. Sie stellen problemlose Sträucher für freiwachsende oder streng geschnittene Hecken dar. Im freien Stand auf einer Wiese entwickeln sie mit leicht schräg nach außen stehenden Ästen eine malerische, offene Form. Haseln wachsen jedoch sehr stark, die dicht stehenden Äste erreichen nach einigen Jahren eine Länge, die die Dimensionen eines Hausgartens sprengt. Alle paar Jahre muss man allzu lange Äste ausschneiden, was nie ein Problem darstellt: Junge Zweige wachsen bald nach. Weil die Triebe gerade nach oben wachsen, liefert ein Haselstrauch stets Stützstäbe für alle Gartenbereiche.

Wegen ihrer absoluten Schnittverträglichkeit eignet sich die Hasel sogar für streng geschnittene Hecken. Das Geäst der Einzelgehölze wächst dicht ineinander und das enge, innen kahle Astgitter bietet einen ausgezeichneten Rückzugsort für Vögel. Abgeschirmt durch die äußeren Blätter, verstecken sich beispielsweise Sperlinge im Astgewirr und tschilpen selbst an belebten Stellen laut, weil sie sich geschützt fühlen. Erst beim Heckenschnitt entdeckt man die im Verborgenen gebauten Nester verschiedener Vögel.

Unter den Sträuchern verbergen sich viele weitere Gartentiere, von Haselmaus über Igel bis Amphibien, die den Schatten unter den Blättern aufsuchen.

Von der Hasel kennt man Kulturformen, die besonders große oder schmackhafte Nüsse hervorbringen. Bei der Lambertsnuss trennen sich die einzelnen Nüsse nicht, sondern sitzen meist zu dritt am Stielende. Bei der häufig verwendeten Blut-Hasel *(C. maxima* 'Purpurea') handelt es sich um eine rotlaubige Auslese mit roten Früchten. Der Austrieb hat eine hellrote Färbung, später im Jahr wirkt das Laub schwarzrot. Man kann den Großstrauch je nach Vorlieben mit grünlaubigen Sträuchern anderer Arten kombinieren.

Schwarzer Holunder

Sambucus nigra

HERKUNFT:	Europa, Kaukasus, Kleinasien bis Westsibirien, Nordafrika
WUCHS:	Großstrauch, Höhe 4 – 7 m
BLÄTTER:	gefiedert, meist 5 Fiederblättchen
BLÜTE:	gelblich weiß, in etwas gewölbten Trugdolden, V – VI
FRUCHT:	fleischige, schwarz glänzende Frucht mit 3 Steinkernen
STANDORT:	volle Sonne bis halbschattig, gedeiht auf allen normalen Böden

Ein über und über mit gelblich weißen Trugdolden beladener Holunderstrauch stellt nicht nur einen überwältigenden Anblick dar. Er duftet kräftig und lockt eine Vielzahl von Insekten an. Aus den kleinen Blüten mit ihren weit geöffneten fünf Zipfeln ragen die kurzen Staubblätter deutlich hervor, sodass auch kleine und kurzrüsselige Insekten vom Pollen profitieren. Die Krone eines blühenden Holunders ist deshalb überaus belebt, kleine Käfer finden sich daran in großer Zahl. An den Stielen der Dolden und am jungen Austrieb sitzen oft Kolonien von Blattläusen, sodass Meisen bequem Futter für die junge Brut vorfinden. Die lockere, sparrige Verzweigung eines Holunders bietet zwar wenig Sichtschutz für Nistplätze, doch die bizarren Astgabeln ergeben ausgezeichnete Plätze für größere Nester, wie sie etwa Amseln bauen. Zur Fruchtreife sitzen wieder zahlreiche Vögel im Baum, die die Früchte oft vor dem tatsächlichen Reifestadium abpicken. Die Früchte enthalten einen hohen Anteil ungesättigter Fettsäuren. Für Zugvögel wie die Mönchsgrasmücke ist eine derartige Kost unentbehrlich, um sich die notwendigen Fettreserven für den Flug in den Süden anzufressen.

Als wertvolle Pflanze in der Volksheilkunde wuchs ein Holunder traditionell bei den Bauernhöfen. Er stand nicht im Bauerngarten, wo er Blumen- und Gemüsebeete verschattet hätte, sein angestammter Platz war neben dem Stall oder der Scheune und am Kompostplatz.

Der robuste und genügsame Holunder braucht im Garten Platz, damit sich eine breite Krone entwickeln kann. Der Strauch wächst auch noch im Schatten, nur blüht und fruchtet er an so einem Standort weniger intensiv. Einen Rückschnitt verträgt der Holunder ausgezeichnet, doch treibt das Gehölz dann unschön pinselartig aus. Besser lässt man einen Holunder frei wachsen. Wenn das Gehölz mit der Zeit vergreist, werden ganze Äste am

Ansatz herausgenommen, damit junge Triebe nachwachsen können. Notfalls kann man einen Holunder bis auf den Boden zurückschneiden, er wird wieder austreiben.

Holunder schätzt man als wertvolles Wildobst mit hohen Gehalten an Mineralstoffen und Vitaminen. Roh allerdings sollte man die als »Beeren« bezeichneten Früchte nicht verzehren. Sie reifen im Spätsommer, doch im rohen Zustand sind sie schwach giftig. Man muss sie kochen, etwa um Saft oder Marmelade daraus zu bereiten. Vorsichtig sollte man mit den roten Früchten des Trauben-Holunders *(Sambucus racemosa)* sein. Deren Samen verlieren auch durch das Erhitzen nicht ihre Giftwirkung, sie müssen vor der Weiterverarbeitung vollständig entfernt werden. Die Früchte besitzen auch nicht die heilkräftige Wirkung des Schwarzen Holunders.

Ein Holunder wirkt immer etwas derb: Er hat ein sparriges Astgerüst, lässt ältere Äste herabhängen, von denen jüngere Zweige ungelenk nach oben streben und das Laub riecht unangenehm. Dekorativer als die Ausgangsart wirken die zierlicheren dunkellaubigen Sorten. Sie sorgen für einen Kontrast zum umgebenden Grün. Die Sorte 'Black Beauty' trägt dunkel-braunrotes, leicht glänzendes Laub. Stark geschlitzte Blätter besitzt die Sorte 'Black Lace'. Das ebenfalls leicht glänzende Laub treibt grünrot aus und erscheint später schwarzrot. Dazu kommen zur Blütezeit kräftig rosa Knospen, die weiß aufblühen. Im Herbst tritt dann der rote Unterton noch einmal stark in Erscheinung, während die Blätter der Ausgangsart gelbgrün verfärbt abfallen.

Kirschen

Prunus-Arten und -Sorten

HERKUNFT: Mitteleuropa bis Asien, oft Kultursorten
WUCHS: sehr unterschiedlich – von breiten, niedrigen Sträuchern bis rundkronige oder schlanke Bäume
BLATT: meist elliptisch, manchmal mit Herbstfärbung (fällt sonst grün ab)
BLÜTE: weiß, in Büscheln, (III) IV
FRUCHT: gelbe, hoch- oder dunkelrote Steinfrüchte
STANDORT: warm, geschützt, für gepflegte Gartenböden

Kirschen blühen früh im Jahr, manche Zierkirschen öffnen ihre Blüten bereits im ausgehenden Winter und stellen, wenn sie ungefüllt sind, für ausfliegende Winterbienen und die ersten Wildbienen eine wertvolle Nahrungsquelle dar. Die voll belaubten Bäume bieten eine unerschöpfliche Nahrungsquelle für eine Vielzahl an Gliedertieren, die fressen, saugen, sich verpuppen und vermehren, um wiederum anderen Tieren als Nahrung zu dienen. Im Juli hängen Früchte an den Obstbäumen, an denen sich Kleinsäuger und Vögel bedienen. Am angepickten, herabgefallenen und gärenden Obst saugen dann wiederum Insekten am Boden. Nicht zuletzt finden sich in den rauen Zonen der Ringelborke Verstecke für alle Insektenstadien, sodass hier Vögel ein unerschöpfliches Reservoir vorfinden. Kleiber, Meisen und andere werden hier immer fündig.

Süß- und Sauerkirschen sind geschätzte Obstbäume in unseren Gärten. Die Kultursorten der Süßkirsche stammen von der Vogelkirsche *(Prunus avium* var. *avium)* ab, die Stammform der Sauerkirsche ist die Art *Prunus cerasus*. Die Sauerkirsche gilt als weniger wärmebedürftig als die Süßkirsche. Ein Baum allein trägt Früchte, weil er sich selbst bestäubt. Die Bestäubungsverhältnisse für die Süßkirsche sind wesentlich komplizierter: Es gibt zwar selbstfertile (selbstfruchtbare Sorten), doch meist müssen die Sorten von einem anderen Baum aus der geeigneten Sortengruppe bestäubt werden.

Aromatische Steinfrüchte trägt auch die Kirsch-Pflaume oder Myrobalane *(P. cerasifera)*, die spätestens Anfang April die fragilen rosa Blüten öffnet (siehe Foto rechts unten). Der genügsame Großstrauch erreicht eine Höhe von 5 bis 7 m. In Kultur findet sich häufig die rotlaubige Sorte 'Nigra' mit weinrotem Austrieb und dunkelroter Herbstfärbung.

Die vielen asiatischen Zierformen der Kirsche zeigen zwar im Frühjahr eine überschwängliche Blütenpracht, doch sie entwickeln keine Früchte. Die Mehrzahl der japanischen Zierkirschen stammt von der Grannen-Kirsche *(P. serrulata)* ab. Die kleinen Bäume werden meist 4 bis 6 m hoch und entwickeln rundliche Kronen, man kennt aber auch hängende oder straff aufrecht wachsende Sorten. Für eine insektenfreundliche Umgebung sollte man Sorten mit einfachen Blüten auswählen, bei denen die Staubblätter noch vorhanden und leicht zugänglich sind.

Insgesamt zierlicher wirken die Sorten der Schnee-Kirsche *(P. subhirtella)*. Bei günstiger Witterung blüht 'Autumnalis' bereits Ende Oktober, nach dem ersten Frost, auf. Die großen weißen, wenig gefüllten Blüten erzeugen zeitig im Jahr eine umwerfende Blütenpracht.

Wegen ihrer zeitigen Blüte sind Kirschen stets von Frost bedroht. Geöffnete Blüten erfrieren, während die Knospen die Frostperiode unbeschadet überstehen. Sie können danach aufblühen. Alle Kirschen verlangen einen sonnigen Standort und einen leichten bis mittelschweren, durchlässigen Boden, der kalkhaltig sein sollte. Wenn zur Blütezeit der Obstbäume kalte Witterung herrscht, werden die Blüten nicht ausreichend bestäubt, weil zu wenig Insekten fliegen. Herrscht Kälte oder Regenwetter während der Blüte, fällt der Fruchtansatz für dieses Jahr aus.

Als kälte- und trockenheitsverträglich erweist sich die Russische Zwergmandel *(P. tenella)*. Der Strauch wird kaum höher als 1 m und trägt im März zahlreiche weiße, rosa oder pinkfarbene Blüten. Die Steppenpflanze wächst auch gut im Pflanzgefäß, auf Balkonen und Dachgärten.

Kornelkirsche

Cornus mas

HERKUNFT: Mittel- und Südosteuropa bis Kleinasien, Kaukasus, Armenien
WUCHS: Großstrauch, Höhe 3 – 6 m
BLÄTTER: elliptisch, rostorangefarbene Herbstfärbung
BLÜTE: kleine gelbe Blüten in Dolden, III
FRUCHT: rote Steinfrüchte,
STANDORT: volle Sonne bis halbschattig, gedeiht auf allen normalen Böden

Im März stellen die Blüten der Kornelkirsche eine wertvolle Nahrungsquelle für überwinterte Honigbienen und früh fliegende Wildbienen dar. Die Blüten mit den vier weit geöffneten gelben Blütenblättern stehen in kleinen Dolden über den vier Knospenschuppen. Sie verströmen einen feinen Duft nach Honig, der Nektar ist frei zugänglich. Die Blüten erscheinen vor den Blättern am alten Holz. Dafür werden die Blütenknospen schon im Herbst angelegt. Deshalb gibt es zwei verschiedene Winterknospen: die länglichen Blattknospen und die kugelig geformten zukünftigen Blütenstände. Bei kühler Vorfrühlingswitterung kann die Blütezeit drei Wochen lang andauern. Ab Sommer reifen die roten Steinfrüchte, die jeweils paarig an langen Stielen an den Zweigen hängen. Verschiedene Vögel fressen davon.

Die Kornelkirsche verträgt Hitze und Trockenheit, kalte Winter und Blütenfröste. Der genügsame Strauch gedeiht sogar an schwierigen Standorten. Die Kornelkirsche wächst an Böschungen, die im Sommer austrocknen, und hält mit ihrem Wurzelwerk die Erde fest. Die Wurzeln dringen tief in den Boden ein, bilden aber auch oberflächlich ein intensives Wurzelsystem, das allerdings durch Überschwemmung, Bodenverdichtung oder Salz leicht geschädigt wird. Durch das oberflächennahe Wurzelwerk kommen als Unterbepflanzung nur trockenheitsverträgliche, konkurrenzstarke Stauden infrage.

Für die Verwendung im Garten spricht bei der Kornelkirsche die auffällige Herbstfärbung: Im Oktober leuchtet der Strauch in bräunlichem Orange. Nach dem Laubfall zeigt sich der bizarre Wuchs mit charakteristisch abgespreizten, nahezu waagrecht stehenden Zweigen an den steil aufragenden Ästen. Dadurch hat die Kornelkirsche eine sogar im Winter unverwechselbare Gestalt.

Kornelkirschen gelten als wertvolles Wildobst, doch die Steinfrüchte schmecken erst dann gut, wenn sie eine schwarzrote Färbung angenommen haben und sich bei leichter Berührung vom Stiel lösen. Die Reifezeit erstreckt sich über einen langen Zeitraum von Mitte August bis Ende September.

Durch Auslesezüchtung entstanden von der Kornelkirsche Sorten mit größeren Früchten: Die Sorte 'Jolico' trägt sehr große Früchte, bei denen der Stein weniger als ein Zehntel einnimmt. Die Früchte haben einen hohen Gehalt an Zucker und Vitamin C. Wenig Säure besitzen die Früchte der starkwüchsigen Sorte 'Kasanlaker', jene von 'Big Ben' schmecken ebenfalls mild. Weitere großfrüchtige Sorten sind 'Cormas' und 'Macrocarpa'. Zu einem guten Fruchtansatz kommt es nur an sonnigen Standorten mit ausreichender Wasserversorgung. Die Wildform der Kornelkirsche ist selbstfruchtbar, die meisten Kulturformen benötigen jedoch eine Befruchtersorte. Für einen Fruchtansatz sollte man zwei verschiedene Sorten pflanzen, die sich gegenseitig bestäuben. In aller Regel folgt nach einem Jahr mit hohem Fruchtansatz ein Jahr mit wenigen Früchten.

Die Kornelkirsche ist überaus schnittverträglich, sodass sie sich auch für streng geschnittene Hecken eignet. Der Schnitt eines freiwachsenden Strauches gestaltet sich nicht einfach, weil die Wuchsform leicht verloren geht und weil sich an den Schnittstellen pinselartige Verzweigungen bilden. Am besten entfernt man bei der Kornelkirsche ganze Äste an der Basis. Ein Schnitt sollte im Verlauf des Sommers geschehen, denn das Holz wird mit der Zeit recht fest.

Gewöhnlicher Liguster

Ligustrum vulgare

HERKUNFT: Europa bis Ukraine, nördliches Kleinasien, Kaukasus, Nordafrika
WUCHS: Großstrauch, Höhe 3 – 5 m
BLÄTTER: länglich eiförmig bis lanzettlich, behält im Winter einen Teil der Blätter
BLÜTE: weiß, in endständigen Rispen, VI
FRUCHT: kugelige, glänzend schwarze Beeren, 5 – 6 mm im Durchmesser
STANDORT: volle Sonne bis halbschattig, gedeiht auf allen normalen Böden

Die stark duftenden, vierzipfeligen Blüten des Ligusters locken zahlreiche Insekten an. Honig-, Sand- und Furchenbienen sammeln den Pollen. Bienen, Fliegen und verschiedene Schmetterlinge nutzen den Nektar. An den Blütenrispen schwirren Tagfalter wie Weißlinge, Großes Ochsenauge und Kleiner Fuchs. Im Wirrwarr des Geästes finden Vögel sichere Plätze, um die Umgebung zu beobachten und um sich ungestört der Gefiederpflege zu widmen. Zwischen den Zweigen in Bodennähe nistet der Zaunkönig. Die größte Bedeutung haben allerdings die schwarz glänzenden Beeren, die attraktiv an den Triebenden in dichten Trauben stehen. Von allen von Tieren gefressenen Früchten im Garten haben sie den höchsten Gehalt an Nährstoffen. Sie stellen eine wertvolle Überlebenshilfe für Vögel im Winter dar, zumal sie bis ins Frühjahr hinein am Strauch haften und dabei nicht verderben und kaum einschrumpeln. Insgesamt 20 Vogelarten wurden beim Verzehr von Ligusterbeeren beobachtet, darunter Amseln, Drosseln, Gimpel und Rotkehlchen. Sie bedienen sich den ganzen Winter hindurch an den Beeren und vollführen dabei akrobatische Balanceakte an den schwankenden Trieben. Dadurch sorgen sie für eine Verbreitung der Samen, sodass zahlreiche Sämlinge aufgehen.

Der Gewöhnliche Liguster ist die Wirtspflanze des Ligusterschwärmers. Seine Raupen kann man öfter sogar an Hecken in Stadtgebieten entdecken. Am Liguster fressen die Raupen weiterer Nachtfalter, darunter Spannerarten wie Nachtschwalbenschwanz, Fliederspanner, Frühlings-Kreuzflügel und Gefleckter Baumspanner und dazu etliche Kleinschmetterlingsarten. Gelegentlich leben im Strauch Raupen des Totenkopfschwärmers, der meist auf Nachtschattengewächsen lebt.

Der Liguster gilt als genügsames Gehölz für schwierige Standorte. In der Natur wächst der frostfeste Strauch vor allem auf sommerwarmen, mäßig trockenen, kalkhaltigen Lehmböden. Weil der Liguster viele Stockausschläge bildet, eignet er sich für die Hangbefestigung. Als Strauch wächst der Liguster ziemlich sparrig und formlos. Die Äste wachsen steil nach oben und neigen sich später etwas über. Ein freiwachsender Strauch lässt sich schwer in eine ansprechende Form bringen, denn die langen Äste verzweigen sich nicht gut und an Schnittstellen entstehen unschöne Verzweigungen. Der Liguster verträgt andererseits einen starken Schnitt gut und verzweigt sich danach dicht. Dadurch eignet er sich hervorragend für streng geschnittene Hecken, die sehr schmal bleiben können. Durch den regelmäßigen und starken Schnitt werden allerdings die Blütenanlagen entfernt, sodass sich in der Hecke nur wenige Blüten und dementsprechend kaum Beeren entwickeln. Dafür bietet die dicht verzweigte Hecke einen sicheren Rückzugsort und in der bodennahen Verzweigung finden Kleinsäuger wie der Igel sowie Amphibien sichere Verstecke.

Der Liguster wirft im Winter nicht alle seine Blätter ab und bietet dadurch weiterhin einen gewissen Sichtschutz. Die Sorte 'Atrovirens' behält ihr Laub bis zum Neuaustrieb, die Blätter färben sich den Winter über rötlich bis violettbraun. Sehr niedrig und dicht wächst die bekannte Sorte 'Lodense'. Sie wächst kaum höher als 50 cm und eignet sich dadurch für kleine Hecken auf platzmäßig beschränkten Grundstücken. Auch bei ihr bleibt das bronzebraune Laub den Winter über haften.

Gewöhnliches Pfaffenhütchen

Euonymus europaeus

HERKUNFT:	Europa, Kleinasien bis West-Sibirien
WUCHS:	kleiner Baum oder Strauch, Höhe 2 – 6 m
BLÄTTER:	länglich lanzettlich, fein gesägt, rote Herbstfärbung
BLÜTE:	grünlich, vierzählig, unscheinbar, V
FRUCHT:	aufspringende Kapseln, rosarot mit orangefarbenen Samen, 1 – 1,5 cm breit
STANDORT:	sonnig bis halbschattig, gedeiht auf allen normalen Böden

Der deutsche Name bezieht sich auf die auffälligen Früchte, die dem Birett, der einstigen Kopfbedeckung katholischer Geistlicher, ähneln. Die vierkammerigen Kapseln leuchten karminrosa, bei Reife schauen daraus die orangefarbenen Samen hervor. Vögel nehmen diese Nahrung gern an, vor allem Rotkehlchen, Amseln, Singdrosseln und Mönchsgrasmücken sorgen für die Verbreitung. Für den Menschen sind alle Pflanzenteile und besonders die Samen giftig. Die relativ kleinen, grüngelben, vierzähligen Blüten wirken recht unscheinbar, sie stehen zu mehreren in Trugdolden, die aus Blattachseln entspringen. Die Bestäubung übernehmen hauptsächlich Fliegen.

Häufig werden Pfaffenhütchen von der Spindelbaum-Gespinstmotte befallen. Die Raupen dieses Kleinschmetterlings fressen in großen Gruppen und spinnen dabei den ganzen Strauch ein. Das feine Gespinst schützt die Larven vor Vogelfraß. Ein starker Befall kann zum totalen Kahlfraß führen. Für den Strauch besteht keine Gefahr: Die Larven verpuppen sich im Juni in einem weißen Sammelgespinst und nach zehn bis 20 Tagen schlüpft die nächste Faltergeneration. Das Gehölz treibt einige Zeit nach dem Befall wieder neu aus. Weil Eier an die Zweige abgelegt werden, kommt es im Folgejahr erneut zu einem Befall.

Für die Fütterung des Vogelnachwuchses haben Gespinstmotten wenig Bedeutung. Wichtiger sind Schwarze Bohnenläuse, die oft dicht an dicht an den Triebspitzen stehen. Diese Nahrung wird großzügig an die Brut verfüttert.

Das Pfaffenhütchen stellt an den Boden und an den Standort keine besonderen Ansprüche. Es wächst bevorzugt auf nährstoffreichen, schweren Böden, die mäßig trocken bis frisch sind. Doch der Strauch behauptet sich auch an Abhängen, wo die Erde im Sommer austrocknet. In freier Natur

steht das Pfaffenhütchen häufig am Wasserrand, es erträgt zeitweise Überflutungen.

Die Herbstfärbung setzt ziemlich früh, im September, ein. Der Strauch überrascht dann mit einer lodernd hellroten bis rosaroten Herbstfärbung. Vom Gewöhnlichen Pfaffenhütchen gibt es verschiedene Auslesen, die am weitesten verbreitete ist 'Red Cascade', die sich durch einen überaus starken Fruchtansatz auszeichnet. Die Früchte sind auffällig gefärbt in Hellrot bis Karminrot.

In den Sortimenten der Baumschulen und Gartenmärkte findet sich häufiger die Art *Euonymus alatus* aus Ostasien. Bei diesem Flügel-Spindelstrauch verlaufen entlang der Triebe senkrechte Korkleisten. Sie fallen vor allem im Winter im blattlosen Zustand auf und geben der kahlen Krone ein interessantes Erscheinungsbild. Auch das Gewöhnliche Pfaffenhütchen besitzt eine korkige Borke mit flachen, unregelmäßigen Korkleisten. Von der Gattung *Euonymus* befinden sich mehrere Arten und viele Sorten in Kultur. Zur Flächenbegrünung wird häufig die Sorte *Euonymus fortunei* 'Emerald'n Gold' eingesetzt. Das immergrüne Blatt mit breitem gelben Rand wirkt dekorativ als Bodendecker oder in Pflanzgefäßen. An dieser Kultursorte einer chinesischen Art leben allerdings kaum heimische Gliedertiere.

Das Pfaffenhütchen wächst als hoher, sparriger Strauch, der sich nur schlecht schneiden lässt. Gekappte Triebe verzweigen sich pinselartig, sodass man nur ganze Äste an der Basis oder an einer geeigneten Verzweigung kappen sollte. Am besten passt das Pfaffenhütchen mit seinem lockeren, ungeordneten Wuchs in eine freiwachsende, gemischte Hecke, wo im Herbst der Fruchtschmuck hervortritt.

Rosen

Rosa-Arten und -Sorten

Rosen werden geliebt wegen ihrer Blütenpracht, ihrer kräftigen Farben, aber vor allem wegen ihres Dufts. Die Züchtung hatte sich über Jahrhunderte darauf konzentriert, immer größere Blüten mit intensiven Farben und immer stärkerer Blütenfüllung zu erzielen. Die Widerstandsfähigkeit gegenüber Krankheiten spielte kaum eine Rolle und der Duft ging bei vielen Züchtungen verloren. Bei den Edelrosen hüllten dann die schlanken Blütenblätter das Blüteninnere so »vornehm« ein, dass die derben Geschlechtsorgane im Inneren der Blüte nicht mehr sichtbar waren. Bei derartigen Blüten ist den Insekten der Zugang zu Nektar und Pollen verwehrt. Die neuere Züchtung verfolgt andere Ziele: Moderne Sorten sollen gut duften und sie müssen krankheitsfest sein. Sorten mit einfachen oder nur schwach gefüllten Blüten enthalten zahlreiche Staubblätter mit einem frei zugänglichen großen Angebot an Pollen. Erst in neuerer Zeit macht man sich Gedanken um den Hagebuttenschmuck im Herbst und Winter.

In Mitteleuropa kommen knapp 30 verschiedene *Rosa*-Arten vor. An den heimischen Arten fressen und leben mehr Organismen als an Sträuchern mit amerikanischer oder chinesischer Abstammung. Die reinen Wildarten blühen nur einmal im Jahr, lassen danach aber auf Hagebuttenschmuck hoffen.

Auswahl von heimischen Rosenarten

Deutscher Name *Botanischer Name*	**Wuchshöhe** *(in m)*	**Blütezeit** *(Monat)*	**Blütenfarbe**	**Besonderheiten**
Kriechende Rose *Rosa arvensis*	0,5 – 1	VI – VIII	weiß	eignet sich als Kletterpflanze auch zur Fassadenbegrünung
Hunds-Rose *Rosa canina*	1 – 3	V – VII	blassrosa	trägt viele Blüten, wächst recht stark
Keilblättrige Rose *Rosa elliptica*	1 – 2	VI – VII	hellrosa	Tiefwurzler, Laub mit Apfelduft, dick ovale Hagebutten, für kalkhaltige Böden
Essig-Rose *Rosa gallica*	0,5 – 1	VI – VII	pink	angenehmer Duft, bildet viele Ausläufer
Bereifte Rose *Rosa glauca*	1 – 2	VI – VII	rot-weiß	rötliche Triebe, blaugrüne Blätter, wächst in etwas schattigen Bereichen
Zimt-Rose *Rosa majalis*	1 – 1,5	V – VII	karminrot	Blüten mit Zimtduft, wächst sogar im Schatten
Kleinblütige Rose *Rosa micrantha*	1,5 – 3	V – VII	zartrosa	Blüten mit Apfelduft, eignet sich für magere Standorte
Alpen-Hecken-Rose *Rosa pendulina* var. *pendulina*	1 – 1,5	V – VI	kräftig rosa	leicht hängende Zweige, lange, schlanke Hagebutten
Wein-Rose, Schottische Zaun-Rose *Rosa rubiginosa*	2 – 3	V – VI	klarrosa	stark hervortretende Staubgefäße, duftendes Laub
Bibernell-Rose *Rosa spinosissima*	1 – 1,5	VI – V	cremeweiß	blüht sehr früh, runde schwarze Hagebutten
Filz-Rose *Rosa tomentosa*	2 – 3	VI	blassrosa, im Verblühen weiß	sehr robust, gelbe Herbstfärbung, tiefrote, dickovale Hagebutten
Apfel-Rose *Rosa villosa*	0,5 – 1,5	V – VII	rosa-weiß	große, runde Hagebutten

In der Tabelle auf dieser Seite fehlt die unverwüstliche Kartoffel-Rose *(Rosa rugosa)*, die nicht als einheimisch gilt und sich aus Anpflanzungen heraus in der freien Natur zum Teil ziemlich stark verbreitet. Für die Verwendung im Garten verdient sie Beachtung, weil es sich um einen robusten, wüchsigen Strauch handelt, der sich auch an streusalzbelasteten Grundstücksgrenzen behauptet. Die hellroten, abgeplatteten Hagebutten fallen recht groß aus. Die Sorten 'Moje Hammarberg' und 'Wild Edric' haben große, dunkel pinkfarbene bzw. dunkelrote Blüten und verströmen einen starken Duft.

Züchtungen haben nicht zwangsläufig weniger ökologischen Wert als die kaum veränderten Wildarten. Unter den Rosen wurde und wird in vielen Ländern intensive Züchtungsarbeit geleistet. Dies beschert uns eine unübersehbare Vielfalt an Rosensorten in einer großen Farbpalette. Darunter finden sich viele anhaltend oder wiederholt blühende (remontierende) Sorten. Die Zeiten sind vorbei, da Rosen als krankheitsanfällige Blütensträucher galten, die nur mit wiederholten Pflanzenschutzmaßnahmen am Leben zu halten sind. Die moderne Züchtung hat sich sehr auf die Entwicklung krankheitsfester Sorten konzentriert. Zwar sind die alten Sorten mit ihren oft intensiv duftenden Blüten sehr populär geworden – Nachteile stellten oft ihre Krankheitsanfälligkeit und ihre geringe Anpassung an mitteleuropäisches Klima dar.

Die Züchtungsarbeit der vergangenen Jahrzehnte brachte wesentliche Verbesserungen: Viele neuere Sorten zeichnen sich durch ihre Unempfindlichkeit gegenüber Krankheiten aus, viele Züchter konzentrieren sich auf die Auslese absolut krankheitsfester Sorten, die duften, und viele davon setzen reichlich Hagebutten an.

Bei der Auswahl von Rosen kann man sich im Hinblick auf Blühwilligkeit, Winterhärte, Wüchsigkeit und Gesundheit auf die Auszeichnung der Allgemeinen Deutschen Rosenneuheitenprüfung verlassen. Das ADR-Prädikat wird nach deutschlandweiter Prüfung in verschiedenen Sichtungsgärten auf der Grundlage strenger Richtlinien vergeben.

Hagebuttenschmuck

Der beste Hagebuttenschmuck ist von heimischen Wildrosen zu erwarten (siehe Seite 997). Bei den Sorten verhält es sich recht kompliziert, denn ebenso wie lange Zeit der Duft bei der Züchtung von Rosen vernachlässigt wurde, spielte der Fruchtansatz keine Rolle. In der Folge bilden viele Zuchtformen kaum Hagebutten oder sie reifen oft nicht ganz aus. Das beschränkt ihren Wert als Schmuck oder Winternahrung für Tiere.

Inzwischen werden aber vermehrt naturnahe Sorten, die im Herbst und Winter dekorative Hagebutten in großer Zahl tragen, im spezialisierten Fachhandel angeboten. Sie stammen von den unterschiedlichsten Arten ab und zeigen sehr variable Blüten. Es lässt sich folglich aufgrund

Reichlich Pollen liefern die nur schwach gefüllten Blüten in diesem Rosenbogen.

des Stammbaumes einer Sorte keine Aussage darüber treffen, wie reichlich und schön der Hagebuttenschmuck ausfallen wird. Noch nicht einmal die Blütenfüllung lässt Rückschlüsse auf den Fruchtansatz zu. Einfache Blüten neigen nicht zwingend dazu, sich zu Hagebutten weiterzuentwickeln. Man kennt dagegen gut gefüllt blühende Auslesen, die reichen Schmuck tragen. Als Grundvoraussetzung müssen die Blüten nur einige Fruchtknoten und Staubblätter enthalten.

Das Verhältnis von Blüten zu Früchten lässt sich durch Pflegemaßnahmen beeinflussen: Schneidet man öfter blühende Rosen gegen Sommerende nicht mehr aus, tragen die Sträucher spät im Jahr noch Blüten und zugleich Hagebutten.

Strauch- und Kletterrosen mit Fruchtschmuck

Ein paar Stars mit schönem Hagebuttenschmuck haben sich unter den Strauchrosen herauskristallisiert. Die meisten blühen einmal im Juni. Zuallererst wäre die Sorte 'Fenja' zu nennen, die flaschenförmige hellrote, borstig

Die wüchsige Ramblerrose 'Venusta Pendula' trägt im Winter große Hagebutten.

behaarte Hagebutten in Fülle trägt, während ihre Blüte in Lilarosa nicht allzu berauschend ausfällt. Gleichfalls flaschenförmige Hagebutten entwickelt die öfter blühende Strauchrose 'Herbstfeuer' aus dunkelroten halbgefüllten Blüten. Große krugförmige Hagebutten in leuchtendem Orangerot trägt *Rosa moyesii* 'Geranium' – allerdings nur bis Ende Oktober. Ebenso hält der wunderschöne Schmuck mit dunkelroten borstigen Hagebutten von *Rosa villosa* 'Duplex' nur wenige Wochen im frühen Herbst an. Auch die runden dicken Früchte der Kartoffel-Rosen schwinden ab Oktober, zu dieser Zeit vergehen auch die Früchte der Apotheker-Rose *Rosa gallica* 'Officinalis' oder der verwandten 'Versicolor'. Lang anhaltenden Hagebuttenschmuck beschert 'Fritz Nobis', die einmal im Juni bis Juli zahlreiche lachsrosa gefüllte Blüten öffnet. Gleiches gilt für die beiden Moosrosen 'Henri Martin' und 'Nuits de Younge', jeweils mit gefüllten karminroten bis violetten bzw. purpurroten Blüten, die starken fruchtigen Duft verströmen.

Dichten Hagebuttenschmuck tragen die Hunds-Rosen *(Rosa canina).* Zwei Abkömmlinge zeichnen sich durch lange haltbare Hagebutten aus.

'Griseldis' mit pinkfarbenen und 'Hibernica' mit zartrosa, jeweils einfachen Blüten. Bei der Sorte 'Hibernica' hängen die Hagebutten noch im Januar oder Februar am Strauch. Auch die höchstens 1 m hohe 'Sappho' schmückt sich nach den halbgefüllten weißen Blüten monatelang mit Früchten. Wie diese Sorte gehört 'Suaveolens' zur Gruppe der Alba-Rosen mit fast stachellosen Trieben. Auch 'Suaveolens' hat weiße halbgefüllte Blüten und zeigt ihre länglichen Hagebutten bis weit in den Winter.

Berückenden Fruchtschmuck tragen einige Kletterrosen: Bei 'Sir Cedric Morris' entwickeln sich viele kleine runde Hagebutten aus Büscheln cremeweißer Blüten. Bis zu 10 m hoch kann 'Lykkefund' mit ihren Büscheln gelblich weißer Blüten klimmen. Später entwickelt sich schöner Hagebuttenschmuck. Die Triebe der Moschata-Rose 'Paul's Himalayan Musk' beranken Klettergerüste oder ziehen sich durch Baumkronen. Die rosa Blüten erscheinen in dichten Dolden, ihnen folgen zahlreiche hochrote kleine Hagebutten. An den langen gebogenen Trieben der hoch wachsenden 'Bobby James' baumeln die glatt glänzenden kleinen hochroten Hagebutten in Fülle. Sie folgen den üppigen Büscheln rosaweißer Blüten im Juni.

Früchte und gleichzeitige Blüte

Schneidet man öfter blühende Rosen gegen Sommerende nicht mehr aus, tragen die Sträucher spät im Jahr noch Blüten und zugleich Hagebutten. Das sieht apart aus bei Kleinstrauchrosen wie 'Palmengarten Frankfurt': Viele rundovale lackrote Hagebutten stehen neben magentaroten, locker gefüllten Blüten. 'Ravenna' zeigt hochrote schlanke Früchte zwischen pinkfarbenen einfachen Blüten. Dicht stehen die grünen bis roten, mittelgroßen runden Hagebutten zwischen den magentaroten gefüllten Blüten von 'Heidetraum'. Bei 'Apfelblüte' stechen die rundlichen lackroten Hagebutten zwischen zartrosa einfachen Blüten hervor und 'Schneekönigin' schmückt spät im Gartenjahr durch cremeweiße bis rosa halbgefüllte Blüten mit hübscher gelber Mitte und zugleich mit zahlreichen kleinen hochroten Hagebutten.

Roter Hartriegel

Cornus sanguinea

HERKUNFT:	Europa, nördliches Kleinasien, Kaukasus
WUCHS:	Großstrauch, Höhe 3 – 4 m
BLÄTTER:	elliptisch, braungelbe Herbstfärbung
BLÜTE:	weiß, in Trugdolden, V – VI
FRUCHT:	schwarzblaue Steinfrucht, 5 – 8 mm im Durchmesser
STANDORT:	volle Sonne bis halbschattig, gedeiht auf allen normalen Böden

Im Gegensatz zur verwandten Kornelkirsche *(Cornus mas)* sind die schwarzen Früchte des Roten Hartriegels für Menschen nicht genießbar. Von den Vögeln werden sie jedoch gut angenommen. Die fülligen Schirmrispen stellen in ihrer Vielzahl eine ausgezeichnete Bienenweide dar: 20 bis 50 Einzelblüten stehen zusammen in einem Blütenstand von 4 bis 8 cm Durchmesser. Die nektarführenden Scheibenblumen verströmen einen fischartigen Geruch, der wie bei der Eberesche durch die Verbindung Methylamin hervorgerufen wird. Der Geruch lockt Fliegen, Wildbienen und Käfer zur Bestäubung an.

Der Rote Hartriegel blüht relativ spät im Frühjahr und oft folgt im August eine zweite, deutlich schwächere Blüte. Dann trägt der Strauch zugleich Blüten und reifende Früchte. Das dichte Geäst mit der starken Belaubung bietet ideale Nistplätze für Vögel mit bestem Sichtschutz. Mönchsgrasmücken bauen hier ihre kleinen, fragilen Nester und auch Rotkehlchen, die unweit über dem Erdboden ihr Nest bauen, finden hier verborgene Standorte. Die bei Reife im September weiß punktierten, schwarzblauen Steinfrüchte haben einen Durchmesser von 5 bis 8 mm. Sie enthalten ein ölhaltiges Fruchtfleisch und einen kugeligen, glatten, zweisamigen Steinkern. Vögel picken die Früchte ab und sorgen für die Verbreitung der Samen, sodass an unerwarteten Stellen im Garten Sämlinge erscheinen.

Wie die verwandte Kornelkirsche erweist sich der Rote Hartriegel als genügsamer Strauch, der sich noch an schwierigen Standorten behauptet. Er wächst an feuchten Stellen, doch ebenso an Abhängen, wo Wasser leicht abfließt, sodass die Erde austrocknet, das Wurzelwerk hält die Erde fest. Der Strauch wächst aber nicht gut an nährstoffarmen, sandigen Standorten, er leidet auch unter hohen Salzgehalten und sollte daher nicht an

Straßenrändern stehen, wo mit Streusalz zu rechnen ist.

Die Borke junger Zweige ist in der Lage, Fotosynthese zu betreiben. Ihre dünne primäre Rinde wird im Schatten gelblich grün, sie verfärbt sich an der Sonnenseite und vor allem im Herbst und Winter blutrot, weil sich rote Farbstoffe (Anthocyane) anreichern. Der Name des Roten Hartriegels bezieht sich auf diese auffällige rötliche Zweigfärbung gegen Winterende. Damit setzt der Strauch einen farbigen Akzent im winterlichen Garten. Die Baumschulen bieten Sorten mit besonders kräftig rot gefärbter Borke an.

Im Garten entwickelt sich der Rote Hartriegel schnell zu einem mächtigen Strauch. Durch Einkürzen im Bereich von Verzweigungen kann man seine Form kompakter halten. Allerdings neigen die Äste nach einem Schnitt zu unschönen pinselförmigen Verzweigungen. Daher muss man einige Wochen nach dem Schnitt unerwünschte Austriebe ausbrechen. Rund um den Strauch entstehen sehr viele Wurzelausläufer, durch die sich innerhalb von Jahren ein Strauchdickicht bilden kann. Bei Bedarf kann man die Schösslinge abschneiden, doch wenn sie bleiben können, entsteht ein geschützter Bereich für noch nicht flugfähige Nestlinge, die sich darin vor streunenden Katzen verbergen.

Der Rote Hartriegel gilt als relativ kurzlebig, er erreicht üblicherweise ein Alter von 30 bis 40 Jahren. Bis dahin hat sich das Gebüsch über Wurzelausläufer verjüngt. Auch übergeneigte Äste bewurzeln sich an den Triebspitzen, sobald diese den Boden berühren.

Schlehe, Schwarzdorn

Prunus spinosa

HERKUNFT:	Europa, Vorderasien, Kaukasus, Nordafrika
WUCHS:	Strauch, Höhe 2 – 3 m, stark dornige Triebe
BLÄTTER:	verkehrt eiförmig bis elliptisch
BLÜTE:	weiß, meist einzeln, 5 Blütenblätter, 1 – 1,5 cm breit, IV
FRUCHT:	kugelige, blau bereift, fast schwarze Steinfrüchte, 1 – 1,5 cm im Durchmesser
STANDORT:	vollsonnig bis halbschattig, gedeiht auf allen normalen Böden

Ganze Heckenriegel und Waldränder erstrahlen im April, wenn die Schlehen noch vor dem Blattaustrieb ihre Blüten in Vielzahl öffnen. Sie stellen im Frühjahr eine wichtige Nektarquelle für Honig- und Wildbienen dar, doch ebenso für Schwebfliegen und Schmetterlinge wie Zitronenfalter, Kleiner Fuchs, Tagpfauenauge und Landkärtchen. Die Schlehe gilt als typischer Schmetterlingsstrauch, denn rund 70 Schmetterlingsarten legen ihre Eier an den Blättern ab, darunter seltene Arten wie Segelfalter und Gelbes Ordensband.

Häufig werden Schlehen von der Faulbaum-Gespinstmotte befallen. Die Raupen dieses Kleinschmetterlings fressen in großen Gruppen und spinnen dabei den ganzen Strauch ein. Das feine Gespinst schützt die Larven vor Vogelfraß. Ein starker Befall kann zum totalen Kahlfraß führen. Doch nachdem sich die Larven verpuppt haben, treibt das Gehölz wieder neu aus. Häufig sind auch Gespinstblattwespen an den Blättern zu beobachten: Die jungen Larven bleiben zunächst zusammen, vereinzeln sich aber nach der ersten Häutung. Sie spinnen sich dann in einem zusammengerollten Blatt ein. Zum Überwintern kriechen die Raupen in den Boden, wo sie sich im Frühjahr verpuppen. Ende April bis Mai schlüpfen die erwachsenen Wespen. Gespinstblattwespen treten auch an Steinobstbäumen auf. Ihre Nester befinden sich meist an den Astspitzen der Baumkronen.

Schlehen tragen im Herbst schwarzblaue Steinfrüchte, die zwar herb schmecken, aber von vielen Tieren gefressen werden.

Das stark bedornte Geäst und der struppige Wuchs bieten geschützte Nistplätze für Vögel wie Amsel, Rotkehlchen und Zaunkönig. In freier Natur nutzt der Neuntöter Schlehenhecken als »Futterplatz«: Er spießt seine Beutetiere (Insekten oder Mäuse) gerne an den Dornen der Schlehe auf, um sie so

leichter verzehren zu können. In die Siedlungsbereiche kommen Neuntöter kaum.

Schlehen sind wuchskräftige Sträucher, ihre schwarze Borke führte zur Bezeichnung Schwarzdorn. Sie sind hitzeverträglich, frostfest, stadtklima- und windfest und wachsen auch noch auf dürftigen, bevorzugt auf kalkhaltigen Standorten, allerdings reagieren sie empfindlich auf Überschwemmungen. Bei der Verwendung im Garten muss man das weit streifende, flache Wurzelwerk berücksichtigen. Denn das dichte Wurzelgeflecht bildet zahlreiche Ausläufer, die in vielen Meter Abstand vom Strauch erscheinen. Daher hatte man früher Schlehen zur Einfassung von Weiden und zur Befestigung von Böschungen gepflanzt. In freier Natur überwachsen Schlehen nicht mehr beweidete einstige Schafweiden an Waldrändern oder auf Streuobstwiesen. Um die Kulturlandschaft zu erhalten, muss der Aufwuchs maschinell entfernt werden. Im Garten sind die Wurzelschösslinge in der Lage, Platten oder andere Bodenbeläge anzuheben.

Schlehen ergeben in Gruppe oder in Reihe gepflanzt eine abwehrende Grundstückseinfassung. Sie vertragen starken Rückschnitt, doch muss man sich für den Schnitt schützend einkleiden. Denn von den harten Dornen geht eine enorme Verletzungsgefahr aus. Dafür aber sind die Eier und die Küken der Vögel im Gesträuch bestens vor Nesträubern geschützt.

Die kirschgroßen, herben Früchte schmecken zusammenziehend im Mund. Für Menschen sind sie erst ab der Vollreife und nach Frosteinfluss genießbar.

Gewöhnlicher und Wolliger Schneeball

Viburnum opulus, V. lantana

HERKUNFT:	Europa, Kleinasien, Kaukasus, Mittelmeergebiet
WUCHS:	Strauch, Höhe 2 – 4 m
BLÄTTER:	breit eiförmig, zugspitzt bei *V. lantana*, drei- bis fünflappig bei *V. opulus*
BLÜTE:	weiß, in 5 – 10 cm großen Trugdolden, V – VI
FRUCHT:	kugelige, beerenartige Steinfrüchte, erst rot, dann schwarz bei *V. lantana*, leuchtend hellrot bei *V. opulus*
STANDORT:	sonnig bis halbschattig, gedeiht auf allen normalen Böden

Ihren deutschen Namen haben die sommergrünen Schneebälle von den großen Blütenständen, die nach dem Blattaustrieb erscheinen: Die kleinen weißen Blüten sitzen zahlreich in einer großen Trugdolde, sodass ein auffälliger Schauapparat entsteht. Beim Wolligen Schneeball sind alle Blüten gleich geformt (Foto gegenüberliegende Seite, oben), beim Gewöhnlichen Schneeball sitzen sterile, deutlich größere Blüten am Rand des Blütenstandes. Die fertilen Blüten bieten Nektar offen dar. Als Bestäuber treten verschiedene Insekten auf: Käfer, Bienen, Fliegen (doch offenbar keine Schmetterlinge). Eine wichtige Rolle übernehmen Fliegen, die über den Blütenstand laufen und die leicht zugängliche Nektarquelle nutzen. (Dies vollzieht sich bei den Doldenblütlern ganz ähnlich.) Blattläuse vermehren sich häufig an den heimischen Schneeball-Arten. Augenfällig ist oft die Schwarze Bohnenlaus, die am Strauch überwintert, um im Frühling am jungen Austrieb zu saugen. Auf die Gattung *Viburnum* ist der Schneeball-Blattkäfer spezialisiert, er lebt auf vielen verschiedenen Arten. Die Weibchen legen im September und Oktober bis zu mehrere Hundert Eier an den einjährigen Trieben ab. Dazu fressen sie kleine Mulden in den Trieb, legen die Eier hinein und verschließen das Eigelege wieder mit den durch Speichel verklebten Rindenstückchen. Im Frühjahr schlüpfen die Larven aus den Eiern und besiedeln die Blätter. Ab Mai sind Fraßstellen an Schneeball-Blättern zu finden. Ende Juni verpuppen sich die Larven. Der Käfer schlüpfen im August und fressen erneut am Schneeball, hinterlassen aber keine starken Schäden mehr. Am stärksten ist der Gewöhnliche Schneeball betroffen. Die Larven fressen das Gewebe zwischen den Blattadern weg, bei einem starken Befall verbleiben völlig skelettierte Blätter.

Die Früchte des Wolligen Schneeballs werden von Vögeln angenommen, die dann die Samen verbreiten. Die sauren Früchte des Gewöhnlichen Schneeballs sind für Menschen leicht giftig. Manche Vögel wie Drosseln meiden sie, doch andere Vögel fressen sie im Verlauf des Winters.

Gewöhnlicher und Wolliger Schneeball kommen in freier Natur an sonnigen Waldrändern, in Hecken, lichten Wäldern und Gebüschen vor. Sie bevorzugen nährstoff- und basenreiche Böden, *V. lanata* auf eher steinigen, *V. opulus* auf humusreichen Standorten.

In den Sortimenten der Baumschulen und Gartenmärkte findet sich häufig die Sorte *V. opulus* 'Roseum'. Der Gefüllte Schneeball entwickelt große ballförmige Trugdolden, die grünlich weiß aufblühen, später weiß aufleuchten und rosa verblühen. Diese sterilen Blüten bieten keinen Nektar und sie entwickeln sich nicht weiter zu Früchten.

Für die Gartengestaltung spielen winterblühende Duft-Schneebälle eine wichtige Rolle: *V. farreri* wächst straff aufrecht und wird 2 bis 3 m hoch. Die Blütenstände beginnen sich im November zu öffnen. Aus rosaroten Knospen entwickeln sich weiße Blüten, was ein hübsches Farbspiel ergibt (Foto auf dieser Seite, unten). Bei Kälte verharren die Knospen in ihrem Stadium, um sich bei milder Witterung weiterzuentwickeln. Von Januar bis März finden hier Winterbienen Nektar. Aus einer Kreuzung mit dieser Art ist der Bodnant-Schneeball *(V. × bodnantense)* hervorgegangen, dessen Sorte 'Dawn' gegen Winterende spektakulär in Rosarot und Rosa blüht.

Tausendblütenstrauch, Bienenbaum

Tetradium danielii var. *hupehensis (Euodia hupehensis)*

HERKUNFT: China (Hubei) und Korea
WUCHS: mehrstämmiger Baum (oder Großstrauch), Höhe 8 – 12 m
BLÄTTER: gefiedert, 7 – 9 zugespitzte Fiederblättchen, grünlich gelbe Herbstfärbung
BLÜTE: weiß, in Schirmrispen, starker Duft, VI – VIII
FRUCHT: rotbraune Balgfrucht, 5 mm lang
STANDORT: volle Sonne bis absonnig, gedeiht auf allen normalen Böden

Unter der alten Bezeichnung »Stinkesche« fand das Gehölz wenig Beachtung in der Gartengestaltung. Seit der kleine Baum als Tausendblütenstrauch oder Bienenbaum vermarktet wird, erfreut er sich großer Beliebtheit. (In den Angebotslisten findet er sich meist noch unter dem alten, nicht mehr gültigen Namen *Euodia hupehensis*.) Zur Blütezeit entwickeln sich große weiße Schirmrispen von 10 bis 15 cm Durchmesser. Sie werden regelrecht umschwärmt von Insekten, nicht nur von Bienen. Die Attraktivität des Gehölzes hängt sicher mit der späten Blütezeit zusammen. Die üppige und nektarreiche Blüte beginnt im Juni, hat ihren Höhepunkt aber im Juli und August. Zu dieser Zeit lässt die Blütenfülle in freier Natur und in den Gärten bereits nach, doch Honigbienen benötigen zu dieser Zeit Nahrung, um das Volk zu erneuern, und auch spät fliegende Wildbienen suchen nach Blüten. Der starke Duft lockt sie von Weitem an. In Vielzahl entwickeln sich auch die rötlich braunen Balgfrüchte, die Beeren ähneln und sich bauchseitig öffnen. Vögel haben gelernt, sie als Nahrung anzunehmen.

Der Tausendblütenstrauch stellt an den Boden keine besonderen Ansprüche, aber er bevorzugt warme, etwas windgeschützte Lagen. Der Boden sollte mäßig trocken bis frisch sein. Dann erweist sich das Gehölz als hitzeverträglich und stadtklimafest. Der Tiefwurzler gelangt an die Feuchtigkeit in tieferen Bodenschichten, was das Überleben in heißen Sommerwochen sichert. Das intensive Wurzelwerk streicht weit, was bedeutet, dass es Nachbargehölze nicht leicht haben, einzuwurzeln. Als Unterbepflanzung behaupten sich nur konkurrenzstarke Stauden, deren Wurzeln nicht tief gehen müssen. Das großblättrige Laub leuchtet attraktiv hellgrün. Allerdings riecht es nicht sonderlich angenehm, was zur früheren Bezeichnung »Samthaarige Stinkesche«, geführt hatte.

Der Tausendblütenstrauch braucht im Garten ausreichend Platz, denn die runde bis kegelförmige Krone kann nach einigen Jahren eine Breite von 8 m einnehmen, die Wuchshöhe wird einmal mehr als 10 m betragen. Wegen des mehrstämmigen Wuchses eignet sich das Gehölz aber nicht zum Beschatten eines Sitzplatzes. Dafür finden sich in seiner Laubstreu schattige Verstecke für Kleinsäuger, Amphibien und Insekten. Der Tausendblütenstrauch steht gut in einer offenen Freifläche, etwa inmitten einer Blumenwiese, die die meiste Zeit des Jahres nicht begangen und durch gemähte Wege erschlossen wird.

Der Tausendblütenstrauch erweist sich für Mitteleuropa als ausreichend winterhart, doch junge Bäume sollte man vor starkem Frost schützen. In den ersten Standjahren reagieren sie noch empfindlich auf starken und langanhaltenden Forst. Zum Schutz deckt man den Wurzelbereich mit einer dicken Auflage aus Falllaub ab. Das Gehölz wird allgemein als »kurzlebig« eingestuft, was im Vergleich zu anderen Baumarten sicher zutrifft. Im Durchschnitt wird der Tausendblütenstrauch älter als 40 Jahre, was im Vergleich zur durchschnittlichen Bewohndauer eines Gartens eine ordentliche Spanne bedeutet.

Schneiden muss man den Tausendblütenstrauch nicht. Doch ein Einkürzen der Krone ist leicht möglich, wenn man einzelne Äste herausnimmt oder große Äste oberhalb von Verzweigungen einkürzt.

Waldreben

Clematis vitalba und andere

HERKUNFT:	Süd-, West-, Mitteleuropa, Kleinasien bis Kaspisches Meer, Mittelmeergebiet
WUCHS:	Kletterpflanze (Blattstielranker), Höhe bis 25 m, Triebe kantig gerieft
BLATT:	gefiedert, meist 5 Blättchen
BLÜTE:	gelbweiß, 2 cm breit, in achsel- und endständigen Rispen, VII – IX
FRUCHT:	Nüsschen mit fedrigem Griffel
STANDORT:	sonnig bis halbschattig, für alkalische, nährstoffreiche, tiefgründige Böden

Die Blüten der Waldreben bilden reichlich Pollen, jedoch kaum Nektar. Als Blütenbesucher treten meist Fliegen auf. Die im Herbst reifenden Samen fallen nicht ab, sondern bleiben den Winter über an der Pflanze. Die wuscheligen Samenstände zieren dann das kahle Gebüsch (Foto gegenüberliegende Seite, unten). Es handelt sich dabei um nicht miteinander verwachsene Fruchtblätter, deren Griffel sich zu einem behaarten Flugorgan auswachsen. Erst im Frühjahr löst sie der Wind und verbreitet die Samen. Die fedrigen Samenstände nutzen Tiere zum Auskleiden von Nestern und Bauen.

Die Gewöhnliche Waldrebe *(Clematis vitalba)* ist eine der wenigen mitteleuropäischen Lianen und darunter die häufigste Art. In einem dichten Gewirr durchzieht sie Büsche am Waldrand, überwächst Hecken oder klimmt in lockerem Wuchs an Bäumen empor. Die Waldrebe rankt mithilfe von Blattstielen, Fiederstielen oder Blattspindeln. Alle diese Organe können bei Berührung Krümmungsbewegungen ausführen. Dies ermöglicht das Umschlingen von Ästen und Zweigen. Die Stützpflanzen erleiden dadurch zwar keinen Schaden, doch ein Waldrebenüberzug kann eine Hecke vom Licht abschirmen und das Gewicht kann zum Zusammenbruch von Kronen führen.

Die Gewöhnliche Waldrebe wächst auf nährstoff- und basenreichen, oft kalkhaltigen, feuchten bis mäßig trockenen Böden. Sie gilt als Stickstoffzeigerpflanze und kann auf günstigen Standorten schnell große Flächen begrünen. Man sollte sie nur dort pflanzen, wo ausreichend Platz zur Verfügung steht. Junge Pflanzen sind sehr lichtbedürftig, daher entwickeln sie sich an Waldsäumen so gut. Die zähen Triebe kriechen am Boden entlang, bis sie auf Astwerk stoßen, an dem sie sich hochranken können. Die rispigen Stände aus gelbweißen, streng riechenden Blüten mit zahlreichen

Staubblättern wirken zierlich und duftig. Dadurch unterscheidet sich ihr Erscheinungsbild ganz entscheidend von den großblumigen *Clematis*-Hybriden mit Blütendurchmessern von 10 bis 15 cm. Solche riesigen Blüten fügen sich nicht gut in einen naturnahen Garten ein. Neben der Gewöhnlichen Waldrebe zeigen auch etliche andere Arten kleine und oft besonders hübsche und farbkräftige Blüten.

Die Italienische Waldrebe *(C. viticella)* wächst insgesamt viel zierlicher – sie rankt nur wenige Meter hoch und trägt von Juni bis September blauviolette, weit geöffnete Glöckchenblüten. Graziler wirkt die Alpen-Waldrebe *(C. alpina)* mit relativ schmalen, weit abgespreizten blauvioletten Blütenblättern. Sie kann ranken oder den Boden überziehen.

Schöne Gartenbilder lassen sich mit der Mongolischen Waldrebe *(C. tangutica)* gestalten. Sie rankt an Zäunen, Rankgerüsten, Stricken oder Sträuchern hoch. Ab Juni erscheinen die gelben Blüten, die sich zu silbrig glänzenden Samenständen entwickeln. Sobald im August weitere Blüten folgen, stehen Samenstände und Blüten zugleich an den Trieben. Die Mongolische Waldrebe erweist sich als windverträglich und stadtklimafest. Auf sehr lehmhaltigen Böden zeigt sie sich allerdings wenig zuverlässig.

Unter den *Clematis*-Arten finden sich Stauden, deren Triebe am Boden kriechen und nicht in die Höhe ranken: An schattigen Stellen mit feuchtem Boden schmückt *C.* × *jouiniana* mit blauvioletten Blüten ab Mitte Mai (Foto oben). *C. integrifolia* dagegen behauptet sich auch an sonnigen Stellen.

Weiden

Salix-Arten

HERKUNFT: 400 bis 500 Arten, überwiegend in den gemäßigten und kühleren Regionen der Nordhalbkugel
WUCHS: sommergrüne Zwergsträucher, Sträucher oder Bäume
BLATT: lanzettlich bis eiförmig oder elliptisch, fällt im Herbst grün ab
BLÜTE: zweihäusig, in Kätzchen, III – IV
FRUCHT: Kapsel mit zahlreichen feinen Samen
STANDORT: sonnig bis leicht schattig, gedeiht in allen normalen Böden

Die bekannteste heimische Weide dürfte die Sal-Weide *(Salix caprea)* sein (Foto gegenüberliegende Seite). Die Blüten der männlichen Pflanzen stehen im März in silbrigen Kätzchen. Im Verlauf der Blütenentwicklung treten die goldgelben Staubblätter weithin sichtbar hervor. Während andere Kätzchenblüher wie Hasel oder Pappeln vom Wind bestäubt werden, besorgen bei den Weiden verschiedene Insekten die Bestäubung. Diese werden mit einem reichen Angebot an Pollen und Nektar angelockt. Somit stellen Sal-Weide und andere Weidenarten unentbehrliche Nahrungsquellen für früh fliegende Insekten dar. Die Sal-Weide gilt als die bedeutendste Trachtpflanze für Honigbienen im Frühjahr. Weiden sind zudem die wichtigsten europäischen Futterpflanzen für Schmetterlingsraupen. Mehr als hundert Arten vollenden daran ihren Reifefraß, mehr als 60 Arten davon sind Eulenartige Nachtfalter.

Bei den Weiden handelt es sich um die artenreichste Gehölzgattung Mitteleuropas (man rechnet mit 35 Arten). Vermutlich weist die Gattung *Salix* auch die höchste Diversität auf. Grob unterscheidet man zwischen den Schmalblattweiden, die in Wassernähe wachsen, und den Breitblattweiden, die wechselfeuchte, höher gelegene und mitunter etwas trockene Standorte bevorzugen. Die Sal-Weide trägt runde bis elliptische Blätter und gedeiht in normalen Gartenböden.

Weiden sind zweihäusig, das heißt, dass männliche und weibliche Blütenstände an verschiedenen Pflanzen stehen. Die flauschigen Kätzchen mit den Staubblättern erscheinen nur an männlichen Pflanzen. Bei der Gattung *Salix* stehen die Kätzchen aufrecht, während sie bei den verwandten Pappeln *(Populus)* hängen. Die zahlreichen Samen entwickeln sich in den Kapseln

innerhalb weniger Wochen. Die winzigen Samen werden in der sogenannten Samenwolle freigesetzt und vom Wind verfrachtet. Um zu keimen, müssen sie auf konkurrenzfreien Rohboden fallen. Sie brauchen zum Wachsen ausreichend Feuchtigkeit und vor allem Licht.

Weiden eignen sich als Rohboden-Besiedler. Sie besitzen eine große Frostresistenz, ertragen Überflutung oder zeitweise Trockenheit. Sie brauchen einen sonnigen Standort und vertragen Schatten schlecht. Weiden blühen und fruchten bereits als junge Gehölze, erreichen aber nur ein geringes Lebensalter. Sie werden häufig für ingenieurbiologische Bauweisen eingesetzt, etwa um Bachufer zu befestigen. Wegen ihrer hohen Ausschlagfähigkeit eignen sich Weiden auch für die Anlage von Lebendzäunen oder Weidenhäusern, bei denen lebendige Zweige miteinander verflochten werden, sodass sie ein belaubtes Gitter bilden.

Anspruchslose Weiden-Arten lassen sich an verschiedenen Stellen im Garten einsetzen: Die Lavendel-Weide *(Salix elaeagnos)* wird durch die schmalen Blätter elegant. Sie trägt im März hellgelbe Kätzchen. Noch graziler wirkt die Rosmarin-Weide *(Salix rosmarinifolia)* mit ihren schmal lanzettlichen Blättern. Die dicht stehenden Zweige formen einen breitbuschigen Strauch von 1 bis 1,5 m Höhe, der gute Versteckmöglichkeiten für Tiere bietet. Sehr dekorativ auf kargen Standorten wirkt die Engadin-Weide *(S. hastata* 'Wehrhanii'). Der 1 bis 1,5 m hohe Strauch hat filzig behaarte Blätter und trägt im März silbrig hellgelbe Kätzchen. Zur flächigen Begrünung eignet sich die Sand-Kriech-Weide *(S. repens* var. *dunensis,* Syn. *S. r.* var. *argentea).* Der schwachwüchsige Zwergstrauch mit dünnen Trieben wird nur 50 bis 80 cm hoch. Die silbrigen bis gelben Kätzchen schmücken im April. Als Bodendecker oder für die Trogbepflanzung eignet sich die Zwerg-Weide *(S. × grahamii),* die im April zahlreiche hellgelbe Kätzchen trägt.

Eingriffliger Weißdorn

Crataegus monogyna

HERKUNFT:	Europa, Kleinasien, Nordafrika
WUCHS:	kleiner Baum oder Strauch, Höhe 2 – 5 (– 10) m, dicht verzweigt, mit bis zu 2,5 cm langen Dornen, graue Borke
BLATT:	tief drei- bis siebenlappig
BLÜTE:	weiß, 8 – 15 mm breit, zu 5 bis 6 in mittelgroßen Trugdolden, V – VI
FRUCHT:	kräftig rote Apfelfrüchte, rundlich bis elliptisch, 8 – 9 mm dick
STANDORT:	sonnig bis halbschattig, gedeiht in allen normalen Böden

Der ökologische Wert des Weißdorns wird als sehr hoch eingeschätzt. Die intensiv riechenden Blüten bieten Pollen und Nektar für viele Bienen-, Käfer- und Fliegenarten. Zahlreiche Wanzenarten und 54 Arten von Schmetterlingen fressen an den Blättern oder im Holz, darunter Weißdornspinner, die Weißdorneule, der Baumweißling, der Segelfalter und das Trauerwidderchen. Das dornige Geäst sorgt für geschützte Nistplätze und die roten Früchte dienen den Vögeln als Nahrung. Gimpel und Kernbeißer fressen an den Knospen. Kleinsäuger wie Bilche und Igel verzehren ebenso die Früchte. Man schätzt, dass in Mitteleuropa rund 150 Insektenarten und gut 30 Singvogel-Arten im Weißdorn leben.

Früher wurde der Weißdorn häufig gepflanzt, um Felder und Weiden einzufassen. Das schnittverträgliche Gehölz eignete sich dafür bestens. Weißdorn wuchs auch als Hecke entlang von Wegen und trennte Grundstücke voneinander ab. Durch die Flurbereinigung sind viele dieser Heckenriegel verschwunden. Der Strauch oder kleine Baum wächst bevorzugt an sonnigen Plätzen, kommt aber auch im Halbschatten zurecht. Das Gehölz kann sehr alt werden, eine Lebensdauer bis 500 Jahre ist möglich.

Im Garten erweist sich der Weißdorn als unproblematischer Strauch mit hohem Schmuckwert. Im Mai oder Juni stehen die weißen Trugdolden aus fünfblättrigen Blüten in großer Dichte am Strauch. In der Volksheilkunde bereitet man aus den Blüten herzstärkenden und wohlschmeckenden Tee. Die roten apfelähnlichen Früchte reifen ab August. Sie haften lange am Strauch, zum Teil bis ins Frühjahr hinein. Die Weißdornfrüchte sind auch für Menschen roh genießbar, das gelbe, mehlige Fruchtfleisch schmeckt aromatisch süß-säuerlich.

Neben dem Eingriffligen Weißdorn wächst in Mitteleuropa auch der Zweigrifflige Weißdorn *(C. laevigata)* mit einem etwas engeren Verbreitungsgebiet von den Pyrenäen über Nordwest-, Nordost- und Mitteleuropa bis nach Italien und zum Balkan. Die beiden Arten ähneln sich sehr, beim Zweigriffligen Weißdorn färbt sich das Laub im Herbst gelborange. In der Verwendung unterscheiden sich die beiden Arten kaum. Sie wachsen in fast jedem Boden, der aber nicht zu nass oder zu sauer sein sollte. Der Eingrifflige Weißdorn verträgt Trockenheit besser als der Zweigrifflige. Beide Arten verlangen als Tiefwurzler einen tiefgründigen Boden. Früher hatte man Quitten, Birnen und Mispeln auf dem Eingriffligen Weißdorn veredelt. Doch wegen der Anfälligkeit dieser Art für Feuerbrand wird sie nicht mehr als Unterlage verwendet.

Vom Weißdorn kennt man in Kultur verschiedene Sorten: Der Echte Rotdorn *(C. laevigata* 'Paul's Scarlet') zeigt mit seinen karminroten, gefüllten Blüten eine auffällige Blütenpracht. Der beliebte Straßenbaum liefert allerdings weniger Pollen als einfach blühende Bäume. Dicht und aufrecht wächst *C. monogyna* 'Stricta' und entwickelt eine schmale Säulenform. 'Compacta' bildet dichte, rundliche Kronen und wird häufig auf Hochstämme veredelt. Weitere kultivierte Arten stammen aus Nordamerika, wie der Scharlach-Rotdorn *(C. pedicellata,* Syn. *C. coccinea),* der zu einem kleinen Baum mit unregelmäßigem Wuchs und 5 cm langen Dornen heranwächst. Er trägt weiße Blüten und entwickelt eine orangegelbe Herbstfärbung.

Zierapfel

Malus in Sorten

HERKUNFT:	Zuchtformen meist fernöstlicher Arten
WUCHS:	sehr unterschiedlich – von breiten, niedrigen Sträuchern bis rundkronigen oder schlanken Bäumen
BLATT:	meist elliptisch, manchmal mit Herbstfärbung (fällt sonst grün ab)
BLÜTE:	weiß, rosa, karminrot, entwickelt sich aus weinroter Knospe, IV – V
FRUCHT:	kirschgroße Apfelfrüchte, gelb, orange, rot
STANDORT:	sonnig bis leicht beschattet, für durchlässige, mäßig trockene Böden

Bei den Apfelbäumen öffnen sich die weißen Blüten aus purpurroten Knospen, sodass der Flor mehrfarbig erscheint. Diese ausgeprägte Eigenschaft besitzen alle Zierformen des Apfels, davon gibt es wohl 700 bis 800 verschiedene. So unterschiedlich sie im Wuchs erscheinen, es handelt sich durchwegs um kleinwüchsige Gehölze, die im Frühjahr prächtig blühen und im Herbst einen reichen Schmuck an Äpfelchen tragen.

Bis in den Winter hinein stehen diese Früchte zur Ernährung von Vögeln und Kleinsäugern zur Verfügung, während im Frühjahr die überschäumend blühenden Bäume bestäubende Insekten in den Garten locken. Ausgewachsene Schwebfliegen zum Beispiel nehmen das Pollenangebot bereitwillig an, während deren Larven Blattläuse vertilgen. Die natürlichen Gegenspieler sind gerade zur Blütezeit der Zieräpfel höchst willkommen, weil saugende Insekten sich an jungen, weichen Trieben und frisch gepflanztem Gemüse explosionsartig vermehren.

Ein Zierapfelbaum kann einen Vorgarten wunderbar einnehmen, für die Auswahl einer geeigneten Sorte sollte man sich in einer gut sortierten Baumschule beraten lassen. Denn die Wuchsform muss zu den Dimensionen des Grundstücks und des Hauses passen. Von der Beetlänge und der Beetbreite hängen Wuchshöhe und Wuchsbreite ab. Für eine ergiebige Pollenversorgung sollte man einfache Blüten wählen, bei denen die zahlreichen Staubblätter noch vorhanden sind.

Ein paar Beispiele: Die Sorte 'Red Jade' etwa wird nur 2 m hoch. Ihre zahlreichen weißen Blüten entwickeln sich aus rosa Knospen an locker überhängenden Zweigen. Die vielen leuchtend roten Früchte hängen lange im Geäst. Etwas höher wächst die Sorte 'Royalty' mit rubinroten Blüten

aus schwärzlich roten Knospen. Später entwickeln sich daraus dunkelrote Äpfelchen. Der Baum mit rötlichem Laub wächst langsam, doch dann geht die Krone sehr in die Breite. Im Gegensatz dazu wächst 'Evereste' als pyramidaler Baum. Die 5 cm großen, weißen Blüten entwickeln sich aus rosa Knospen. Im Herbst zieren das goldgelbe Laub und die orangeroten Früchte, die lange im Geäst verbleiben. Die Zwerg-Apfelbäume 'Tina' und 'Pomzai' werden höchstens 1,5 m hoch und gedeihen sogar im Topf. Beide haben weiße Blüten, aus denen sich bei 'Tina' rote, bei 'Pomzai' orangefarbene Früchte entwickeln.

An Boden und Standort stellen Zieräpfel keine besonderen Ansprüche, sie eignen sich für jeden einigermaßen sonnigen Standort. Der Boden sollte tiefgründig, durchlässig und nährstoffreich sein. Zieräpfel sollte man an windgeschützte Stellen, etwa nahe am Haus, pflanzen, sonst verwehen raue Frühjahrswinde die Pracht sehr schnell.

Schneiden muss man Zieräpfel im Gegensatz zu den Kulturäpfeln nicht regelmäßig: Nur in den ersten Jahren ist ein Aufbauschnitt ratsam. Dafür schneidet man vom Zuwachs des vorigen Jahres etwa ein Drittel weg und entfernt Zweige, die ins Kroneninnere wachsen. Bei reiferen Bäumen lichtet man nur noch abgestorbene oder wirr stehende Triebe aus. Schneidet man zu stark, fördert man triebiges Wachstum zu Lasten der Blütenbildung.

Die kleinen, festen Zieräpfel sind genauso essbar wie die Früchte der Obstbäume. Wegen ihrer geringen Größe ist keine ergiebige Ernte zu erwarten. Doch Apfelmus, das nach dem Kochen passiert wird, oder Gelee lassen sich problemlos daraus herstellen. Der Geschmack fällt allerdings sehr unterschiedlich und bisweilen recht sauer aus.

Pflanzbeispiele

Wuchshöhe, Blütezeit und Blütenfarbe sind wichtige Kriterien, um den Garten mit Gehölzen schön zu gestalten. Wachsen Bäume, Sträucher und Begleitstauden am passenden Standort und mit ausreichendem Platz, werden sie sich gut entwickeln. Im Folgenden werden Bepflanzungsbeispiele für unterschiedliche Standorte vorgestellt. Die Tabelle beschreibt ergänzend zum Text die Eigenschaften der einzelnen Pflanzen. Die dazugehörige Abbildung zeigt, wie Gehölze und Stauden miteinander kombiniert und auf der Pflanzfläche angeordnet werden können.

Hausbaum auf trockenem Standort

Die Eberesche prägt mit ihrer hoch aufstrebenden, schmal kegelförmigen Krone den Charakter des Gartens. Zur Blütezeit trägt sie Unmengen weißer Blütenbüschel, ab August hängen viele schwere Scheindolden mit auffälligen hellroten Apfelfrüchten im Geäst. Der Baum wächst zunächst schlank in die Höhe, mit dem Alter entwickelt sich eine breit kegelförmige Krone. Die Eberesche verträgt Trockenheit sehr gut. Sie kommt daher mit den oft trockenen Verhältnissen vor dem Haus und in Straßennähe bestens zurecht. Zum hohen Baum gesellen sich deutlich niedrigere Sträucher: Die Rosmarin-Weide baut sich aus vielen dünnen und wenig verzweigten Ästen fächerförmig auf und umspielt den Stamm. Die kleine Bartblume bringt einen Kontrast mit ihren schmalen, graugrünen Blättern ein. Der straff aufrecht wachsende Strauch blüht erst gegen Sommerende in klarem Blau, während die gelben Blüten der Mahonie bereits im April intensiv leuchten. Davor breiten sich trockenheitsverträgliche krautige Pflanzen aus: Die Rosetten

◀ Ein Baum (hier ein Ahorn) im Vorgarten prägt das Erscheinungsbild des Hauses und er verbindet es mit den Bewohnern.

Einladend wirkt der Vorgarten mit seiner vielfältigen Bepflanzung.

der Königskerzen erscheinen immer wieder an unerwarteten Stellen, im zweiten Jahr strecken sich die langen Blütenstände in die Höhe. Die graufilzig behaarten Blätter des Woll-Ziests formen eine lockere Pflanzendecke, aus der sich rosalila Blütenstände strecken. Der niedrige Großblütige Beinwell bildet einen dichten Bewuchs aus breiten, spitzen, sattgrünen Blättern, die für die meiste Zeit des Jahres sichtbar sind.

Ein buntes Bild formen die weiteren trockenheitsverträglichen Stauden: Die Bunte Wolfsmilch blüht im Mai, Goldgarbe und Elfenbein-Mannstreu schmücken zur Blütezeit im Hochsommer und danach mit ihrem

Samenstand. Die Hornnarbe trägt klarblaue radförmige Blüten im September und Oktober – dann, wenn sich das Laub bereits rot verfärbt. Sie ergibt mit ihren lanzettlichen Blättern einen niedrigen Bodendecker, der den Sommer über recht zurückhaltend wirkt, aber im Herbst großartig in Erscheinung tritt.

Charakter	**Deutscher Name** *Botanischer Name*	**Wuchshöhe**	**Blüten-farbe**	**Blütezeit** *(Monat)*	**Pflanzabstand** *(in cm)*
Gehölze					
Baum mit schmaler kegelförmiger Krone	Gewöhnliche Eberesche, Vogelbeere *Sorbus aucuparia*	10 – 15 m	weiß	V – VI	300
fächerförmiger Strauch	Rosmarin-Weide *Salix rosmarinifolia*	1,5 m	kleine grüne Kätzchen	IV	110
kleiner Strauch	Bartblume *Caryopteris × clandonensis*	80 – 120 cm	blau, lilablau	VIII – IX	50
kleiner Strauch	Gewöhnliche Mahonie *Mahonia aquifolium*	80 – 120 cm	goldgelb	IV	40
Krautige Pflanzen					
Staude	Woll-Ziest *Stachys byzantina*	60 – 80 cm	rosalila	VII – IV	20
Staude	Großblütiger Beinwell *Symphytum grandiflorum*	15 – 20 cm	creme-weiß	IV	15
Staude	Hornnarbe *Ceratostigma plumbaginoides*	5 – 10 cm	klarblau	VIII – IX	15
Staude	Goldgarbe *Achillea* in Sorten	70 – 90 cm	dotter-gelb	VII – VIII	30
Staude	Vielfarbige Wolfsmilch (Gold-Wolfsmilch) *Euphorbia epithymoides*	40 – 60 cm	grüngelb	IV	20
Zweijährige oder Staude	Großblütige Königskerze *Verbascum densiflorum*	60 – 150 cm	goldgelb	VI – VIII	30
Zweijährige Pflanze	Elfenbein-Mannstreu *Eryngium giganteum*	50 – 70 cm	grau-silbrig	VII – VIII	30

Vorgarten mit duftenden Gehölzen im Winter

Was kann mehr Überraschung bieten als ein mit Blüten übersäter Strauch mitten im Winter? Je nach Witterung öffnen sich die Blüten des Duft-Schneeballs im November oder Dezember. Sie verharren bei Eiseskälte in ihrer Entwicklung, um in milden Perioden völlig aufzublühen: Die weißen Blüten öffnen sich aus rosaroten Knospen und vollführen damit ein zauberhaftes Farbspiel. Dazu kommt der intensive, süßliche Duft, der an kalten Wintertagen überrascht, wenn die Dämmerung früh einbricht. Nahe am Zugang zum Haus stehen weitere Pflanzen, die gegen Winterende blühen und fein duften: Die Winter-Heckenkirsche blüht ab Februar, der Seidelbast im März. Mit ihrem Duft locken die Blüten früh fliegende Insekten an und ebenso beglücken sie Passanten. Der Purpur-Hartriegel zeigt im Winter leuchtend korallenrote einjährige Triebe. Gedrungener Lavendel, der sein graues Laub im Winter behält, bildet die Unterpflanzung auf der linken

Duftende Blüten und bunte Zweige trotzen dem grauen Winter.

Seite, rechts breiten sich im Mull des Falllaubs rotlaubige (immergrüne) Purpurglöckchen aus. Dazwischen setzen Hyazinthen starke Farbakzente – und auch sie duften fein. Am Rand kriechen die ebenfalls immergrünen, fein beblätterten Triebe des Thymians. Im Lauf des Frühjahrs treiben weitere Duftpflanzen wie Bergminze *(Calamintha nepeta)* aus, dazwischen schieben sich die drahtigen Stängel des Argentinischen Eisenkrautes *(Verbena bonariensis)* hoch. Bergminze und Argentinisches Eisenkraut blühen von Juni bis Oktober und locken zahlreiche Schmetterlinge an.

Charakter	**Deutscher Name** *Botanischer Name*	**Wuchshöhe**	**Blüten-farbe**	**Blütezeit** *(Monat)*	**Pflanzabstand** *(in cm)*
Gehölze					
breiter, mittelgroßer Strauch	Winter-Heckenkirsche *Lonicera × purpusii*	1,5 – 2 m	creme-weiß	II – III	80 – 120
sparriger, mittelgroßer Strauch	Purpur-Hartriegel *Cornus alba* 'Sibirica'	1,5 – 3 m	creme-weiß	V – VI	80 – 120
fächerförmiger, mittelgroßer Strauch	Gewöhnlicher Seidelbast *Daphne mezereum*	1 – 1,5 m	karmin-rosa	III – IV	50 – 70
streng aufrecht wachsender Großstrauch	Duft-Schneeball *Viburnum farreri*	2,5 – 3 m	weiß aus rosa Knospen	XI – III	100 – 150
kompakter, immergrüner Strauch	Frühlings-Duftblüte *Osmanthus × burkwoodii*	1 – 2 m	weiß, in Büscheln	IV – V	50 – 70
Halbsträucher und krautige Pflanzen					
Halbstrauch	Lavendel *Lavandula angustifolia* 'Hidcote Blue'	25 – 30 cm	blaulila	VI	25 – 30
Staude	Echter Thymian *Thymus vulgaris*	5 – 7 cm	rosa bis lila	VI – IX	10 – 15
Staude	Rutenhirse *Panicum virgatum* 'Hänse Herms'	80 cm	hell-braune Rispen	VII – IX	40 – 50
Staude	Purpurglöckchen *Heuchera villosa*	15 cm (Blatthorst)	weiß	VII	25 – 35
Zwiebelblume	blaue Hyazinthen *Hyacinthus*	30 cm	blau-violett	III	7 – 9

Schattige Hausseite

An der sonnenabgewandten Seite des Hauses schlingt sich das Immergrüne Geißblatt in die Höhe. Es braucht feste und gut im Mauerwerk verankerte Spanndrähte, denn die Triebe mit dem dichten, dunkelgrünen Blattwerk erreichen ein stattliches Gewicht. Weniger hoch wächst die Kletter-Hortensie. Sie verzweigt sich mit den Jahren knorrig und bietet wie das Immergrüne Geißblatt verborgene Nistplätze. Die großen, erst weißen, dann schmutzig rosa Blütenstände zieren wochenlang, sie schmücken fahl und verblichen noch im Winter. Im Schatten entwickeln sich auch Stechpalme und Bodendeckereibe, beide wachsen recht langsam. Liguster kann im lichten Schatten stehen, obwohl er dort nicht allzu üppig blüht und fruchtet.

Charakter	**Deutscher Name** *Botanischer Name*	**Wuchshöhe**	**Blütenfarbe**	**Blütezeit** *(Monat)*	**Pflanzabstand** *(in cm)*
Gehölze					
Kletterndes Gehölz	Kletter-Hortensie *Hydrangea anomala* subsp. *petiolaris*	bis 3 m	weiß	VI	70
Strauch	Gewöhnliche Stechpalme *Ilex aquifolium*	3 – 4 m	creme-weiß, klein	V – VI	100
Kletterndes Gehölz	Henrys Geißblatt *Lonicera henryi*	bis 5 m	ockergelb	VI – VII	70
Strauch	Gewöhnlicher Liguster *Ligustrum vulgare*	3 – 5 m	weiß	VI – VII	100
flach wachsendes Nadelgehölz	Bodendeckereibe *Taxus baccata* 'Repandens'	30 – 60 cm	unscheinbar	–	80
Halbstrauch	Kleines Immergrün *Vinca minor*	10 – 20 cm	blau-violett	IV	25
Krautige Pflanzen					
Staude	Wald-Geißbart *Aruncus dioicus*	1 – 1,8 m	creme-weiß	VI – VII	40
Staude	Gewöhnlicher Wurmfarn *Dryopteris filix-mas*	80 – 120 cm	–	–	70
Staude	Hellgelber Lerchensporn *Corydalis ochroleuca*	20 – 30 cm	goldgelb	V – IX	20

Die runden, schwarz glänzenden Früchte schmücken ab September und liefern Vögeln den Winter hindurch Nahrung. Der Liguster lässt sich beliebig schneiden, damit er kompakter wächst. Man kann ihn auch ungeschnitten belassen, dann wächst die Krone luftig in die Höhe.

Am Boden kriechen die dünnen Triebe des Immergrüns, das ganzjährig die dunkelgrünen, glänzenden Blätter trägt und im April zahlreiche blauviolette Blüten hervorbringt. Die cremeweißen Blütenrispen des großen Wald-Geißbarts lichten die Szenerie auf, dazwischen strecken sich die hellgrünen Wedel des Wurmfarns. In Vielzahl erscheinen Sämlinge des Gelben Lerchensporns, deren goldgelbe gespornte Blüten den ganzen Sommer über leuchten.

Auch für schattige Standorte gibt es passende Gehölze und Stauden.

Gehölzgruppe mit Früchten

Eine Hecke aus fruchttragenden Sträuchern wird mit der Zeit eine Breite von 2,5 bis 3 m einnehmen. Das Geäst der einzelnen Gehölze verzahnt sich mit den Jahren, alle bilden gemeinsam eine stachelige, gut mit Vorräten ausgestattete Festung für Vögel und Bilche. Bereits im April werden die Blüten der Berberitze von Insekten angeflogen, prächtig blühen Schlehe, Weißdorn und Holunder nacheinander in Weiß ab, gefolgt vom zartrosa Flor der Hunds-Rose. Im August reifen die Holunderbeeren, ab September tritt dann der rote Fruchtschmuck von Weißdorn, Berberitze und Rose hervor. Je später das Jahr, desto intensiver leuchten die blau bereifen Schlehenfrüchte.

Die Früchte dieser Sträucher lassen sich als Wildobst auf vielfältige Weise in der Küche verwenden. Für den menschlichen Genuss warten wir darauf, dass die Beeren und Steinfrüchte voll ausgereift sind und dann ihr volles Aroma besitzen. Tiere allerdings verzehren die Früchte bereits vor

Ein Paradies für Vögel und Kleinsäuger ist diese Hecke.

dem Ausreifen und leeren die Sträucher ab, lange bevor Menschen mit der Ernte beginnen. Manchmal verlangt die Aufbereitung der Früchte einen enormen Aufwand, deshalb können wir uns aber auch einfach am Fruchtschmuck erfreuen.

An eine derartige Gehölzgruppe schließt am besten eine standortabgestimmte Blumenwiese an. Frühzeitig im Jahr sorgen Knollenpflanzen wie Winterling und Alpenveilchen für Farbe. Sie werden sich im Verlauf der Jahre immer weiter durch Selbstaussaat ausbreiten. Im April fallen die goldgelben Blütenstände der Echten Schlüsselblume unter den noch nicht belaubten Sträuchern auf.

Charakter	**Deutscher Name** *Botanischer Name*	**Wuchshöhe**	**Blüten-farbe**	**Blütezeit** *(Monat)*	**Pflanzabstand** *(in cm)*
Gehölze					
stacheliger Strauch	Rotlaubige Berberitze *Berberis thunbergii* 'Atropurpurea'	1 – 3 m	gelb	V – VI	50 – 70
stacheliger Strauch	Schlehe, Schwarzdorn *Prunus spinosa*	2 – 3 m	weiß	III – IV	50 – 70
stacheliger Strauch	Eingriffliger Weißdorn *Crataegus monogyna*	3 – 4 m	weiß	V	100
sparriger kleiner Baum	Schwarzer Holunder *Sambucus nigra*	2,5 – 4 m	weiß	V	150
stacheliger Strauch	Hunds-Rose *Rosa canina*	1,5 – 2 m	zartrosa	VI	80
Frühjahrsblüher					
Knollenpflanze	Winterling *Eranthis hyemalis*	7 – 10 cm	gelb	III	5 – 7
Knollenpflanze	Alpenveilchen *Cyclamen coum*	8 – 12 cm	rosa, weiß	III	8 – 10
Staude	Echte Schlüsselblume, Wiesen-Primel *Primula veris*	20 – 25 cm	goldgelb	IV	15 – 20

Freiwachsende Hecke

Die Sträucher innerhalb der freiwachsenden Hecke werden sich mit den Jahren miteinander zu einem dichten Astgeflecht verwachsen, die einzelnen Gewächse suchen ihren Platz zwischen den Nachbarpflanzen. Die Kronen der hohen Sträucher werden einmal einen Durchmesser von 3 m erreichen, wobei sich alle durch Schnitt auch etwas schmaler halten lassen. Der Feld-Ahorn kann durch häufigen Rückschnitt klein und kompakt erzogen werden. Wenn der Platz es erlaubt, darf er auch hochwachsen und als kleiner Baum eine rundliche Krone ausbilden, die sich über die Nachbarsträucher erhebt. Die kleineren Sträucher wie Berberitze, Geißklee und die Kartoffel-Rose füllen die Lücken zwischen den Stämmen der Großsträucher. Sie können in Konkurrenz mit den höheren Sträuchern wachsen. Vor der Hecke liegen ein Asthaufen und ein Steinhaufen, die Unterschlupf für kleine Säugetiere oder Eidechsen bieten.

Der Asthaufen fällt im Verlauf der Jahre zusammen, man muss immer wieder lange Aststücke aufschichten. Allmählich wird sich vom Rand her Bewuchs entwickeln. Der Steinhaufen dagegen braucht Sonne. Es wird erforderlich sein, weit ausladende Äste der Sträucher zu beschneiden, um

Ast- und Steinhaufen ergänzen den wertvollen Lebensraum in dieser Hecke.

den Schattenwurf zu begrenzen. Nur auf einem warmen, besonnten Steinhaufen siedeln und vermehren sich Eidechsen.

Unter den Sträuchern blühen vor dem Laubaustrieb Busch-Windröschen und Primeln, Lungenkraut kann an beschatteten Stellen den Boden bedecken. Am besten führt eine Blumenwiese oder ein Blumenrasen nah an den Gehölzrand heran. Wiesenraute und Sigmarskraut (Rosen-Malve) sind passende Stauden für den Gehölzsaum.

Charakter	**Deutscher Name** *Botanischer Name*	**Wuchshöhe**	**Blüten-farbe**	**Blütezeit** *(Monat)*	**Pflanzabstand** *(in cm)*
Gehölze					
mittelhoher, stacheliger Strauch	Rotlaubige Berberitze *Berberis thunbergii* 'Atropurpurea'	1 – 3 m	gelb	V – VI	70
großer, sparriger Strauch	Gewöhnliches Pfaffenhütchen *Euonymus europaeus*	3 – 4 m	grün	V – VI	200
mittelhoher, stacheliger Strauch	Kartoffel-Rose *Rosa rugosa*	1 – 2 m	rosa	VI	70
Zwergstrauch	Niederliegender Geißklee *Cytisus decumbens*	20 – 50 cm	goldgelb	V	40
steil aufrecht wachsender Großstrauch	Kornelkirsche *Cornus mas*	3 – 4 m	gelb	III	150
mittelhoher bis großer Strauch oder Baum	Feld-Ahorn *Acer campestre*	4 – 7 m	gelbgrün	IV – V	150 – 250
lockerer Großstrauch	Kupfer-Felsenbirne *Amelanchier lamarckii*	3 – 4 m	weiß	IV	150 – 250
mittelhoher Strauch mit überhängenden Trieben	Schmalblättriger Sommerflieder *Buddleja alternifolia*	2 – 3 m	lila	VI	100 – 150

Über der Trockenmauer

Die trockenheitsverträgliche Bepflanzung auf der Mauerkrone zeigt mehrfach im Jahr einen besonderen Blühaspekt. Bereits im April erscheinen die gelbgrünen Blüten an den immergrünen, blaugrauen Trieben der Walzen-Wolfsmilch. Die fleischigen Triebe behalten ihre grauen Blätter auch den Winter über. Dadurch sorgt die Pflanze in der vegetationsarmen Jahreszeit für Struktur.

Im Juni öffnen sich unzählige Blüten an der Zistrose. Der Strauch und weitere Aromapflanzen, die hier ebenfalls gut gedeihen wie Ysop, Thymian und hängende Formen des Rosmarins, duften bei hohen Temperaturen besonders intensiv. Im Juni und Juli erscheinen die gelben Blütentrauben des Schwarzen Geißklees. Der Buschklee dagegen trägt im September und Oktober zahlreiche kräftig purpurrosa bis violette Blüten. Die dünnen,

Auf der Mauerkrone gedeihen Gehölze wie Geißklee und Zistrose.

übergeneigten Triebe des Buschklees erfrieren im Winter. Nach einem radikalen Rückschnitt im Frühjahr treibt der Strauch zuverlässig wieder aus.

Der Bewuchs innerhalb der offenen Fugen bietet Lebensraum für eine Vielzahl von Gliedertieren. Sie finden Unterschlupf zwischen den Rosetten von Krustensteinbrech und Hauswurz *(Sempervivum)*. Viel Kleinleben birgt auch das Mauerzimbelkraut. Es überzieht die Mauer mit dünnen Trieben, an denen die ganze Vegetationszeit über die lila Lippenblüten erscheinen.

Charakter	**Deutscher Name** *Botanischer Name*	**Wuchshöhe**	**Blüten-farbe**	**Blütezeit** *(Monat)*	**Pflanzabstand** *(in cm)*
Gehölze					
Strauch mit überhängenden Trieben	Thunbergs Buschklee *Lespedeza thunbergii*	1 m	kräftig purpur-rosa	IX – X	100
aufrecht wachsender Strauch	Lorbeerblättrige Zistrose *Cistus laurifolius*	60 – 120 cm	weiß	VI – VII	80
Kleinstrauch	Schwarzer Geißklee *Cytisus nigricans*	50 – 100 cm	gelb	VI – VII	60
Halbstrauch	Ysop *Hyssopus officinalis*	25 – 30 cm	klarblau	VII	30
Halbstrauch	Gewöhnliche Kugelblume *Globularia punctata*	8 – 12 cm	lilablau	V	15
Halbstrauch	Sonnenröschen *Helianthemum*	15 – 30 cm	weiß, gelb, orange	V – VIII	20
Krautige Pflanze					
Staude	Walzen-Wolfsmilch *Euphorbia myrsinites*	20 cm	grüngelb	IV	30

Gehölzgruppe am Teichrand

Mit Wasserläufen verbinden wir ganz bestimmte Bäume des Auenwaldes wie Weiden, Erlen, Pappeln – die allermeisten werden zu groß für einen Hausgarten. Die Advent-Weide ist eine kleinere Auslese der Sal-Weide. Ihren Namen erhielt sie, weil die silbrigen Kätzchen der männlichen Pflanze je nach Witterung bereits gegen Jahresende erscheinen. Gedrungen wächst die elegante Engadin-Weide mit ihren silbrigen hellgelben Kätzchen an aufrechten Trieben. Das Pfaffenhütchen mit seinem lichten Astgewirr bekommt durch die gedrungene Gold-Birke einen soliden Rückhalt. Als niedriger Begleiter bietet sich die Apfelbeere an, die gern auf feuchten Böden wächst, aber auch Trockenheit gut verträgt. Sie passt zum Charakter eines Gebüsches am Wasser, kann aber in der trockenen Erde außerhalb der Teichabdichtung stehen. Die Zwergform der Purpur-Weide schmückt ganzjährig mit rotrindigen Zweigen, die sich im grünen Gebüsch farblich abheben. Typische Stauden feuchter Standorte bringen farbkräftige Blühaspekte ein. Im Hochsommer streben die pinkfarbenen Blütenstände des

Weiden und der Blut-Weiderich mit seinen dunkelrosa Blütenständen entwickeln sich an feuchten Standorten gut.

Blut-Weiderichs in die Höhe. Die nektarreichen Blüten locken unentwegt Schmetterlinge an.

Die genannten Gehölze brauchen Platz zur Entfaltung. Das Pfaffenhütchen wird 2,5 m breit, die Advent-Weide erreicht einen Kronendurchmesser von gut 4 m. Die komplette Gehölzgruppe lässt sich erst ab einer Uferlänge von 12 m realisieren. Für kleinere Flächen kommt eine passende Auswahl infrage.

Charakter	**Deutscher Name** *Botanischer Name*	**Wuchshöhe**	**Blütenfarbe**	**Blütezeit** *(Monat)*	**Pflanzabstand** *(in cm)*
Gehölze					
rundlicher Kleinstrauch	Engadin-Weide *Salix hastata* 'Wehrhanii'	1 – 1,5 m	silbrig hellgelbe Kätzchen	III	80
aufrechter Großstrauch	Gewöhnliches Pfaffenhütchen *Euonymus europaeus*	3 – 4 m	grün	V – VI	200
vieltriebiger Kleinstrauch	Apfelbeere *Aronia melanocarpa*	1 – 1,5 m	weiß	V	70
mehrstämmiger Baum	Gold-Birke *Betula ermanii*	3,5 – 8 m	gelbgrüne Kätzchen	IV	300
buschiger Strauch	Advent-Weide *Salix caprea* 'Silberglanz'	3 – 7 m	silbrige Kätzchen	II – IV	200
breitrunder Kleinstrauch	Purpur-Weide *Salix purpurea* 'Nana'	1 – 1,5 m	unscheinbare Kätzchen	III – IV	120
Krautige Begleitpflanzen					
Staude	Blut-Weiderich *Lythrum salicaria*	70 – 90 cm	dunkelrosa	VI – VIII	40
Staude	Sumpf-Vergissmeinnicht *Myosotis scorpioides*	10 – 40 cm	klarblau	V – VIII	20 – 25
Staude	Blaue Himmelsleiter, Jakobsleiter *Polemonium caeruleum*	60 – 70 cm	blau	VI – VII	20 – 25
Staude	Sumpf-Beinwell *Symphytum officinale* subsp. *uliginosum*	30 – 60 cm	trüb rosaviolett	V – VII	30
Staude	Gelbe Sumpf-Schwertlilie *Iris pseudacorus*	60 – 80 cm	dottergelb	V – VI	30 – 40

Farbige Ausgestaltung

Ein Baum, ein Strauch oder eine Gehölzgruppe stehen in der freien Landschaft nie völlig isoliert – sie haben immer eine niedrige Unterpflanzung aus hohen oder niedrigen Stauden, manchmal wachsen darunter viel kleinere Gehölze. Auch im Garten wirkt eine Szenerie erst stimmig, wenn passende Begleitpflanzen hinzukommen. Bunt blühende Stauden und Einjährige bringen zusätzliche Strukturen und Farben ein. Zwiebelblumen entwickeln vor allem früh im Jahr eine kräftige Farbwirkung für menschliche Betrachter und sie liefern Pollen für früh fliegende Insekten. Schöne natürliche Bilder entstehen durch geeignetes Dekomaterial aus der Natur, das wiederum zum Lebensraum wird.

Staudensaum

Gehölzbereiche gehen nie abrupt in eine freie Fläche wie eine Wiese oder ein Blumenbeet über. Wie in freier Natur lassen sich auch im Garten Säume schaffen, wo Pflanzen abgestuft nach Wuchshöhe artenreiche Übergangszonen ermöglichen. Am Rand einer Gehölzgruppe oder Hecke herrschen je nach Jahres- und Tageszeit unterschiedliche Verhältnisse im Hinblick auf Lichteinfall, Lichtmenge, Luft- und Bodenfeuchtigkeit. Dadurch können sehr viele verschiedene Pflanzenarten gedeihen, die wiederum Lebensraum für viele Tierarten bieten. Durch das kontinuierliche Wachstum der Gehölze ändern sich die Standortbedingungen von Jahr zu Jahr, was sich auch auf die Zusammensetzung des Bewuchses auswirkt.

Wie bei natürlichen Waldsäumen können sich im Vordergrund von Gehölzen Fingerhüte schön ausbreiten. Sowohl der Rote Fingerhut *(Digitalis purpurea)* als auch der Wollige Fingerhut *(Digitalis lanata)* und der Gelbe Fingerhut *(Digitalis lutea)* bieten in ihren glockigen, nickenden Blüten reichlich Pollen. Die Saftmale im Glockeninneren weisen anfliegenden Insekten den Weg zur Nektarquelle und führen sie an Staubblättern und Narbe vorbei, damit die Befruchtung stattfindet. Fingerhüte sind zweijährige Pflanzen: Im ersten Jahr bildet sich eine Blattrosette, erst im zweiten Jahr streckt sich der hohe Blütenstand. Aus den ausfallenden Samen entstehen immer wieder neue Pflanzen, die sich in der Strauchzone geeignete Plätze suchen. An schattigeren, feuchteren Plätzen harmonieren Fingerhüte schön mit Tränendem Herz. Wurmfarn kann dazu ruhige Akzente setzen. An helleren Plätzen ergeben hohe Glockenblumen wie die Pfirsichblättrige Glockenblume oder die Nesselblättrige Glockenblume neben Frauenmantel hübsche Kombinationen und bei genügend Platz kann sich ein Wald-Geißbart entfalten. Herbst-Anemonen bringen im September Farbe und ein reiches Pollenangebot. Zwischen die hohen Stängel der Waldrandstauden können sich am Boden dekorativ die Triebe einer krautigen Waldrebe wie *Clematis × jouiniana* schieben. Durch ihren kriechenden Wuchs erobert sie sich geeignete Plätze, nimmt aber vielleicht viel Raum ein.

Besonnte Gehölzsäume verlangen nach trockenheitsverträglichen krautigen Pflanzen. Unter den einheimischen Arten bieten sich Königskerzen *(Verbascum*-Arten) und Gewöhnlicher Natternkopf *(Echium vulgare)* an, die als zweijährige Pflanzen wachsen und ständig von Insekten umschwärmt sind. Vor allem die Großblütige Königskerze *(Verbascum densiflorum)* gilt als ausgezeichnete Bienenfutterpflanze. Anhaltend blüht auch der Rainfarn *(Tanacetum vulgare)* mit seiner Vielzahl an gelben Körbchenblüten in auffälligen Scheindolden. Unermüdlich den ganzen Sommer hindurch blüht der Gelbe Lerchensporn *(Pseudofumaria lutea)*, der sich leicht versamt und an unerwarteten Stellen keimt. Als Bodendecker sogar an trockenen Stellen bietet sich die Kriechende Hornnarbe *(Ceratostigma plumbaginoides)* an, deren klarblaue Blüten erst im September erscheinen, wenn sich das längliche Laub an den kriechenden Trieben bereits ziegelrot verfärbt. Auch Einsaaten mit Blumenmischungen sind möglich. Man wählt passende Mischungen für sonnige oder schattige Standorte. Das Saatgut sollte aus regionaler Herkunft stammen.

Zwiebelblumen und Knollenpflanzen

Frühjahrsgeophyten bringen früh im Jahr Farbe in den Garten. Die meisten Zwiebelblumen und Knollengewächse blühen im Frühjahr und ziehen den Sommer über ein. Sie sind dadurch an den natürlichen Klimaverlauf ihrer sommertrockenen Heimatgebiete angepasst. Bei einer Kultur in Mitteleuropa bedeutet dies, dass sie während der heißen und oft trockenen Sommerwochen ohne zusätzliche Wassergaben auskommen. Zwiebelblumen haben einen Lebensrhythmus, der ihnen das Wachstum in wärmeren, ausreichend feuchten Zeiten des Jahres erlaubt, wogegen sie sich in regenfreien Zeiten sowie während Frostperioden in ihre Überdauerungsorgane zurückziehen. Die fleischige Zwiebel fault aber leicht, im Sommer wie im Winter. Dabei wirkt sich zu viel Regen im Sommer genauso schädlich aus wie übermäßige Winternässe. Verborgen unter Baum- oder Strauchkronen bleiben die Knollen oder Zwiebeln vor übermäßiger Nässe weitgehend geschützt.

Alpenveilchen zum Beispiel gedeihen gut im Schatten unter Bäumen oder Sträuchern, wo die Erde recht trocken werden kann. Haben sie sich einmal angesiedelt, leuchten Jahr für Jahr im ausgehenden Winter die weißen, rosa oder pinkfarbenen Blüten ganz überraschend über dem braunen Falllaub. Die Blüten erscheinen, noch bevor sich die dunkelgrünen Blätter mit silbriger Zeichnung entwickeln. Ab Mai verschwindet das Laub wieder.

Blüten bei milder Witterung

Bei den Wildkrokussen lässt sich schön beobachten, wie der Witterungsverlauf ihr Wachstum beeinflusst. Sie treiben an ihren Naturstandorten schon im Spätherbst oder Frühwinter ihre Blüten, während hierzulande die Winterkälte das Wachstum noch wochenlang unterdrückt. Erst wenn im ausgehenden Winter die Temperaturen milder werden, schieben sich die Blüten aus der Erde. Die zartlila Wildkrokusse blühen früher als die dottergelben, violetten oder weißen Krokuszüchtungen. Sie wirken zierlicher und fügen sich viel besser in naturnahe Gartensituationen ein.

Früh blühen die Winterlinge *(Eranthis hyemalis),* deren gelbe Blüten oft das erste Anzeichen für das bevorstehende Winterende bedeuten. Über eigene Aussaat können sich Winterlinge im Verlauf von Jahren stark ausbreiten. Eine große Gruppe mutet im Frühling fröhlich an und lässt sich hübsch mit Büscheln von Schneeglöckchen ergänzen.

Aus unserer heimischen Flora bietet sich der Hohle Lerchensporn *(Corydalis cava)* für die flächige Ausbreitung unter Laubgehölzen an. Er nutzt die hohe Lichtmenge in der Zeit, bevor die Blätter austreiben, um sich rasend schnell zu entwickeln. Im März erscheinen die länglichen Röhrenblüten mit Sporn, kurz darauf entwickeln sich die Blätter, die bald einziehen, und ab dem Frühsommer ist von der Pflanze nichts mehr zu sehen, weil sie sich wieder in ihre Knolle zurückgezogen hat. Im zeitigen Frühjahr aber formt der heimische Lerchensporn einen anmutigen Teppich aus Blütentrauben in gemischten Farbtönen zwischen Wollweiß, Zartrosa, Altrosa und Lilarosa.

Wie bei den Krokussen bieten sich bei den Tulpen die Wildformen an: Wildarten, wie sie an den Naturstandorten in Vorder- und Mittelasien wachsen, haben kleinere Blüten, die aber eine ungemeine Leuchtkraft und oft besonderen Charme besitzen. *Tulipa tarda* etwa treibt sattgelbe Blüten mit weißen Blütenblattspitzen im April, etwas früher blühen die Sorten von *T. kaufmanniana* oder *T. praestans.* Die heimische Weinberg-Tulpe *(Tulipa sylvestris)* bringt ab Ende Mai zierliche gelbe Blüten mit grünlicher Außenseite, die blumig duften. Diese Art bildet dichte Kolonien.

Zwiebelblumen für den Sommer

Es liegt in der Natur der Zwiebelblumen, dass sie im Frühjahr blühen, rasch Samen bilden und sich dann wieder in die Erde zurückziehen. Doch es stehen auch Zwiebelblumen oder Knollenpflanzen zur Verfügung, die noch im Früh- oder Hochsommer blühen. Zierlich wirkt die auch in Mitteleuropa winterharte wilde Gladiole oder Byzantinische Siegwurz *(Gladiolus communis* subsp. *byzantinus).* Zur Blütezeit im Juni oder Juli strecken sich die Schäfte mit den grazilen rotvioletten Blüten 50 bis 70 cm hoch.

Auch die Zierlauche *(Allium*-Arten) blühen zwischen Ende Mai und Anfang August. Sie passen gut an trockene Gehölzränder. Im Vorfeld einer Gehölzgruppe wirkt der Kugel-Lauch *(Allium sphaerocephalon)* schön. Er besitzt runde purpurrote Blütenstände von 5 bis 7 cm Durchmesser. Trockene Standorte mag auch der Gelbe Lauch *(Allium flavum).* Die zitronengelben Blüten an ihren langen Stielen stehen je nach Entwicklungsstand aufrecht oder sie hängen.

Schön fügt sich die Türkenbund-Lilie *(Lilium martagon)* ein, die vereinzelt sogar bei uns in freier Natur vorkommt, nämlich auf kalkhaltigen Böden in Süddeutschland und häufig im Schweizer Jura. Die karminrosa Blüten mit den dunklen Sprengeln auf den Blütenblättern duften stark. Weil sich am Schaft die Blüten nach und nach öffnen, ergibt sich eine wochenlange Blütezeit. Die angeschwollenen Balgfrüchte sind noch lange Zeit nach der Blüte im Beet präsent und haben ihren eigenen Schmuckwert.

Knollenpflanzen im Herbst

Naturgemäß sind im Spätsommer keine Zwiebelblumen zu erwarten. Doch das Herbst-Alpenveilchen *(Cyclamen hederifolium)* blüht im August und September, bis in den Oktober hinein. Die Blüten sind rosa, von der pinkfarbenen Blütenmitte strahlen Streifen in die Blütenblätter aus. Die efeuartigen Blätter mit heller Zeichnung bleiben im Winter grün und formen mit der Zeit einen dekorativen Teppich unter Gehölzen. Das von West- bis Osteuropa heimische Wilde Alpenveilchen *(Cyclamen purpurascens)* bringt von Juni bis September stark duftende, rosa bis tief karminrote Blüten. Bei ihm bleiben die rundlichen Blätter mit silbriger Zeichnung das ganze Jahr über erhalten.

Sonnig und karg

Alle erwähnten Zwiebelblumen wollen einen sonnigen Platz, der im Sommer durchaus trocken sein darf oder es sein soll. Die Erde sollte eher karg sein, mit einem hohen Anteil an Sand, Feinkies oder Splitt. Bei einem hohen Humusanteil faulen die Speicherorgane leicht, zum Schutz vor Fäulnis muss Wasser leicht ablaufen können. Zwiebelblumen, die im Frühjahr blühen, pflanzt man im Herbst, jene, die im Sommer oder Herbst zur Blüte kommen, setzt man in den Frühjahrsmonaten.

Altholz: nicht bloß Abfall

Unzählige kleine und größere Tiere leben in abgestorbenem Holz. Gerade am Rand von Strauchgruppen oder unter Baumkronen lassen sich aus abgeschnittenen Ästen und toten Stämmen schöne Gartenbilder gestalten.

In der Vergangenheit hatte man altes Holz aus dem Garten entfernt. Heute schätzen wir sein dekoratives Aussehen und legen zum Beispiel eine bizarr geformte Wurzel als Schmuckstück ins Beet. Und ein altes, verwittertes Aststück garniert stimmig den Gehölzsaum. Es formt sich ein Abbild der Natur, wenn sich neben einem knorrigen Stück Holz die schlanken Stängel des Roten Fingerhutes in die Höhe strecken. Etwas weiter im Schatten unter Bäumen oder hohen Sträuchern kann Holz ungestört vor sich hin rotten. An trockenen Stellen werden sich Flechten darauf ausbreiten, in eher feuchten Bereichen überzieht ein Pelz aus Moos das Holz.

Man spricht zwar landläufig von Totholz, doch abgestorbenes Holz ist überaus belebt: Geschätzte 1500 Pilzarten und 1400 Käferarten sind darauf angewiesen. Ein Drittel aller Tier- und Pilzarten des Waldes lebt im Altholz. Weil kaum noch Altholz im Wald bleibt, sind diese Organismen bedroht. Der gefährdete Nashornkäfer etwa ernährt sich von zerfallendem Altholz. Die Blauschwarzen Holzbienen legen ihre Nistgänge im Altholz an. Andere Hautflügler legen ihre Eier in Holzgängen ab, die von anderen Insekten vorgebohrt wurden. Darunter befinden sich einige der Solitärwespen, die räuberisch leben und Insekten im Garten jagen. Dadurch tragen viele der Tiere, die vom oder im toten Holz leben, dazu bei, das biologische Gleichgewicht im Garten aufrecht zu erhalten. Wichtige Blattlausjäger wie Marienkäfer, Schlupfwespen oder Ohrwürmer zählen mit dazu.

Natürlicher Kreislauf

Als wichtiges Glied im Stoffkreislauf der Natur sollte totes, vermoderndes Holz im Garten verbleiben. Wird Gehölzschnitt zu Reisighaufen aufgeschichtet, entwickeln sich Lebensräume für viele Singvögel und Säugetiere. Zaunkönig oder Rotkehlchen nutzen Reisighaufen gerne als Versteck und Brutplatz. Spitzmaus, Igel, Mauswiesel, Erdkröte oder Zauneidechse finden in einem Holzhaufen einen optimalen Überwinterungsplatz und Unterschlupf. Einen Asthaufen legt man an einer abseitigen Stelle des Gartens, am besten unter Sträuchern, an. Das organische Material baut sich immer weiter ab, daher muss man jährlich neues Geäst auf den Haufen aufbringen. So ein natürliches Gartenelement muss nicht zur Schmuddelecke verkommen. Lässt man es von Efeu oder von den kriechenden Trieben einer Stauden-Waldrebe überziehen, entsteht eine anmutige naturnahe Szenerie.

Abgestorbenes Holz bietet eine Vielzahl unterschiedlicher Lebensräume, je nach Holzart, Dicke, Standort, Feuchtigkeitsangebot und Zersetzungsgrad. Als ökologisch besonders wertvoll gilt das Holz von Laubbäumen. Erscheint die Rodung eines Baums unvermeidlich, sollte zumindest ein Teil des Stammes oder ein mächtiger Strunk stehen bleiben, der verrotten kann. Wahrscheinlich muss man ihn stark beschneiden, um zu verhindern, dass von abbrechenden Ästen Gefahr ausgeht. Bleiben der Stamm und ein Teil der dicken Äste erhalten, werden sich bald Insekten ansiedeln, Vögel nutzen entstandene Löcher als Nisthöhlen. Im absterbenden Holz nisten Höhlenbrüter wie Baumläufer, Spechte oder Kleiber. Höhlen in alten Baumstämmen suchen außerdem Fledermäuse als Tages- oder Überwinterungsquartier auf. Neben der Blauschwarzen Holzbiene legen dort Wildbienen wie die Wald-Pelzbiene oder die Garten-Wollbiene ihre Nester an. Auch Blindschleichen leben gern in verrottendem Holz. Sie nutzen die beim

Die Blauschwarze Holzbiene bohrt für die Eiablage Löcher in altes Holz.

Abbau organischer Stoffe entstehende Wärme. Will man Blindschleichen fördern, müssen alte Holzstücke unbedingt in der Sonne liegen.

Totholz als Grenzwall

Aufgeschichteter Gehölzschnitt kann als Zaunersatz dienen. Quer zur Gartengrenze gelegte Stämme und Äste lassen sich zu einem mindestens 80 cm breiten Wall aufschichten. Für eine schmalere Altholzbarriere schlägt man entlang eines 50 bis 70 cm breiten Bandes zu beiden Seiten im Wechsel Pflöcke in die Erde ein. Sie dienen als Halt für die Aststücke und Zweige, die man dazwischen einfüllt. Mit dem jährlichen Gehölzschnitt aus einem größeren Garten lässt sich diese Barriere immer wieder ergänzen. Gerade an der Grenze des Siedlungsraumes, am Übergang zu Feld und Wiese, entsteht dadurch ein natürlicher Saum, der auch den Tieren den Wechsel von einer Zone zur anderen ermöglicht.

▲ Die Azurjungfer rastet für eine Weile auf dem Roten Hartriegel.

Das Haussperlings-Weibchen fühlt sich im Geäst der Johannisbeere gut geschützt. ▼

Tiere im Garten

Wasser für die Tiere

Tiere brauchen Wasser zum Leben, zu jeder Jahreszeit, im Sommer wie im Winter. Im Grunde genügt es bereits, eine einfache Schale mit Wasser aufzustellen. (Das kann ein schlichter glasierter Untersetzer sein.) Man reinigt die Schale regelmäßig und füllt frisches Wasser ein. Vor allem bei regnerischem Wetter muss man die Wasserschale im Auge behalten: Zwar liefern die Niederschläge Wasser nach, doch es fällt zugleich Schmutz an und der Wind weht Blätter herbei, die zu faulen beginnen. Daher ist es gerade an Regentagen wichtig, die Schale sauber zu halten und mit frischem Wasser zu befüllen.

Selbstverständlich muss man an sommerlichen Hitzetagen darauf achten, dass die Schale nicht austrocknet. Insekten und Vögel müssen dann trinken können und werden sich in Vielzahl einstellen. Damit die Insekten nicht ertrinken, können Steine als Landeplätze hineingelegt werden. Doch auch im Winter muss trinkbares Wasser bereitstehen. Deshalb ist es nach Frostnächten wichtig, die Eisplatte zu entfernen und aus dem Haus flüssiges Wasser nachzufüllen. An Tagen mit Dauerfrost hilft es, mehrmals am Tag warmes Wasser aufzugießen, damit keine feste Eisschicht entsteht.

Steht eine Wasserschale am Boden, erhalten auch Kleinsäuger wie der Igel oder Eichhörnchen einen Zugang. Für Vögel allerdings stellt eine Wasserquelle in Bodennähe eine Gefahr dar. Wenn sie sich sicher fühlen sollen, muss die Umgebung offen sein, damit wirklich keine Katzen auflauern können. Höhere Gehölze in mehreren Metern Entfernung bieten die Gewähr, dass kreisende Greifvögel keinen Zugriff haben, und Gebüsche im weiteren Umkreis bieten die Sicherheit, jederzeit rasch fliehen zu können. Wasserschalen, die auf einem Sockel stehen, geben mehr Sicherheit für Vögel, doch für Kleinsäuger sind sie nicht erreichbar.

Badegelegenheit

Vögel nehmen jede Möglichkeit, ein Bad zu nehmen, bereitwillig an. Beim Baden schrecken Parasiten im Gefieder auf. Deshalb plantschen und pritscheln Vögel so vergnüglich im Wasser, was auch die menschlichen Beobachter so sehr erfreut. In einer flachen Schale genügt der Wasserstand, damit kleine Singvögel wie Blau- oder Kohlmeisen darin baden. Etwas größere Vögel wie Amseln bevorzugen einen höheren Wasserstand, den sie in einer Wanne oder einem schlichten Trog finden. So ein Gefäß lässt sich einfach gestalten. Als Behälter genügt eine schnöde Blechwanne, die man aufstellen oder ein Stück weit in den Boden eingraben kann. Auf jeden Fall stellt man das Wassergefäß vor dem Befüllen an den endgültigen Platz, weil man es danach kaum mehr transportieren kann.

Die Wasserwanne steht am besten im Halbschatten unter einer Strauchkrone. Dort haben die Vögel Deckung in nächster Nähe, außerdem entwickeln sich abseits der Sonne Fadenalgen deutlich weniger stark. In die Wanne füllt man eine mehrere Zentimeter dicke Schicht Sand ein. Ein paar wenige Wasserpflanzen dienen der Dekoration. Das kann zum Beispiel eine Gelbe Sumpf-Schwertlilie *(Iris pseudacorus)* sein oder ein himmelblau blühender Sumpf-Salbei *(Salvia uliginosa)*. Seggen *(Carex)* und Igelkolben *(Sparganium)* sehen das ganze Jahr über gut aus, breiten sich aber schnell aus und müssen vielleicht eingedämmt werden. Exoten wie Wassersalat *(Pistia stratioides)* oder Wasserhyazinthe *(Eichhornia crassipes)* kann man

Die jungen Haussperlinge genießen ihr gemeinsames Bad.

für einen Sommer im Gartenmarkt kaufen, doch diese Gewächse sind nicht winterhart und werden im Herbst absterben. Man muss sie aus dem Wasser entfernen, damit sie nicht faulen.

Um die eingesetzten Pflanzen herum platziert man grobe Kieselsteine (Wackersteine). Für ein gefälliges Bild verteilt man sie nicht gleichmäßig, sondern legt sie in dekorativen Gruppen.

Garten- oder Blumenerde kommt nicht mit in die Wanne. Wasserpflanzen wachsen von Haus aus kräftig, den eingesetzten Gewächsen genügt der Nährstoffvorrat aus dem Wurzelballen, ergänzt um den natürlichen Nährstoffeintrag. Aus diesem Grund ist es auch nicht nötig, Wasserpflanzen zu düngen. Befüllt wird die Wasserwanne am besten mit Regenwasser. Falls keines zur Verfügung steht, kann man auf Leitungswasser ausweichen.

Damit Vögel eine Badestelle erhalten, muss die Wasserfläche zum großen Teil frei liegen. Außerdem muss die Wassertiefe variieren – schließlich verlangen Amseln einen höheren Wasserstand als Meisen. Die Modellierung kann man schon bei der Anlage vornehmen, ansonsten werden sich größere Vögel ihren Pfuhl in der Sandfläche schaffen.

Die Badegelegenheit wird sich für die menschlichen Gartenbewohner zum attraktiven Beobachtungspunkt entwickeln. Wir haben uns daran gewöhnt, wunderbare Tierfilme präsentiert zu bekommen, wo spektakuläre Aufnahmen dicht aufeinanderfolgen. Beim Beobachten von Vögeln an einer Badestelle lernen wir Geduld, sehen plötzlich viele Details und haben das ganze Umfeld im Blick: Da pritschelt eine Kohlmeise endlos im Wasser, während das Rotschwänzchen im Geäst ungeduldig knickst und wartet, bis die Stelle frei wird und es an die Reihe kommt. Die Haussperlinge wiederum scheren sich nicht um die Konkurrenz und setzen sich mit hinein ins Wasser, solange irgendwie Platz nebeneinander ist. Dann kommt eine Amsel angeflogen und schon schwirren die kleinen Vögel weg. Die Amsel taucht den Kopf ins Wasser, schüttelt das Gefieder und verstreut tropfenweise Wasser. Sie setzt sich an den Rand, prüft die Umgebung nach allen Seiten und wenn alles friedlich erscheint, vollführt sie erneut die gleiche wasserverschwendende Show. Erst wenn sie tropfnass das Weite gesucht hat, kommen die kleinen Vögel wieder. An sonnigen, heißen Tagen muss man das Wasser wahrscheinlich einmal auffüllen.

Tümpel brauchen seichte Stellen. Auch grobe Steine erleichtern Tieren den Zugang und den Ausstieg.

Trink- und Badestellen finden Tiere auch am Rand von Teichen und Wasserläufen. Der Zugang muss flach ausgeformt sein, damit keine Gefahr besteht, wenn kleine Tiere zum Trinken kommen. Als Badegelegenheit sollte eine sandige Stelle von mindestens 30 cm Durchmesser zur Verfügung stehen. Flache Wasserbereiche sind auch wichtig für Kröten, die nicht trinken, sondern über ihre Haut Wasser aufnehmen. Dafür müssen sie ganz ins Wasser eintauchen und gefahrlos wieder herauskommen.

Bepflanzte Wasserbottiche und vorgefertigte Teichwannen aus dem Baumarkt haben steile Wände, an denen Tiere nicht mehr herausfinden, wenn sie ins Wasser gefallen sind. Von solchen Wasserrändern könnten Brettchen oder dicke Äste schräg vom Rand in die Wasserfläche führen, damit Tiere einen Ausstieg haben. Zusätzlich sollte man durch die Modellierung des Grundes dafür sorgen, dass es flache Stellen gibt, an die sich Tiere retten können – und zusätzlich muss man einen Fluchtweg anlegen.

Alle Wasserflächen wirken sich günstig auf das Mikroklima im Garten aus. Die erhöhte Luftfeuchtigkeit ist wichtig für das Überleben von Kleinstlebewesen, die im Verborgenen sitzen: Käfer zum Beispiel stellen ihre Flügel auf, damit sich daran Kondenswasser sammelt. Spinnen nehmen Wasser von feinsten Tautropfen an den Fäden ihres Netzes auf. Das an Pflanzen kondensierte Wasser schafft bessere Lebensbedingungen für Amphibien, die grundsätzlich nicht trinken.

Ein Bad schreckt auch bei der Mönchsgrasmücke Milben im Gefieder auf.

Lebensraum für Vögel

Im Frühling von Vogelgezwitscher geweckt zu werden – was gibt es Schöneres? Noch in der Dunkelheit trällert die Amsel, bald folgen die Meisen, der Zaunkönig stimmt ein und später kommt der Buchfink hinzu, sozusagen der Spätaufsteher unter den Gartenvögeln. Die Mönchsgrasmücke lässt sich nicht auf eine Uhrzeit zum Singen festlegen: Sie bietet ihren schwätzenden Gesang den ganzen Tag über dar. Sie fliegt von Warte zu Warte und verkündet lauthals, dass dieses Revier ihr gehört. Je besser das Nahrungsangebot, desto ausdauernder und vielfältiger ihr Gesang.

Nach der Brutzeit wird es stiller im Garten, erst recht im August. Denn während der Mauser können die Vögel oft nicht mehr sonderlich gut fliegen, daher halten sie sich versteckt. Vögel hört man wieder im Herbst, wenn die Jungvögel den arttypischen Gesang einüben. Im Winter vernimmt man vereinzeltes Piepsen, an kalten Tagen klingen die Töne klagend. Dazwischen hört man den perlenden Gesang der Rotkehlchen und wer genau hinhört, kann die Melodie russischer Überwinterer von heimischen Standvögeln unterscheiden.

Im Winter schätzen wir traditionell die Möglichkeit, Vögel vom Zimmer aus an Futterstellen beobachten zu können. Doch viele, die Futterhäuschen, Körnersilos und Meisenknödel aufgehängt haben, wundern sich, warum die Vögel ausbleiben. Warum kommen sie nicht? Die nüchterne Antwort lautet, dass die Zahl der Vögel dramatisch abgenommen hat, weil sie in der freien Natur immer weniger Futter und immer weniger Nistplätze finden. Wenn es kalt ist, müssen die Vögel mit ihrer Energie haushalten. Das bedeutet aber, dass sie nicht mehr auf Futtersuche gehen, sondern nur noch an bekannten Plätzen fressen. Dadurch sind an einzelnen Futterstellen viele Vögel zu beobachten, an anderen dagegen taucht kein hungriger Vogel auf.

Die Chance, dass man im Winter Vögel vom warm geheizten Zimmer aus beobachten kann, liegt daher um einiges höher, wenn sich die Vögel auch während des Jahres im Garten aufhalten. Sie brauchen von Januar bis Dezember Plätze zum Verstecken, Nahrung und Wasser.

Nisthilfen für Vögel

Verschiedene Formen von Nistgelegenheiten unterstützen die Ansiedlung von Vögeln. Doch inmitten von Rasenödnis und Schottergärten wird sich kein Vogel ans Brutgeschäft machen. Zuerst muss die Umgebung stimmen, dann wird die Behausung auf Tauglichkeit geprüft.

Die einzelnen Vogelarten stellen unterschiedliche Ansprüche an ihren Nistplatz. Höhlenbrüter wie die verschiedenen Meisen wollen geschlossene Kästen. Das Einflugloch muss so eng sein, dass ein Altvogel gerade einmal hindurchpasst. Aus Vorsicht vor Nesträubern wählen Vögel Eingänge, die so schmal wie möglich sind. Im Angebot gibt es Meisenkästen mit einem Fluglochdurchmesser von 32 mm für die größeren Kohlmeisen. Dagegen weist das Flugloch für kleinere Meisen wie Blau- oder Tannenmeise einen Durchmesser von 28 mm aus. (Dies schließt aber nicht aus, dass Kohlmeisen das engere Einflugloch für sich passend aufhacken.) Ein Starenkasten besitzt ein Flugloch von 45 bis 50 mm Durchmesser. Der größere Vogel benötigt ein größeres Einflugloch.

Um die Brut davor zu schützen, dass Spechte den Kasten aufhacken, gibt es Ausführungen mit einem Lochschutz aus Metall. In gefährdeten Gegenden ist es sinnvoll, Kästen mit Marderschutz anzubringen. Diese besitzen ein vorgezogenes Einflugloch.

Verschiedene Vogelarten verlangen spezielle Nistgelegenheiten: Halbhöhlenbrüter wie Rotkehlchen legen ihr Nest nur in einem offenen Kasten an, bei dem gerade einmal ein Brett vor dem Absturz schützt. Für Nischenbrüter dagegen gibt es Kästen mit einem hochovalen Einflugloch. Haus- und Gartenrotschwanz, Grauschnäpper und Zaunkönig nisten darin. Sperlinge brüten in Gemeinschaft. Für sie gibt es große Kästen mit drei Abteilen für mehrere Familien nebeneinander.

Nisthilfen müssen aus geeignetem Material bestehen, was gar nicht so selbstverständlich

Mönchsgrasmücken (hier ein Weibchen) bauen ihre Nester in dichtem Gesträuch. Holunderbeeren dienen als Wegzehrung vor dem Vogelflug.

Im Holzbetonkasten wächst die junge Vogelbrut geschützt heran.

ist, wie es klingt. Geeignete Nistkästen bestehen aus Holz oder Holzbeton. Das Material schützt vor Hitze und Kälte und es ermöglicht einen Luftaustausch. Beim Kauf empfiehlt sich ein kritischer Blick: Schließlich werden in Baumärkten sogar Nistkästen mit Blechdach angeboten. Darunter erhitzt sich die Luft im Kasten zu sehr und die junge Brut stirbt.

Damit die Küken geschützt aufwachsen, kommt es auf die richtige Aufhänghöhe für den Nistkasten an: Er muss für die meisten Vögel mehrere Meter über dem Boden an einer Wand oder einem Baum hängen. Zaunkönig und Rotkehlchen aber wollen Nistplätze in Bodennähe. Der Platz muss abseits der Hauptwindrichtung liegen und er muss beschattet sein.

Im Angebot finden sich viele hübsch ausgearbeitete Nistkästen. Manche ahmen zum Beispiel bestimmte Architekturstile nach. Das mag den menschlichen Gartenbewohnern gefallen, den Vögeln ist das Aussehen egal, für sie kommt es auf die Nutzbarkeit an. Für den Zaunkönig etwa gibt es schön geflochtene Nisthilfen zu kaufen oder auch handwerklich sorgfältig gefertigte Keramikkugeln. In der passenden Strauchumgebung laden sie Zaunkönige zum Brutgeschäft ein – doch die kommen auch, wenn sie nur das Gebüsch vorfinden, und bauen ihr Nest dann selbst.

Lebensweise von Gartenvögeln

Die einzelnen Vogelarten stellen bestimmte Ansprüche an ihr Revier und an die Art der Ernährung. Manche nehmen vorwiegend tierische Nahrung zu sich, andere leben fast rein vegetarisch. Doch zur Zeit der Jungenaufzucht verfüttern auch die allermeisten Samenfresser tierische Nahrung, beispielsweise Insekten und deren Larven.

Lebensweise und Lebensraum von Gartenvögeln

Vogelart	Beobachtungszeitraum	Nahrung	Lebensraum und Nistplatz
Amsel	ganzjährig	Regenwürmer, Insekten, Schnecken, Spinnen, Beeren, Früchte	ursprünglich Waldbewohner, jetzt wenig scheu im Siedlungsraum, sucht Futter am Boden; stabiles Nest in Sträuchern
Blaumeise	ganzjährig	Sommer: Insekten, Spinnen Winter: Sämereien	gehölzreiche Lebensräume; Höhlenbrüter
Buchfink	ganzjährig, Standvogel und Kurzstreckenzieher	Bucheckern, Sämereien, Beeren, Insekten, Spinnen	Baum- und Strauchbestände; Nester in Astgabeln oder dichten Sträuchern
Buntspecht	ganzjährig	holzbewohnende Insekten und deren Larven, Fichten- und Kiefernsamen, weiche Früchte, gelegentlich Vogeleier oder Jungvögel	Laub- und Nadelwälder, Parks, (große) Gärten und Feldgehölze; Nester in Baumhöhlen
Elster	ganzjährig	Allesfresser, Regenwürmer, Insekten, Spinnen, kleine Wirbeltiere, Vogeleier, Beeren, Sämereien, Früchte. Im Winter notfalls Abfälle, Aas.	häufig im Siedlungsbereich; auffällige Nester in Bäumen mit einem Dach aus Zweigen
Feldsperling	ganzjährig	Samen, Körner, Pflanzenteile, Sommer: Insekten	offene und halboffene Landschaften des ländlichen Raums; Höhlenbrüter
Gartenbaumläufer	ganzjährig	Insekten und Spinnen aus der Baumrinde	alte Baumbestände; Nest hinter loser Rinde
Gartenrotschwanz	Ende April bis September, Langstreckenzieher	Insekten (Schildläuse), Sämereien, Getreide, Knospen, Obst, Beeren	abwechslungsreiche Gehölzgruppen, vor allem Kiefernwälder; Halbhöhlenbrüter
Gimpel, Dompfaff	ganzjährig, Standvogel und Kurzstreckenzieher	Knospen, Sämereien, Beeren und andere Früchte	junge Nadel- und Mischwälder, Parks, Gärten mit vielen Sträuchern; zartes Nest in dichtem Geäst
Girlitz	ganzjährig, Kurzstreckenzieher und Standvogel	Samen von krautigen Pflanzen, Knospen von Sträuchern	mosaikartig ausgeprägte Landschaften, lichter Baum- und Strauchbestand im Wechsel mit kurzrasiger Vegetation und offenem Boden; napfförmiges Nest

Vogelart	Beobachtungs-zeitraum	Nahrung	Lebensraum und Nistplatz
Grünfink	ganzjährig	Sämereien, Früchte (bevorzugt Hagebutten), Knospen, Raupen	Gärten, Äcker; Nester in Hecken und am Waldsaum
Hausrotschwanz	März bis November, Mittel- und Langstreckenzieher	Insekten (und deren Larven), Spinnen, Beeren	ursprünglich ein Bewohner des steinigen Berglandes, jetzt an Gebäuden im Siedlungsraum, bevorzugt vegetationsarmes, offenes Gelände; Halbhöhlenbrüter
Haussperling	ganzjährig	Allesfresser, ganzjährig: Sämereien, Knospen, Früchte, Beeren, Sommer: Insekten	Kulturfolger in Städten und Dörfern; Höhlenbrüter
Kleiber	ganzjährig	Sommer: Insekten Winter: Nüsse, Sämereien	offenes Gelände mit Bäumen und Sträuchern; Höhlenbrüter
Kohlmeise	ganzjährig, Standvogel und Kurzstreckenzieher	Sommer: Insekten (Blattläuse, Schmetterlingsraupen), Spinnen Winter: Samen	Bäume und Sträucher in Wäldern, Gärten und Parks; Höhlenbrüter
Mönchsgrasmücke	Ende März bis Oktober, Kurz- oder Mittelstreckenzieher	Insekten, Spinnen, weiche Beeren wie Holunderbeeren	strauchreiches Gelände; graziles becherförmiges Nest
Ringeltaube	ganzjährig	pflanzliche Nahrung aller Art, Larven, Regenwürmer, Schnecken, Abfälle	offene Landschaften: Parks, Gärten, Wiesen, Felder, Wälder; flaches, spärliches Nest in Nadelbäumen oder dichten Laubbäumen
Rotkehlchen	ganzjährig, Standvogel und Teilzieher	Insekten (Käfer) und deren Larven, Spinnen, Würmer, Schnecken, Beeren	strauchreiche Areale Halbhöhlenbrüter; Nest in kurzem Abstand über dem Erdboden
Sommergoldhähnchen	März bis September, Standvogel und Kurzstreckenzieher	Insekten, Spinnen	Sträucher und Bäume; Nest als hängender kugelförmiger Napf im Geäst
Star	ganzjährig, Standvogel und Kurzstreckenzieher	Regenwürmer, Schnecken, Beeren, Insekten, Obst, Sämereien	halboffene Landschaften, Viehweiden, Gärten mit Bäumen und kurzrasigen Flächen; Höhlenbrüter
Stieglitz	ganzjährig	Samen, fast reiner Vegetarier	samenreiche Kulturlandschaft: Feldsäume, Brachen, Obstwiesen, Waldränder und Hecken; verstecktes Nest in Gehölzen
Wintergoldhähnchen	ganzjährig	Insekten, vor allem Springschwänze, Spinnen	baumreiches Gelände, zur Brutzeit meist in Fichtenwäldern; Nest unter Blättern am Astende aufgehängt
Zaunkönig	ganzjährig, Teilzieher	Sommer: Insekten, Spinnen Winter: auch Sämereien	Bewuchs mit vielen Sträuchern und hohen Stauden, besonders Brombeerhecken; kugelförmiges Nest

In einem alten Pflaumenbaum findet der Buntspecht reichlich Nahrung. Er wird täglich zu Besuch kommen.

Welche Vögel im Garten brüten, hängt von der Umgebung ab: In der Nähe eines Baches siedelt sich im ländlicher Umgebung mitunter eine Bachstelze an. Ist die Distanz zum Wald nicht weit, kommen Buchfinken, Baumläufer und Kleiber, um zu nisten, und Spechte auf Futtersuche. Im innerstädtischen Bereich wird man Amseln und Meisen zu sehen bekommen, mit etwas Glück auch Rotkehlchen und Rotschwänzchen – sofern sie Mauernischen finden. Vögel sind mitunter recht wählerisch, was die Wahl des Brutplatzes betrifft: Wenn Elstern in der Nähe auf einem hohen Baum nisten oder viele Katzen umherschleichen, meiden sie das Gebiet (sofern sie ausweichen können).

Von den Vögeln, die im Umfeld leben könnten, hängt es ab, bei welcher Art von Nistkasten sich das Aufhängen lohnt. Auf jeden Fall braucht es einen Meisenkasten, denn das anwesende Meisenpaar wird sein Revier gegen weitere Meisen derselben Art verteidigen. Dadurch erhalten andere Gartenvögel wie Grünfink oder Mönchsgrasmücke die Gelegenheit zu nisten.

Nistkästen bieten meist einen Schutz vor Katzen, doch für Nester in Baumkronen braucht es speziellen Schutz. Dafür gibt es zum Beispiel Drahtringe mit abgespreizten Drahtstücken, die rings um einen Baumstamm angebracht werden können. Oft genügt es aber auch, unter dem Baum mit dem Nest stachelige Äste von Rosen oder Brombeeren auf dem Boden auszulegen. Katzen mit ihren empfindlichen Pfoten laufen nicht darüber.

Um den Rückgang der Vögel in unseren Siedlungen aufzuhalten, wurden verschiedene Formen von Nisthilfen entwickelt. Dadurch gelingt es, typische Kulturfolger wie Mauersegler und Mehlschwalben wieder in die Dörfer und Städte zurückzubringen.

Mauersegler

Mauersegler sind typische Vögel der alten Stadtkerne. Sie bauen ihre Nester im Verborgenen von altem Gemäuer, und weil sie keinen Kot abwerfen, bemerkt man ihre Anwesenheit oft nicht. Mauersegler sind vielerorts verschwunden, weil Häuser saniert wurden und die versteckten Nistplätze nach Dämmmaßnahmen nicht mehr zugänglich waren. Während mehrerer Hitzesommer war zudem die Brut zugrunde gegangen, und weil Mauersegler zum Brüten dorthin zurückkehren, wo sie selbst aufgewachsen waren, gab es hierzulande ein paar Jahre lang weniger Mauersegler. Nach und nach kehren die eleganten Vögel wieder zurück und zunehmend kann man sie wieder bei ihren Flugkünsten beobachten. Das glückt am besten an Sommerabenden, kurz vor Einbruch der Dunkelheit, wenn die Altvögel ein letztes Mal Insekten für die Nestlinge fangen, bevor sich alle zur Ruhe begeben.

Mauersegler faszinieren, weil sie nahezu ihr ganzes Leben in der Luft verbringen. Die Nestlinge sitzen sechs Wochen lang im Nest. Sie fallen heraus und fliegen erst einmal ununterbrochen, bis sie alt genug sind, um ein Nest anzulegen und eine Brut aufzuziehen. Ziemlich zuverlässig kommen Mauersegler Ende April aus ihren Überwinterungsgebieten zurück. Hierzulande brüten sie gern in Nachbarschaft von Artgenossen, deshalb stattet man Mauerseglerkästen gerne mit Tonwiedergabegeräten aus: Hören die Mauersegler den arttypischen Ruf, nehmen sie an, es gäbe schon Nachbarn, und siedeln sich an. Bietet die Hausfassade keine Nischen mehr für Mehrsegler, kann man als Nisthilfen die langen Mauerseglerkästen anbringen. Aber es müssen mehrere sein, damit sich mehrere Paare häuslich einrichten.

Mauersegler werden etwa sieben Jahre alt und kehren immer wieder an ihren Nistplatz zurück, den auch die Nachkommen wieder aufsuchen. Leben an benachbarten Gebäuden Mauersegler, stehen die Chancen gut, dass künftig noch mehr Kästen in unmittelbarer Nähe belegt werden.

Damit sich die Jungtiere von ihrem Sturz aus dem Nest sicher zum Fliegen aufschwingen können, muss der Mauerseglerkasten hoch an einem Gebäude angebracht sein: Das Mindestmaß beträgt 6 m Höhe, ideal sind 9 m Höhe. Das Reinigen der Kästen in schwindelnder Höhe überträgt man am besten einem Dachdeckerbetrieb.

Bereits im August ziehen die Mauersegler wieder fort. Sie fliegen zunächst nach Nordafrika. Zum Jahresende brechen sie von dort auf, um bis ins südliche Afrika zu fliegen. Im März treten sie den Rückflug an. Mauersegler fressen und schlafen im Flug. Immer nur eine Hirnhälfte schläft, während die andere wach bleibt. Sie gehören zu den schnellsten Vögeln, sie erreichen Geschwindigkeiten von 180 km/h.

Mauersegler fliegen ähnlich wendig wie Schwalben, man erkennt sie jedoch an der schlanken, sichelförmigen Silhouette der Flügel und daran, dass ihre Beine (die sie kaum brauchen) nur sehr kurz ausgebildet sind.

Mehlschwalben

Schwalben erlebten in den vergangenen Jahren einen starken Rückgang, auch weil ihre Nistmöglichkeiten verloren gegangen sind. Mehlschwalben lassen sich leicht mithilfe von künstlichen Nestern an einem trockenen Platz anlocken. Rauchschwalben dagegen sind auf Ställe angewiesen, in denen Tiere stehen, deren Mist Fliegen anlockt. Die Ställe brauchen eine Öffnung zum Aus- und Einfliegen. Ohne Öffnung – und sei es nur ein gekipptes Fenster – können Rauchschwalben nicht im Stall leben. In Offenställen bauen Rauchschwalben keine Nester. Dort ist es ihnen zu zugig und zu hell.

Mehl- und Rauchschwalbe lassen sich leicht voneinander unterscheiden: Mehlschwalben haben eine auffallend weiße Unterseite und einen weißen Bürzel sowie einen kurzen, gegabelten Schwanz. Sie brüten meist in Kolonien. Rauchschwalben erkennt man an der rotbraunen Färbung von Stirn und Kehle, ihre langen Schwanzfedern wirken wie ein Spieß. Beide Arten sind Zugvögel, die südlich der Sahara überwintern. Rauchschwalben kehren Ende März aus Afrika zurück, Mehlschwalben kommen spätestens Mitte April in den Brutgebieten an. Ab Anfang September treten Mehlschwalben ihre Reise in den Süden an, Rauchschwalben verlassen Mitteleuropa oft erst Mitte Oktober.

Mehlschwalben bauen ein bis auf das Flugloch geschlossenes halbkugelförmiges Lehmnest an rauen Hauswänden und an Hausecken, vor Regen unter dem Dachüberstand geschützt. Bringt man ein künstliches Nest an, wird es von Schwalben gern angenommen, und oft werden direkt daneben weitere Nester gebaut. Schwalben verhalten sich ortstreu und kehren immer wieder an alte Brutplätze zurück. Einmal benutzte Nester werden in den folgenden Jahren ausgebessert und wieder besiedelt. Denn der Nestbau kostet viel Energie – so viel, dass Paare, die ein neues Nest bauen müssen, weniger Eier legen und ausbrüten. Für Reparaturarbeiten braucht es aber wie für den Nestneubau feuchten Lehm. Nur wenn dieser in der Nähe zur Verfügung steht, siedeln sich Schwalben an. Man kann dies unterstützen, indem man im Garten an einer schattigen Stelle eine feuchte und offen gehaltene Lehmpfütze anlegt.

Damit die Schwalben sich dann auch wirklich ansiedeln, muss der Luftraum vor den Nestern für die akrobatischen Anflüge zum Füttern frei sein. Außerdem muss in der Umgebung reichlich Insektennahrung vorhanden sein. Strukturreiche Gärten mit viel Gesträuch und vielen Blumen stellen dies sicher.

Ein wesentlicher Vorbehalt gegenüber Mehlschwalben rührt von der Angst vor verkoteten Fassaden her. Zur Abhilfe wird empfohlen, ein 25 bis 30 cm tiefes Kotbrett unterhalb der Nestreihe anzubringen. Es muss aber mindestens 60 cm unterhalb der Nester liegen, damit Turmfalken sie nicht als Sitzgelegenheit nutzen, um die Küken aus ihren Nestern zu ziehen. Turmfalken erkennen schnell, wo sich leicht Beute machen lässt.

Das Kotbrett fängt nur den Kot auf, den die Jungen während der kurzen Zeit der Aufzucht produzieren. Die Kotspritzer kleben dann oft jahrelang auf dem Kotbrett, weil sie niemand wegkratzt. Auf die Kotbretter unter den Nisthilfen kann gut verzichtet werden. Besser ist es, die Kunstnester so anzubringen, dass Kot nicht auf Fensterläden oder -simse fallen kann.

Schwalben und ihre Nester sind nach § 44 Bundesnaturschutzgesetz geschützt. Das Zerstören von Schwalbennestern ist verboten – auch außerhalb der Brutzeit. Werden Nester während der Brutzeit entfernt, liegt ein Straftatbestand vor und nicht nur eine Ordnungswidrigkeit. Brüten Schwalben an ungünstigen Stellen, etwa über dem Hauseingang oder an der Terrasse, kann man erwägen, die Nester außerhalb der Brutzeit zu entfernen und an anderer Stelle Kunstnester aufzuhängen. Dazu bedarf es der Genehmigung der zuständigen Unteren Naturschutzbehörde.

Fledermäuse schützen

Fledermäuse gehören zu jenen Lebewesen, die am meisten unter intensiver Land- und Forstwirtschaft sowie der Vernichtung natürlicher Lebensräume durch den Menschen leiden. Viele ihrer traditionellen Quartiere wurden zerstört und Nahrungsquellen reduziert. Viele der rund 30 heimischen Fledermausarten im deutschsprachigen Raum sind in ihrem Bestand gefährdet oder vom Aussterben bedroht. Alle 25 Fledermausarten in Deutschland sind streng geschützt. Europaweit besonderen Schutz genießen sogenannte FFH-Arten (Flora-Fauna-Habitat) wie die Bechsteinfledermaus, das Große Mausohr und die Mopsfledermaus. Sträucher und Bäume stellen Wohnorte dar, aber vor allem muss ein Garten Blüten bieten, die Insekten zum Erbeuten anlocken. Fledermäuse und ihre Jungenaufzucht- sowie Überwinterungsquartiere stehen unter Schutz. Sie dürfen nicht entfernt oder vernichtet werden.

Fledermäuse sind Säugetiere. Sie haben ein Fell, das wärmt und schützt. Die weiche und elastische Flügelhaut, die zwischen den Hand- und Flügelknochen aufgespannt ist, ermöglicht ihnen das Fliegen. Europäische Fledermäuse fressen ausschließlich Insekten, Spinnen und andere Gliedertiere, eine Zwergfledermaus vertilgt rund 1000 Mücken in einer Nacht, ein Großes Mausohr jagt 30 bis 40 Käfer pro Nacht. Die Tiere sehen nicht besonders gut, dafür hören sie ausgezeichnet. Ihre Umwelt nehmen sie vor allem über das Gehör dank der Echoortung wahr.

Im Sommer leben Fledermäuse in Gebäuden oder in hohlen Bäumen. Für den Winterschlaf ziehen sie sich in Höhlen, Keller, Dächer oder Baumhöhlen zurück. Bei Umbauten, Haussanierungen und Gartenumgestaltungen gehen diese Verstecke verloren. Im Garten sollte man nach Möglichkeit alte Bäume mit grober, abplatzender Borke stehen lassen.

Schutz bieten Fledermauskästen, die man an einer wetterabgewandten Hauswand oder an einem Baumstamm anbringen kann. Die verschiedenen Modelle aus dem Handel sind schmal gebaut und werden von verschiedenen Arten angenommen. Fledermausspaltenkästen muss man nicht reinigen, weil die Exkremente an der Unterseite herausfallen.

Fledermäuse fliegen abends in der späten Dämmerung und frühmorgens. Gegen den noch bleigrauen Abendhimmel lassen sich ihre schnellen

Alte Hochstamm-Apfelbäume weisen viele unterschiedlich große Astlöcher auf, in denen sich Fledermäuse verbergen können.

Flugmanöver bei der Jagd nach Insekten beobachten. Weil die Rufe in einem so hohen Frequenzbereich liegen, den Menschen nicht mehr hören, gibt es Fledermausdetektoren. Diese Geräte verlängern die Frequenz der Töne, die somit tiefer klingen und dadurch für Menschen hörbar werden. Die Detektoren erkennen unterschiedliche Fledermausarten. Damit ergibt sich eine spannende Exkursion mit der Familie oder mit Freunden an warmen Sommerabenden.

Heimische Kleinsäuger

Ein Garten wird lebendig durch Lebewesen. Dass summende Bienen und flatternde Schmetterlinge zum Wohlbefinden betragen, hat sich inzwischen ins Bewusstsein eingeprägt. Aber es nutzen auch etwas größere Mitbewohner den Garten als Wohnraum. Das Rascheln von Mäusen im Gebüsch und das Schmatzen des Igels gehören zu den nächtlichen Gartenerlebnissen. Kleinsäuger sollten wir willkommen heißen und nach Möglichkeit fördern.

Igel im Garten

Weil der Igel einen Winterschlaf hält, muss er sich im Verlauf des Sommers ein Fettpolster anfressen. Genug Nahrung bieten naturnahe Gärten mit heimischen Pflanzen. Geeignete Plätze für die Ruhezeit während des Tages bieten aufgeschichtete Asthaufen oder die Laubstreu unter Sträuchern.

Igel haben einen großen Aktionsradius. Sie legen in einer Nacht bei der Futtersuche mehrere Kilometer zurück. Wegstrecken von fünf Kilometer bei einem Aktionsradius von zwei Kilometer sind gerade während der Brunftzeit nichts Außergewöhnliches. Dafür muss sich ein Igel aber zwischen den Grundstücken bewegen können. Die Tiere brauchen daher Schlupflöcher in Hecken oder Öffnungen in Zäunen, die mindestens 10 cm hoch und breit sein müssen. Igel besitzen offenbar ein ausgezeichnetes Orientierungsvermögen. Sie kennen ihr Streifgebiet sehr gut und steuern daher Durchschlüpfe gezielt an. Meist nutzen sie mehrere Schlafplätze, zu denen sie immer wieder zurückkehren. Sie suchen geschützte Stellen im Unterholz auf und bevorzugen verborgene Stellen unter Sträuchern.

Ein Asthaufen stellt ein ideales Rückzugsgebiet für Igel dar. Beim Gehölzschnitt schichtet man rund 60 cm hohe, lockere Haufen auf. Der Igel verkriecht sich darin und fühlt sich darin wohler als in einer gekauften Igelburg mit glatten Wänden. Im Herbst scharrt der Igel trockenes Laub zusammen und bettet sein Quartier für den Winterschlaf aus. Ein Asthaufen fällt im Verlauf von Jahren immer weiter zusammen. Daher muss man regelmäßig neues Schnittgut in Form von dickeren und dünneren Ästen und Zweigen aufbringen. Die Länge muss deutlich mehr als 1 m betragen.

Ein Igel muss im Laub nach Schmetterlingslarven und Käfern stöbern können.

Um einen Igel im Garten nicht zu gefährden, muss man Laub- und Reisighaufen liegen lassen, damit er untertags ungefährdet ruhen kann. Löcher, Gruben und Schächte sollte man abdecken, damit der Igel nicht hineinfällt. Gartenteiche brauchen unbedingt flache Stellen oder man bietet eine Ausstiegshilfe in Form eines Brettes an, damit der Igel aus eigener Kraft hinausklettern kann. Wie alle Tiere brauchen Igel Wasser. Es genügt eine flache Schale, die man möglichst täglich mit frischem Wasser befüllt. Man darf den Tieren keine Milch anbieten, sie bekommen davon Durchfall.

Eine große Gefahr für Igel stellen Gartengeräte dar: Laubsauger sind so leistungsstark, dass sie einen Igel aufnehmen und damit töten können. Leider werden Igel (und andere nachtaktive Tiere) oft auch Opfer von Mährobotern, die auf Nachtbetrieb laufen.

Die wichtigste Nahrung für Igel sind Käfer und Raupen von Nachtfaltern und Regenwürmer, die sie im Komposthaufen finden. Igel fressen nur im Notfall Schnecken, obwohl immer wieder behauptet wird, Igel seien so tolle Schneckenvernichter. Nur wenn die ausgeräumte Umgebung keine andere Nahrung bereitstellt, machen sich Igel über Schnecken und Asseln her. Diese Tiere und ebenfalls Regenwürmer enthalten viele Parasiten.

Igel fressen im Herbst schon einmal abgefallenes Obst an. Dass Igel aber darauf brennen, im Garten Äpfel zu vernaschen, gehört zum Themenkanon von Kinderbüchern.

Ab November suchen sich Igel ein Quartier für den Winterschlaf. Damit er den Winterschlaf überlebt, muss er mindestens 500 g wiegen. Besser wäre ein Gewicht von 600 g, mit 700 g überlebt er sicher. Deutlich leichtere Tiere, die man im Oktober findet, sollten im Freien bleiben, sie fressen sich in den folgenden Wochen noch Fettreserven an. Es ist auch völlig normal, wenn im Dezember noch ein Igel herumstreunt. Wenn er schwach oder krankt wirkt, kann man sich Rat bei Igelauffangstationen oder bei ehrenamtlichen Igelberatern des Naturschutzbund Deutschland (NABU) einholen. Nicht immer braucht ein Igel Unterstützung durch den Menschen. Aber oft ist es notwendig, ihm Medizin gegen Parasiten zu verabreichen.

Ein zu leichter Igel kann unter menschlicher Obhut überwintern. Er sollte während der Ruhezeit möglichst wenig gestört werden. Als Winterquartier genügt ihm ein gut mit Zeitungspapier und Küchenpapier ausgestopfter Karton, in den er sich zurückziehen kann. Wichtig ist ein kühler Platz, damit das Tier wirklich zur Ruhe kommt. (Im warmen Wohnraum kann das Tier nicht schlafen.)

Selbst ein noch kleiner Igel muss im Winter ruhen, auch wenn er nicht genug Reserven hat, um längere Zeit durchzuschlafen. Er wird immer wieder aufwachen, aber sich bald wieder zurückziehen. Ist er wach, sucht er nach Futter. Anbieten kann man ihm zum Beispiel Katzenfutter (mit einem hohen Fleischanteil von zwei Drittel). Aus dem Tierfutterhandel eignen sich getrocknete Mehlwürmer oder man bereitet Rührei ohne Fett zu. Beim Metzger gibt es rohe Hühnerherzen, die der Igel klein gehackt sehr schätzt. (Dagegen sind Erdnüsse nicht geeignet.) Ganz wichtig ist Wasser in einem Schälchen.

Ab März muss man dem Winterzögling Gelegenheit geben, ins Freie abzuziehen. Dann nämlich beenden die Männchen und die Jungtiere ihren Winterschlaf, die Weibchen schlafen einen Monat länger. Igel sind Wildtiere, sie gehören in die Natur und dürfen nicht länger als unbedingt nötig unter menschlicher Aufsicht bleiben.

Bei der Gartenpflege muss man auf die Anwesenheit eines Igels Rücksicht nehmen. Man kann zum Beispiel mit dem Handmäher Wege in eine Blumenwiese mähen, damit sich der Igel leicht im Garten fortbewegen kann. Unbedingt aufpassen muss man beim Umgang mit Heckenscheren. Solche Geräte sind praktisch, doch bevor man damit mal eben den Aufwuchs unter einem Strauch kappt, sollte man sich vergewissern, dass darin nicht gerade ein Igel schläft. Weniger Sorge muss man haben, wenn der Igel sich geschützt zwischen aufgeschichteten Ästen verbergen kann.

Spitzmaus im Unterholz

Trotz ihres Namens sind Spitzmäuse keine Mäuse und auch keine Nagetiere, sondern enge Verwandte von Igel und Maulwurf. Sie besitzen eine Reihe spitzer Zähne, mit denen sie die Panzer von Insekten knacken, aber keine Pflanzenwurzeln abfressen oder Blumenzwiebeln vernichten. Spitzmäuse ernähren sich von Gliedertieren wie Asseln, Insektenlarven, von Schnecken und anderen kleinen Tieren. Mit ihrer lang gezogenen Schnauze stöbern sie ihre Beute in Ritzen und Spalten, unter Grasbüscheln und zwischen Moospolstern auf. Weil sie so gefräßig sind, tragen sie zum ökologischen Gleichgewicht bei. Spitzmäuse leben am Boden, in der Laubstreu unter Laubgehölzen und im dichten Unterbewuchs – dort wo sich auch viele Gliedertiere aufhalten. Die scheuen und flinken Tiere bauen unauffällige Nester, sodass man sie nur selten zu Gesicht bekommt. Mit ihren Krallen können Spitzmäuse hervorragend graben. Gelegentlich klettern sie in Gehölze.

Die Tiere haben einen ungewöhnlich hohen Pulsschlag, ihre Herzschlagfrequenz beträgt 800 bis 1000 Schläge pro Minute. Dadurch befinden sie sich ständig in Bewegung und sie haben einen enorm regen Stoffwechsel. Ihr Energiebedarf ist so hoch, dass sie verhungern, wenn sie drei Stunden lang keine Nahrung zu sich nehmen. Spitzmäuse vertilgen an nur einem Tag oft mehr als ihr eigenes Körpergewicht an Nahrung. Daher sind sie ständig auf der Suche nach Essbarem. Dabei hilft den Tieren ihr ausgezeichneter Geruchs- und Gehörsinn. Ob sie ihre Fähigkeit der Echoortung beim Beutefang durch das Ausstoßen hoher Töne einsetzen, ist derzeit noch ungeklärt. Spitzmäuse halten weder Winterschlaf noch eine Winterruhe. In der kalten Jahreszeit verkriechen sie sich häufig im angewärmten Kompost.

Eulen und einige Greifvögel jagen Spitzmäuse. Auch Wiesel oder Marder stellen ihnen nach, doch der moschusartige Geruch eines Sekrets aus Hautdrüsen schreckt sie ab. Katzen jagen die Spitzmäuse zwar, fressen sie jedoch nicht.

Spitzmäuse leben meist unentdeckt im Verborgenen.

Ein Platz für Bilche

Meist im Verborgenen leben ebenfalls die Schlafmäuse oder Bilche. Der **Siebenschläfer** trägt seinen Namen, weil er von Anfang Oktober bis Mitte April seinen Winterschlaf hält. Das 13 bis 18 cm lange, nachtaktive Tier ist selten zu beobachten, doch häufig stört man einen Siebenschläfer auf, wenn er sich in einem Vogelnistkasten versteckt hatte. Während der wenigen Monate, in denen das Tier aktiv ist, frisst es vorwiegend Früchte, Samen, Knospen und Rindenstücke. Siebenschläfer sind nachts in Gärten und Wäldern unterwegs. Mit seinem langen Schwanz sieht er aus wie ein kleines graues Eichhörnchen. Siebenschläfer würden ihre Nester in Höhlen von alten Bäumen oder in Totholz bauen, doch weil solche Plätze rar geworden sind, besiedeln sie Schuppen und Dachböden. Wenn sie dann nachts rumoren, stören sie, und obendrein rufen sie kleine Schäden am Haus hervor. Wenn die tierischen Untermieter lästig werden, kann man sie vertreiben durch laute Musik, penetranten Duft von Räucherstäbchen und Marderschutzgeräte für Autos. Das Vergrämen muss aber erfolgen, bevor der Nachwuchs auf die Welt gekommen ist.

Der **Gartenschläfer** ist etwas kleiner als der Siebenschläfer. Er hat ein braunes Fell und eine schwarze Zorro-artige Gesichtsmaske. Dieser Bodenbewohner lebt häufig in Obst- und Weingärten. Er verzehrt vorwiegend tierische Kost – Insekten, Schnecken, Frösche, Eidechsen und kleine Mäuse, er vertilgt aber auch Obst.

Auch die niedliche gelbbraune **Haselmaus** gehört zu den Schläfern und ist nachtaktiv. Sie lebt zwischen Mai bis Ende Oktober im Geäst von Gehölzen. Sie ist ein Allesfresser und ernährt sich von Knospen, Samen, Beeren, Insekten, Vogeleiern, kleinen wirbellosen Tieren und Nüssen. Tagsüber schläft sie in einem faustgroßen Nest aus Zweigen, Blättern und Moos in Büschen und Bäumen. Den Winterschlaf verbringt sie in einem anderen, frostsicheren Nest in Erdhöhlen oder Baumstümpfen.

Die Haselmaus kann ihre Schwanzhaut abstreifen, wenn sie ein Räuber am Schwanz packt. Sie kann dadurch entkommen, doch der Schwanz wächst nicht wieder nach.

Die Haselmaus wird auf der Roten Liste für Deutschland geführt. Sie ist nach dem Bundesnaturschutzgesetz streng geschützt und auf artenreiche Gehölzbestände angewiesen.

Lebensräume für Reptilien

Reptilien sind wechselwarme Tiere, das heißt, ihr Körper produziert keine Eigenwärme, sondern die Körpertemperatur passt sich der Umgebungstemperatur an. Sie verhalten sich bei hohen Temperaturen sehr agil, aber wenn es kühl ist, verlangsamen sich ihre Bewegungen bis zum Erstarren.

Damit diese Tiere sich ansiedeln, braucht es sonnige Plätze, wie sie Steine, Trockenmauern, Steinhaufen oder Holzstrünke bieten. Wichtig sind viele Nischen als Verstecke. Dazu dienen die offenen Fugen in Trockenmauern, Hohlräume unter Steinplatten, die Lücken zwischen Steinen oder der leere Raum zwischen Holzstücken. Altholz kann zum Beispiel im Gehölzsaum liegen, um belebte Übergangszonen zu schaffen.

Eidechsen brauchen Schutz

Zauneidechsen stehen unter Naturschutz, weil ihre Lebensräume stetig zurückgedrängt worden sind. Damit Eidechsen überleben, benötigen sie ungestörte Zonen mit krautiger Vegetation, aber vielen Lücken. Sie brauchen Sonnenplätze auf warmen Steinen, von denen sie sich rasch in schattige Schlupflöcher zurückziehen können.

Eidechsen sind ortstreu, deshalb lassen sie sich schwer anlocken. Liegt der Garten in der Nähe eines Eidechsenstandortes, ist es gut möglich, dass der neue Lebensraum angenommen wird. Voraussetzung dafür ist dann ein breites Nahrungsspektrum in Form von Insekten, Würmern und anderen Gliedertieren. Damit die offenen Bereiche wirklich ausreichend besonnt bleiben, müssen schattenwerfende Sträucher öfter zurückgeschnitten werden.

Der größte Feind von Eidechsen sind im Garten die Katzen. Sie mögen als Haustiere gut genährt sein, doch das Jagen liegt ihnen im Blut. Katzen haben schon viele Eidechsenkolonien im

Das Männchen der Zauneidechse nimmt zur Paarungszeit eine smaragdgrüne Färbung an.

Siedlungsraum vernichtet. Es ist möglich, den Eidechsen etwas mehr Sicherheit zu bieten: Man kann rund um den angelegten Steinhaufen oder auf der Krautschicht einige dürre Äste auslegen. Wenn sich eine Katze anschleicht, bewegen sich die Äste und die Eidechsen fliehen.

Verstecke für Blindschleichen

Etwas weniger gefährdet durch Katzen sind Blindschleichen, weil sie mehr im Verborgenen leben (allerdings sind bei kühlen Temperaturen die wenig beweglichen Blindschleichen leichte Opfer für Katzen). Blindschleichen sind keine Schlangen, sondern Eidechsen mit zurückgebildeten Beinen. Sie bewegen sich langsamer und weniger wendig als Schlangen. Die Tiere sehen recht gut und haben bewegliche, verschließbare Augenlider.

Blindschleichen sind im wahrsten Sinn zerbrechliche Wesen. Sie besitzen mehrere Sollbruchstellen, die es dem Tier ermöglichen, den Schwanz abzuwerfen. Dadurch verwirren die Blindschleichen ihre Angreifer, sie schlüpfen davon, während das abgeworfene Schwanzteil noch eine Weile zappelt. Der Schwanz wächst wieder nach; allerdings nur als verkürzter Stumpf.

Die genügsame Blindschleiche kann in fast allen Landschaftstypen leben. Sie fühlt sich wohl auf Wiesen und Brachen, in Parks und naturnahen Gärten. Man findet sie unter Hecken und Steinen, im Laub und sogar im Komposthaufen. Dort sucht sie nach Nahrung wie Regenwürmer, unbehaarte Raupen und sogar Nacktschnecken. Tagsüber verkriechen sich Blindschleichen in moderndes Holz, wo es warm ist. Sie liegen gern in Hohlräumen unter Steinplatten.

Den Winter verbringen Blindschleichen in Kältestarre. Sie ziehen sich in Gruppen in frostsichere Erdlöcher zurück. Erst Anfang April kommen sie wieder ins Freie. Nach der Paarung trägt das Weibchen die befruchteten Eier aus. Die Jungtiere kommen in einer transparenten Membran zur Welt, die sogleich durchgestoßen wird.

Blindschleichen haben viele Fressfeinde: Vögel, Igel, Dachs, Fuchs und Marder. In Siedlungsgebieten stellen ihnen Hunde, Katzen und selbst Hühner nach. Die größte Gefährdung bedeuten für sie der schwindende Lebensraum und die Gefährdung durch Pestizide und Schneckenkorn.

Insektenfreundlicher Garten

Meldungen vom akuten Bienensterben haben die Menschen landauf, landab aufgeschreckt: Privatleute und Kommunen engagieren sich für eine bienenfreundliche Umgebung – im Garten, entlang der Straßen, auf Balkonen und Dächern. Bienen überleben aber nur dann, wenn sie die ganze Vegetationsperiode über Blüten vorfinden. Sie brauchen Nektar und Pollen als Nahrung, sie benötigen Blüten aber auch als Schlafplätze, die ihnen Schutz vor Räubern und bei Bedarf auch vor Regen bieten. Über den Bienenschutz wird momentan viel gesprochen, doch auch andere Insekten leiden unter dem Schwund ihrer Lebensräume: Schmetterlinge sind auf ganz bestimmte heimische Pflanzenarten angewiesen, damit die Larven ihren Reifefraß vollführen können. Viele Käferarten leben in altem Holz und wenn Bäume jung gefällt werden und abgestorbenes Holz immer gleich entfernt wird, schwinden mit dem Lebensraum die darin lebenden Tiere.

Die Blüten einzelner Bäume und Sträucher liefern reichlich Nektar und Pollen für Insekten. Dazu kommen die zuckerhaltigen Ausscheidungen von Blattläusen, die als Honigtau bezeichnet werden und von Honig- wie von Wildbienen gesammelt werden.

Der Trauerrosenkäfer sitzt gern in Blüten mit reichem Pollenangebot.

Nektar, Pollen und Honigtau für Insekten

Gehölze für die Bienenweide

(Als Bienenweide gelten alle Pflanzen, die Nektar, Pollen oder Honigtau bereitstellen.)

Bäume und Nadelgehölze

Deutscher Name *Botanischer Name*	**Nektar**	**Pollen**	**Honig-tau**
Feld-Ahorn *Acer campestre*	++		*
Spitz-Ahorn *Acer platanoides*	++	+	*
Berg-Ahorn *Acer pseudoplatanus*	+++	+	*
Tataren-Ahorn *Acer tataricum*	+++		
Rosskastanie *Aesculus hippocastanum*	++	+	*
Erle *Alnus*-Arten		++	*
Birke *Betula*-Arten		+	*
Hainbuche *Carpinus betulus*			*
Esskastanie *Castanea sativa*	++	+	*
Rot-Buche *Fagus sylvatica*		++	*
Gewöhnliche Esche *Fraxinus excelsior*		+	*
Walnuss *Juglans regia*		+	*
Europäische Lärche *Larix decidua*		+	*
Apfel *Malus*-Arten und -Sorten	+++	+++	
Gewöhnliche Fichte *Picea abies*			*
Wald-Kiefer, Föhre *Pinus sylvestris*			*
Pappel *Populus*-Arten und -Sorten		++	*
Kirschen, Pflaumen *Prunus*-Arten und -Sorten	+++	+++	*
Birne *Pyrus*-Arten und -Sorten	+	++	
Trauben-Eiche *Quercus petraea*		+	*
Stiel-Eiche *Quercus robur*		++	*
Weide *Salix*-Arten und -Sorten	+++	+++	
Gewöhnliche Mehlbeere *Sorbus aria*	+		
Gewöhnliche Eberesche, Vogelbeere *Sorbus aucuparia*	++	++	
Gewöhnliche Eibe *Taxus baccata*		+	
Tausendblütenstrauch *Tetradium danielii* var. hupehensis *(Euodia hupehensis)*	+++		
Winter-Linde *Tilia cordata*	+++		*
Flatter-Ulme *Ulmus laevis*		++	*

Zeichenerklärung: +++ sehr gut geeignet, ++ gut geeignet, + empfehlenswert, * ergiebig
(nach Lorenz von Ehren: Die Baumschule)

Sträucher

Deutscher Name *Botanischer Name*	**Nektar**	**Pollen**	**Honigtau**
Felsenbirne *Amelanchier*-Arten und -Sorten	+		
Berberitze *Berberis*-Arten und -Sorten	+		
Besenheide *Calluna vulgaris* in Sorten	+++		
Bartblume *Caryopteris*-Arten und -Sorten	+		
Kornelkirsche *Cornus mas*	++	+	
Roter Hartriegel *Cornus sanguinea*	+		
Hasel *Corylus*-Arten und -Sorten		++	*
Zwergmispel *Cotoneaster*-Arten und -Sorten	++		
Weißdorn *Crataegus*-Arten und -Sorten	+	+	
Besenginster *Cytisus*-Arten und -Sorten	+	+	
Ölweide *Elaeagnus*-Arten und -Sorten	+		
Erika *Erica*-Arten und -Sorten	++	++	
Gewöhnliches Pfaffenhütchen *Euonymus europaeus*	+		
Gewöhnlicher Faulbaum *Frangula alnus*	++	+	
Gewöhnlicher Liguster *Ligustrum vulgare*	+		
Rote Heckenkirsche *Lonicera xylosterum*	+		
Gewöhnlicher Bocksdorn, Gojibeere *Lycium barbarum*	+	+	
Zierapfel *Malus* in Sorten	+++	+++	
Echte Mispel *Mespilus germanica*	+		
Zierkirschen und -pflaumen *Prunus*-Arten und -Sorten	+	+	
Echter Kreuzdorn *Rhamnus cathartica*	+		
Johannisbeeren *Ribes*-Arten und -Sorten	+		
Rosen *Rosa*-Arten und -Sorten		++	
Brombeere *Rubus fruticosus*	++	++	
Himbeere *Rubus idaeus*	+++	++	
Weide *Salix*-Arten und -Sorten	+++	+++	
Schwarzer Holunder *Sambucus nigra*	+	++	*
Spiersträucher *Spiraea*-Arten und -Sorten	+		
Schneeball *Viburnum*-Arten und -Sorten	+		

Zeichenerklärung: +++ sehr gut geeignet, ++ gut geeignet, + empfehlenswert, * ergiebig
(nach Lorenz von Ehren: Die Baumschule)

Nahrung für Schmetterlinge

Erwachsene Schmetterlinge saugen Nektar aus Blüten und sind dabei im Hinblick auf die Pflanzenart nicht wählerisch. Die Larven aber entwickeln sich nur an bestimmten Pflanzenarten. Bekannt ist die Brennnessel als Futterpflanze für rund 50 Schmetterlingsarten, Tagpfauenauge und Kleiner Fuchs entwickeln sich fast ausschließlich an Brennnesseln. Doch auch etliche Bäume und Sträucher dienen als Futterpflanzen für Schmetterlinge. Die Tabelle listet Gehölze und einige markante Schmetterlingsarten auf, die diese Gehölze für ihren Reifefraß benötigen.

Gehölze als Futterpflanzen für Schmetterlingslarven

Gehölzgattung	Anzahl der Schmetterlingsarten	Beispiele markanter Schmetterlingsarten
Apfel *Malus*	26	Baumweißling, Kupferglucke, Kleiner Frostspanner, Abendpfauenauge
Besenginster *Cytisus*	22	Brombeerzipfelfalter, Grünes Blatt, Purpurbär
Birke *Betula*	85	Nierenfleck, Großer Fuchs, Trauermantel, Wollafter, Grünes Blatt, Herbstlaubspanner, Mondraupeneule
Brombeere, Himbeere *Rubus*	34	Brombeerspinner, Perlmutterfalter, Kleines Nachtpfauenauge, Schönbär, Triangeleule
Buche *Fagus*	20	Nagelfleck, Grünes Blatt, Sphinxeule, Haseleule
Eiche *Quercus*	67	Eichenzipfelfalter, Nagelfleck, Mondfleck, Zickzackspinner, Schwan, Nonne
Erle *Alnus*	20	Grünes Blatt, Herbstlaubspanner, Lindenschwärmer
Esche *Fraxinus*	15	Blausieb, Ligusterschwärmer, Sphinxeule
Faulbaum *Frangula alnus*, Kreuzdorn *Rhamnus cathartica*	29	Faulbaum-Bläuling, Höhlenspanner, Zitronenfalter
Geißblatt *Lonicera*	15	Kleiner Eisfalter, Schlehenspanner, Kleine Tigermotte, Mittlerer Weinschwärmer
Hasel *Corylus*	19	Grünes Blatt, Mondfleck, Haseleule

Im Oktober und November findet der Admiral Nektar in Efeublüten.

Gehölzgattung	Anzahl der Schmetterlingsarten	Beispiele markanter Schmetterlingsarten
Liguster *Ligustrum*	11	Kreuzflügel, Nachtschwalbenschwanz, Ligusterschwärmer
Linde *Tilia*	16	Nagelfleck, Lindenschwärmer, Mondfleck
Pappel *Populus*	39	Kleiner Schillerfalter, Großer Fuchs, Zickzackspinner
Rose *Rosa*	23	Goldafter, Spanische Flagge, Dreizackeule
Schlehe *Prunus spinosa*	54	Segelfalter, Baumweißling, Nierenfleck, Weißdornspinner, Wollafter, Kupferglucke, Abendpfauenauge, Herbstlaubspanner
Ulme *Ulmus*	26	Blausieb, Großer Fuchs, Trauermantel, Mondfleck
Weide *Salix*	101	Großer Schillerfalter, Kleiner Schillerfalter, Großer Fuchs, C-Falter, Trauermantel, Kupferglucke, Kleines Nachtpfauenauge, Abendpfauenauge, Goldafter, Mondfleck
Weißdorn *Crataegus*	65	Segelfalter, Baumweißling, Wollafter, Kleines Nachtpfauenauge, Nachtschwalbenschwanz, Goldafter, Schwan
Kiefer *Pinus*	12	Kiefernspanner, Nonne, Mönch

(nach Carter: Raupen und Schmetterlinge Europas und ihre Futterpflanzen)

Nisthilfen für Insekten

Regelrecht zur Mode ist es geworden, Bienenhotels aufzuhängen. Doch viele käuflich angebotene Produkte sind völlig unzureichend, wie Biologen und Naturschutzverbände ebenso unermüdlich wie vergeblich warnen. Daher ist es mehr als sinnvoll, Insektennisthilfen selbst zu bauen. Dies bietet die Chance, möglichst alles richtig zu machen. Das beginnt bereits mit dem geeigneten Holz. Denn Bienen bauen ihre Brutnester nur in intaktes Holz. Es braucht daher ein abgelagertes Hartholz, etwa von Ahorn, Eiche, Obstbäumen, Rot- oder Hainbuche, das nicht reißt. Holz von Nadelbäumen eignet sich nicht, denn es harzt und splittert leicht.

Als Nächstes muss man die Löcher an die richtige Seite des Holzes bohren. Man bohrt im rechten Winkel zu den Leitbahnen, folglich setzt man den Bohrer an der Seite eines entrindeten Holzstückes an. Oft sind angebohrte Stirnseiten zu sehen. Das ist eindeutig falsch, denn die dadurch angeschnittenen Leitbahnen im Holz fransen aus und dies bedeutet für die zarten Flügel der Bienen eine enorme Verletzungsgefahr. Sie meiden daher nach Möglichkeit solche Löcher.

Damit die gebohrten Löcher tatsächlich glatt werden, müssen die verwendeten Bohrer wirklich scharf sein. Nach dem Bohren entfernt man alles Holzmehl und schleift die Eingänge erst mit grobem, dann mit feinem Sandpapier nach.

Holzklötze von der Größe eines Ziegelsteins stellen eine handliche Größe dar. Am besten bohrt man Löcher in verschiedenen Durchmessern mit Bohrern zwischen 3 und 8 mm Stärke. Dann finden unterschiedlich große Wildbienenarten geeignete Plätze für die Eiablage. (Größere Löcher eignen sich nicht für Wildbienen.)

Damit sich tatsächlich Bienen einnisten, muss sich das Holzstück an einem passenden, möglichst warmen Platz befinden, der Eingang sollte nach Süden zeigen. Wärme und Trockenheit sind wichtig, weil die Bienen für ihre Brut Pollen als Nahrung einlagern. Dieses Material verklumpt und schimmelt bei zu hoher Luftfeuchtigkeit. Gute Plätze für Bienenhotels finden sich, vor Regen geschützt, unter Dachüberständen oder in Baumkronen. Zugige Plätze kommen nicht infrage, denn dorthin können die Bienen nur mit Mühe anfliegen.

Ein im Frühjahr aufgestelltes Stück Holz mit Bohrlöchern wird im Verlauf des Sommers belegt. Die Bienenweibchen legen ein Ei ab und versorgen es mit Pollen. Dann wird eine Zwischenwand eingefügt, bevor das nächste Ei folgt, dem wieder Nahrungsvorrat beigelegt wird. Folglich liegen mehrere Kammern hintereinander und zum Schluss wird die Brutröhre mit Lehm zugekleistert.

Die Nisthilfe braucht jetzt Ruhe. Die Larven schlüpfen und fressen von ihrem Depot. Sie verpuppen sich und gehen in Winterruhe über, um erst im folgenden Jahr zu schlüpfen. Die erwachsenen Tiere kommen zur Paarungszeit hervor. Die liegt je nach Bienenart irgendwann zwischen April und Spätsommer.

Neben angebohrten Holzstücken bieten auch Pflanzenstängel und Halme gute Nistmöglichkeiten für eine Vielzahl von Bienenarten (siehe Fotos). Viele Anleitungen zum Bau von Nisthilfen beschränken sich auf waagrecht gebündelte oder in Gefäße eingelegt Halme. Dabei suchen viele Insekten für ihre Eiablage senkrechte Strukturen wie abgestorbene und innen hohle Triebe von Brombeeren und Himbeeren. Die einfachste Bereitstellung von Nisthilfen besteht darin, alten Aufwuchs noch für eine Weile stehen zu lassen.

Viele Insekten bauen ihre Brutnester in Sand oder lockere Erde. Daher ist es immer auch wichtig, einzelne Stellen offen zu halten und dauerhaft ohne Bewuchs zu lassen. Sandbienen und Ameisenlöwen werden sich bald einfinden.

Noch mehr Gartenpraxis

Gehölze pflanzen

Inwieweit sich ein Baum oder Strauch gut entwickeln wird, hängt ganz entscheidend davon ab, wie sorgfältig gepflanzt wurde. Gehölze pflanzt man während der Ruhezeit um, bei sommergrünen Laubgehölzen erkennbar am blattlosen Zustand, doch auch immergrüne Laubgehölze und Nadelgehölze gehen im Winter in ein Ruhestadium über. Gepflanzt wird dann, wenn noch oder schon mildere Temperaturen herrschen: Gehölze, die man Ende September oder Anfang Oktober setzt, haben ein paar Wochen Zeit, bevor es richtig kalt wird, um einzuwurzeln. Ihr Wachstum setzt im Frühjahr unmittelbar ein. Dieser Pflanzzeitpunkt wird zum Beispiel für Obstgehölze empfohlen. Man kann diese aber auch noch gut im März oder April setzen. Dieser Zeitpunkt wird ohnehin für etwas empfindlichere Arten empfohlen, um zu vermeiden, dass sie bei Starkfrost im Winter erfrieren. Rosen und alle asiatischen Gehölze wie Zierkirschen pflanzt man besser im Frühjahr, dieser Zeitpunkt senkt das Anwachsrisiko.

In jedem Fall muss die Pflanzgrube tief und breit genug sein für den Wurzelballen. Eine Tiefe von 40 cm ist angebracht, der Radius des Pflanzloches soll 10 bis 15 cm größer sein als der Wurzelballen. Die Erde wird ausgehoben, danach lockert man die Sohle der Pflanzgrube, indem man mit der Hacke den Boden aufraut. Will man erst im Frühjahr pflanzen, ist es sinnvoll, die Pflanzgrube schon im Herbst oder Winter anzulegen, dann kann Frost tief eindringen und die Erdbrocken aufschließen.

Vor dem Einsetzen des Gehölzes mischt man ein paar Handvoll Kompost unter die ausgehobene Erde und vermengt alles mit der Hacke oder dem Vierzahn. Zuunterst in die Pflanzgrube kommt etwas von dieser gelockerter Erde. Man füllt so viel ein, dass der probeweise aufgesetzte Wurzelballen genauso ebenerdig abschließt, wie er zuvor im Topf oder auf dem

◀ Ein Schnitt muss die natürliche Wuchsform des Gehölzes berücksichtigen, damit es sich gut entwickelt. Man entfernt am besten nur ganze Äste an der Basis.

Baumschulfeld gestanden hat. (Man erkennt den Übergang von Wurzelbereich zum Stamm an der veränderten Färbung der Borke.) Bei veredelten Pflanzen muss man auf die Veredlungsstelle achten. Bei Obstgehölzen muss die Stelle mit dem aufgepfropften Edelreis mindestens eine Hand breit über dem Boden liegen. Bei Rosen dagegen kommt die Veredlungsstelle unter die Erdoberfläche.

Zum Einsetzen holt man den Wurzelballen aus seinem Topf oder man entfernt den Umschlag aus Jute. Der kompakte Wurzelballen wird etwas gelockert und einzelne, gut zugängliche Wurzeln werden herausgezogen.

Ein Baum braucht für die Anfangszeit einen Stützstab, diesen stößt man vor dem Einsetzen des Wurzelballens in die Erde. Beim Strauch sitzt der Schwerpunkt tiefer, er braucht keine Stütze. Erst nach dem Einrammen eines Stützstabes setzt man den Wurzelballen des Gehölzes auf und füllt dann rundum die ausgehobene, gelockerte und aufbereitete Erde ein. Dabei dürfen keine Hohlräume entstehen. Deshalb tritt man mit dem Fuß die eingefüllte Erde leicht an. Dabei braucht es Gefühl, denn die Erde darf nicht verdichten. Man muss das gepflanzte Gehölz mehrfach von allen Seiten betrachten, ob es wirklich gerade steht. Beim Einfüllen der Erde lassen sich immer wieder leichte Korrekturen vornehmen.

Am Ende streut man noch einmal mehrere Handvoll Kompost auf den Boden unter der Krone. Rund um den Stamm oder den Grund der Straucháste formt man einen kleinen Wall. Dieser Erdring fasst das Gießwasser, damit es zu den Wurzeln fließt. Zum Schluss wird dann auch wirklich kräftig angegossen, für einen Baum braucht es drei oder vier Gießkannen voll Wasser.

Beim eingesetzten Gehölz wird jetzt gegebenenfalls das Netz oder die Schnur zum Verpacken der Krone entfernt. Ungünstig hervorstehende Zweige werden sowieso eingekürzt, während ein Anschnitt aller Äste insgesamt den Anwachserfolg erhöht. Frisch gepflanzte Gehölze müssen in den folgenden sechs Wochen regelmäßig gegossen werden. Sie brauchen auch im ersten Wachstumsjahr während trockener Perioden im Sommer Wasser.

Theoretisch kann man Gehölze, die im großen Topf, sprich im Container, herangewachsen sind, das ganze Jahr über pflanzen. Dies bedeutet jedoch, dass man bei warmer Witterung besonders intensiv gießen muss. Während

Hitzeperioden im Hochsommer sollte man besser keine Gehölze pflanzen. Die Verdunstung durch das Blattwerk ist dann so hoch, dass das noch nicht tief gehende Wurzelwerk nicht genug Wasser nachliefern kann.

Nur am richtigen Standort

Gehölze wachsen nur gut auf geeigneten Standorten. Der Baum oder Strauch muss passend zum Wuchsort gewählt werden. Für die Südseite des Hauses wählt man sonnenliebende und trockenheitsverträgliche Pflanzen. Sie würden dagegen an der Nordseite nur kümmerlich wachsen und schon gar nicht blühen. Im Schatten gedeihen dagegen großblättrige Arten, die mit dem geringeren Lichtangebot zurechtkommen. In der Sonne würden sie dagegen vertrocknen.

Gehölze brauchen Raum zur Entfaltung, man muss ausreichende Pflanzabstände einhalten. Die Wurzeln eines großen Baumes oder Strauches durchziehen die Umgebung in einem weiten Umkreis. Das Gehölz beansprucht dadurch die zur Verfügung stehenden Nährstoffe und das Wasserangebot für sich. Entsprechend schwierig wird es für krautige Pflanzen, sich unter den Kronen zu behaupten. Genügsame Bodendecker stehen zur Verfügung, etwa Großblütiger Beinwell, Storchschnäbel, Wolliger Ziest oder Natternkopf. Die Blätter dieser krautigen Pflanzen bleiben den Winter über sichtbar und beschirmen den Boden.

Die Erde unter den Baum- oder Strauchkronen sollte niemals offen liegen – im Sommer wie im Winter. Vom krautigen Aufwuchs ist allerdings im Winter meist nichts mehr zu sehen: Einjährige Pflanzen sind abgestorben, Stauden haben sich im Herbst in ihre Überwinterungsknospen unter der Erde zurückgezogen. Unter den Kronen schichtet man dann das Falllaub auf. Damit es die rauen Herbstwinde nicht verwehen, kann man es mit einigen Ästen von Nadelbäumen beschweren. Im März ist diese Mulchauflage weitgehend abgebaut, die aufliegenden Äste sind überflüssig und werden entfernt. Das abgebaute organische Material wurde von den Mikroorganismen im Boden in die Bodenteilchen eingebaut und sorgt dadurch für eine gute Bodenstruktur.

Ein Unterbewuchs aus kleinen Sträuchern oder eine Krautschicht gehört zu unserem gewohnten Landschaftsbild. Auch im Garten sollten wir versuchen, diese natürlichen Wachstumsbedingungen nachzustellen. Dazu gehören hohe Pflanzen wie Bäume und Sträucher, unter denen sich niedrige Gewächse entfalten.

Es wird immer schwierig sein, in Nachbarschaft zu eingewachsenen Gehölzen ergänzende Kleinsträucher oder Stauden zu pflanzen. Vermutlich durchziehen die Wurzeln der großen Gehölze bereits den ganzen Boden. Man muss ein ausreichend großes Pflanzloch graben, dazu die ausgehobene und wieder eingefüllte Erde mit etwas Kompost aufbessern. Zumindest im ersten Jahr des Wachstums muss man öfter gießen, damit die neu gesetzten Pflanzen anwachsen können.

Ein Teppich aus Steinsame hält den Boden unter den Zierapfelbäumen bedeckt und er blüht reich zur selben Zeit.

Gehölze schneiden

Muss man Gehölze überhaupt schneiden? Ein Baum oder Strauch, der in seinen zu erwartenden Ausmaßen an die richtige Stelle gepflanzt wurde, kann ohne häufige Schnittmaßnahmen auskommen. Eine Sand-Birke oder eine Trauben-Kirsche pflanzt man besser nicht in einen Hausgarten. Im Alter erreichen sie eine Höhe von 15 oder gar 20 m, das wird viel zu hoch für ein Privatgrundstück mit begrenzten Ausmaßen. Solche großen Bäume kommen in den Listen in diesem Buch gar nicht vor, wir beschränken uns auf Gehölze von moderaten Ausmaßen. Und doch sollte man bei der Auswahl eines Baumes oder Strauches vorneweg bedenken, wie groß das Gewächs nach einigen Jahren sein wird. Nach dem Kauf kann das kleine Bäumchen in seinem Container sehr täuschen. Wenn man die empfohlenen Pflanzabstände abmisst und dann die jungen Gehölze einsetzt, dann mag das Gelände zunächst recht leer wirken. Nach ein paar Jahren ergibt sich dann oft ein anderes Bild, wenn die höher und breiter werdenden Kronen den Raum immer stärker ausfüllen.

Wird dann das Gewächs doch zu hoch oder stört ein Ast, so wird hin und wieder ein Rückschnitt notwendig. Bei freiwachsenden Bäumen und Sträuchern muss der Rückschnitt so erfolgen, dass man ihn besser gar nicht bemerkt. Die natürliche Wuchsform muss nach Möglichkeit erhalten bleiben. Das gelingt am besten, indem man ganze Äste an der Austriebsstelle abschneidet. Dadurch entsteht Platz für neuen Wuchs.

Will man Äste in ihrer Länge einkürzen, muss man kurz oberhalb einer nach außen weisenden Verzweigung oder Knospe schneiden. Dann wächst das Gehölz in arttypischer Form weiter, doch die Krone verbreitert sich nach außen, während die Wuchshöhe reduziert wird.

Streng geschnittene Hecken kann man mit der Akku-Heckenschere in Form schneiden. Das geschieht mindestens einmal im Jahr, bei starkem Wuchs auch zweimal. Durch den häufigen Schnitt verzweigen sich die Heckensträucher sehr stark. In dem dichten Geäst finden Vögel willkommene Verstecke, vermutlich sitzt das ganze Jahr über eine laut tschilpende Sperlingsschar darin. Sie verstummen höchstens, wenn ein Passant unmittelbar daneben anhält – doch immer nur für kurze Zeit.

Gewarnt sei vor einem Schnitt von freiwachsenden Sträuchern mit der Akku-Heckenschere. Der Schnitt mag schnell passiert sein, doch er setzt an den falschen Stellen an. An den Schnittstellen werden sich die Äste mehrfach verzweigen, was zu einem struppigen, unschönen Wuchs führt. Ein sachgerechter Schnitt, der die Wuchsform und das Verzweigungsmuster des Gehölzes berücksichtigt, lässt sich nur mit Astschere, Baumschere und Säge durchführen. Die Klingen und Sägeblätter müssen gut geschliffen sein, damit glatte Schnitte entstehen, die sich rasch schließen. Ist das nicht der Fall, dann verbleiben Eintrittspforten für Krankheiten und Insektenbefall, die den Fortbestand des Gehölzes gefährden können.

Es passiert aber doch, dass sich ein angeschnittener Ast unschön und pinselartig verzweigt. Das kann man mit einem Folgeschnitt korrigieren oder man belässt den Astquirl, weil er eine ideale Basis für ein Vogelnest abgeben kann.

Schwierig lassen sich alle Sträucher mit gabelförmiger Verzweigung schneiden. Dazu gehören zum Beispiel der Flieder und alle Schneebälle: Jeweils zwei Knospen liegen am Zweig einander gegenüber. Schneidet man den Zweig an, treibt er an zwei Stellen wieder aus. Der Trick besteht darin, unterhalb der Schnittstelle eine Knospe abzureiben. Dann treibt nur die verbliebene Knospe aus und der Zweig wächst gerade weiter.

Die richtige Zeit für einen gravierenden Gehölzschnitt ist meist der Winter. Warten sollte man damit bis zum Februar, damit die Früchte möglichst lange als Nahrungsreserve erhalten bleiben. Das im Winter laublose Astgerüst lässt bei allen Gehölzen den Kronenaufbau gut erkennen, man erkennt die Schnittstellen leicht und es fällt im Vergleich zum begrünten Baum oder Strauch deutlich weniger Schnittgut an. Dieser Gesichtspunkt verlockt dazu, alle Laubgehölze gegen Ende Februar zu schneiden. Doch nicht bei allen Bäumen und Sträuchern erweist sich der Winterschnitt als vorteilhaft.

Sträucher, die im zeitigen Frühjahr blühen, haben ihre Blütenknospen im Winter schon fertig ausgebildet. Geschützt unter dicken Knospenschuppen überdauern sie die kältesten Wochen des Jahres und brechen hervor, sobald die Temperaturen steigen. Dazu gehören zum Beispiel die Kornelkirschen, die mit ihrem prächtigen goldgelben Flor das Ende des Winters ankündigen.

Schneidet man Kornelkirschen vor dem Austrieb, dann entfernt man all die vielen Blütenanlagen, die erwünschte Blüte im Vorfrühling und damit der erhoffte Fruchtansatz bleiben aus. Besser wartet man die Blüte ab, schneidet einzelne Äste im Sommer aus und schneidet vielleicht nach der Ernte noch einmal. Auch andere Sträucher, die zeitig im Jahr blühen, schneidet man nicht im Winter, sondern erst im Anschluss an die Blüte. Das gilt etwa für Scheinquitten (siehe Foto).

Wenig rücksichtsvoll kann man beim Schnitt von sommerblühenden Kleinsträuchern vorgehen: Säckelblume, Bartblume, Silberstrauch (Blauraute) und Mönchspfeffer entwickeln sich umso buschiger und blühen umso üppiger, je drastischer sie zurückgeschnitten wurden. Üblicherweise erfolgt der Schnitt im Frühjahr, zur Zeit des Neuaustriebs. Dann erkennt man gut, welche Triebe erfroren sind, und kann auf austriebswillige Knospen zurückschneiden. Die Sträucher haben in den folgenden Monaten genug Zeit, um ihre Triebe auszubilden und Blütenanlagen auszubilden. Einkürzen kann man die Triebe auch mit der Akku-Heckenschere.

Ein wenig anders verhält es sich mit Blütensträuchern, die im späten Frühjahr blühen werden, dazu gehören Geißblätter (Jelängerjelieber), Weigelie und Kolkwitzie. Sie bilden ihre Blüten an Kurztrieben der Zweige vom Vorjahr. Entfernt man die Äste nach der Blüte, reicht die Wachstumszeit nicht mehr aus, um neue Triebe mit vielen Blütenanlagen auszubilden. Schneidet man sie dagegen im Winter, beraubt man sich der Blüten. Das Fazit: Am besten schneidet man diese Ziersträucher gar nicht zurück, sondern entfernt jährlich einen Teil der alten Äste, damit das Gehölz neu austreibt. Es bleibt dadurch wüchsig und blüht reich. Wann man den Schnitt durchführt, bleibt sich dann gleich. Man kann dafür milde Wetterlagen im Winter nutzen, denn laue Temperaturen müssen für alle Schnittmaßnahmen herrschen. Bei Frost hat jeglicher Schnitt zu unterbleiben – zu groß ist die Gefahr, dass es zu Frostschäden an den frischen Wunden kommt.

Zierkirschen erhalten anders als Obstbäume nur einen Schnitt, um die Wuchsform zu korrigieren. Der richtige Schnittzeitpunkt für alle Kirschen ist der Sommer.

Auch Kernobst wie Äpfel und Birnen wird an milden Wintertagen, spätestens im ausgehenden Winter geschnitten. Der Rückschnitt zielt darauf ab, dass ausreichend Fruchtholz am Baum steht und Knospen verbleiben, die für wüchsigen Neuaustrieb sorgen, während alte vergreiste Partien entfernt werden.

Steinobst wie Süß- und Sauerkirschen und Pfirsiche schneidet man grundsätzlich nur im Sommer, im Anschluss an die Ernte. Ein Schnitt im Winter birgt die Gefahr, dass Wunden zögerlich verheilen, die Gefahr von Pilzkrankheiten steigt dadurch stark an. Gleichfalls schneidet man Zierkirschen nicht im Winter, sondern im Verlauf des Frühjahrs, im Anschluss an die Blüte.

Gesetzliche Vorgaben

Wann Gehölze geschnitten werden dürfen, ist gesetzlich geregelt. Eine Rodung von Gehölzen ist nur in der Zeit zwischen 1. Oktober und 1. März erlaubt. Danach beginnen Vögel, ihre Nester zu bauen, gravierende Störungen sind auf Privatgrundstücken nicht mehr erlaubt. Korrigierende Schnittmaßnahmen sowie Heckenschnitt erlaubt das Gesetz auch während der Wachstumszeit. Allerdings muss sorgfältig geprüft werden, ob im Gehölz Vögel brüten. Findet sich ein Nest, darf nicht geschnitten werden.

Bei allen Eingriffen in den Gehölzbewuchs ist der Artenschutz zu bedenken. Grundsätzlich gilt § 39 Bundesnaturschutzgesetz (allgemeiner Schutz wild lebender Tiere und Pflanzen). Zudem sind Tierschutzgesetze und Baumschutzsatzungen zu prüfen. Jeder Ausführende und Auftraggeber muss die gesetzlichen Vorgaben prüfen, bevor Maßnahmen stattfinden. Davon gibt es keine Ausnahme, Unwissenheit schützt nicht vor Strafe. Unter Schutz stehen zum Beispiel Fledermäuse, aber auch all ihre Quartiere. Leben geschützte Tiere in einem Baum, darf er nicht gefällt werden. Und selbst wenn keine geschützten Tiere im Baum leben, besteht Bestandsschutz, zum Beispiel wenn der Stammumfang in 1 m Höhe mindestens 80 cm beträgt. Dann darf der Baum nicht entfernt werden. Bestandsschutz besteht auch, wenn das Gehölz schon länger als fünf Jahre an der Stelle steht.

Die einzelnen Bundesländer haben zudem recht unterschiedliche Bestimmungen im Nachbarschaftsrecht festgelegt, die Bestimmungen weichen in den einzelnen Gemeinden ab. Deshalb sollte man sich im Einzelfall beim örtlichen Bauamt erkundigen. Erscheint eine Baumfällung erforderlich, ist es ratsam, sich mit der Unteren Naturschutzbehörde am örtlichen Landratsamt in Verbindung zu setzen. Dort wird eine Erlaubnis erteilt, sofern die aufgestellten Bedingungen erfüllt werden. Eine Absprache sei dringend empfohlen, vor allem außerhalb des erlaubten Zeitraumes. Wer eigenmächtig handelt und glaubt, über den eigenen Baum selbst bestimmen zu können, riskiert eine Anzeige (die anonym erfolgen kann).

Wer einen Garten besitzt, kommt auch um die Auseinandersetzung mit dem geltenden Nachbarschaftsrecht nicht herum. Alle Vorgaben zu Grenzabständen sind einzuhalten. Baden-Württemberg hat die strengsten

Regelungen: Hohe Bäume müssen hier in 8 m Abstand zur Grundstücksgrenze stehen, Hecken von bis zu 1,80 m Höhe können 50 cm weit von Nachbars Zaun entfernt stehen. Wachsen sie höher, steigt der Grenzabstand um dasselbe Maß. Je nach Bundesland unterscheiden sich die Richtwerte, man sollte sich vor dem Pflanzen von Gehölzen bei der Kommune nach den Bauvorschriften erkundigen.

Oft geben die Bauvorschriften eine Liste von Gehölzen vor, die im ausgewiesenen Neubaugebiet zu pflanzen sind. Diese sorgfältig erstellten Listen enthalten dann viele einheimische, ökologisch wertvolle Gehölze. Wenn dann doch Hecken aus Lebensbäumen und Kirschlorbeer gepflanzt werden, gibt es bislang noch keine Beanstandung.

Ärger aber kann es schnell geben, wenn Äste in die Straße ragen oder auf Nachbars Grundstück hängen. Es gibt keine Ausrede für naturnahe Gärten: Überhang wird nicht geduldet, zur Straße hin muss eine lichte Höhe von 4 m bleiben, damit Lieferwagen oder Müllautos ungehindert vorbeifahren können. Mit dem Besitzer eines angrenzenden Grundstücks kann man sich vielleicht einigen – sodass im Zaun ein Schlupfloch für den Igel bleibt und sich die Äste von der einen Seite mit den Ästen der anderen verweben. Im Idealfall kann der Zaun ganz wegbleiben, wenn beide Seiten sich auf einen gemeinsamen Heckenriegel einigen, in dem Zaunkönig und Buchfink brüten … die sich mit lautem Gesang für ihr tolles Quartier bedanken.

Gehölze im Garten sorgen auf vielfältige Weise für eine angenehme Wohnumgebung: Sie bringen Farbe und Duft, veranschaulichen den Lauf des Tages und des Jahres. Rein praktisch werfen sie Schatten an heißen Tagen und wenn es regnet, sorgen sie dafür, dass Niederschläge langsam ins Erdreich ablaufen. Mit ihren Kronen erschließen sie Freiflächen in der Höhe, sie erweitern den Erlebnisraum, nicht nur um die Ausdehnung, sondern mit der Vielfalt an Lebewesen durch die unterschiedlichen Lebensräume. Dabei nehmen sie im Garten viel Raum ein, was bedeutet: Wo ein Baum oder Strauch wächst, ist der Garten angelegt und belebt. Außer einem gelegentlichen Schnitt fallen keine Pflegearbeiten an.

Gehölzreiche Gärten sind die wahrhaft pflegeleichten Gärten.

Die Autorin

Agnes Pahler studierte Gartenbauwissenschaften an der TU München-Weihenstephan. Sie arbeitet freiberuflich als Autorin, Lektorin, Übersetzerin und Referentin. Bei der Südwestpresse Ulm berät sie in Fragen zum Hobbygarten und sie hält Seminare für naturnahes Gärtnern. Agnes Pahler lebt mit ihrer Familie südlich von Stuttgart. In ihrem Garten fühlen sich Vögel, Blindschleichen, Igel, Haselmaus, Wildbienen und Schmetterlinge wohl. Im pala-verlag ist von Agnes Pahler bereits »Das Kompostbuch« erschienen.

Anhang

Literaturverzeichnis

Aufderheide, Ulrike: **Tiere pflanzen,** pala-verlag
Bärtels, Andreas: **Gehölze für den Garten,** Verlag Eugen Ulmer
Carter, David J.; Hargraves, Brian: **Raupen und Schmetterlinge Europas und ihre Futterpflanzen,** Verlag Paul Parey
Werner David: **Fertig zum Einzug,** Nisthilfen für Wildbienen, pala-verlag
Encke, Fritz; Buchheim, Günther; Seybold, Siegmund: **Zander-Handwörterbuch der Pflanzennamen,** Verlag Eugen Ulmer
Gatter, Wulf; Mattes, Hermann: **Vögel und Forstwirtschaft,** Verlag Regionalkultur
Kleinod, Brigitte; Strickler, Friedhelm: **Schön wild!,** pala-verlag
Kremer, Bruno P.: **Bäume,** Erkennen und bestimmen, Verlag Eugen Ulmer
Oberholzer, Alex; Lässer, Lore: **Ein Garten für Tiere,** Verlag Eugen Ulmer
Rivinius, Otto: **BdB-Handbuch 1,** Laubgehölze, Österreichischer Agrarverlag
Roloff, Andreas; Bärtels, Andreas: **Gehölze,** Verlag Eugen Ulmer
Schick, Bodo; Spürgin, Armin: **Die Bienenweide,** Verlag Eugen Ulmer
Thomas, Adrian: **Gärtnern für Tiere,** Haupt Verlag
Timm, Ina: **Robuste Schönheiten für den Garten,** BLV, Imprint von Gräfe und Unzer Verlag
von Ehren, Lorenz: **Die Baumschule** seit 1865, 4. Auflage, Ehren GmbH & Co. KG
Westphal, Uwe: **Hecken – Lebensräume in Garten und Landschaft,** pala-verlag
Westrich, Paul: **Die Wildbienen Deutschlands,** Verlag Eugen Ulmer
Witt, Reinhard: **Naturnahe Rosen,** Verlag NaturGarten

Informative Internetseiten

Gregor Aas: **Weiden (Salix)**, Diversität, Ökologie und Funktion einer unterschätzten Gehölzgruppe, Präsentation Uni Bayreuth
www.bayceer.uni-bayreuth.de/au/de/themen1/129509/136131/
Salix__ETH_2016.pdf

www.proquercus.org
ProQuercus setzt sich für den Erhalt und die Förderung der Eiche ein.

www.waldwissen.net
Informationen über Wald und Forstwirtschaft

www.pflanzenkunde.net
Informationen zu Pflanzen und Gartenthemen

ww.nabu.de/tiere-und-pflanzen/index.html
Steckbriefe von Tieren und Pflanzen,
Informationen zum Schutz der Artenvielfalt

www.baumkunde.de
Steckbriefe heimischer Baumarten, Listen von heimischen und fremdländischen Pflanzennamen, Baumregister und Standortkarte besonderer Bäume

www.lbv.de/ratgeber/lebensraum-garten/baeume-straeucher-und-hecken
Empfehlungen für die Gestaltung vogelfreundlicher Gärten,
praktische Tipps zu Anlage, Pflanzenauswahl und Pflege

www.naturgarten.org
Ratschläge zur Anlage von Naturgärten, Beispiele und erklärende Videos

www.umweltberatung.at/themen-garten
Unterseite der komplexen Beratung zu ökologischen Aspekten aller Lebensbereiche. Praktische Anleitung und Pflanzenporträts.

Bezugsquellen für Gehölze und Zubehör

Bioland Hof Jeebel
Biogartenversand
Jeebel 17
29410 Salzwedel OT Jeebel
www.biogartenversand.de

NABU-Shop
Kaiserswerther Straße 115
40880 Ratingen
www.nabu-shop.de

Manufactum
Hiberniastraße 5
45731 Waltrop
www.manufactum.de

Kräuter-und Wildpflanzengärtnerei Strickler
Lochgasse 1
55232 Alzey-Heimersheim
www.gaertnerei-strickler.de

Schwegler Vogel- und Naturschutzprodukte GmbH
Heinkelstraße 35
73614 Schorndorf
www.schwegler-natur.de

Rieger-Hofmann GmbH
In den Wildblumen 7 – 11
74572 Blaufelden-Raboldshausen
www.rieger-hofmann.de

Keller GmbH Co. KG
Konradstraße 17
79100 Freiburg
www.biokeller.de

Hof Berg-Garten
Großherrischwand
Lindenweg 17
79737 Herrischried
www.hof-berggarten.de

Staudengärtnerei Gaißmayer
Jungviehweide 3
89257 Illertissen
www.gaissmayer.de

Neubauer
Biogärtnerei & Naturgarten
Lenzenhausstrasse 9
8586 Erlen
Schweiz
www.neubauer.ch

Lebendige Gärten

Brigitte Kleinod /
Friedhelm Strickler:
Schön wild!
ISBN: 978-3-89566-367-3

Sigrid Tinz:
Haufenweise Lebensräume
ISBN: 978-3-89566-389-5

Ulrike Aufderheide:
Tiere pflanzen
ISBN: 978-3-89566-388-8

Michael Altmoos:
Besonders: Schmetterlinge
ISBN: 978-3-89566-408-3

Praxiswissen für den Garten

Natalie Faßmann:
Auf gute Nachbarschaft
ISBN: 978-3-89566-257-7

Agnes Pahler:
Das Kompostbuch
ISBN: 978-3-89566-315-4

Andrea Preißler-Abou El Fadil:
Gärtnern nach dem Terra-Preta-Prinzip
ISBN: 978-3-89566-376-5

Sigrid Tinz:
Enkeltauglich gärtnern
ISBN: 978-3-89566-399-4

Bäume und Sträucher pflegen

Uwe Westphal:
Hecken – Lebensräume in Garten und Landschaft
ISBN: 978-3-89566-296-6

Peter Wohlleben:
Bäume verstehen
ISBN: 978-3-89566-365-9

Ulrike Aufderheide:
Der sanfte Schnitt
ISBN: 978-3-89566-320-8

Christof Sandt:
Kleine Anleitung zum Gehölzschnitt
ISBN: 978-3-89566-398-7

ISBN: 978-3-89566-418-2

Am Molkenbrunnen 4, 64287 Darmstadt, www.pala-verlag.de

Bildnachweis:
Umschlagfoto hinten rechts, Seiten 8 oben, 17, 19, 23 oben, 53 oben, 142 unten, 144, 146 unten, 148, 152, 163: Klaus Sanwald
Seite 12 oben: Sabine Grüdl
Seiten 21, 75 unten, 140 und 149: Barbara Reis
Seiten 69 oben und 165 unten: Jürgen Schmid
Seite 109: evbrbe/adobe stock
Seite 142 oben: Manfred Pahler
Seite 159: Waltraud Hoyer
Seite 161: creativenature.nl/adobe stock
Seite 171: Werner David
Seite 183: Lena Lux Fotografie, Denkendorf
alle anderen Fotos, auch Titelbilder: Agnes Pahler

Illustrationen: Margret Schneevoigt

Lektorat: Barbara Reis

Satz und Gestaltung: Die Werkstatt-Medien Produktion GmbH, Göttingen
www.werkstatt-produktion.de

Druck und Bindung:
Beltz Grafische Betriebe GmbH, Bad Langensalza
www.beltz-grafische-betriebe.de
Printed in Germany

Gedruckt auf
100% Recyclingpapier